KB149203

원자력발전소 공정계측시스템의 정비

원자력발전소 공정계측시스템의 정비

하쉬 하세미안 지음
허균영 옮김

한스하우스

Maintenance of Process Instrumentation in Nuclear Power Plants

By Hashem M. Hashemian

원자력발전소 공정계측시스템의 정비

발행일 : 2015년 2월 10일 초판 1쇄
지은이 : 하쉬 하셰미안
옮긴이 : 허균영
펴낸곳 : 한스하우스

등 록 : 2000년 3월 3일(제2-3033호)
주 소 : 서울시 중구 마른내로 12길 6
전 화 : 02-2275-1600
팩 스 : 02-2275-1601
이메일 : hhs6186@naver.com

ISBN 978-89-92440-14-1

본 도서는 2012년도 산업통상자원부의 재원으로 한국에너지기술평가원(KETEP)의 지원을 받아 수행한 에너지인력양성사업 연구과제(No.20124030100080)에서 발행한 교재입니다.

이 책을 나의 사랑스러운 딸, 니키 하세미안에게 바칩니다.

H.M. 하세미안

미국 테네시주 녹스빌

저자소개

하쉬 하세미안(H.M. Hashemian) 테네시주 녹스빌에 본사를 두고 미국, 유럽, 아시아에서 운영중인 원자력 엔지니어링 컨설팅 회사 Analysis and Measurement Services Corporation(AMS)의 대표이자 창업자다. 그는 공정 계측제어 전문가로서 원자력 공학 박사, 전기 공학박사 학위, 컴퓨터 공학박사 학위를 보유하고 있다.

하세미안 박사는 Sensor Performance and Reliability(ISA, 2005)와 Monitoring and Measuring I&C Performance in Nuclear Power Plants (ISA, 2014)를 출간하였다.

하세미안 박사는 20개의 미국 특허(13개 등록, 7개 출원)를 가지고 있고, 70편의 저널 및 잡지 논문과 300편의 학술대회 논문을 발표하였다. 9권의 저서에 공저자로 참여하였으며, 미국원자력규제위원회(U.S. Nuclear Regulatory Commission, NRC), 미국전력연구원(Electric Power Research Institute, EPRI), 국제원자력기구(International Atomic Energy Agency, IAEA), 국제전기 표준위원회(International Electrotechnical Commission, IEC)와 국제자동화학회(International Society of Automation, ISA)에서 발행한 수많은 보고서, 지침, 기술표준의 작성에 기여하였다.

그는 미국원자력학회(American Nuclear Society)와 ISA의 최고연구원(Fellow)이고, 전기전자기술자협회(Institute of Electrical and Electronics Engineers, IEEE)의 선임위원이면서, 유럽원자력학회(European Nuclear Society)의 회원이다. 또한 원자력, 항공우주, 석유 및 가스, 기타 산업분야에서 활동하고 있으며, NRC를 포함하여 에너지부(Department of Energy), 국방부(Department of Defense), 공군, 해군, 항공 우주국(National Aeronautics and Space Administration, NASA) 등 미국 정부 기관과 협업하고 있다.

그는 정기적으로 15여 개국에서 I&C 강의를 하고 있으며, 다수의 국내외 학술대회 및 위원회에서 기조연설자, 의장, 공동의장 등을 역임했다.

감사의 글

이 책이 나오기까지 큰 도움을 준 모든 어낼리시스 앤 매저먼트 서비스 의 기술직 직원과 행정직 직원에게 감사를 표한다. 특히, 행정적 관리와 출판인으로서 역할을 해 준 엘라인 크럼리(Elain Crumley)에게 감사의 말을 전한다. 수치, 그림, 사진을 만들고 저자를 도와준 기술직 직원들과 끊임 없이 소통을 해 주었던 데럴 미첼(Darrell Mitchell)에게 감사의 뜻을 전한다. 또한, 이 책의 교정과 편집을 도와준 폴 보다인(Paul Bodine)에게도 감사의 인사를 전하고 싶다.

머리말

이 책은 원자력발전소의 계측제어분야에서 일하는 엔지니어, 기술자, 관리자를 대상으로 하고 있습니다. 온도 및 압력센서의 원리, 교정 및 응답시간 검증 등을 주로 다루며, 원자력발전소의 온도와 압력 측정과 관련되어 나타나는 전형적인 문제와 이에 대한 해결 방법을 제공합니다.

한국어판 머리말

2006년 독일의 Springer에서 출판된 'Maintenance of Process Instrumentation in Nuclear Power Plants'라는 저의 책이 한국어로 번역되면서 새로운 머리말을 쓰게 되어 매우 영광입니다. 이 책은 원자력발전소의 계측제어분야에서 일하는 엔지니어, 기술자, 관리자를 대상으로 하고 있습니다.

계측 및 제어(Instrumentation & Control, I&C)는 원자력발전소에서 매우 중요한 시스템이지만, 유감스럽게도 대학 교육과정에서 잘 다루어지고 있지 않습니다. 따라서, 초급 엔지니어들이 대학 교육과정에서 배운 것을 보완하기 위한 교과서가 필요하다고 생각했습니다. 이 책은 제가 지난 30여년간 전세계 원자력발전소의 I&C 시스템을 경험한 내용을 근간으로 하고 있습니다. 공정 온도 및 압력센서의 원리, 교정 및 응답 시간 검증 등을 주로 다룹니다. 또한 원자력발전소의 온도와 압력 측정과 관련되어 나타나는 전형적인 문제에 대한 해결 방법을 제공합니다.

저의 친구이자 존경하는 동료인 허균영 교수에게 진심으로 감사의 말씀을 전합니다. 허균영 교수는 이 책의 번역과 출판과 관련한 많은 부분에서 저를 도와주었습니다.

미국 테네시주 녹스빌에 본사를 두고 제가 운영하고 있는 다국적 원자력 엔지니어링 회사인 어낼리시스 앤 매저먼트 서비스(Analysis and Measurement Service, AMS)는 원자력 분야의 I&C 및 정비 관련 업무를 하고 있으며, 한국을 포함한 세계 여러 나라에서 사업을 진행하고 있습니다. 이 책의 내용에 관심이 있는 분들은 언제라도 hash@ams-corp.com 또는 865-691-1756 (미국)으로 연락을 주시면 성심껏 도와드리겠습니다.

하세미안 박사

미국 테네시주 녹스빌

2014년 1월

역자서문

존경하는 동료인 하세미안 박사의 '원자력발전소 공정계측시스템의 정비'를 번역하고 출간하게 된 것을 무척 기쁘게 생각합니다.

이 책은 그의 이전 저서인 '센서 성능과 신뢰도(동일 출판사에서 번역본 출판)'에 이어서 출간되었으며, 원자력발전소에 특화된 활용측면을 심도 있게 다루고 있습니다. 저자 서문에서도 밝히고 있듯이 원자력분야에서 계측은 매우 중요한 역할을 하고 있음에도 불구하고, 이론과 실무를 위한 충실한 교육과정을 제공하고 있는 경우는 드뭅니다. 보통 타 계측분야에서 공부를 한 엔지니어들이 원자력분야에서 활동을 하고 있는데 이들에게 원자력 지식을 전하는데 도움이 될 것으로 여겨지면, 원자력 엔지니어가 계측분야를 이해하는 측면에서도 매우 효과적일 것으로 생각됩니다. 하세미안 박사는 30여년간의 원자력 계측분야 전문가로서 경험한 내용을 이 책에 포괄적으로 담음으로써, 이 분야에 입문하는 엔지니어의 지식과 역량을 높이는데 기여하였습니다. 하세미안 박사는 이 책으로 한국에서 강의를 하고 싶다는 이야기를 오래 전에 한 적이 있는데, 이제 출간도 되었으니 그의 희망이 곧 이루어지기를 바랍니다.

꽤 오래 전 하세미안 박사의 회사를 방문했을 때에 자신의 책 두 권을 주면서, 이를 한국어로 번역해 줄 것을 부탁하였습니다. 하세미안 박사는 전문 번역가에게 맡길 생각도 하였으나, 아무래도 원자력전문가에게 번역을 맡기는 것이 여러모로 좋을 것 같다는 이야기도 덧붙였습니다. 역자 자신도 번역하는 일이 교육과 연구에 큰 도움이 될 것으로 흔쾌히 동의를 하였으나, 바쁜 본업의 짬을 내어 전문 서적을 번역한다는 것이 생각만큼 쉽지만은 않다는 것을 실감하게 되었습니다. 지금도 여전히 마음에 들지 않는 부분이 간간히 보이지만, 최대한 어색하지 않고 특히 전문용어가 업계에서 통상적으로 사용하는 단어가 되도록 신경을 썼습니다. 초벌번역, 수정번역, 그리고 수많은 그림과 표, 방정식들을 일일이 맞춰가는데 도움을 준, 연구실 학생들, 지창현, 홍상범, 김현민, 오계민, 조정태, 김소영씨에게 감사의 인사를 전하지 않을 수 없습니다. 그리고 마지막 출판과정에서 수많은 잔무를 묵묵히 해준 김보현 학생에게 특히 고마움을 전합니다. 하세미안 박사와 역자가 근무하는 학과에서 이번 출판과정을 물심양면으로 도와주었습니다. 큰 배려에 감사의 말씀을 표합니다. 마지막으로 시시콜콜한 역자의 주문사항을 모두 맞춰주시면서 편집과 출판을 해 주신 한스하우스 한홍수 대표님께도 고마움의 인사를 드립니다.

경희대학교 국제캠퍼스 연구실에서

허 균 영

목차

그림목차

제1장

제4장

제5장

제6장

제7장

제8장

제9장

제10장

표목차

제4장

제5장

제6장

제7장

제8장

제9장

제10장

제1장

서 론

센서 및 관련 계측장비의 성능을 검증하고 동시에 공정의 이상을 진단하기 위하여, 운전중인 원자력발전소에서 측정되는 신호를 감시하게 된다. 서론에서는 이와 관련된 몇 가지 사례를 제시할 것이다. 또한 센서의 성능을 평가하고 케이블과 커넥터의 문제점을 파악하기 위하여 시험 신호를 사용하는 능동적 평가 방법과 컴퓨터를 활용한 정비 기술을 제시한다. 책의 후반부에서는 원자력발전소의 온도와 압력센서의 운영 및 정비, 원격으로 센서의 성능을 시험하는 능동적 방법과 수동적 방법을 설명할 것이다.

1.1 대상 발전소

그림 1.1은 이 책의 전반을 통해 대상 발전소로서 언급될 가압경수로(Pressurized Water Reactor, PWR)의 모습을 보여주고 있다. 이 그림은 원자로 용기, 1차 냉각재 루프, 증기발생기, 가압기, 그리고 2차 냉각재 루프를 설명하고 있다. 이러한 루프를 6개 사용하는 러시아형 PWR이 있기는 하지만, 기본적인 PWR은 2개에서 4개의 루프로 구성되어 있다. 그림 1.1은 PWR에 일반적으로 설치된 센서를 작은 원으로 표시하였다. 부연설명을 하면 원자로 용기 바깥쪽의 중성자 센서, 원자로 용기 안쪽 노심 상부의 노심출구열전대, 고온관과 저온관의 협역 저항온도측정기(Resistance Temperature Detector, RTD)와 광역 RTD, 1차 계통 및 2차 계통의 압력, 수위 및 유량 전송기 등이 있다.

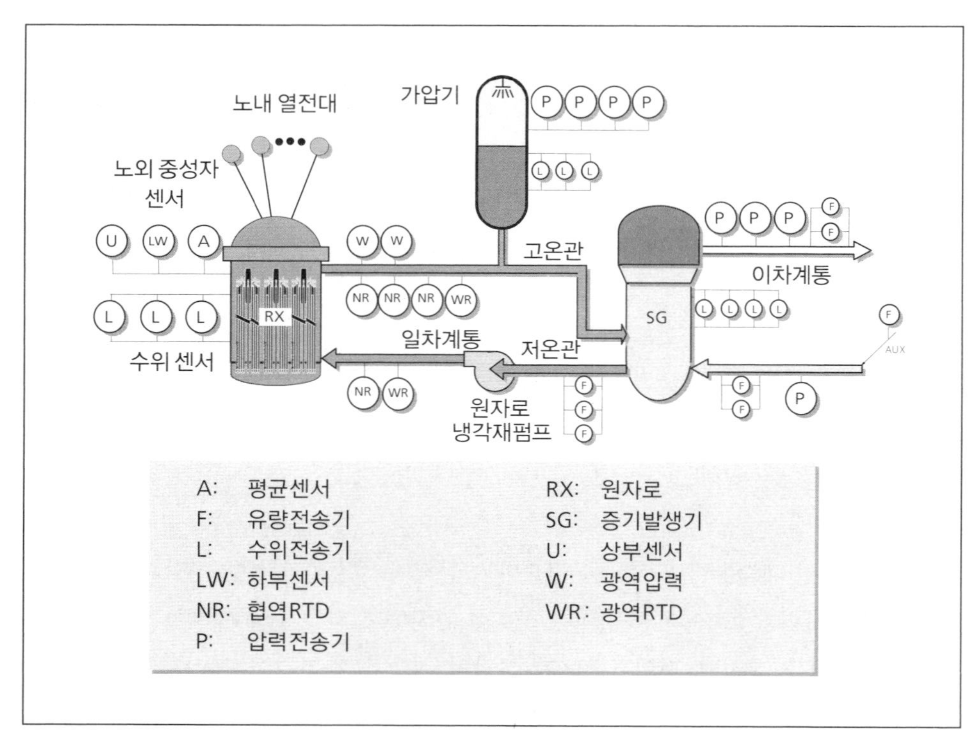

그림 1.1 PWR 계통과 대표적인 센서

현존하는 500개 가까운 세계 원자력발전소 중 대다수가 PWR이므로, 이 책에서는 대상 발전소로 PWR을 선택하였다. 그렇지만 대부분의 내용은 PWR뿐만 아니라 다른 형식의 기존 또는 신형 원자로, 이를테면 비등경수로(Boiling Water Reactor, BWR), 캐나다형 중수로(Canadian Deuterium, CANDU), VVER로 알려진 러시아 PWR, 액체금속냉각 고속증식로(Liquid Metal Fast Breeder Reactor, LMFBR), 그리고 고온가스 냉각로(High-Temperature Gas-cooled Reactor, HTGR)에도 응용할 수 있다.

1.2 계기교정을 위한 온라인 모니터링

원자력발전소에서는 그림 1.1과 같은 공정 변수의 측정을 위하여 2개에서 4개의 센서가 사용된다. 이러한 다중성은 발전소의 이용률을 개선하고, 단일 센서의 고장으로 발생하는 운전상 또는 안전상의 문제를 피할 수 있다. 주로 원자력발전소의 안전성과 이용률의 향상을 위하여 계측기를 다중화하여 구현하지만, 최근 원자력발전소에서는 공정 계측기의 교정 필요성을 확인하는 목적으로도 다중성을 이용한다. 예를 들면, 1차 계통에 설치된 RTD가 시간이 지나도 정확도를 유지하는지를 검증하기 위하여, 소위 교차교정(Cross-Calibration)이라 불리는 시험을 수행한다.

일반적으로, PWR의 1차 계통에는 약 16개에서 32개의 RTD가 설치되어 있다. 같은 온도 조건 하에서, RTD는 같은 환경에 노출될 것이다. 따라서 발전소 기동 또는 정지시 나타나는 다양한 온도에 대해 같은 RTD의 측정치를 기록하고, 측정된 온도 사이의 편차를 찾아낸다. 결과적으로 간격이 어느 정도 떨어진 세 가지 조건 이상의 온도 측정결과를 교차교정 데이터로 사용하여, 정상에서 벗어난 RTD를 찾아내기 위한 새로운 교정표를 작성할 수 있다.

RTD만큼 다중성을 보유하지 않은 압력 전송기에서는 드리프트의 발견을 위하여, 전송기의 출력 신호를 평균화하여 모델링하는 온라인 감시방법이 이용된다. 그림 1.2는 PWR의 4대의 증기발생기의 수위 전송기에서 얻어진 온라인 감시 데이터를 나타낸다. 각 곡선은 4대의 전송기의 평균으로부터의 편차를 나타내고 있다. 이 데이터는 2년에 걸쳐 수집되었는데, 이것은 발전소의 1주기 운전에 해당되는 시간이다. 이들 전송기는 운전 주기 동안 드리프트 하지 않았기 때문에, 교정이 필요 없는 데이터임을 알 수 있다. 이러한 사례는 원자력발전소 공정 계측장비의 온라인 교정 원리를 나타내고 있다.

그림 1.2의 데이터는 4대의 전송기에 대한 1점(One-Point) 교정에 해당된다. 넓은 범위에서의 전송기 교정을 위해서는 발전소의 정상 운전뿐만 아니라, 기동과 정지 시에도 온라인 데이터를 샘플링해야 한다. 원자력발전소의 압력 전송기의 온라인 교정감시 결과를 전송기의 동작 범위의 함수로서 그림 1.3에 제시하였다. 발전소 출력이 약 7.5~75 %의 범위에 걸쳐 전송기의 변동이 총 스팬(Span)의 0.5 %이내에 들어가는 것을 알 수 있다.

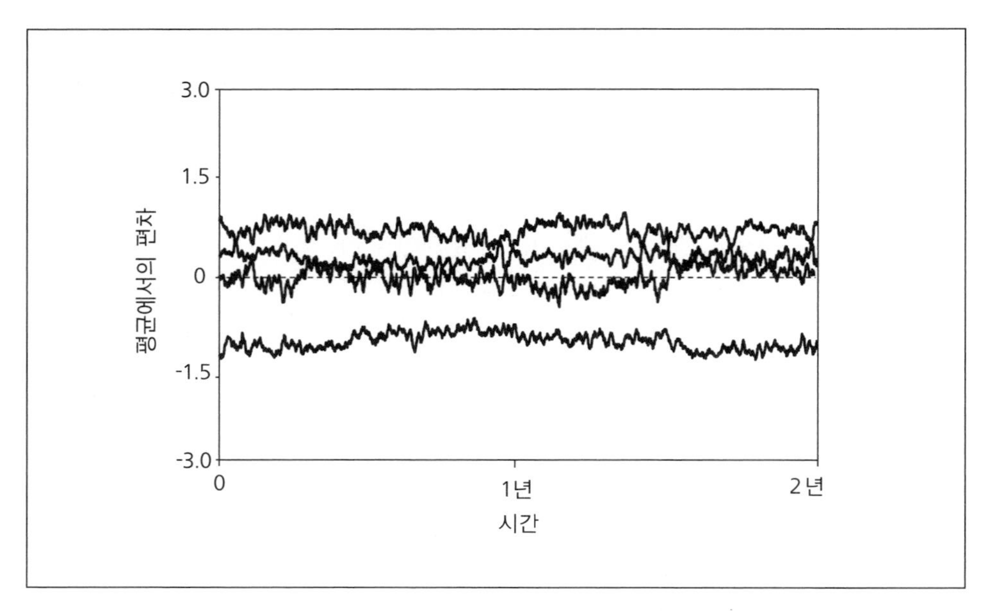

그림 1.2 4대의 전송기로부터 수집된 데이터의 온라인 감시

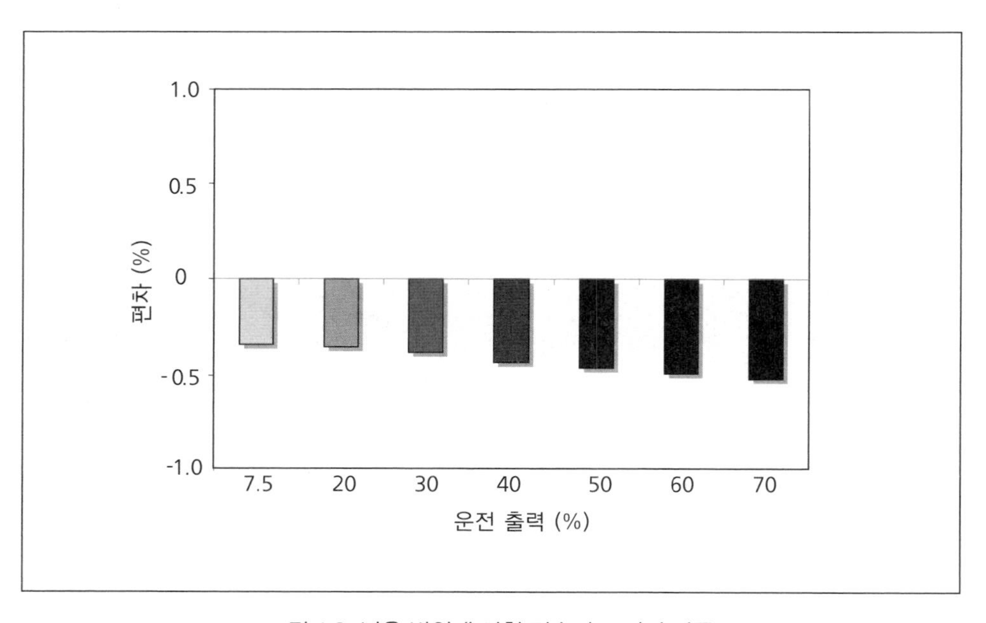

그림 1.3 넓은 범위에 걸친 전송기 교정의 검증

1.3 압력 전송기와 센싱라인의 동적 시험

센서와 전송기의 동적 시험을 위해서는 자료의 신속한 수집이 필요하다. 그림 1.4의 상단 그림은 원자력발전소의 센싱라인 끝에 위치한 수위 전송기를 나타낸다. 이 발전소에서는 각 전송기의 응답시간 측정과 압력 센싱라인 내의 문제점을 발견하기 위하여, 온라인 측정 매 주기마다 1회 실시한다. 이 예에서는 전송기의 출력 데이터를 1 msec 마다 1회 샘플링하여 전송기의 동적 특성을 시험하였다.

전송기 응답시간을 분석하기 위해 사용되는 파워스펙트럼밀도(Power Spectral Density, PSD)를 얻기 위하여, 데이터를 고속푸리에변환(Fast Fourier Transform, FFT)하는 것이 필요하다. 처음에는 전송기가 기대보다 늦은 응답시간을 보였다. 파워스펙트럼밀도도 이전의 기준이 되는 파워스펙트럼밀도와 일치하지 않았기 때문에 발전소에서는 전송기의 응답이 실제로 늦거나 센싱라인이 부분적으로 막혔거나, 혹은 그 양쪽 모두라고 판단하였다. 발전소의 정비 담당자는 발전소의 정지 중에 전송기와 그 센싱라인을 조사하여 여러 라인 중 1개가 1차 계통의 부식 생성물로 인해 막혀 있음을 확인하였다. 이에 센싱라인을 세척하고 다시 동적 시험을 반복하여 전송기의 성능을 복원 할 수 있었다.

그림 1.4의 아래는 센싱라인에서의 부식 생성물 제거 전과 제거 후의 전송기 파워스펙트럼밀도를 나타낸다. 부식 생성물이 전송기의 동적 성능을 저하시킨 것과 세정에 의해서 문제점이 해결되었음을 알 수 있다.

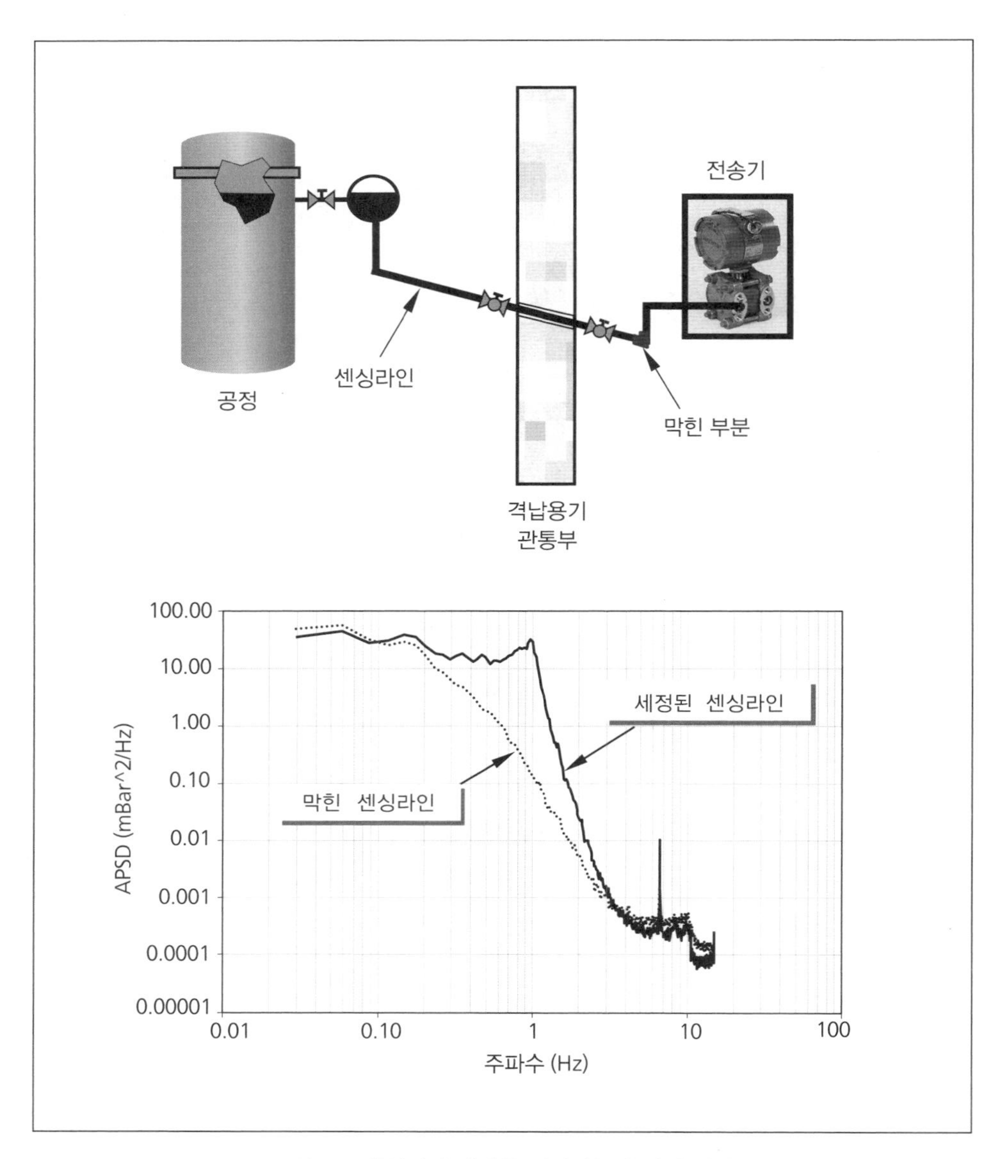

그림 1.4 센싱라인 폐색을 탐지하는 온라인 감사

원자력발전소의 압력 센싱라인은 폐색, 기포, 누설 등과 관련된 다양한 문제점이 생긴다. 원자력발전소의 이상고장보고서(License Event Report, LER) 데이터베이스의 검색 결과를 그림 1.5에 제시하였다. 안전관련 압력, 수위, 유량 전송기를 포함한 중요 기기의 고장은 미국 원자력규제위원회(Nuclear Regulatory Commission, NRC)에 의해서 관리되며 데이터베이스를 검색해서 이력을 확인할 수 있다. 그림 1.5의 데이터를 보면, 폐색, 기포, 누설에 의한 문제점이 10년간에 걸친 압력 센싱라인의 노화 관련 문제의 70 %를 차지하고 있음을 알 수 있다.

이 때문에 원자력발전소에서는 안전성과 운전 효율성의 확보를 위하여 압력 센싱라인을 포함한 압력 전송기의 온라인 동적시험을 실시하고 있다.

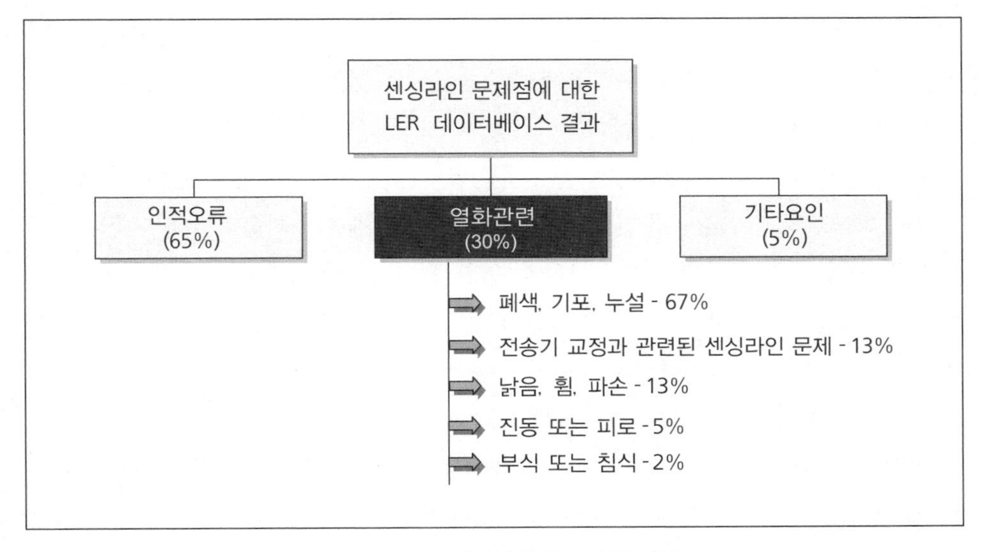

그림 1.5 LER 데이터베이스 검색 결과

1.4 벤츄리 파울링의 온라인 검출

PWR의 2차 계통에서는 전통적으로 벤츄리(Venturi) 유량센서를 사용해 급수 유량을 측정하고 있다. 그렇지만 벤츄리 유량센서에는 오래된 문제점인 파울링(Fouling)이 존재한다. 파울링은 벤츄리 유량센서의 직경을 작게 해, 급수 유량을 실제보다 높게 측정하는 결과를 낳는다. 벤츄리의 파울링 때문에 측정 유량이 실제보다 높아지면 원자로 출력도 실제보다 높게 계산되어 발전소는 허가된 발전량을 채우지 못하게 된다.

경험적으로 벤츄리의 파울링에 의한 유량의 불확실성은 발전소 전기 출력을 거의 3 % 낮추게 한다. 이 문제를 해결하기 위하여 많은 발전소에서 파울링의 영향을 받지 않는 초음파 유량 센서를 도입하였다. 대부분의 경우, 초음파 유량센서는 벤츄리 유량센서보다 정확하며, NRC는 발전소 출력을 3 % 끌어올리게 하는 방법으로서 이를 허가하고 있다.

원자력발전소의 출력을 3 % 올리기 위하여, 발전소는 초음파 유량계에 약 200만 달러(2006년 기준)를 지불해야 한다. 많은 발전소가 초음파 유량계를 도입함으로써 급수 유량 측정의 애매함을 줄일 수 있었고, 원자력 출력을 정격 출력에 접근시켰으므로, 이러한 투자는 타당하다고 여겨진다. 한편, 일부 발전소에서는 초음파 유량계를 사용하면서 벤츄리 유량계가 실제의 유량보다 낮게 지시하고 있었음을 발견하였다. 이러한 발전소에서는, 초음파 유량계를 도입한 후에 출력을 줄이지 않으면 안 되었다. 하지만 전체적으로는 초음파 유량계를 사용해 출력을 끌어 올린 발전소의 수가 출력을 감소시킨 발전소의 수보다는 훨씬 많다.

벤츄리 유량계의 상류와 하류, 발전소 내부의 다른 위치에서 측정된 신호를 사용하여 벤츄리 파울링의 여부를 온라인으로 감시할 수 있다. 벤츄리 파울링의 정도와 그것이 원자로 출력에 미치는 영향을 조사하기 위한 온라인 감시 결과를 그림 1.6에 제시하였다. 이 그림은 발전소의 한 주기 운전기간에 해당하는 500일을 나타내고 있다. 이 그림에는 2개의 그래프가 있다. 하나는 온라인 감시 데이터와 해석적 모델에 의해서 계산되는 원자로출력, 다른 하나는 발전소의 계측장치에 의해서 측정된 원자로 출력이다. 예측출력과 지시출력이 운전일 기준 100일 부근에서 나뉘기 시작한다. 지시 출력은 500일 부근에서 실제출력보다 약 2.5 % 상승하였다. 원자로에서는 보통의 경우 100 %의 출력을 넘어 운전하는 것이 허용되지 않기 때문에, 이 시점에서의 운전 가능 최대 출력은 발전소의 허용 출력으로부터 2.5 %만큼 공제된 값이 된다.

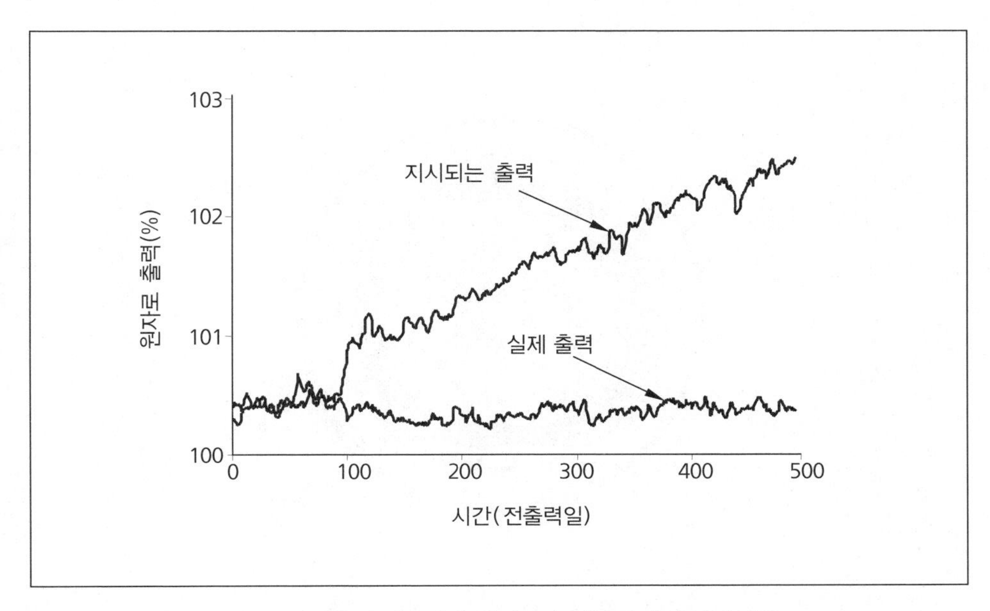

그림 1.6 벤츄리 파울링을 감시하기 위한 온라인 감시 사례

1.5 노내 진동 측정

그림 1.7은 원자로 용기, 노심배럴, 핵연료집합체 및 열차폐체가 있는 PWR의 횡단면을 나타낸다. NI-41, NI-42, NI-43, 그리고 NI-44는 노외에 설치된 4개의 중성자 센서를 나타낸다. 이러한 센서를 *노외 중성자계측기(Ex-core Neutron Detector), 중성자 계측센서(Neutron Instrumentation, NI),* 혹은 *출력영역 중성자속 모니터(Power Range Neutron Flux Monitor)*라고 한다. 이들의 주목적은 노심출력을 감시하는 수단으로서 중성자속을 측정하는 것이다. 또한 이들 계측기는 원자로 용기와 그 내부 구성요소의 진동 특성의 측정에도 유용하게 사용될 수 있다.

일반적으로, 원자로 용기의 위와 아랫부분에 진동센서(예를 들면 가속도계)를 설치하고, 원자로 시스템의 주요 구성요소가 과도하게 진동했을 경우에 경보를 울리게 한다. 그렇지만, 원자로 용기와 그 안쪽의 진동 측정에 대해서는 중성자 센서가 가속도계보다 더 민감하다는 것이 입증되었다. 이것은 원자로 내부의 진동수가 통상 30 Hz미만이기 때문에, 이 경우 가속도계보다 중성자 검출기를 사용해 원자로 용기와 그 내부의 과도한 진동을 알아내는 편이 보다 간단하기 때문이다. 높은 주파수의 진동 감시에는 가속도계가 적합하다.

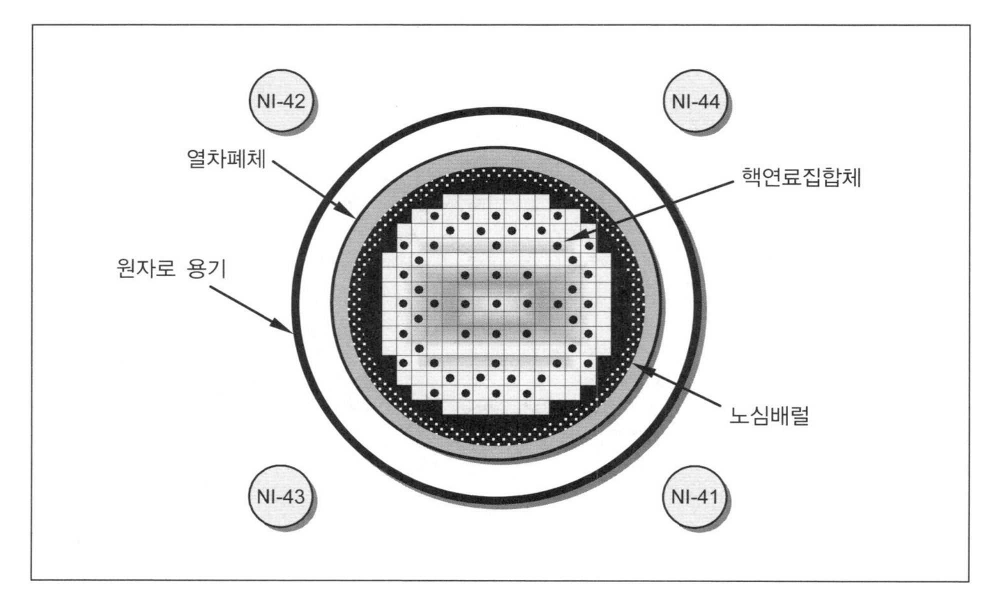

그림 1.7 PWR의 단면도

그림 1.8은 PWR의 중성자 센서로부터 얻어진 중성자 신호의 PSD를 나타낸다. 이 PSD에는, 원자로 용기, 노심배럴, 핵연료집합체, 열차폐체 등을 포함한 원자로 구성요소의 진동 특성(즉 진폭과 주파수)이 제시되어 있다. 그림 1.8에는 정확히 25 Hz에서 1,500 rpm으로 회전하는 원자로냉각재펌프의 피크가 존재한다. 이와 같이 중성자센서는 원자로 시스템 내부의 관한 모든 구성 설비에 관한 진동 특성을 잘 나타내고 있다.

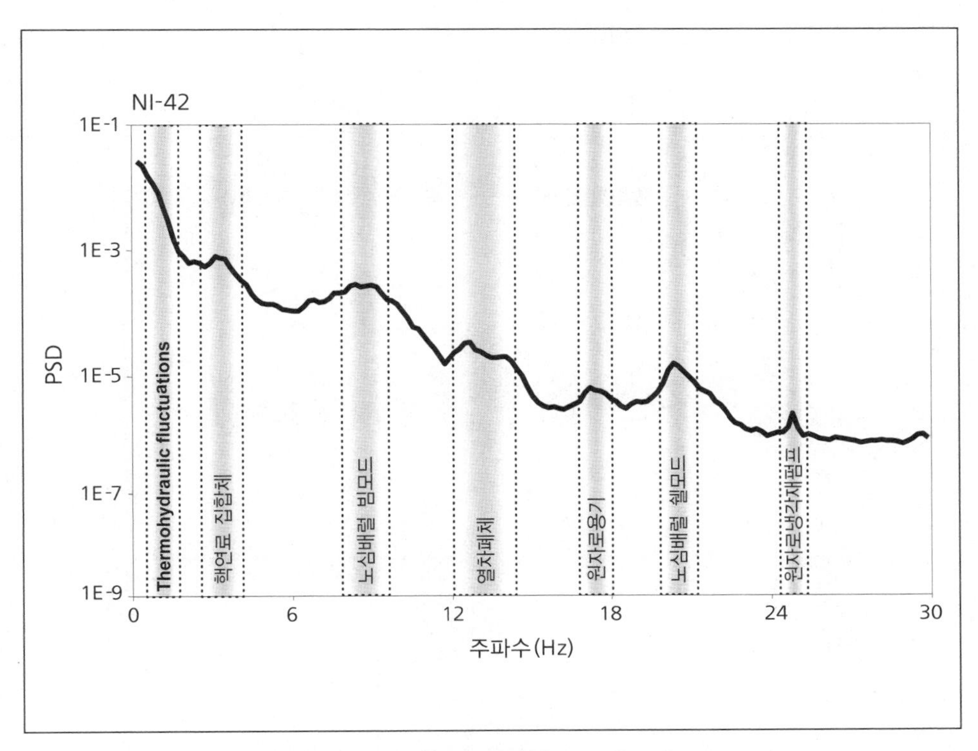

그림 1.8 원자로 내부구조물의 진동특성을 포함한 PSD

1.6 노심유량의 이상 검출

그림 1.1에서 PWR의 노심 상부에 다수의 열전대가 있는 것을 보여주었다. 이것은 노심출구열전대라고 부르며, 이를 사용해 노심 출구의 1차 냉각재 온도를 감시한다. 이러한 열전대와 노외 중성자센서를 동시에 사용하면 원자로 시스템을 통과하는 유량도 감시할 수 있다. 구체적으로는 노외 중성자센서와 노심출구열전대로부터의 신호를 교차 분석하여, 1차 냉각재가 중성자센서와 노심출구열전대의 물리적 거리를 통과하는 시간을 정확히 알 수 있다(그림 1.9 참조). 통과시간(Transit Time, τ)과 노심의 기하학 데이터를 사용하여 원자로를 통과하는 냉각재 유량을 평가함으로써, 유량의 이상 상태를 알아내고 유로의 폐색 발견 등 여러 가지 진단을 실시할 수 있다.

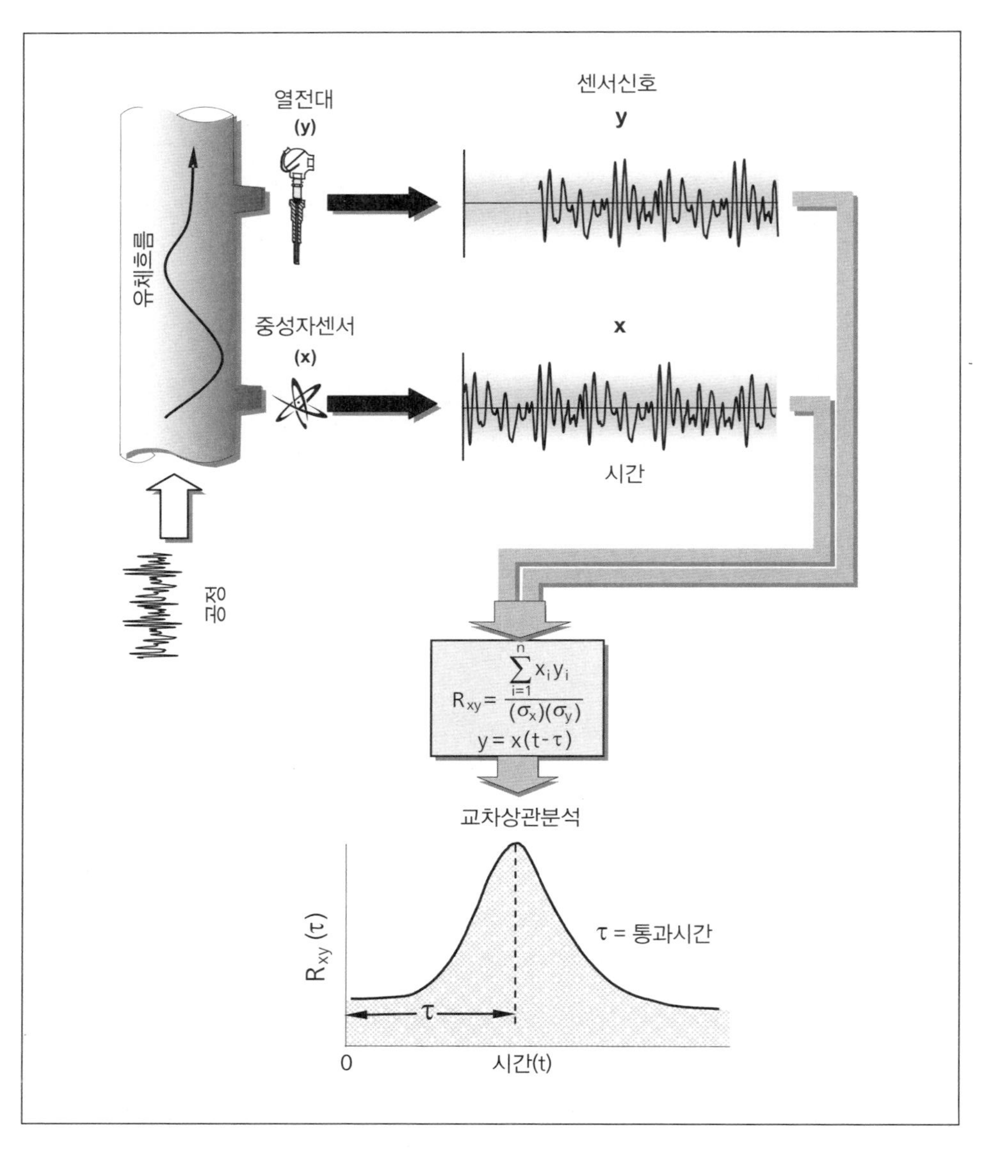

그림 1.9 통과시간을 결정하기 위한 중성자센서와 노심출구열전대의 교차상관분석 원리 (τ)

BWR에서는 그림 1.10와 같이 국부 출력영역 모니터(Local Power Range Monitor, LPRM)라고 하는 노내 중성자센서들을 사용해 중성자속을 측정하고 있다. 각 조의 LPRM 신호의 교차상관을 취하는 것으로, 노심을 문제 없이 흐르는 유량을 기준으로 하여, 진단의 목적으로 이것을 활용할 수 있다. 그림 1.10은 각 조의 LPRM(B 또는 C)로부터의 신호에 대한 위상대 주파수의 그래프를 나타낸다. 이 직선의 경사를

360으로 나누면 두 점(B또는 C) 사이를 통과할 시간이 계산된다.

BWR에 있어서 LPRM은 노심을 통과하는 유량의 감시뿐만 아니라, 센서 삽입관과 핵연료 박스의 진동 검출, 안정성 여유도의 평가, 기타 진단 등을 실시할 수 있다.

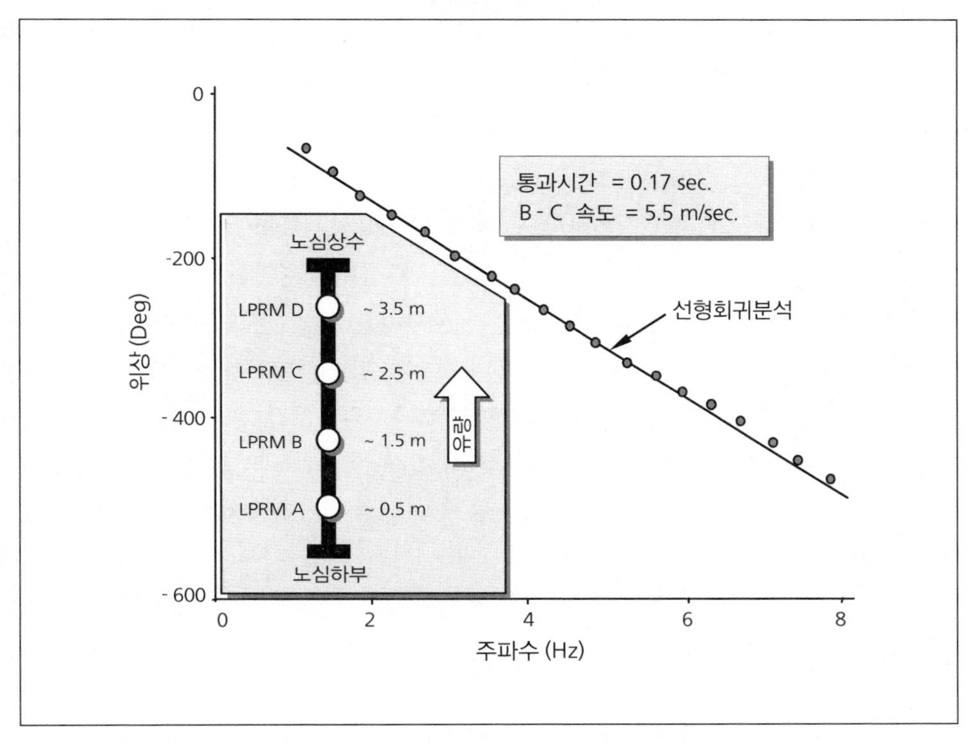

그림 1.10 노내 중성자센서를 이용한 BWR 노심유량 진단

1.7 CANDU 응용 사례

CANDU에서는 원자로 내에 삽입한 수평관과 수직관내의 중성자센서로 중성자속을 측정하여 원자로출력을 감시한다. 중성자속 측정과 함께 원자로 내부 진동도 측정할 수 있다. 예를 들면 그림 1.11에서와 같이, 오래된 CANDU에서는 연료가 들어간 칼란드리아 튜브가 아래쪽으로 쳐지는 현상이 생긴다. 진동에 의해서 흔들림 고정용 스프링이 느슨해져 본래의 위치로부터 어긋나면서 칼란드리아 튜브의 쳐짐 현상이 발생한 것이다.

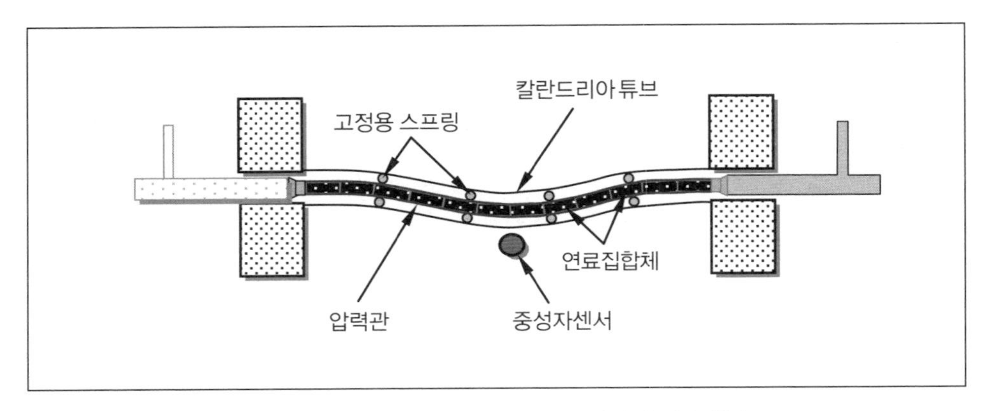

그림 1.11 CANDU 원자로에서 연료채널의 쳐짐 현상

이러한 쳐짐 현상에 의해서 노심 내의 다른 구성요소와 칼란드리아 튜브가 서로 접촉해 연료 파손과 같은 문제를 일으키는 경우가 있다. 만약 비교가 가능한 기준 진동신호를 이용할 수 있는 경우에는 그림 1.11과 같은 쳐짐 현상이 발생했는지를 확인하여 위하여 중성자 센서신호를 사용할 수 있다. 중성자 센서를 삽입하는 수평과 수직 센서 삽입관과 같이, 다른 노내 구조물의 진동을 측정할 때에도 중성자 센서를 사용할 수 있다.

1.8 온도센서의 가동중(In-Situ) 응답시간 시험

현장에 설치된 센서의 신호를 이용한 수동적 진단만이 원자력발전소의 유일한 시험 방법은 아니다. 이 책에서는 기기 성능의 평가, 진단, 또는 이상 검출을 위하여 외부로부터 인위적인 신호를 인가하는 능동적 시험을 사용하는 방법에 대해서도 언급하고 있다. 예를 들면, RTD, 열전대 및 중성자센서의 응답시간은 원래의 확장 리드를 통해 센서에 시험 신호를 보내어 측정할 수 있다. 이러한 시험은 발전소의 운전 중에도 실시할 수 있으므로, 실제로 센서의 가동중 응답시간의 시험이 가능하다

사례를 들면, 원자력발전소 1차 계통 RTD의 응답시간은 주변의 유량, 온도 및 압력의 영향을 받기 쉽다. 따라서 응답시간은 일상적인 운전조건 혹은 거기에 가까운 조건에서 측정해야 한다. 이를 위하여 루프전류스텝응답(Loop Current Step Response, LCSR) 시험이라고 불리는 방법이 1970년대 중반에 개발되었다. 이 방법은 센서의 내부를 가열하기 위하여 RTD 센싱소자에 전류의 스텝 변화를 더하는 것이다. 이

시험은 휘트스톤 브릿지(Wheatstone Bridge)에 RTD를 연결하여 실시한다. LCSR 시험을 위하여, 휘트스톤 브릿지에는 RTD에 흘리는 전류를 1 mA 혹은 2 mA에서 30 mA~50 mA까지 바꿀 수 있는 스위치가 사용된다. 내부 가열은 RTD의 저항을 임의로 증가시켜 휘트스톤 브릿지 출력에 지수함수적 변화를 가져온다. 원자력발전소 RTD의 과도현상을 그림 1.12에서 보여주고 있다. 이러한 과도현상을 기록하고 분석하여 RTD의 응답시간을 알아낸다.

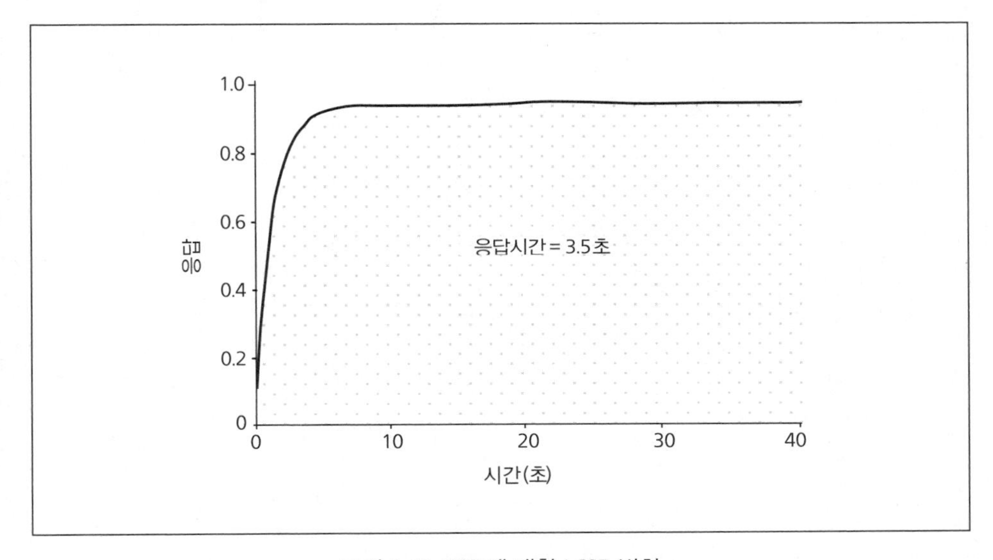

그림 1.12 RTD에 대한 LCSR 변화

1.9 케이블의 가동중 시험

원자력발전소에서는 케이블을 따라 임피던스를 평가하여 케이블 구성품(커넥터, 분배기, 다른 구성요소 포함)을 시험한다. 구체적으로 시간영역 반사율측정법(Time Domain Reflectometry, TDR)이라는 방법을 사용하여 원자력발전소의 케이블을 시험하여 고장난 부분을 알 수 있다. 우선 케이블을 통해 전기적 신호를 보내고, 그 반사된 신호를 케이블의 거리 또는 시간의 함수로서 표시하게 된다(그림 1.13). 이 그래프는 케이블의 임피던스의 변화에 따라 케이블의 단선, 단락, 접지, 혹은 케이블에 연결된 센서(예를 들면 RTD, 열전대, 혹은 중성자센서) 등의 이상 판정에 유용하게 쓰인다.

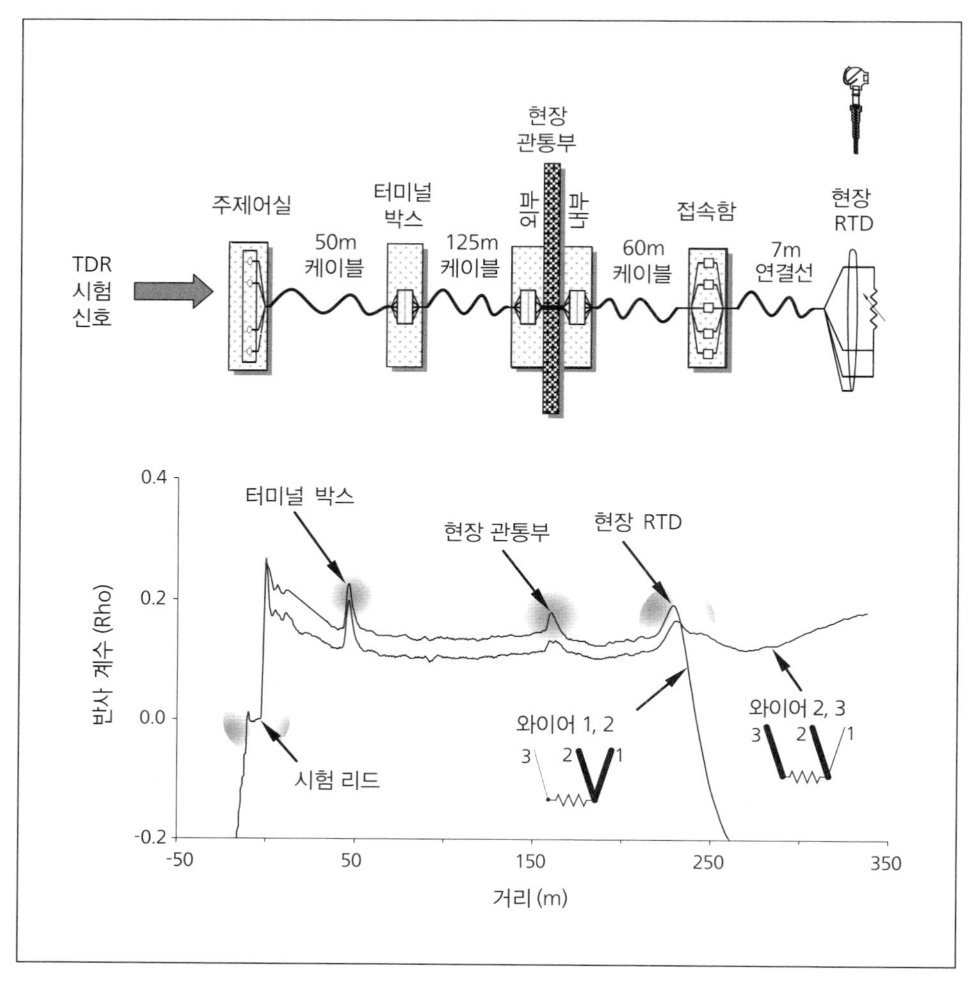

그림 1.13 원자력발전소 RTD 회로와 이에 해당되는 TDR 신호

특히 TDR 시험은 기준이 되는 TDR 특성신호와 비교를 할 수 있는 경우 케이블의 진단에 큰 도움이 된다. 예를 들면 원자력발전소의 RTD, 열전대, 혹은 중성자센서와 같은 계측기에 이상 신호가 나타나면, 그 오류가 원자로 격납용기의 안쪽에서 발생한 것인지 바깥쪽에서 발생한 것인지에 대한 의문이 생긴다. 그리고 그 원인이 격납용기의 안쪽에 있다는 것을 알면 다음에는 그 오류가 케이블 내에 있는가, 그렇지 않으면 센서에 있는가 하는 의문이 생길 것이다.

TDR 기술은 저항(R), 커패시턴스(C) 및 인덕턴스(L)와 같은 다른 전기적 측정치와 함께 활용되어 이러한 의문에 대한 대답을 제공해 준다. R, C 및 L에 대한 정보는

LCR 미터라고 하는 단일 계기로 측정하는 것이 가능하다.

TDR, LCR, LCSR을 조합하면, RTD, 열전대, 또는 스트레인 게이지의 오류와 케이블 오류를 구분하는데 매우 유용함이 입증되었다. 중성자센서와 같은 원자력 발전소의 다른 센서에 대해서도, TDR, LCR, 잡음해석의 기술을 조합해 사용할 수 있고, 케이블의 건전성이나 센서장치(이 경우, 중성자센서)의 성능을 검증할 수 있다.

1.10 자동화된 정비

최근 원자력발전소에서는 컴퓨터를 활용한 정비가 일반화되었다. 예를 들면 PWR에서는 원자로가 정상적으로 전출력 운전이 수행되고 있는 동안은 상당수의 제어봉과 정지용 제어봉이 통상 노심 상부에 보관되고 있다. 원자로를 정지할 필요가 생기면, 즉시 제어봉을 중력에 의해서 노심 내에 낙하시켜 원자로를 신속하게 정지시킨다. 이 때문에, 제어봉이 노심 상부부터 최하까지 낙하하는 시간이 매우 중요하다. 따라서, 대부분의 PWR에서는 정지 중에 사용이 끝난 연료를 교환한 후 또는 원자로 상부 구조물의 보수 작업을 실시한 후에 제어봉의 낙하시간 측정을 필히 실시해야 한다.

종래는 한번에 한 개씩 제어봉을 낙하시켜, 대응하는 제어봉 위치지시계 출력을 기록해 제어봉 낙하시간 측정을 실시해 왔다. 그렇지만 지금은 컴퓨터를 사용한 데이터 수집과 해석으로 모든 제어봉을 일제히 낙하시키면서 낙하시간을 자동적으로 측정할 수 있다. 이 때 통상 9개의 제어봉으로 구성되는 단일 뱅크의 제어봉을 동시에 낙하시킨다. 그림 1.14의 데이터는 핵연료 집합체내의 제어봉이 원자로의 최상부부터 내부를 관통하여 안내관의 하부에 있는 충격 흡수용 대쉬폿(Dashpot)에 도달해, 최하단까지 낙하할 때의 제어봉 위치지시코일의 출력을 제어봉 낙하시간의 함수로서 나타내고 있다. 이 그래프는 제어봉 낙하시간 측정에 사용되지만, 제어봉의 이동에 수반되는 문제점이나 제어봉의 부적절한 삽입과 같은 이상상태의 발견에도 이용할 수 있다.

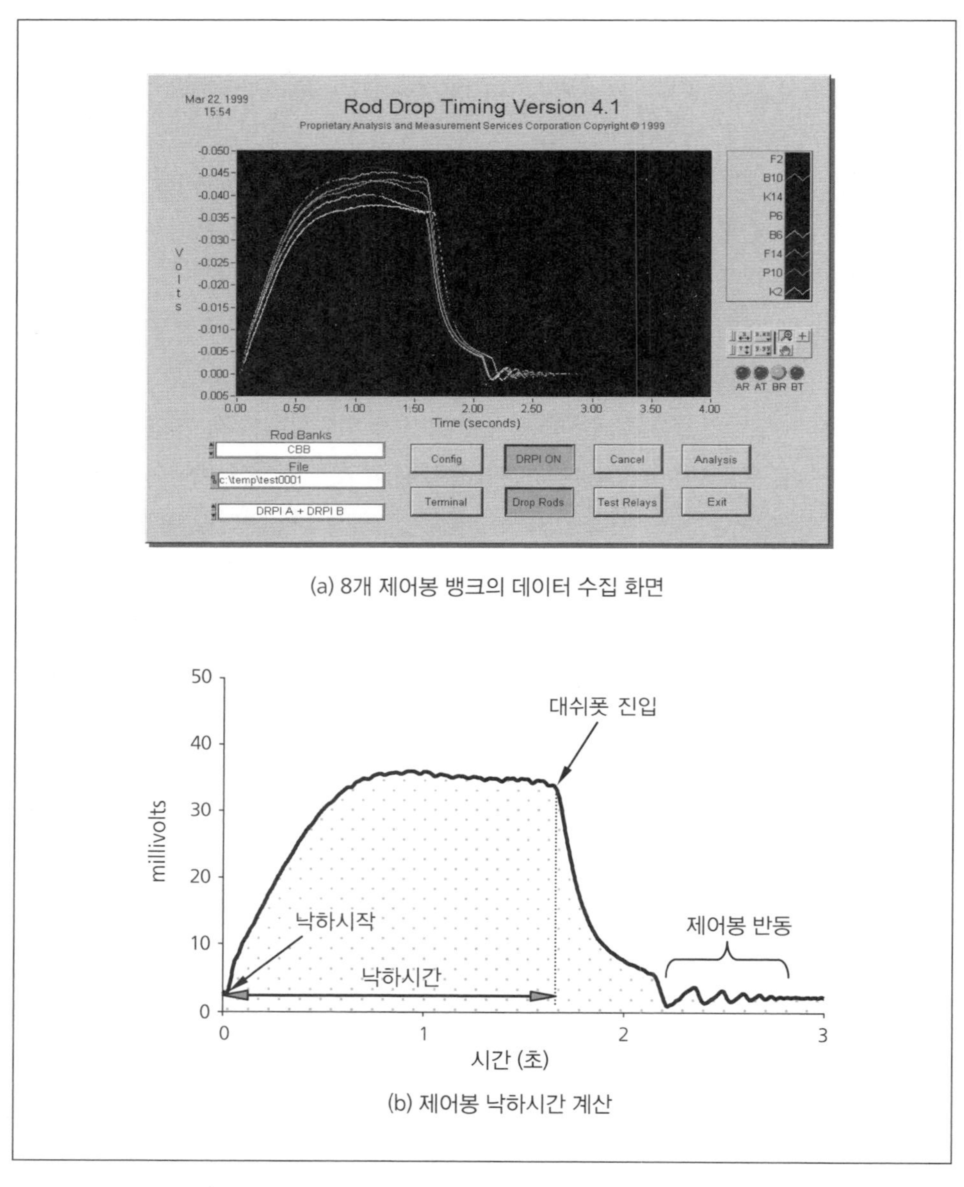

(a) 8개 제어봉 뱅크의 데이터 수집 화면

(b) 제어봉 낙하시간 계산

그림 1.14 8개 제어봉 뱅크에 대한 낙하시간 측정 결과

일반적으로 제어봉 낙하시간 측정은 원자력발전소의 기동을 위한 정비 기간을 좌우하므로, 복수의 제어봉을 동시에 시험하는 방법을 자동화하는 것은, 원자력발전소의 기동을 위한 공정에 필요한 시간을 절약해 발전소에 큰 경제적 이익을 가져온다.

원자로를 기동하거나 원자로출력을 제어하기 위하여 제어봉은 제어봉 구동장치(Control Rod Drive Mechanism, CRDM)라고 하는 전기-기계 시스템에 의해 노심 내외로 움직인다. 웨스팅하우스(Westinghous) PWR의 CRDM은 제어봉을 보관 유지하거나 이동시키는 장치를 조작하는 3개의 코일로 구성되어 있다. 이들은 정지 물림코일(Stationary Gripper Coil)과 이동코일(Life Coil)이라고 부른다. 정지물림 코일은 가동된 코일이 원자로 정지시에 떨어져서 걸리는 빗장 위치에 제어봉을 쥐고 버틴다. 그 후, 이동코일이 집합체 전체를 이동시킨다. 3개 코일의 동작은 정확한 타이밍과 순서로 하지 않으면 안 된다. 그렇지 않으면 제어봉이 노심에 잘못 낙하하는 경우가 생긴다. 따라서 연료의 교환이나 CRDM에 관련되는 보수 작업의 뒤, CRDM 시스템의 타이밍과 순서를 점검하기 위하여, 코일의 여자 전류를 감시하여 조정하게 된다. 이전에는 CRDM의 타이밍과 순서 시험이 한번에 1개의 제어봉에 대해서만 가능하였다. 그리고 데이터를 기록계에 표시해 CRDM가 정상적으로 동작하고 있는지를 눈으로 확인하였다. 분석 내용은 직접 손으로 계산하였다. 이것은 시간이 무척 걸리는 작업이었으므로 현재는 컴퓨터를 사용해 다수의 CRDM을 동시에 시험하도록 자동화되었다. CRDM의 자동화 시험 결과와 타이밍의 계산 결과를 그림 1.15에서 보여주고 있다.

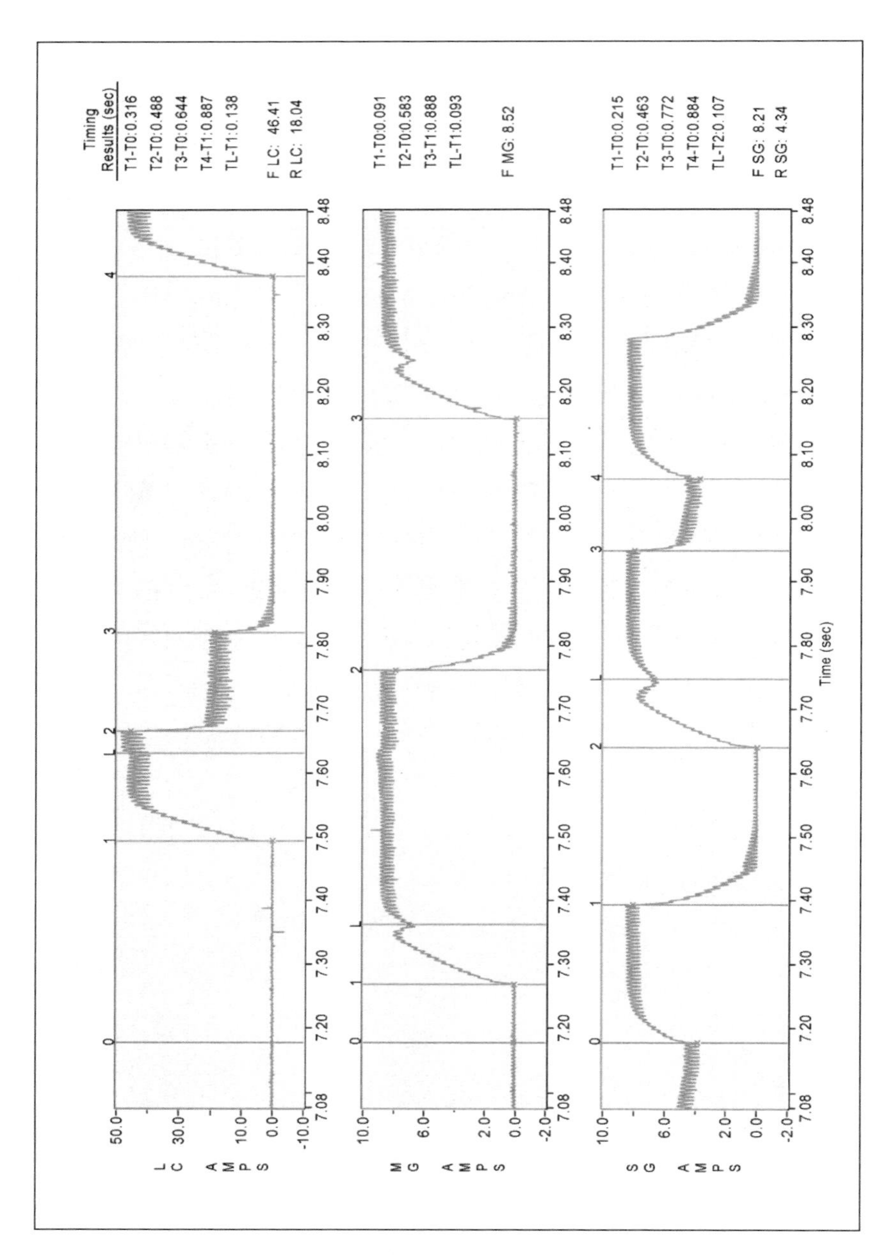

그림 1.15 CRDM 자동시험 결과와 타이밍별 사건기록

제2장

참고자료

이 책은 저자와 어낼리시스 앤 매저먼트 서비스 (Analysis and Measurements Services Corporation, AMS)가 1975년부터 2006년까지 실시해 온 연구 개발활동에 관한 내용을 담은 책이다. 이 책은 2005년에 계측/시스템/자동화학회(Instrumentation, Systems, and Automation Society, ISA)에서 출판된 저자의 책 Sensor Performance and Reliability[1]를 보완한 것이다. 이전 책에서는 공정 계측장비의 기초적인 내용을 소개했었다. 이 책에서는 공정산업 전반, 항공 우주, 원자력발전소, 그리고 AMS 실험실에서 인위적으로 시뮬레이션된 다양한 조건으로부터 얻어진 사례와 데이터를 이용하여 공정 계측장비의 시험과 진단을 수행한 내용을 중점적으로 취급할 것이다.

이 책에서 다룬 내용들은 미국오크리지국립연구소(Oak Ridge National Laboratory, ORNL), 미국 녹스빌의 테네시대학(University Tennessee in Knoxville, UTK), 미국전력연구소(Electric Power Research Institute, EPRI), 원자력정비지원센터 (Nuclear Maintenance Assistance Center, NMAC), 프랑스 전력공사(Electricite de France, EdF), 프랑스 원자력청(Commissariat a l'Energie Atomique, CEA)의 사크레이 연구소(Saclay Laboratory), 미국원자력규제위원회(NRC), 미국항공우주국 (National Aeronautics and Space Administration, NASA), 미국 공군(U.S. Air Force), 그리고 발전용 원자로를 운영하는 다수의 전력회사와 공동으로 행해졌다. 또한 저자는 국제원자력기구(International Atomic Energy Agency, IAEA),

[1] 센서성능 및 신뢰도, 한스하우스, 허균영 역, 2014년

국제전기기술위원회(International Electrotechnical Commission, IEC), 그리고 ISA에서 활동하면서, 원자력발전소의 계측제어(Instrumentation and Control, I&C) 시스템을 시험하기 위한 다수의 국내 및 국제 표준과 지침 작성에 참가하였다. 본서는 이러한 활동으로부터의 자료도 활용하였다.

부록 A에 있는 문헌 목록에 기술 논문, 잡지와 저널 기사, 보고서, 서적 등을 정리하였다.

2.1 공동연구개발

1970년대 초, ORNL의 계측제어 부문은 원자력발전소의 시험과 진단을 수행하기 위한 새로운 기기와 방법을 개발하는 프로젝트 수행하고 있었다. 예를 들면, 당시 미국에서는 클린치리버 증식로(Clinch River Reactor, CRBR)라고 하는 액체 금속 냉각 고속증식로(LMFBR)가 건설되고 있었다. 그리고 ORNL은 그 개발을 지원하는 역할을 하였다. 보통 고속증식로의 원자로 냉각재로 사용되는 액체소듐의 온도는 열전대를 사용하여 측정한다. 원자로에 비정상적인 현상이 생겼을 경우, 적절한 시간 내에 온도 측정을 할 수 있도록 열전대의 동적응답이 빨라야 한다. ORNL은 열전대의 동적응답을 측정하기 위하여 현장에서 사용할 수 있는 방법을 개발하기로 하였다. ORNL의 기술자는 당초 NASA에서 생각한 LCSR을 기반으로 이러한 방법을 개발하기 시작하였다.

비슷한 무렵 NRC는 PWR의 안전과 관련된 RTD의 응답시간을 측정하여 규제지침(Regulatory Guide) 1.118을 발표하였다. 이 때문에 EPRI는 RTD에 대해 LCSR을 적용시키기 위해서 UTK에 연구 자금을 제공하였다. 당시 UTK의 대학원생이었던 저자는 EPRI의 프로젝트에 참가했으며, 다른 기관의 지원도 받아 원자력발전소의 RTD에 대한 LCSR 시험용 하드웨어와 소프트웨어를 개발하였다. 이 프로젝트에서 저자는 ORNL과 UTK 뿐만이 아니라 프랑스의 EdF, CEA 와도 협력하여 LCSR 기술을 개발하였다. EdF와의 연구는 파리 근방의 레나르디에이르 연구소(Les Renardieres Laboratory)에서, CEA와의 연구는 파리 근방의 사크레이 연구소에서 실시하였다.

EdF는 레나르디에이르 연구소가 보유한 PWR 운전 조건, 온도 300 ℃(572 ℉), 압력 150 bar(15 MPa, 약 2,250 psi), 유속 10 m/sec(약 30 ft/sec)의 실험루프에 RTD 실험장치를 설치하였다. 이 실험장치를 사용하여 PWR의 운전 조건에서 RTD의 LCSR을 검증하였다. 이 작업 전에는 ORNL의 고중성자속 동위원소생산로(High Flux Isotope Reactor, HFIR)에서 수행되었던 몇 번의 시험을 제외하고는 모두 실험실 조건에서만 LCSR 기술개발이 진행되었다. EdF 실험에서 PWR의 RTD 응답시간을 측정하는 LCSR 방법론의 타당성을 확립할 수 있는 데이터를 생산할 수 있었다.

센서를 시험하기 위한 루프를 개발하고 있던 사크레이 연구소에서는, 레나르디에이르 연구소에서 실시한 연구를 보충하기 위하여 부가적인 시험을 실시하였다. 여기서 RTD와 열전대의 응답시간을 시험하기 위한 잡음 해석법도 시도되었다. 이 방법은 LCSR로 얻을 수 있는 정도와 동일한 것은 아니었지만, 꽤 타당한 결과를 얻을 수 있었다. 이전에 행해진 잡음 해석법을 검증하는 연구들은 앞서 레나르디에이르 연구소의 EdF 루프에서도 수행되었으며 공정에 설치되는 RTD와 열전대의 응답시간을 가동중인 상태로 측정할 수 있다는 결론에 이르렀다.

LCSR에 대한 첫 번째 발전소 적용은 밀스톤(Millstone) 원자력발전소에 설치된 16개의 RTD에 대하여 실시되었다. 적용 결과와 LCSR의 연구 성과는 밀스톤 발전소의 기술보고서를 통해 공개되었다.[2] AMS는 밀스톤 원자로를 운영하는 노스이스트(Northeast) 전력회사와 계약을 맺고 해당 보고서를 작성하였다. 노스이스트 전력회사는 원자력발전소 RTD의 응답시간 측정을 위한 LCSR의 허가 요청서와 기술보고서를 NRC에 제출하였다. 약 2년간에 걸쳐 NRC와 질의응답을 마친 후, NRC는 1980년 LCSR이 규제지침 1.118에 적합하다고 판단하고, 원자력 발전소의 RTD 기술 사양에 적합한 방법으로서 승인하였다.

이것은 ORNL, UT, EPRI, EdF, CEA 및 전력회사가 공동으로 수행한 연구 개발 사례이다. 이들 중 일부는 AMS 및 원자력발전소 시험 및 진단 기술을 개발하는 기관과 함께 다른 공동 연구도 수행하였다. 일례로 압력, 수위, 그리고 유량 전송기의 응답시간 측정; 압력 센싱라인의 폐색, 기포, 누설, 그리고 정재파의 온라인 탐지; 원자로 용기와 노내 구조물의 진동 측정; BWR의 안정성 여유도 측정; 금속파편 감시; 노심 유량 이상, 유로 폐색 및 냉각재 전송로의 온라인 탐지 등이 있다. 미국과 프랑스의 연구와는 별도로, 1975년 이후 독일, 헝가리, 일본, 네덜란드, 러시아, 한국 등에서 이러한 분야의 연구가 진행되었다. 세계 각지의 원자력 산업계 전문가는 이러한 성과에 대한 많은 논문을 공개하였다. 저자는 이 책을 집필할 때에 이러한 최신 자료를 가능한 많이 참고하였다.

2.2 정부주도 연구개발

정부와 국제기관이 자금을 제공하는 원자력 연구개발은 주로 국립 또는 국제 연구소와 해당 계약자에 의해서 실시된다. 미국의 ORNL과 프랑스의 CEA 사크레이 연구소가 그러한 사례이다. 국제공동 연구로는 노르웨이의 할덴 원자로 프로젝트 (Halden Reactor Project, HRP)가 원자력 관련기술을 지원하는 개발업무를 수행하는 것을 들 수 있다.

미국에서는 1980년대 개인 또는 중소기업(2006년도 기준에 따르면 2,500만 달러 미만의 연간 매출과 종업원 500명 미만 규모)의 기술 혁신을 촉진하기 위한 정부주도 연구개발 프로그램이 계획되었다. 중소기업 혁신연구개발사업(Small Business Innovation Research, SBIR)이라고 하는 이 프로그램은 선정된 기술 분야의 연구개발과 상업화에 위하여, 3년에 걸쳐서 약 100만 달러까지의 지원금을 제공하였다. 이 사업은 정부의 연구개발 요구사항을 만족시키면서 동시에 민간 부문의 기술 혁신과 사업의 상업화를 촉진한 것으로서 인정받았다.

SBIR 프로그램을 통해 AMS는 에너지부(Department of Energy, DOE), 국방부(Department of Defense, DOD), 미국 공군, NASA, NRC 등과 함께 연구개발 사업을 실시하였다. 이러한 연구 성과는 NASA 및 미공군 보고서, NRC의 NUREG/CR 시리즈로 발간되었다. 이러한 보고서의 대표적인 목록은 다음과 같다.

(1) 원자력발전소의 RTD의 성능과 경년열화 특성에 관한 NRC 보고서
- NUREG/CR-4928
- NUREG/CR-5560

(2) 원자력발전소의 압력 전송기의 성능과 경년열화 특성에 관한 NRC 보고서
- NUREG/CR-5383
- NUREG/CR-5851

(3) 원자력발전소의 첨단 계측제어 보수 기술의 개발과 평가에 관한 NRC 보고서
- NUREG/CR-6343
- NUREG/CR-5501

(4) 원자력발전소를 위한 새로운 센서의 개발과 평가에 관한 NRC 보고서
- NUREG/CR-6312

- NUREG/CR-6334

(5) 제트엔진 시험시설에 있어서 과도상태 온도측정에 관한 미공군 보고서
- AEDC-86-46
- AEDC-TR-91-26

(6) 센서의 고체 재료 품질을 평가하기 위한 방법에 관한 NASA 보고서
- NASA-Phase I (일반에 출판되지 않음)
- NASA/CR-4744

이들 보고서의 내용과 SBIR 자금을 이용하여 DOE 위탁으로 수행된 원자력발전소 관련 연구개발의 성과도 이 책에서 일부 다루었다. 부록 A에 소개된 대부분의 문헌들은 공식적으로 이용이 가능하다.

2.3 전력회사주도 연구개발

미국의 전력회사가 자금을 제공하는 연구개발의 대부분은 EPRI를 통해 실시되고 있다. EPRI는 캘리포니아 팔로알토(Palo Alto, California)에 본부를 두고 있으며, 노스캐롤라이나 샬롯(Charlotte, North Carolina)에 있는 NMAC와 같은 기관과 제휴하고 있다. EPRI는 발전 사업을 지원하기 위하여 전력 산업계의 연구 개발을 지원하고, 보고서와 지침 발행, 기술 회의, 세미나, 교육 코스 등을 운영한다. 게다가 정부기관과의 기술적 교류에 있어서 전력 산업계 대표를 맡는다. 미국의 많은 전력 회사뿐만 아니라, 다른 나라의 여러 전력회사도 EPRI의 회원이다. 회원사들은 EPRI에 자금을 제공하고, 의견을 내거나, 기관의 결과물을 공유할 수 있다. 비회원들은 유료로 이용이 가능하다.

원자력발전소의 계측장비에 관련된 EPRI 연구의 최근 사례로서 데이터 수집과 계측장비 교정을 검증하기 위한 온라인 감시기술의 개발을 들 수 있다. EPRI는 기술 개발과 상용화뿐만 아니라, 원자력발전소에 대해 기술사용 허가를 NRC로부터 획득하는 것도 지원하였다. EPRI는 압력 전송기 교정의 온라인 감시에 관한 기술 보고서를 1990년 말에 발행하였다. 원자력발전소의 압력, 수위, 그리고 유량 전송기의 교정 주기를 연장하기 위하여 온라인 감시기술을 사용하는 것에 대한 인허가 요청서를 원자력 산업계를 대신하여 NRC에 제출하였다. 수년에 걸친 토의와 심의 후, 2000년 7월

NRC는 이 기술에 관한 안전성평가보고서(Safety Evaluation Report, SER)를 발행하고, 온라인 감시기술을 승인하였다. 이 보고서는 원자력 산업계가 압력, 수위, 유량 전송기를 성능기반으로 교정하는 길을 열어 주었다.[3] 현재까지 영국의 사이즈웰(Sizewell) 원자력발전소에서는 1차 계통과 2차 계통의 압력, 수위, 유량 전송기의 교정을 검증하기 위하여 온라인 감시기술을 성공리에 적용하였다. 또, 미국의 V.C.서머(Summer) 원자력발전소에서는 공정 계측장비의 시간기반(Time-based) 교정을 조건기반(Condition-based) 교정으로 전환하기 위한 기술사양 변경을 NRC에 신청하였다.

EPRI의 NMAC에서 수행된 사례로는 원자력발전소 PWR 제어봉을 어떻게 운전 및 정비하는지에 대한 지침 개발을 들 수 있다. 제어봉 계통의 운전지침에는 PWR의 제어용, 정지용의 제어봉의 낙하시간 측정, CRDM의 구동 타이밍 및 시퀀싱 시험 등을 자동화하는 기술을 담고 있다.

전력회사의 연구개발 필요성은 EPRI를 통해서도 달성되지만, 국립 연구소 및 국제 연구소, 소규모 연구개발 기관, 기타 외부업체 등을 통해서도 해결될 수 있다. 예를 들면, 듀크(Duke) 전력회사와 테네시강유역 개발공사(Tennessee Valley Authority, TVA)는 그들이 운영하는 발전소를 지원할 수 있는 새로운 장비와 방법론을 개발하거나 필요로 하는 문제의 해답을 찾기 위해, 독자적인 수단을 가지고 있다. 일반적으로 전력회사는 신기술 개발을 위하여 자사의 연구개발 업무 예산을 보유하고 있고, 전문가 또는 외부 기관과 계약을 한다. 예로서 2개의 PWR을 운영하는 아칸소 뉴클리어 원(Arkansas Nuclear One, ANO) 발전소는, 원자로 2호기(ANO-2)를 지원하기 위하여 AMS와 연구 프로젝트를 계약하였다. 1970년대 말 ANO-2의 1차 냉각재 RTD 중 몇 개가 발전소의 기술요건인 6.0초의 응답시간을 만족시키지 못하고 있음이 밝혀졌다. 그 당시에는 그러한 요건을 만족시킬 수 있는 원자력 사양의 RTD를 구하기가 매우 힘들었다. 때문에 열전달 성능을 개선해 응답시간을 줄이기 위하여, RTD 열보호관(Thermowell)의 끝부분에 네버시즈(NEVER-SEEZ)라는 열전달 커플링 콤파운드를 사용하였다. ANO-2의 RTD 응답시간은 평균 약 6.0초에서 약 4.0초로 개선되었다. 이로 인해 이 발전소에서는 다른 RTD나 열보호관이 새로 개발될 때까지 이를 활용하여 계속 운전하는 것이 승인되었다.

보통 금속 피팅재를 연결시킬 때, 나사산을 매끄럽게 하기 위하여 네버시즈를 사용한다. 이 제품은 좋은 윤활성과 열적 성질을 갖고 있으며, 200 ℃까지의 온도에서 양호하게 작동한다. 거의 모든 PWR와 마찬가지로 ANO-2의 1차 냉각재 계통의 운전 온도는 300℃이상이다. 따라서 발전소의 운전 온도 조건에서 네버시즈의 열적 특성때문에 장기적인 해결법으로서 사용할 수 없었다. AMS는 네버시즈의 대용품을 찾는 임무를 맡게 되었다. 찾아낸 열전달 커플링 콤파운드는 AMS의 연구소에서 시험되었으나 모두 네버시즈보다 장기간 성능 특성에서 양호하지 않았다. 그 후 응답시간을 개선하기 위하여 AMS에서는 RTD의 말단 온도 측정부에 금이나 은으로 도금을 하는 새로운 연구를 시작하였다. 이 연구는 상당히 우수한 결과를 나타냈으며, 그 방법을 사용하여 원자력발전소 RTD의 응답시간이 개선되었다. 그 이후 RTD 제작사는 보다 양호한 응답시간 특성을 갖는 새로운 계측기와 열보호관을 개발하였다.

2.4 IAEA 지침

IAEA에서는 원자력 산업을 지원하는 정보(신규 정보 및 기존 정보)를 보급하기 위하여, 기술 보고서(TECDOC)와 지침을 발간하고 있다. IAEA 보고서는 오스트리아 비엔나(Vienna, Austria)에 있는 IAEA 본부나 다른 곳에서 정기적으로 IAEA 가맹국의 전문가에 의해서 작성되고 있다. 일반적으로 5명 정도가 위원회를 만들어 1~2년에 걸쳐서 자료를 정리하고 문서를 작성한다. 그 후, IAEA는 다른 가맹국의 전문가에게 의뢰해 자료를 재검토하고 의견에 대한 동의를 구한다. 그 후 자료를 출판하여 무료 또는 저렴한 비용으로 IAEA 가맹국에 제공하고, 회의 및 워크숍을 통해 자료의 내용에 대해 설명함으로써 원자력 산업계가 관련 정보를 활용할 수 있도록 노력한다.

이 책의 주제와 관계가 되는 IAEA 자료를 아래에 제시하고 있다.

- IAEA-TECDOC-1147, "Management of Aging of I&C Equipment in Nuclear Power Plants," 2000년 6월
- IAEA-TECDOC-1327, "Harmonization of the Licensing Process for Digital Instrumentation and Control Systems in Nuclear Power Plants," 2002년 12월
- IAEA-TECDOC-1402, "Management of Life Cycle and Aging at Nuclear Power Plants: Improved I&C Maintenance," 2004년 8월

- 새로운 자료, "On-line Monitoring for Nuclear Power Plants, Part 1: Instrument Channel Performance Monitoring," 2006년 출판 예정[2].
- 새로운 자료, "On-line Monitoring for Nuclear Power Plants Part 2: Process and Component Condition Monitoring and Diagnostics," 2007년 출판 예정[3]

저자는 이들 자료, 지침, 보고서를 작성한 IAEA의 위원회에 참가하였다. 이 책은 그러한 경험으로부터 얻은 지식을 참고로 하고 있다.

2.5 ISA및 IEC 표준

ISA, IEC, 미국전기전자학회(Institute of Electrical and Electronics Engineers, IEEE) 나 미국재료시험협회(American Society for Testing and Materials, ASTM)와 같은 곳에서 원자력과 다른 산업의 공정 운전과 정비, 하드웨어 및 소프트웨어의 개발을 위한 요건을 제정하기 위하여 국제 표준을 개발하고 있다. 미국표준협회(American National Standards Institute, ANSI)와 같은 국립표준기관에서 이러한 표준을 승인하곤 한다. 그러한 표준의 사례를 아래에 제시하고 있다.

- ANSI/ISA Standard 67.06.01-2002, "Performance Monitoring for Nuclear Safety-Related Instrument Channels in Nuclear Power Plants," 2002.
- ANSI/ISA Standard 67.04.01-2000, "Setpoints for Nuclear Safety-Related Instrumentation," 2000.
- IEC Standard 62342, "Nuclear Power Plants - I&C Systems Important to Safety – Management of Aging," 2007년 출판예정[4].
- IEC Standard 62385, "Nuclear Power Plants - I&C Methods for Assessing the Performance of Safety System Instrumentation Channels," 2007년 출판예정[5].

---

[2] IAEA Nuclear Energy 시리즈 NP-T-1.1, 2008년 출판

[3] IAEA Nuclear Energy 시리즈 NP-T-1.2, 2008년 출판

[4] 2007년 8월 출판

[5] 2007년 8월 출판

- IEEE Standard 323, "IEEE Standard for Qualifying Class 1E Equipment for Nuclear Power Generating Stations," 2004년.
- IEEE Standard 338, "IEEE Standard Criteria for the Periodic Surveillance Testing of Nuclear Power Generating Station Safety Systems," 1988년.
- ASTM Standard E644, "Standard Test Methods for Testing Industrial Resistance Thermometers," 2004년.
- ASTM Standard E230, "Specification and Temperature-Electromotive Force (EMF) Tables for Standardized Thermocouples," 2003년.

저자는 이러한 표준 제정에 저자, 위원, 또는 감수자로서 참여하였으며, 당시 얻은 경험이 이 책을 집필하는데 많은 도움을 주었다. 몇 가지 표준에 대하여 간단히 요약하면 다음과 같다.

(1) ANSI/ISA Standard 67.06.01

1980년대 초 원자력발전소의 온도 센서와 압력센서의 응답시간을 측정하는 방법을 설명하기 위하여 이 표준이 만들어졌다. 이 표준은 발전소 운전 중에 공정 센서의 교정을 검증하기 위한 온라인 감시기술을 포함하고 있으며 1990년대 후반에 개정되었다. 1984년 ISA가 발행한 원래의 67.06 표준의 제목은, 「원자력발전소 안전관련 계측채널의 응답시간시험(Response Time Testing of Nuclear Safety-Related Instrument Channels in Nuclear Power Plants)」이었다. 2002년에 새로운 개정판이 발행되었는데, 개정판의 표제는, 「원자력발전소 안전관련 계측채널의 성능감시(Performance Monitoring for Nuclear Safety-Related Instrument Channels in Nuclear Power Plants)」이다.

(2) ASTM Standard E644-04

이 표준은 산업용 RTD의 구조부터 시험에 관한 요건을 다루고 있다. 예를 들어 이 표준에서는 센서 제작사나 다른 기관에서 실험실 조건하에서 RTD 응답시간을 측정하기 위한 방법에 대해 기술하고 있다. 이 책은 2004년 출판되었으며, 제목은 「산업용 저항온도계 시험을 위한 표준 시험법(Standard Test Methods for Testing Industrial Resistance Thermometers)」이다.

(3) IEC Standard 62385

이 표준은 원자력발전소 센서의 성능을 시험하기 위한 요건, 센서의 응답시간을 측정하는 LCSR과 잡음 해석법을 다룬다. 이 규격은 1993년에 출판된 LCSR과 잡음 해석법을 사용하여 RTD의 응답시간을 시험하기 위한 요건이었던 IEC Standard 61224를 대신하고 있다.

(4) IEC Standard 62342

이 표준은 안전관련 계측장비의 경년열화가 발전소의 안전성을 위협하지 않는 것을 증명하기 위하여 원자력발전소에서 활용해야 하는 지침이다. 「원자력발전소 I&C 기기의 경년열화 관리(Management of Aging of I&C Equipment in Nuclear Power Plants)」라는 IAEA-TECDOC-1147의 지침을 기본으로 이 표준이 개발되었다..

표준을 작성하는 개인, 조직, 위원회는 최신 정보가 담긴 정확한 내용의 국내 또는 국제 규격을 작성하지만, 표준이 모든 필요한 정보와 요건을 다루고 있다고는 할 수 없다. 아무리 최신판이라고 해도 경우에 따라서는 표준의 요건이 안전성을 충분히 보증하지 못할 수도 있다.

일반적으로 특정 주제에 대해 전문 지식과 관심을 갖고 있는 자원자들이 표준을 작성하기도 하고, 표준 준비에 참여하는 방법으로도 만들어진다. 제작사 협회는 산업계를 위한 요건 제정을 위하여 표준 작성 활동에 관여한다. 간혹 제작사 자신들의 결과물이나 아이디어를 활용하기 위하여 표준 제정에 참여하기도 한다. 특정 개인이나 이익단체, 기업이 표준에 영향을 미치거나 지배하는 것은 바람직하지 않기 때문에, 모든 관련자의 관심사를 표준에 반영하는 것이 일반적이다. 그러나 항상 이해의 충돌이 생길 소지가 있으므로, 적절한 운전성과 안전성을 보증하기 위해서는 어떤 하나의 표준이나 단일 그룹의 표준에 의존해서는 안 된다.

제3장

원자력발전소 계측장비의 정비

원자력발전소 계측장비의 정비는 일반적으로 다음 시험을 포함해야 한다.[5]

(1) 교정 검증

(2) 응답시간 측정

(3) 케이블 시험

(4) 잡음 진단

이러한 시험이 실시되는 이유는 다양하다. 예를 들면, 거의 모든 발전소에서 중요 계측장비의 교정 검증은 반드시 필요하다. 어떤 발전소에서는 교정상태를 검증하고 적합성을 증명하기 위하여, 공정 센서의 응답시간을 측정해야 한다. 케이블 시험과 잡음 진단은 일반적으로 필수는 아니지만, 신호의 이상 또는 다른 문제점의 근본적 원인을 확인하기 위하여 행해진다. 케이블 시험과 잡음 진단을 조합한 응답시간 시험은 예측 정비를 실시하거나 계측제어 기기의 경년열화를 관리하는 수단으로서 원자력 산업의 표준과 지침으로 제안된다.

이 책에 사용하는 「정비(Maintenance)」의 의미는 무엇인가를 수리하는 것은 아니고, 기기의 성능을 점검하는 것을 의미한다. 정비는 능동적 작업이나 수동적 작업을 포함하며, 능동적 정비의 예로서는 측정, 감시, 교정, 분석 등이 있다. 수동적 정비의 예로서는 보고, 듣고, 느끼는 등의 절차가 있다. 예를 들면 응답시간 측정(능동적 정비)에 의해 센서의 동적 성능을 점검하거나, 색깔, 질감, 건전성 확인 등의 시각적인 검사(수동적 정비)에 의해 케이블의 상태를 평가할 수 있다.

제4장

온도계측

원자력발전소에서 가장 중요한 변수인 온도는 RTD와 열전대를 이용해 측정한다. 예를 들면, PWR에서는 RTD를 사용해 1차 냉각재 온도와 급수 온도를 측정하고, 열전대를 사용해 노심출구 온도를 측정한다. 노심출구열전대는 온도를 주로 감시하는 목적으로 사용한다. 그 때문에 일반적으로 응답시간의 요건은 그리 엄격하지 않다. 이와는 반대로 1차 냉각재 RTD의 출력 신호는 발전소의 제어계통과 안전계통의 입력 신호가 된다. 따라서 이들은 매우 정확하지 않으면 안되고, 뛰어난 동적 성능도 요구된다. 원자력발전소에 있어서 RTD의 중요성과 성능의 검증에 대한 엄격한 요건을 감안하여, 이 책의 온도 측정에 관한 부분은 주로 RTD가 적절히 동작하고 있는 것을 검증하는 방법을 설명하도록 한다.

4.1 RTD의 역사

RTD는 19세기 이래로 꾸준히 사용되어 왔으며, 전기 저항이 온도 상승에 수반해 선형으로 증가하는 백금, 동, 니켈이나 다른 금속 또는 합금으로 만들어지는 센싱소자이다. 현재 일반 산업용 RTD의 센싱소자는 대부분 백금선으로 만들어져 있다. 초기의 RTD는 백금 센싱소자가 오염되면서 망가지기 쉽고 불안정하였다. 현재의 산업용 RTD는 매우 견고하고 신뢰할 수 있다. 또한 다음과 같은 열악한 환경 조건에서도 사용이 가능하다: (1) 고속 항공기의 1,000 ℃를 넘는 브레이크 온도, (2) 약 350 ℃의 온도, 10 m/s를 넘는 유속, 약 150 bar(15 MPa)의 압력에 해당하는

PWR의 1차 냉각재 온도, (3) 해양온도 지도를 작성하기 위하여 고수압하에서 고정밀도 고속 응답(0.5초 미만)으로 측정되는 온도 등이 해당된다.

1821년에 한프리 데이비 경(Sir Humphry Davy)은 여러가지 금속의 전도율이 온도 상승과 함께 감소한다는 것을 알아내었다. 그렇지만 1871년 즈음 이 특성을 사용해 온도를 측정한 최초의 시도를 실시한 것은 C.W. 지멘스(Siemens)였다. 그는 백금선을 점토 심봉(Mandrel)에 감고, 철로 만든 덮개에 삽입한 백금선제의 RTD를 조립하였다. 그러나 지멘스에 의한 최초의 RTD는 고온에서 고유 저항의 큰 변동 때문에 정밀한 온도 측정에 사용 할 수 없었다.

험프리 데이비 경
1778-1829, 영국

C.W. 지멘스
1823-1883, 독일

H.L. 캘린더
1863-1930, 영국

1891년 H.L. 캘린더(Callendar)는, 지멘스의 RTD는 백금선이 점토와 철에 의해 오염됐다고 생각하였다. 그래서 그는 덮개 안의 대류 효과를 최소한으로 하기 위하여 덮개를 따라 늘어선 운모(Mica) 원판이 부착된 약 9 cm 길이의 스트립에 0.15 mm의 백금선을 감은 새로운 설계의 RTD를 제작하였다. 은(Silver)이나 동(Copper)재료의 리드와이어를 사용하였으며 매우 순수하고 인장력이 없는 백금으로 만들어 졌다. 캘린더의 연구는 1932년 C.L. 메이어즈(Meyers)에 의한 새로운 RTD의 개발을 가능케 했다. 오늘날 사용되는 RTD는 메이어즈의 연구에서 그 기원을 찾을 수 있으며, 절연을 위하여 산화마그네슘을, 센싱소자의 고정을 위하여 세라믹 심봉과 같은 재료를 사용하여 일반 산업 현장에서 사용할 수 있도록 내구성을 높였다.

4.2 원자력등급 RTD

세계적으로 거의 100여개의 RTD의 회사가 있지만, 10개 미만의 회사가 원자력 전소의 안전등급 RTD를 제작하고 있다. 이것은 해당 RTD의 시장규모가 작고, 이러한 RTD에 필요한 성능과 신뢰성 요건이 매우 엄격하기 때문이다. 예를 들면 원자로의 안전과 관련된 RTD는 냉각재상실사고(Loss-Of-Coolant Accident, LOCA) 또는 지진에도 견뎌낼 수 있어야 하고, 사고 후에도 역할을 계속 완수할 수 있는 것을 증명하기 위하여, IEEE 기준에 의한 환경과 내진 시험에 합격해야 한다.

1979년에 일어난 미국 스리마일섬 원자력발전소 2호기(Three Mile Island Unit 2, TMI-2)의 사고 후, 원자력등급 RTD 성능을 증명하는 과정이 요구되었다. 사고 후 TMI-2의 1차 냉각재 RTD(로즈마운트(Rosemount) 모델 177)를 시험한 결과, 교정, 동적 응답성능, 건전성이 유지되고 있었음을 확인하였다. 반면 TMI-2의 노심출구열전대는 방사선으로 인해 손상이 생겨서 어떤 열전대에서는 매우 높은 온도를 나타내고 있었으며, 반대로 어떤 열전대는 매우 낮은 온도를 지시하고 있었다. 이러한 열전대는 대부분 높은 준위의 방사선에 의해 열전대 내부에 생긴 불균질성 때문인 것으로 밝혀졌다.

원자력 안전등급의 품질을 갖는 RTD의 상당수는 PWR 의 1차 냉각재 계통에 사용된다. 그 개수는 통상 16~32개 정도이다. 미국의 ANO-2 또는 영국의 사이즈웰B 원자력발전소와 같은 경우는, 특별한 이유 때문에 그보다 많은 RTD를 보유하고 있다. 예를 들면 ANO-2는 고온관에 온도 스트리밍(Streamling) 문제 때문에 보다 많은 RTD를 설치하고 있다. 온도 스트리밍은 PWR의 고온관에서는 항상 발생하는 현상이지만 그 영향의 정도는 발전소에 따라서 다르다. ANO-2의 경우 다른 발전소보다는 이 영향이 컸지만, 운전이나 안전성에 악영향을 줄 정도는 아니었다. 따라서 이 문제를 언급할 때에 ANO-2의 "1차 냉각재계통 고온관 특이사항(Anomaly)"이라고 부른다. 여분의 RTD는 "1차 냉각재계통 고온관 특이사항"에 의한 영향을 줄이기 위하여 사용된다. 사이즈웰B 발전소의 디지털 계측제어 시스템은, 완전한 아날로그 백업 시스템을 갖추고 있으므로 다른 PWR에 비하여 거의 2배의 센서가 있으며, 60개의 1차 냉각재 RTD가 설치되어 있다.

PWR 1기의 RTD의 수와 PWR 발전소의 수를 기본으로 한 단순한 계산으로, 원자로 안전등급 RTD는 10,000개에 못 미치는 수량임을 알 수 있다. 이러한 RTD의 평균수명을 약 20년으로 생각하면 전체 시장은 꽤 작은 편이며, 새로운 RTD의 수요는 1년에 1,000개에 못 미친다. 따라서 일반 산업용과 비교해서, 원자로 안전등급 RTD의 가격은 매우 높고 소수의 제작사만이 이러한 RTD를 생산하고 있다. 대기업은 원자력등급의 설비를 제작하는데 필요한 간접비, 법적책임, 까다로운 품질보증(Quality Assurance, QA) 등을 유지할 명분이 크지 않아서, 원자로 안전등급 RTD를 생산하는 대부분의 제작사는 소규모 기업(500명 미만의 직원)이다. 원자력발전소의 안전과 관계없는 RTD, 열전대, 서미스터(Thermistor)와 같은 온도센서는, 많은 제작사가 생산하고 있으며 여러가지 부가 기능이 있다. 원자력 사양의 RTD 메이커 중 몇 개를 표 4.1에서 보여준다.

표 4.1 원자력등급 RTD의 공급 업체 목록

RTD 제작사	모델 번호	RTD 타입
코낙스(Conax)	7N10	열보호관 거치형
	7RB4	직접침지형
	7N13	열보호관 거치형
RdF	21204	직접침지형
	21297	직접침지형
	21232	열보호관 거치형
	21458	열보호관 거치형
	21459	열보호관 거치형
	21465	열보호관 거치형
로즈마운트(Rosemount)	104AFC	열보호관 거치형
	176KF	직접침지형
	177HW	열보호관 거치형
	177GY	직접침지형
센시콘(Sensycon)	1703	열보호관 거치형
	1717	열보호관 거치형
위드(Weed)	N9004	열보호관 거치형
	N9007	직접침지형
	N9019	직접침지형

높은 신뢰도 및 사고시 가용성 뿐만 아니라, 원자로 안전등급 RTD는 뛰어난 교정과 빠른 응답시간이 요구된다. 이러한 특성은 발전소의 안전과 경제성에 중요한 요소들이다. PWR의 냉각재 루프를 그림 4.1에서 보여주고 있다. 원자로출력(P)은 1차 냉각재계통 노심 상하의 온도차(△T)와 질량 유량(m)의 곱에 비례(P=m△T · k)한다. △T는 일반적으로 약 30 ℃이다. △T의 측정에 있어서의 1 ℃의 오차는 출력의 3.33 %에 상당하므로 RTD를 정확하게 교정하는 것은 원자력발전소의 경제성에 있어서 매우 중요하다. 따라서 RTD는 일반적으로 설치 전에 정확도를 0.3 ℃ 이상으로 교정하고, 제5장에 설명하고 있는 RTD의 교차교정법(Cross Calibration)을 사용하여 교정 필요성 여부를 정기적으로 검증하고 있다.

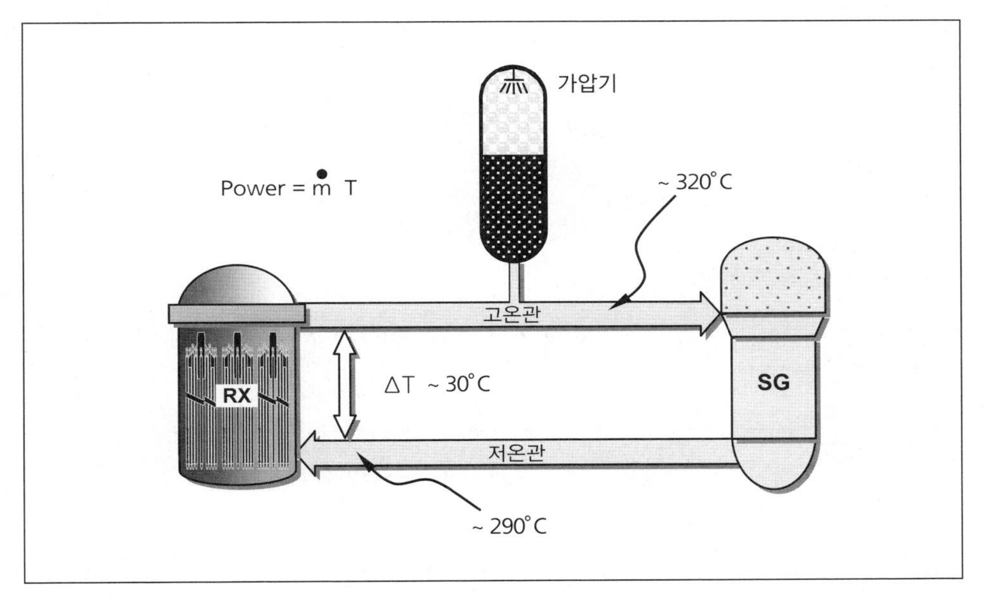

그림 4.1 PWR 1차 계통의 개략도

PWR의 1차 계통 냉각재 온도가 스텝 입력에 변화하는 모습을 그림 4.2에서 보여주고 있다. 이 때 RTD는 적절한 시간 내에 응답해야 하며, 안전성의 확보가 필요한 경우에는 원자로 정지를 포함한 사고 완화 계통을 작동시켜야 한다. 이 때문에, PWR의 1차 계통 냉각재 RTD의 응답시간은 엄격한 요건을 만족해야 한다. 이러한 요건은 발전소에 따라서 다르다. 예를 들면 냉각재 배관에 열보호관이 설치된 RTD를 사용하는 발전소에서는 일반적인 응답시간 요건이 4.0~8.0초의 범위에 있다. 이것은 우회 라인에 고정시킨 직접침지형(Direct Immersion) RTD에 필요한 1.0~3.0초와는 현저하게 다르다. 6장에서 설명할 예정인데, 어떤 발전소에서는 냉각재 루프로부터 원자로 냉각재를 쉽게 샘플링 하기 위하여 우회 라인을 사용하고 있으며, 1차 냉각재 온도를 측정하기 전에 다시 냉각재를 혼합한다. 이 때문에 보통 우회 라인내의 RTD의 응답 속도는, 1차 냉각재 배관으로부터의 시간 지연을 보충할 만큼 빠르지 않으면 안 된다.

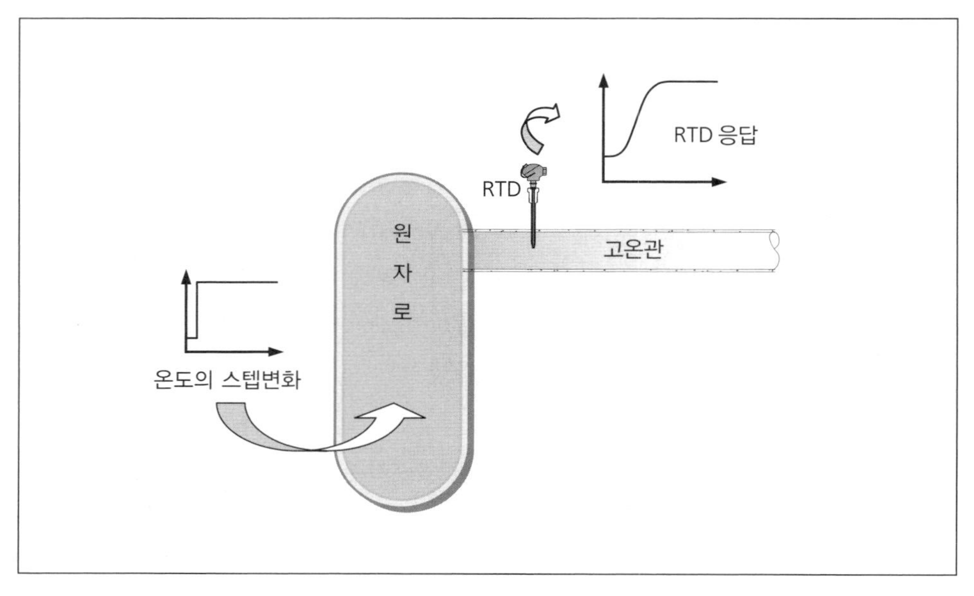

그림 4.2 원자로에서 온도의 스텝변화에 따른 RTD 응답

그림 4.3은 원자력 사양의 직접침지형 RTD; 로즈마운트, RdF, 위드 인스트루먼트 제품의 사진이다. 0.5초 이하의 초고속 응답시간을 보이는 로즈마운트 RTD는 그림 4.4에 X선 사진과 횡단면도가 제시되어 있다.

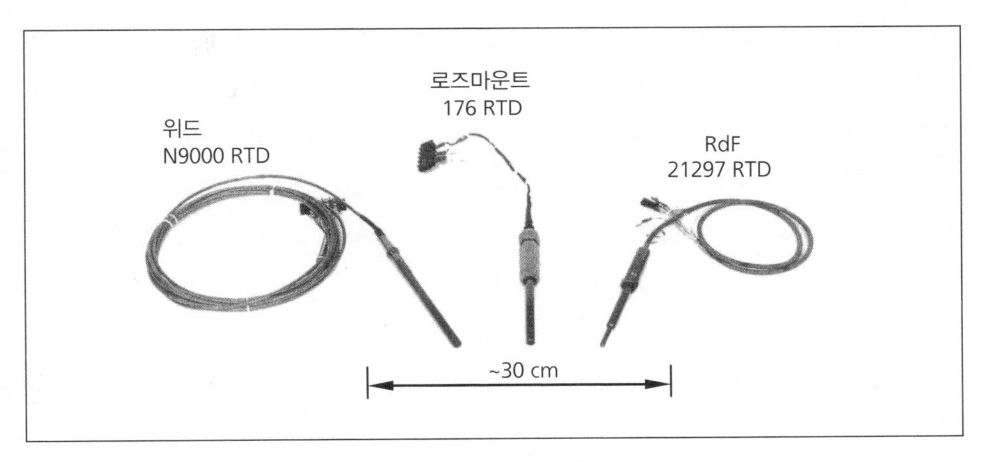

그림 4.3 원자력 등급 직접침지형 RTD

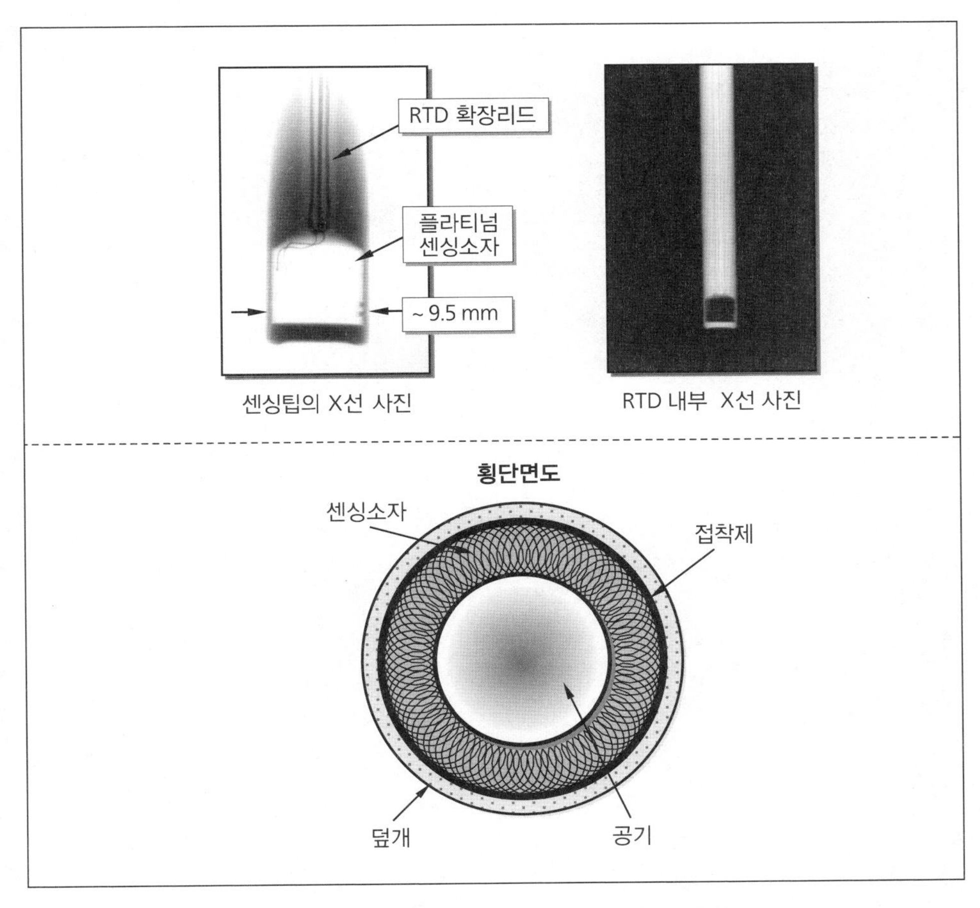

그림 4.4 로즈마운트 176 RTD의 X선 사진과 횡단면도

어떤 PWR에서는 우회 라인에 설치하는 형태와는 달리 1차 냉각재 배관에 직접침지형 RTD를 사용한다. 직접침지형 로즈마운트사 모델 177GY의 사진과 X선 촬영결과를 그림 4.5에 나타냈다. 밥콕 앤 윌콕(Babcock & Wilcox, B&W)에서 운영하는 PWR의 1차 냉각재 배관에는 이러한 RTD를 설치한다. 그림 4.6은 로즈마운트 모델 177HW과 결합부품인 열보호관 거치대를 보여주고 있고, 이들도 B&W사의 발전소에서 자주 사용된다. 이 RTD는 말단을 은납땜(Silver Brazing)하는 방법으로 응답시간을 개선하고 있다. RdF의 RTD도 끝부분을 은판(Silver Plating) 또는 은납땜하여 응답시간을 개선한다. 원자력발전소에서 사용하는 형태의 은도금을 한 RdF의 RTD 사진을 그림 4.7에서 보여주고 있다.

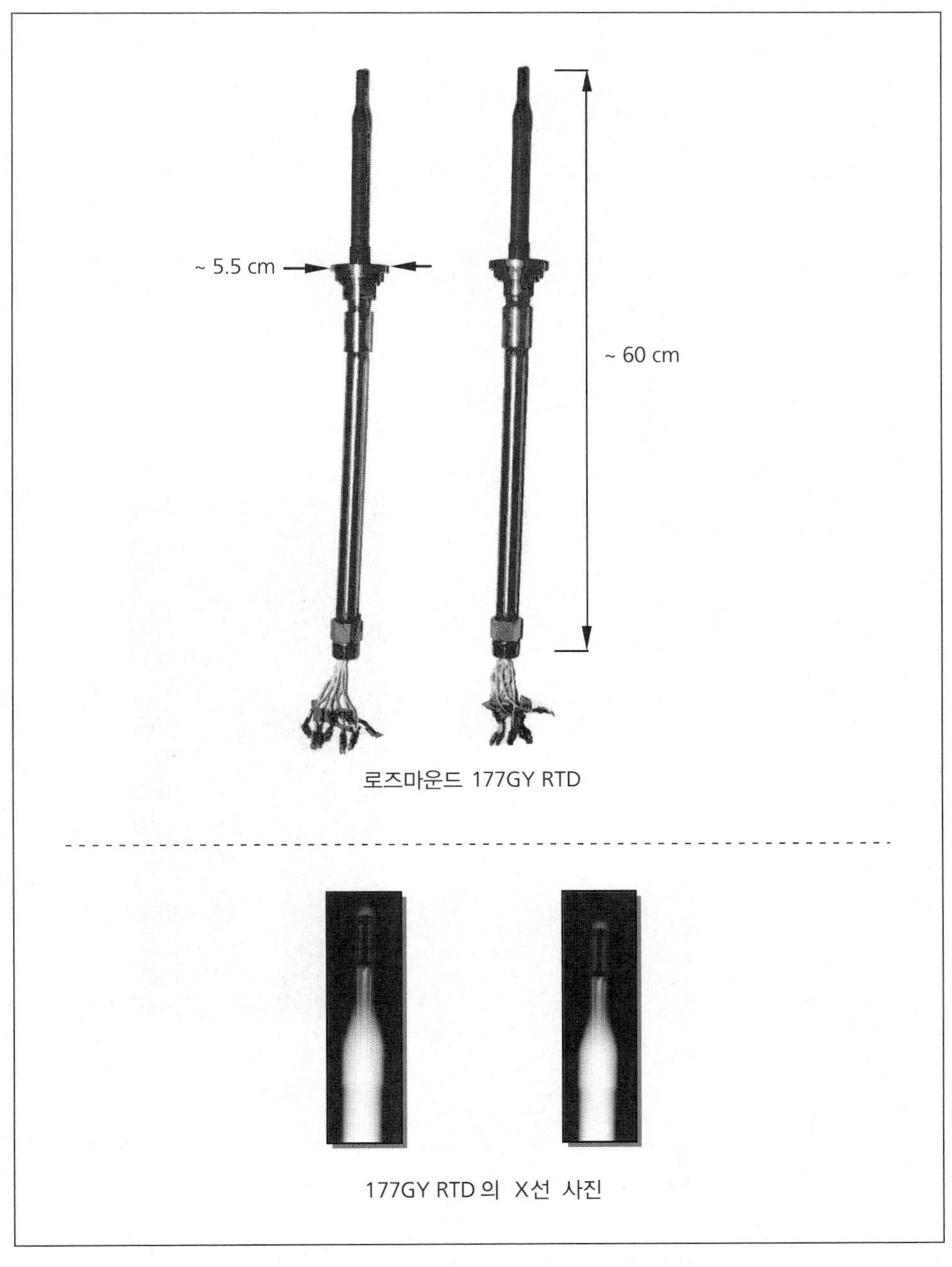

그림 4.5 직접침지형 로즈마운트 177GY 모델의 실사진과 X선 사진

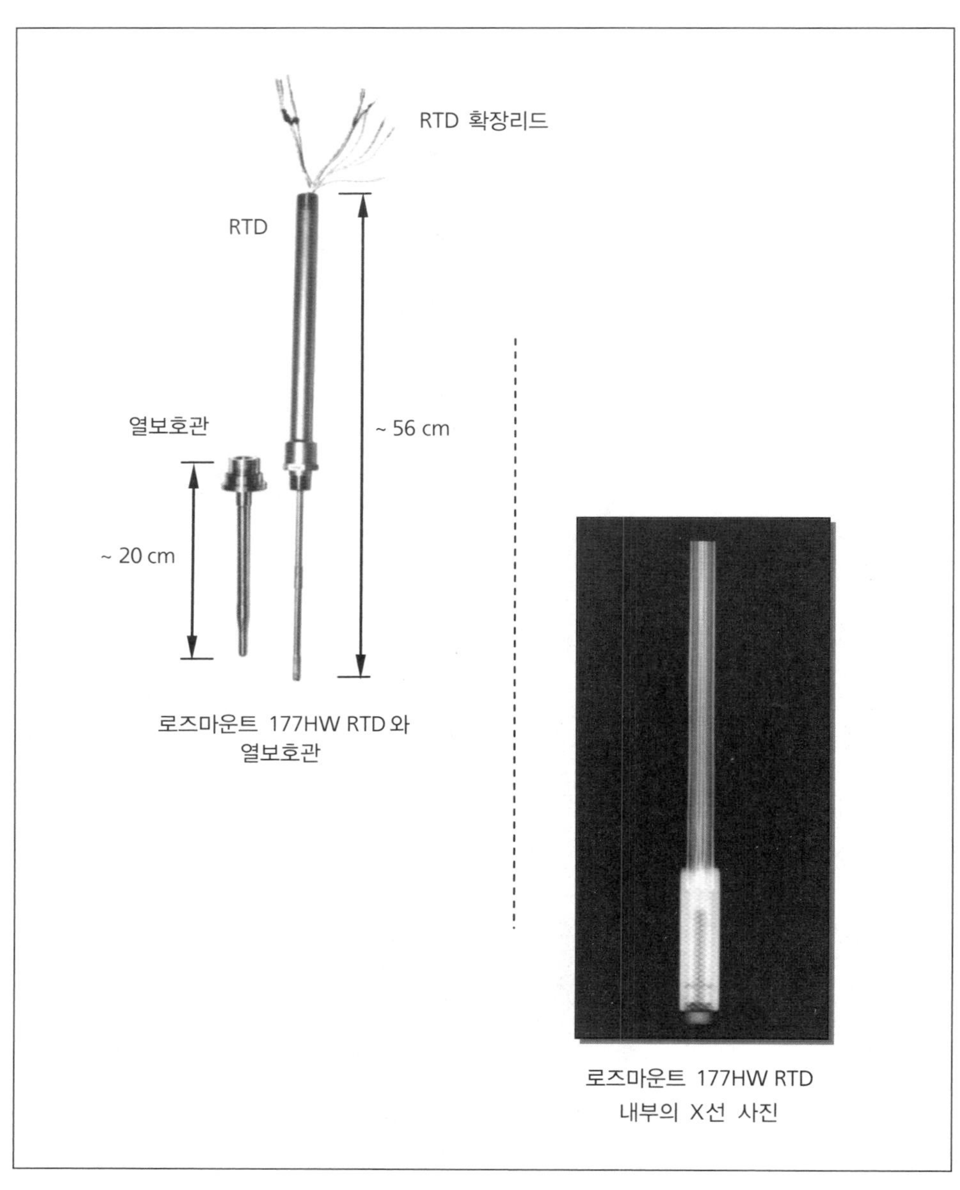

그림 4.6 로즈마운트 177HW 모델의 실사진과 X선 사진

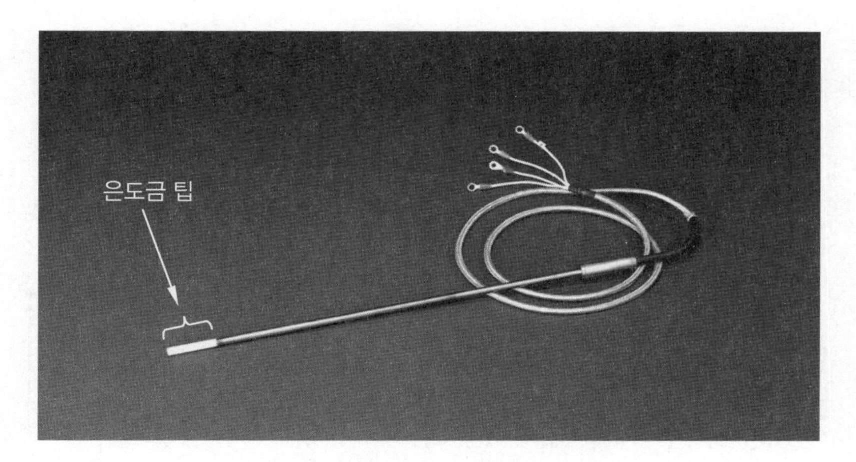

그림 4.7 원자력발전소용 은도금 RdF RTD

RTD의 집합체를 그림 4.8에서 보여주고 있다. 열보호관 거치형 로즈마운트 모델 104 RTD는 보상루프(Compensation Loop)를 보유한 단일 센서이다. RTD의 내부를 그림 4.9에서 보여주고 있다. RTD와 열보호관은 응답시간을 빠르게 하기 위하여, 센서가 끝으로 갈수록 가늘어지는 형태로 만들어 졌다. 원자력발전소에서 일반적으로 사용되는 열보호관은 다양한 종류가 있다(그림 4.10 참조).

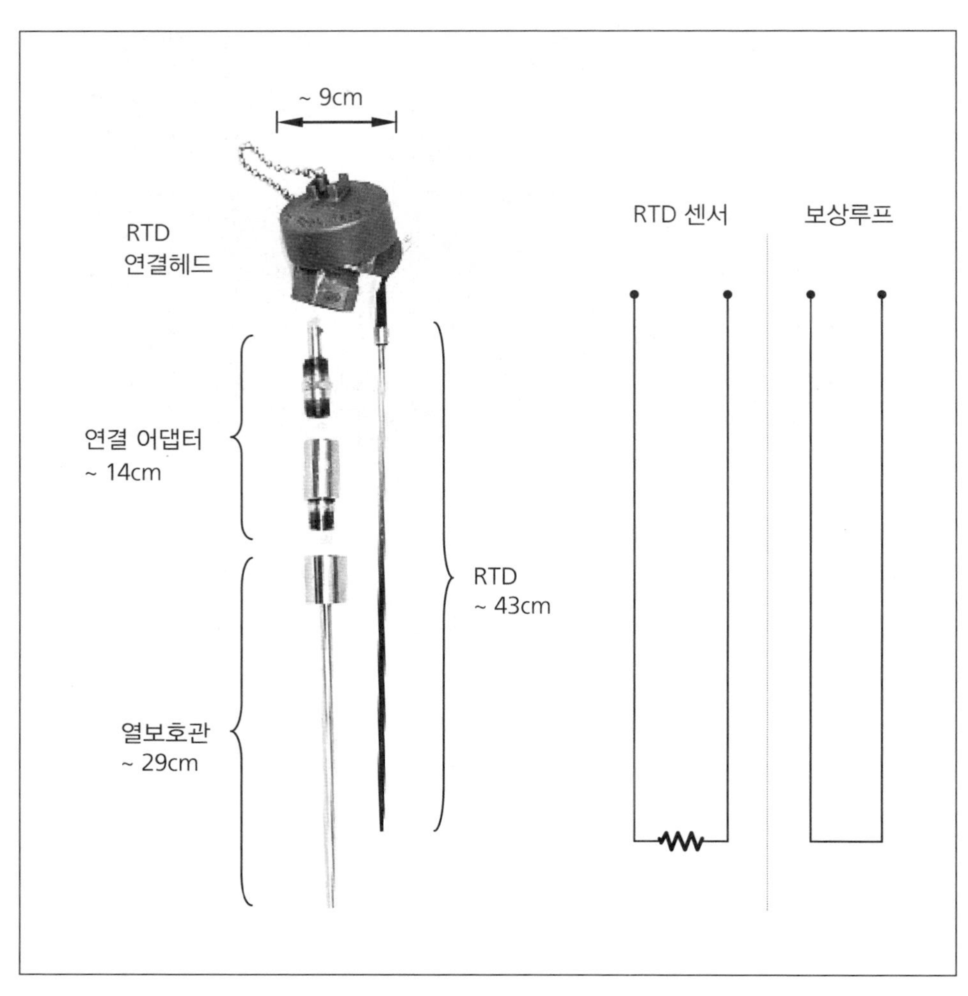

그림 4.8 RTD/열보호관 어셈블리 (로즈마운트 104)

(참고: 그림의 RTD를 대체한 위드의 신제품 RTD도 형태와 크기가 거의 동일하다)

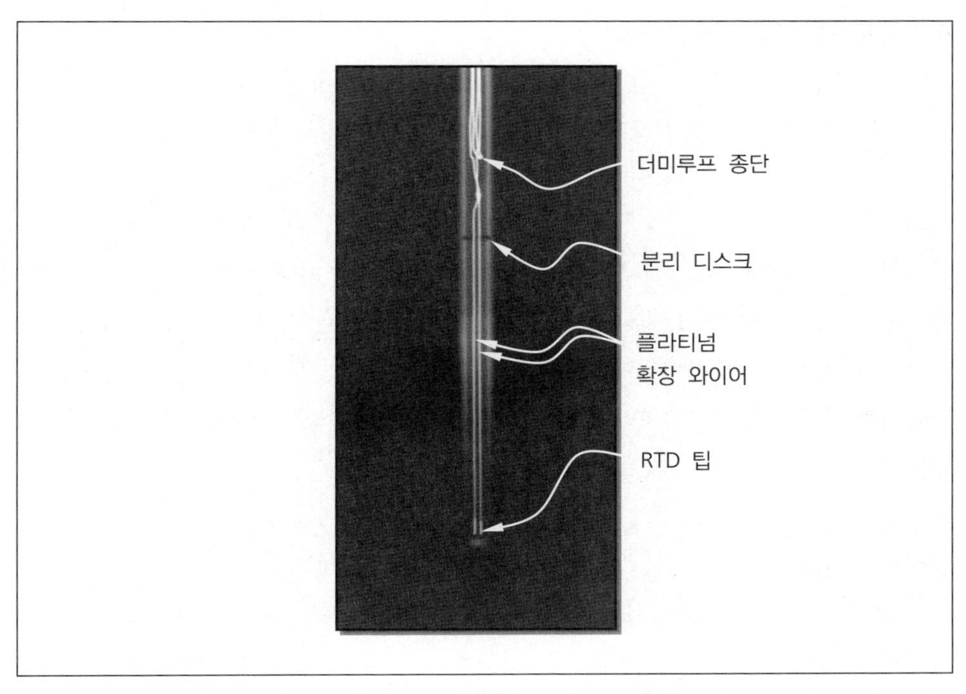

그림 4.9 PWR 발전소에 사용되는 로즈마운트 104 RTD의 내부모습
(리드와이어의 보상을 위한 더미루프가 포함된 4-와이어 RTD)

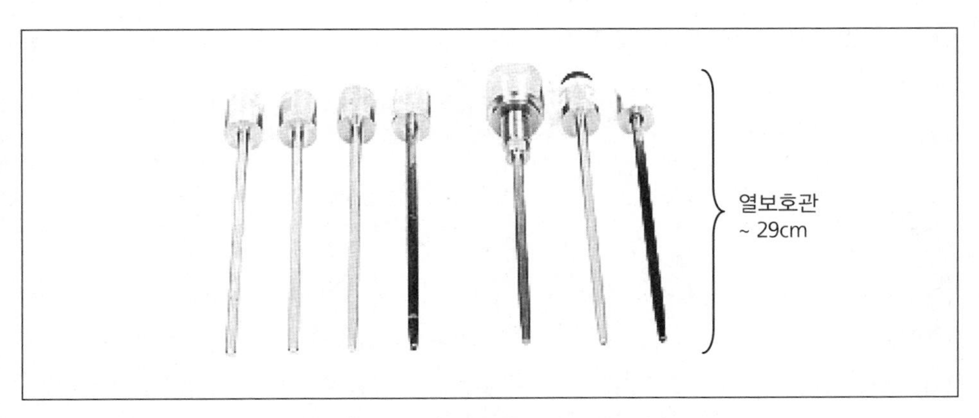

그림 4.10 원자력발전소에서 사용되는 RTD 열보호관의 예

4.3 온도 측정과 관련된 용어

다음은 원자력발전소의 온도계측과 관련하여 자주 사용되는 용어들에 대한 설명이다.

정확도

실제의 공정 온도와 온도 센서가 측정할 수 있는 온도의 최대 양 또는 음의 차이. 이 용어에는 히스테리시스(Hysteresis), 재현성(Repeatability), 자가발열(Self-Heating)과 같은 RTD 고유의 오차와 교정 오차가 포함되어 있다. 불확실성(Uncertainty)이 정확도보다 적절한 용어이지만, 자체가 부정적인 의미를 갖고 있어 많이 사용되지는 않는다.

경년열화(Aging)

이 책에서 사용하는 경년열화는 정상적인 환경과 정상적인 운전 조건하에서 장기간 사용했을 경우에서 센서의 응답시간 열화나 교정의 열화를 가리킨다. 이는 "만일 확인되지 않는 경우, 시간이 지남에 따라 부품, 시스템, 구조물의 기능 상실이나 안전성에 영향을 줄 수 있는 누적된 성능 저하"라고 경년열화를 정의한 NRC의 원자력발전소 경년열화 연구(Nuclear Plant Aging Research, NPAR) 프로그램의 내용에 근거하고 있다. 그러나 RTD와 같은 원자력발전소 온도 센서의 성능은 정기적으로 시험이 되므로 열화는 축적되지 않는다. 따라서 RTD 경년열화의 정의에 '누적된다'는 표현은 사용하지 않고 있다.

교정

온도와 센서의 출력 관계 또는 온도의 함수로서 RTD의 저항을 일람표로 만든 도표를 교정차트 또는 교정표라고 부른다. 저항 대 온도를 표시한 그림을 교정 곡선이라 부른다. 원자력 산업에서 요구하는 정도의 수준과 동일한 수준으로 교정하기 위해서는, 각각의 RTD를 독자적으로 교정해야 한다. 따라서 실험실에서 원자력발전소에 설치되기 전에 모든 개별 RTD를 교정해야 한다. 그러나 열전대는 보통 개별적으로 교정하지 않는다. 같은 사양으로 제작된 열전대의 대표 샘플을 교정하고, 그 결과를 같은 생산그룹의 나머지의 열전대에도 적용한다.

산업등급 RTD

산업등급 RTD는 원자력 안전등급과는 달리 일반 산업용으로 만들어진 것이다.

공통모드(Common Mode) 드리프트

다중 센서의 출력이 한 방향으로 드리프트 하는 것. 드리프트가 모두 정방향 또는 부방향인 경우를 공통모드 드리프트라고 표현한다.

교차교정

다중 RTD의 지시값을 평균값과 비교하고, 일관성을 체크해 편차가 큰 RTD를 확인하는 방법. 교차교정은 다중 RTD의 교정 상태에 심각한 변화가 없다는 것을 온라인으로 검증하는 방법이다. 이는 다중 RTD가 공통모드 드리프트의 영향을 받지 않는다는 가정을 전제로 한다. 몇몇 발전소에서 열전대에 대한 교차교정도 수행하고 있다. 일반적으로 다중 RTD의 평균값을 기준으로 열전대를 교차교정한다.

성능저하(Degradation)

온도센서의 교정 또는 응답시간의 변동. 일반적으로 응답시간의 변동은 성능저하라고 부르고, 교정의 변동은 *드리프트* 또는 *시프트(Shift)*라고 한다.

직접침지형센서

습식형센서(Wet-Type Sensor) 참조.

드리프트

시간에 따라 수반되는 정확도의 변동. 교정 드리프트, 교정 시프트, 안정성(Stability) 혹은 불안정성(Instability)이라고도 한다.

EMF

열전대의 출력전압을 의미한다. 그러나 RTD에서의 EMF는 설계 불량이나 이종 금속의 사용에 따라 발생하는 바람직하지 않은 결과이다.

오차

불확실성, 부정확도 등과 동일한 단어임.

가동중(In-situ)

온라인시험 참조.

절연저항

센서의 연장 도선과 접지 사이에 존재하는 전기 저항.

LER

미국 원자력발전소에서 고장 발생시 작성하여 NRC에 제출하는 보고서.

NIST

이전에는 미국 표준국(National Bureau of Standards, NBS)으로 불리던 기관. 원자력발전소 안전등급 온도센서의 교정과 이와 관련된 시험 및 측정 기기들은 표준백금 RTD(Standard Platinum Resistance Thermometer, SPRT) 또는 저항 및 전압 표준과 같은 중개(Transfer)표준을 사용하여, NIST가 항상 이를 추적 조사를 할 수 있어야 한다. 보통 NIST에서 교정된 기기를 사용하고 있음을 보증함으로써 이를 대신하고 있다.

표준 경년열화

통상의 환경과 표준 운전조건 하에서 발생하는 센서 성능의 열화.

원자력발전소 경년열화 연구프로그램(Nuclear Plant Ageing Research Program, NPAR)

원자력발전소의 구조물, 시스템, 또는 기기가 어떻게 경년열화가 진행되는지를 이해하기 위하여, 1980년대 초 미국 NRC가 시작한 프로그램.

원자력발전소 신뢰도데이터 시스템(Nuclear Plant Reliability Data System, NPRDS)

발전소가 원자력발전운영자협회(Institute of Nuclear Power Operation, INPO)와 함께 고장 보고서를 자발적으로 수집하는 데이타베이스 시스템.

원자력등급 RTD

원자력 안전관련 용도에 맞추어 설계된 백금 RTD. 원자력등급의 RTD는 IEEE 표준을 만족해야 한다. 인허가의 범위는 발전소에서 RTD를 사용하는 장소에 따라 달라진다.

온라인 시험

발전소 운전 중에 설치되어 있는 센서를 원격으로 시험하는 것. 또는 가동중(In-situ) 시험이라고도 한다.

성능

일반적 용어로서 센서의 정적특성(교정 또는 정확도)과 동적특성(응답시간)을 지칭할 때 사용한다.

정밀도

재현성 참조.

R-T 곡선

RTD에서 저항과 온도의 관계, 곡선, 표, 혹은 선도 등.

우연(Random) 오차

실제의 온도에 대하여 양의 또는 음의 값을 갖는 오차. 우발(Accidental) 오차라고도 한다.

재현성

같은 센서를 같은 상태로 사용했을 때 같은 출력을 얻는 성능을 의미. 보통 같은 조건, 같은 기기와 절차를 사용하고, 같은 센서로 여러 번 측정한 다음, 그들 사이의 가장 큰 차이를 재현성으로 정의한다. 정밀도라고도 함.

응답시간

온도의 스텝변화에 해당하는 센서의 출력이 최종치의 63.2%에 이르기 위하여 필요한 시간. 시간상수(Time Constant)라고도 함. (본래 시간상수는 1차 시스템에서만 의미가 있다. 온도센서가 반드시 1차 시스템인 것은 아니지만, 동적응답 속도를 정량화하기 위하여 시간상수를 종종 사용한다.)

RTD

단지 RTD라고 표기했을 경우, 일반 산업용의 저항온도측정기를 의미한다. 백금선으로 RTD를 만든 경우에는 이것을 PRT(Platinum-Resistance Thermometer) 혹은 백금 RTD라고 부른다.

자가발열

RTD의 저항을 측정하기 위하여 흘리는 전류가 RTD 내에서 열을 발생시키는 현상.

센싱소자

RTD 내부의 저항소자(통상 백금선)를 가리킨다. 저항은 온도와 함께 변화된다. 열전대의 센싱소자는 2개의 열전대 전선이 검출 끝단과 만나는 측온 접점이다.

시프트

RTD의 저항 대 온도의 관계에 있어서의 변동이며, 드리프트라고도 한다. 시프트는 운전주기나 시험의 마지막에 생기는 급격한 변화를 보통 의미하며, 드리프트는 느린 변화를 지칭한다.

SPRT

표준 RTD 혹은 표준 백금 RTD라고도 한다. 표준 백금 RTD는 일반적으로 미국의 NIST에서 교정되어, 실험실에서 일반 산업용 온도센서를 교정하기 위한 중개 표준 기기로서 사용된다.

안정성

온도센서가 정확도를 유지하는 능력. 안정성은 드리프트나 드리프트율(℃/년)로 수치화한다. 안정성(혹은 불안정성)을 사용해 공정의 온도 변동 정도를 나타내기도 한다. 상대적 으로 고요한 공정은 안정되어 있다고 하고, 변동하는 공정은 불안정 혹은 잡음이 많다고 한다.

계통(Systematic) 오차

추가되는 오차. 상수 오차 혹은 바이어스.

열보호관

공정 유체로부터 센서를 보호하는 자켓 또는 튜브.

시간상수

응답시간 참조.

불확실성

실제 공정 온도와 온도 계측기 출력의 차이(정확도 참조).

보호관형(Well-Type) 센서

열보호관에 장착되도록 제작된 센서(또는 열보호관 거치형 센서).

습식형 센서

열보호관에 내부에 설치되는 것과는 반대로 공정 유체에 직접 닿도록 설치하는 센서(또는 직접침지형 센서).

4.4 원자력등급 RTD 의 문제점

원자력등급 RTD도 일반 산업용과 마찬가지로, 교정 드리프트, 응답시간의 지연, 절연저항의 저하, 불안정한 출력, 배선상의 문제점들이 생긴다. 물론 원자력등급 RTD는 매우 고품질이므로, 일반 산업용 RTD에 비해 훨씬 적게 문제점이 발생한다. 1980년대말 보통 조건과 열악한 조건에서 거의 100개의 원자력등급 RTD와 그와 유사한 일반 산업용 RTD를 시험한 결과, 일반 산업용이 원자력 사양보다 거의 2배 정도 문제점이 더 발생하여 성능상 차이가 있음을 확인하였다. 1970년대 초에 미국에서 원자력발전소의 개발이 확대될 무렵, 로즈마운트사는 PWR의 안전등급

RTD를 거의 대부분 공급하였다. 수년에 걸쳐 다른 제작사가 시장에 참여하면서 서서히 로즈마운트사의 영향력은 작아졌지만, 여전히 일부 PWR에서는 로즈마운트사의 RTD가 사용되고 있고, 원자력 산업에 큰 역할을 하였다. 타 제작사의 원자력등급 RTD 실적 또한 매우 양호하였다. 그러나 1980년대 원자력등급 RTD 분야에 새로운 제작사가 시장에 들어오면서 동시에 로즈마운트사의 영향력이 작아지고, 문제점이 생기기 시작하였다. 신규 제작사도 원자력등급 RTD의 설계, 개발 및 시험을 수행하였고 문제점들은 차츰 해결되었다. 아래에는 원자력발전소 RTD에서 발생되는 주된 문제점을 열거한 것이다.

(1) 동적응답
(2) 확장리드 문제
(3) 절연저항 저하
(4) 초기 고장
(5) 잘못된 교정표
(6) 접속 불량
(7) EMF 오차
(8) 소자 단선
(9) 백금선의 세선화(Thinning)
(10) 리드와이어 불균형
(11) 연결헤드로부터 열보호관 내부로 화학약품 누출
(12) 열보호관 균열
(13) 지시 이상

각각의 문제점에 대해 아래에 상세히 설명하였다.

4.4.1 동적응답

앞서 언급한 바와 같이, 6장에서 설명할 LCSR 시험이라고 하는 가동중 시험을 정기적으로 실시하여 PWR의 1차 냉각재 RTD의 응답시간을 평가한다. 이 시험을 통해 원자력발전소 RTD가 응답시간 요건에 적합하지 않았던 사례를 다수 조사하였다.

원자력발전소 RTD의 응답시간이 잘못된 3건의 예를 표 4.2에서 보여주고 있다.

RTD는 세군데 업체의 것으로서 각각 다른 세 발전소에서 문제점이 발생하였다. 이러한 문제점의 대부분은 집합체의 센싱팁에서 RTD와 열보호관의 경계면에서의 문제, 예컨대 더러워진 RTD 또는 열보호관, 열전달을 개선하기 위하여 열보호관 내부에 사용한 열전달 콤파운드의 잔류물, RTD 또는 열보호관의 규격 공차 때문에 발생한다.

표 4.2 원자력발전소 RTD의 응답시간 관련 문제

발전소	년도	응답시간 (초) 기대값	응답시간 (초) 측정값	제작사
A	1978	5.4	21	X
B	1984	4.5	37	Y
C	1988	3.6	12	Z

측정값은 발전소가 운전중일 때 LCSR 방법을 이용한 가동중 응답시간 시험으로 얻어진 것이다.

4.4.2 확장리드 문제

1980년대초 원자력등급 RTD의 신규 제작사들 제품에서 이 문제가 발생하였다. 주로 RTD 리드와 센서로부터 돌출된 확장와이어가 붙어 있는 RTD 내부 은납땜 불량 때문에 확장리드에 불량 문제가 생겼다.

4.4.3 절연저항 저하

일반 산업용 RTD의 경우 100 V의 직류 전압을 가해 측정했을 때, 실온(20 ℃)에서 적어도 100 MΩ의 절연저항을 가져야 한다. 모든 원자력등급 RTD는 이 조건을 당연히 만족하며, 절연저항이 1 GΩ(10^9 Ω) 이상이 되기도 한다. 수분이 RTD에 들어가면, 절연저항값은 수 kΩ 정도로 낮아진다. 많은 경우, 절연저항을 제대로 측정하지 않아서 절연저항이 크게 저하되어도 모르는 상태가 된다. 따라서 원자력발전소에 RTD를 설치하기 전에 충분한 절연저항을 나타내고 있는지를 시험해야 한다.

4.4.4 초기 고장

1980년대 초, 어떤 신규 제작사에서 제작한 원자력등급 RTD의 한 제품군에서 나온 제품이 수명 초기에 50 %가 고장이 나타나는 현상을 보였다. 그 후 새로운 원자력 등급 RTD의 고장률은 차차 낮아졌다.

4.4.5 잘못된 교정표

어떤 원자력발전소에서 특정 제품군의 RTD에 다른 제품군의 RTD 교정표를 전달하여, 정보가 잘못되었던 것이 그 원인이었다.

4.4.6 접속 불량

현장에서부터 원자로 제어실내의 계측장비까지 RTD 회로에는 많은 중계점이 있다. 이러한 부분들은 터미널 블록, 용접/납땜 부분이며, 연결상태가 느슨해지거나 접속 불량이 발생할 수 있다.

4.4.7 EMF 오차

EMF는 RTD내에 이종 금속이 있는 경우, 온도 구배가 생기면서 RTD 회로에 생기는 전압 신호이다. 여기서 RTD의 저항은 측정 극성에 따라 달라진다. 즉, 한 극성으로 저항을 측정한 결과는 극성을 바꾸어 저항을 측정한 경우와 결과가 약간 다르게 된다. 두 개사의 원자력등급 RTD 6개를 실험한 결과를 표 4.3에서 보여주고 있다. 이 RTD와 표준 RTD를 이용하여 어떤 오일욕조의 온도를 측정하였다. 정상극성과 반대극성에서 각 RTD의 출력을 비교하였다. 동시에 RTD 출력에서 개회로 전압을 측정하였다. 제작사 A의 3개의 RTD는 80 μV의 EMF를 나타냈다. 또한 RTD의 온도값은 측정 극성에 따라 달랐다. 제작사 B는 EMF의 영향이 없고 정상극성과 반대극성에 대해 각 RTD가 보인 온도의 차이는 거의 없었다. 즉 EMF 효과가 존재하면 온도 오차가 발생한다. 이런 경우에는 결과를 평균하여 실제 온도를 얻을 수 있다. 정밀 온도 측정에서는 DC 브릿지 대신 AC 브릿지를 사용해 저항 측정을 실시한다. 그 이유는 AC 브릿지가 회로 내의 EMF 효과를 없애서 RTD의 정확한 저항을 만들어주기 때문이다. AC 브릿지는 양쪽 모두의 극성으로 RTD 저항을 측정해 두 개의 평균을 표시할 수 있다.

표 4.3 원자력발전소 RTD의 EMF 관련 문제

RTD I.D.	표준 RTD	욕조 온도 (℃) 정상극성	반대극성	EMF μV(MX, mX)
제작사 A				
A-1	285.33	285.59	285.45	80
A-2	293.59	293.83	293.66	80
A-3	300.36	300.62	300.41	80
제작사 B				
B-1	285.33	285.28	285.28	0
B-2	293.59	293.56	293.58	0
B-3	300.36	300.33	300.31	0

4.4.8 소자 단선

RTD의 백금 소자는 매우 약하고, 진동, 응력이나 다른 소재와 상호작용의 결과로 균열이 심해져 단선될 가능성이 높다. RTD 소자의 전자현미경 사진을 그림 4.11에서 보여준다. 또, 단선이 발생한 원자력등급 백금 센싱소자의 전자현미경 사진을 그림 4.12에서 보여준다. RTD 소자가 고장을 일으키기 쉬운 곳은 용접을 한 부위와 굽은 부분이다.

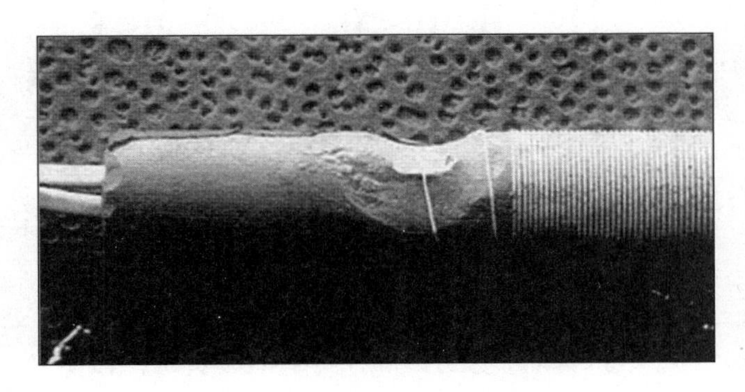

그림 4.11 원자력등급 RTD의 플라티넘 소자의 전자현미경 사진

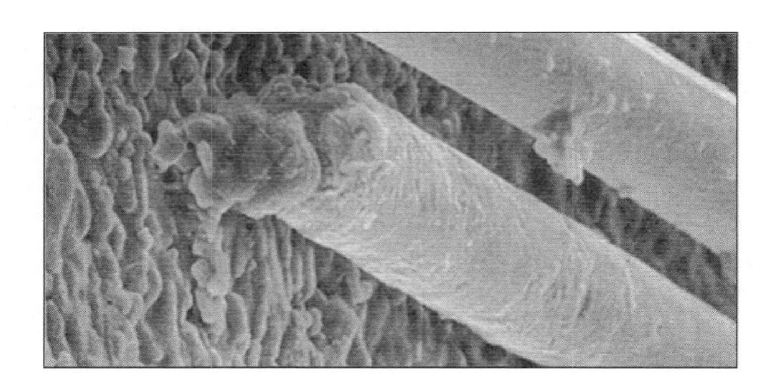

그림 4.12 원자력등급 RTD의 단선된 플라티넘 소자의 전자현미경 사진

소자가 단선된 RTD는 그 이전에 측정값 변화, 스파이크, 우연변동 등의 현상을 보이기도 한다. 그림 4.13은 PWR에서 측정된 4개의 고온관 RTD의 온라인 감시 데이터를 보여준다. 4개의 RTD 중 1개가 불안정하게 나타나고 있다. 1개월 후 이 RTD는 단선으로 교환되었다.

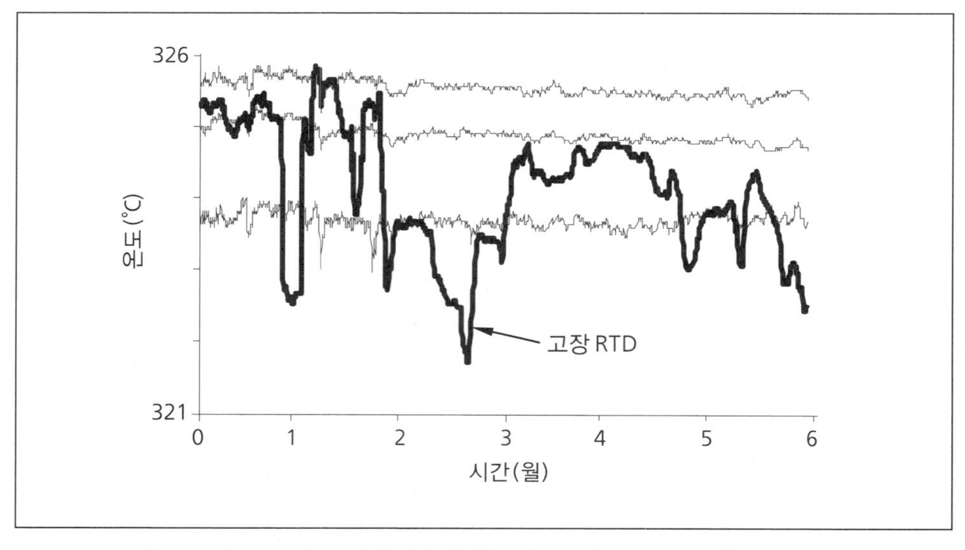

그림 4.13 PWR 발전소의 1차측 냉각재 RTD 고장 이후의 거동

흥미로운 점은 이러한 상황을 발전소 운전원들이 간과했던 것이다. 일상적인 계통 점검시에는 RTD의 값이 다른 3개의 정상적인 RTD와 잘 맞고 발전소의 기준을 만족하고 있었으므로, 문제의 RTD 가 계속 사용되었다.

4.4.9 백금선의 세선화

원자력등급 RTD의 센싱소자는 백금선 제조시 또는 RTD 조립시에 소자를 깨끗하게 하기 위하여 사용한 화학 약품에 의해서 가늘어지는 현상이 일어난다. 이것은 센싱소자의 단면적을 감소시켜 저항을 증가시킨다.

RTD 소자의 세선화는 소자와 RTD 절연재의 화학적 상호작용 때문에 일어나는 경우도 있다.

4.4.10 리드와이어 불균형

온도 측정을 위하여 3-와이어 휘트스톤 브릿지를 사용하는 경우 발생할 수 있다. RTD 소자를 가로지르며 브릿지 양단에 연결되는 2개 와이어의 저항값이 동일해야 한다. 그렇지 않으면 RTD 저항 측정에 오류가 발생할 수 있다. 같은 문제가 더미 보상 리드가 있는 RTD에서도 발생하는 경우가 있다.

4.4.11 연결헤드로부터 열보호관 내부로 화학약품 누출

어떤 RTD에서는 품질 향상을 위하여 발포제를 연결헤드에 사용하곤 한다. 화학물질이 RTD의 열보호관 내부로 누출되어 응답시간이나 그 외의 문제가 발생할 수 있다.

4.4.12 열보호관 균열

RTD는 RTD와 열보호관 집합체의 기계적 강도가 견딜 수 있는 이상으로 1차 냉각재 배관 속으로 삽입해서는 안된다. 이러한 경우 유체의 압력으로 인하여 집합체가 휘거나 균열이 생길 수 있고, 이는 LOCA 시에 더 심각해 질 가능성이 있다.

4.4.13 지시 이상

원자력등급 RTD에서는 여러 가지 이유로 지시 이상의 문제가 생긴다. 미국의 원자력 발전소에서 저자가 경험한 심각한 RTD의 지시 이상과 그 원인의 예를 표 4.4에서 보여준다.

표 4.4 원자력발전소 RTD의 지시 이상이 나타났던 원인들

지시 오차(°C)	원 인
4°C	2년간 영점이동
0.6°C	EMF 오차
2.7°C	한 쌍의 RTD에서 센싱소자 사이의 오차
0.6°C	와이어 차폐 문제
3.3°C	RTD 이물질 침전
1.1°C	낮은 절연저항

4.5 노심출구열전대의 문제점

PWR에서는 일반적으로 50개에서 60개의 노심출구열전대가 설치되어 있다. 50여곳의 원자력발전소를 살펴본 결과 열전대에 대한 저자의 견해는 다음과 같다.

(1) PWR 노심출구열전대의 10~20 %는 20년 내에 고장이 난다. 고장의 주된 현상은 과도한 교정시프트(예를 들면, 300 ℃에서 10~30 ℃ 오차), 심한 잡음, 고장값 출력 등이 있다.

(2) 열전대가 손상되지 않았더라도 열전대 케이블에서 문제점이 생긴다. 발전소에서는 노심출구열전대를 교환하면 되는 것으로 알았지만, 문제는 열전대 자체가 아닌 것으로 밝혀졌다. 근본원인은 열전대 확장케이블, 연결부, 혹은 회로 내의 다른 곳에 있었다. 따라서 열전대를 교환하기 전에 케이블 시험을 실시해서, 케이블이나 연결부분이 문제인지 또는 열전대 자체의 문제인지를 판단해야 한다.

(3) 열전대를 설치하거나 배선하는 중에 와이어를 반대로 접속하는 일이 있다. 그러한 경우, 실온에서는 정상으로 보일지도 모르지만 온도가 상승 함과 동시에 열전대는 마이너스 값을 나타낸다.

미국 핵연료시설에서 근무하던 한 기술자가 거꾸로 접속되어 있던 열전대의 확장리드를 반대로 해 정상적으로 만드는 것을 시도하였다. 당초 열전대는 실온에서는 정확에 지시하고 있는 것처럼 보였지만 공정이 가열되기 시작하자 값이 마이너스가 되었다. 그래서 지시값이 플러스가 되도록 열전대의 도선을 바꾸었다. 이렇게

하면 낮은 온도에서는 언뜻 올바르게 보였지만 온도가 상승함에 따라, 열전대는 450 ℃를 지시한 반면, 공정 온도는 이보다 훨씬 높아 실제는 약 600 ℃가 되었다. 그 결과 핵연료 가공공장에서 화재가 발생하였으며, 이 사고는 NRC 정보공지(Information Notice, IN-96-33)에 기록되어 있다.

(4) 제대로 연결된 열전대라 할지라도 실온에서 올바른 지시를 나타내지만, 발전소의 온도가 상승하면 문제가 될 수 있다.

PWR의 노심출구열전대의 온라인 감시 결과를 그림 4.14에 보여주고 있다. 거의 모든 열전대는 저온 정지 상태에서는 적절한 값을 나타내고 있지만, 1개의 열전대는 원자로의 운전 온도 구간에 대해 다른 것과 현저하게 다른 거동을 나타내고 있다.

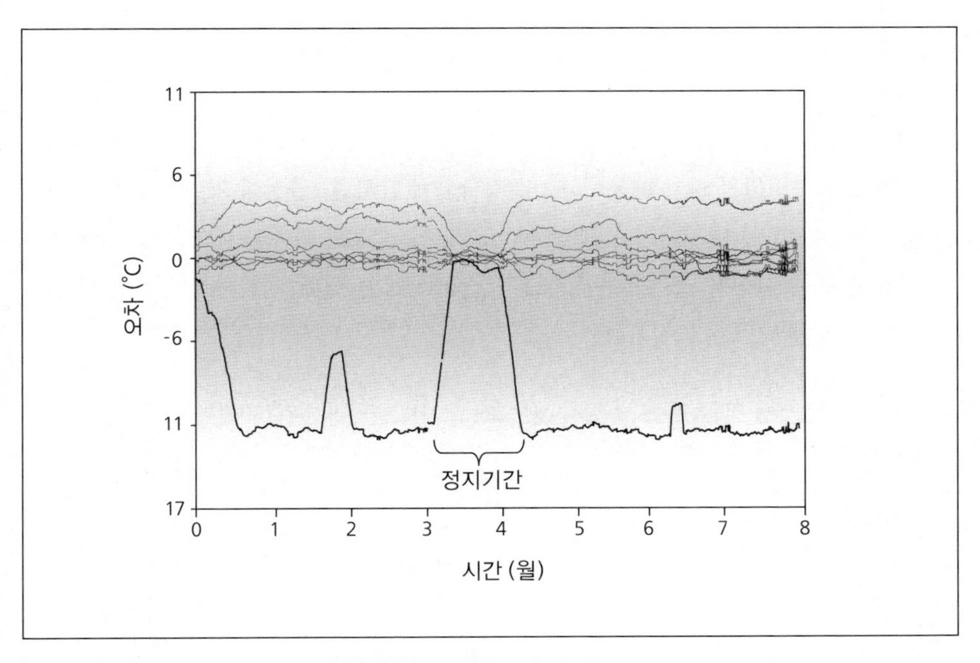

그림 4.14 노심출구 열전대의 온라인 감시 결과

(5) 열전대는 경년열화와 함께 응답시간이 느려지는 경우가 있다. 4개의 PWR에서 얻어진 노심출구열전대의 응답시간의 결과를 표 4.5에서 보여준다. 이들 발전소에는 거의 동일한 열전대가 설치되었다. 10년간 사용한 열전대의 평균 응답시간이 약 1초 느려지고, 20년간 사용한 후에는 약 2초로 100 % 느려졌다. 이는 원자로의 운전이나 안전성의 문제를 일으키는 것은 아니지만 열전대의 경년열화가 응답

시간을 증가시킨다는 것을 나타낸다. 이 때문에 원자력발전소의 경년열화를 관리하는데 있어서 열전대의 응답시간 기준치를 명확히 하고, 정기적으로(예를 들면 5년마다 1회) 측정을 반복하는 것이 중요하다.

표 4.5 PWR 발전소의 노심출구열전대의 성능 추이

		열전대 응답시간 (초)		
발전소	운영기간	평균	최대	최소
A	30	2.01	2.9	0.6
B	30	1.96	2.8	0.6
C	10	0.97	1.5	0.5
D	10	1.10	1.5	0.6

(6) 일반적으로 열전대는 RTD만큼 정확하지 않다. 이유 중 하나는 보통 개별적으로 열전대를 교정하지 않기 때문이다. 더 정확하게 말하면, 열전대 와이어 혹은 제품군 중에서 대표적인 열전대만을 교정하고 그 교정 결과를 제품군 내의 모든 열전대에 적용하기 때문이다. 표 4.6은 50 ℃부터 500 ℃의 범위에 걸쳐 산업용 열전대의 온도 측정 정확도를 보여준다.

표 4.6 열전대를 이용한 온도 측정시 예상되는 오차의 원인과 범위 (50에서 500 °C 범위)

원인	약어	오차범위
열전대 고유오차	(TC)	0.5 - 10 °C
냉접점 보상오차	(CJ)	0.1 - 0.5 °C
A/D 오차	(AD)	0.1 - 0.2 °C
정밀도 오차	(Noise)	0.1 - 0.5 °C

총 오차 = (TC) + (CJ) + (A/D) + (Noise) + (기타)
기타 = 확장와이어의 공차, 오차, 접지 등

제5장

교차교정법

5.1 배경

PWR 에서는 1차 냉각재 RTD와 같이 중복성을 지니는 센서에 대해서 정기적으로 심각한 드리프트 또는 편차가 있는지를 확인하고 발견시 이를 교정한다. 이를 위하여 교차교정법(Cross Calibration)이 사용된다. 이 방법은 미국의 NRC, 영국의 원자력 시설 검사국(Nuclear Installation Inspectorate, NII) 등으로부터 인허가를 받은 간단한 방법이다.

설치된 상태에서도 RTD의 교정이 가능하면서 보다 정밀하고 정확도가 높은 방법으로는 존슨 잡음법(Johnson Noise)이 있다. 그러나, 존슨 잡음법은 아직 완전히 개발되지 않아 현재 원자력발전소에서는 사용되지 않는다. 미국의 ORNL 와 NIST 및 오스트레일리아, 독일에서 거의 30년에 걸쳐 존슨 잡음법을 산업 분야의 일상 업무용으로 이용할 수 있도록 계속 연구하고 있다. 존슨 잡음법은 설치된 상태에서 RTD를 교정하는 용도뿐만 아니라 고온 측정이 정확한 새로운 센서를 개발하려는 이유도 있다.

통상 존슨 잡음 온도계는 RTD의 소자에 생기는 나노 볼트 영역의 전기신호를 측정할 수 있도록 출력 전자 회로를 정교하게 만든 것이다. 존슨 잡음법의 핵심은 공정에 설치된 긴 케이블로 미세한 신호를 측정하는 것이다. 존슨 잡음법이 원자력발전소나 다른 공정 산업의 일상 업무용으로 사용되기 까지는 이러한 난제를 극복 해야 한다.

한편, 교차교정법은 원자력 산업에 쉽게 적용되도록 방법론이 개선되고 자동화되었다. 개선된 점에는 다음과 같은 것이 있다.

(1) 교차교정 데이터를 수집할 때, 발전소의 온도 불안정성에 대해 데이터를 보정하는 해석적인 연산법
(2) 1차 냉각재 루프 또는 고온관과 저온관의 온도차의 보정
(3) 교차교정 결과의 불확실성 계산
(4) 교차교정 시험의 합격 판정 기준에 적합하지 않는 센서를 개선하는 혁신적인 방법
(5) 교차교정 시험을 위해서 발전소 컴퓨터로부터 데이터를 검색하는 방법
(6) 발전소의 기동 혹은 정지중의 램프 온도 조건에서 교차교정 결과를 제공하기 위한 강인 알고리즘

5.2 시험 원리

교차교정법은 같은 공정 변수를 측정하는 다수의 센서에 대한 교정 필요성을 검증하는 수단이다. 교차교정법의 기본 원리는, 다중성을 가지는 센서의 측정치를 기록하고 센서의 평균치와 각 센서의 편차를 계산해, 평균과의 편차가 큰 것을 제외하는 것이다. 이 방법은 협역 RTD와 광역 RTD뿐만 아니라, 노심출구열전대에도 사용이 가능하다. 통상, 협역 RTD의 합격 판정 기준이 광역 RTD보다 훨씬 까다롭고, 광역 RTD의 합격 판정 기준이 열전대보다 높다.

표 5.1은 원자력발전소에서 실시된 교차교정 결과를 보여주고 있다. 발전소의 기동 중에 약 280 ℃의 근처에서 등온 조건의 시험 데이터가 수집되었다. 각 센서에 대해 4회의 데이터 수집을 수행했고, 「평균 온도」라고 기재된 열에 4회의 센서 평균값을 기록하였다. 표 5.1의 경우 협역 RTD의 평균 온도를 구해 그 결과를 각 RTD의 평균치로부터 공제하고 편차를 확인하였다. 결국 「편차」 열은 교차교정의 결과이다. 따라서 이를 *"교차교정의 필요성 판단을 위한 예비결과"*라고 한다. 5.4장에서 보다 상세한 데이터 분석을 수행하는데, 이는 교차교정 시험의 최종 결과를 생산하고 편차 결과의 불확실성을 정량화하기 위하여 실시된다. 교차교정 데이터를 수집했을 때, 최종 결과을 도출하기 위해서 발전소 온도의 불안정성(Instability)과 불균일성(Nonuniformity)에 대한 보정이 필요한 경우도 있다.

표 5.1 교차교정 결과

RTD	온도 (°C)				평균온도 (°C)	편차 (°C)*
	1회	2회	3회	4회		
협역 RTD						
1	280.3278	280.3274	280.3087	280.2956	280.315	-0.063
2	280.4091	280.3942	280.3853	280.3797	280.392	0.014
3	280.3616	280.3621	280.3426	280.3305	280.349	-0.029
4	280.3660	280.3655	280.344	280.3347	280.353	-0.026
5	280.4729	280.4599	280.4608	280.4571	280.463	0.084
6	280.3664	280.3329	280.3427	280.3274	280.342	-0.036
7	280.3392	280.3276	280.3230	280.3178	280.327	-0.051
8	280.4709	280.4574	280.4504	280.4453	280.456	0.078
9	280.3308	280.3312	280.3047	280.3029	280.317	-0.061
10	280.4369	280.4355	280.4081	280.4118	280.423	0.045
11	280.3765	280.3584	280.3477	280.3440	280.357	-0.022
12	280.4593	280.4584	280.4375	280.4296	280.446	0.068
광역 RTD						
13	280.0733	280.0612	280.0538	280.0352	280.056	-0.322
14	280.6964	280.6871	280.6741	280.6602	280.679	0.301
15	280.3290	280.3281	280.3067	280.3039	280.317	-0.061
16	280.4881	280.4899	280.4704	280.4686	280.479	0.101
노심출구열전대						
17	280.6723	280.6674	280.6261	280.6431	280.652	0.274
18	280.6301	280.6082	280.5928	280.6025	280.608	0.230
19	280.7786	280.7802	280.7640	280.7526	280.769	0.390
20	280.5482	280.5660	280.5474	280.5474	280.552	0.174
21	280.8232	280.8110	280.7940	280.7907	280.805	0.426
22	280.8978	280.8588	280.8483	280.8248	280.857	0.479
23	280.7680	280.7607	280.7445	280.7380	280.753	0.374
24	281.1411	281.1394	281.1394	281.1086	281.132	0.754
25	280.8037	280.7940	280.7510	280.7656	280.779	0.400

협역 RTD로 측정된 평균온도 = 280.378 °C

참고: 편차는 각 센서의 평균값에서 협역 RTD의 평균값을 뺀 값

일반적으로 협역 RTD는 PWR에서 가장 정확한 온도센서로서, 교차교정 시험의 기준 온도로 사용된다. 일부 발전소에서는 협역 RTD만을 교차 교정한다. 다른

발전소에서는 교차교정 시험에 광역 RTD나 노심출구열전대를 이용하는 곳도 있다. 미리 정한 기준(예를 들면 0.3 °C) 이상 편차를 갖는 협역 RTD는 평균치 계산에서 제외한다. 발전소가 다르면 기준도 달라지는데 보통은 발전소의 1차 냉각재의 온도 요건에 의존한다. 7개의 원자력발전소에서 사용되고 있는 RTD의 교차교정 기준을 표 5.2에서 제시하였다, 평균치로부터 특정 협역 RTD를 제외하는 기준, 교차교정 데이터를 수집하는 온도 센서의 수를 나타내었다.

RTD의 편차가 평균에서 크게 벗어난 경우를 *특이점(Outlier)*이라고 한다. 이러한 센서는 교체되든가 혹은 교차교정 데이터를 사용하여 이를 보정할 수 있는 새로운 교정표를 작성한다. 5.13장에서 특이점을 교정하는 절차에 대해 설명한다.

표 5.2 원자력발전소별 RTD 교차교정 기준

발전소	측정 지점수	특이점 기준 (°C)	참고사항
1	1	0.17	1
2	1	0.17	1
3	4	0.11	2
4	2	0.30	3
5	4	0.27	4
6	1	0.17	5
7	4	0.11	6

각주:

1. RTD 교차교정을 위한 발전소 안정성 기준은 대략 ± 0.15 ~ ± 0.3 °C
2. 측정 지점수: 교차교정 데이터가 수집된 온도 지점의 개수

참고사항:

1. 교차교정 데이터는 평탄한 조건에서 수집될 수 있다. 그러나 292 °C에서의 데이터는 허용기준을 충족하거나 온도 전송기를 조정하기 위해 사용된다.
2. 데이터는 일정한 가열률을 갖는 곳에서 수집될 수 있다. 16개의 RTD가 있는 경우, 데이터는 RTD 1번부터 16번까지 수집되고, 반대로 16번부터 1번까지 수집된다. 이 방법은 온도 상승분과 EMF 영향으로 인한 효과를 보정하게 된다. 데이터는 95 °C, 170 °C, 230 °C, 292 °C에서 측정된다.
3. 두 곳의 안정점: 170 °C와 292 °C. 0.17 °C 보다 큰 편차가 있는 경우, 170 °C와 292 °C에서의 편차가 오차 옵셋과 기울기를 결정하기 위해 사용되고 온도 전송기에 보정을 하게 된다.
4. 데이터는 네 곳의 안정점에서 16개의 RTD, 1-16, 16-1 순으로 수집된다. 가열률도 측정된다.
5. 16개의 RTD가 한번에 한채널(4개의 RTD)에서 시험된다. 데이터는 5분 간격으로 25분간 수집된다. 이것에 4개의 채널에 대해 반복된다. 발전소의 안정성 요건은 0.17 °C이다. (즉, 시험시작부터 끝까지 온도가 0.17 °C 이상 변하면 안 된다)
6. 시험은 120 °C, 180 °C, 230 °C, 275 °C에서 수행되고, 데이터는 16개 RTD에서 수행되는데, 1-16, 16-1, 1-16, 16-1 순서로 진행된다. 네 개의 교정점이 온도 전송기 보정을 위한 제로와 기울기 결정을 위해 사용된다.

5.3 교차교정 데이터의 수집

교차교정 데이터는 전용 데이터수집 시스템을 사용하던가 또는 플랜트 컴퓨터를 검색해 수집할 수 있다. 두가지 방식의 교차교정 데이터 수집 방법을 그림 5.1에 나타내었다. 각 방식은 아래에 상세하게 설명되었다.

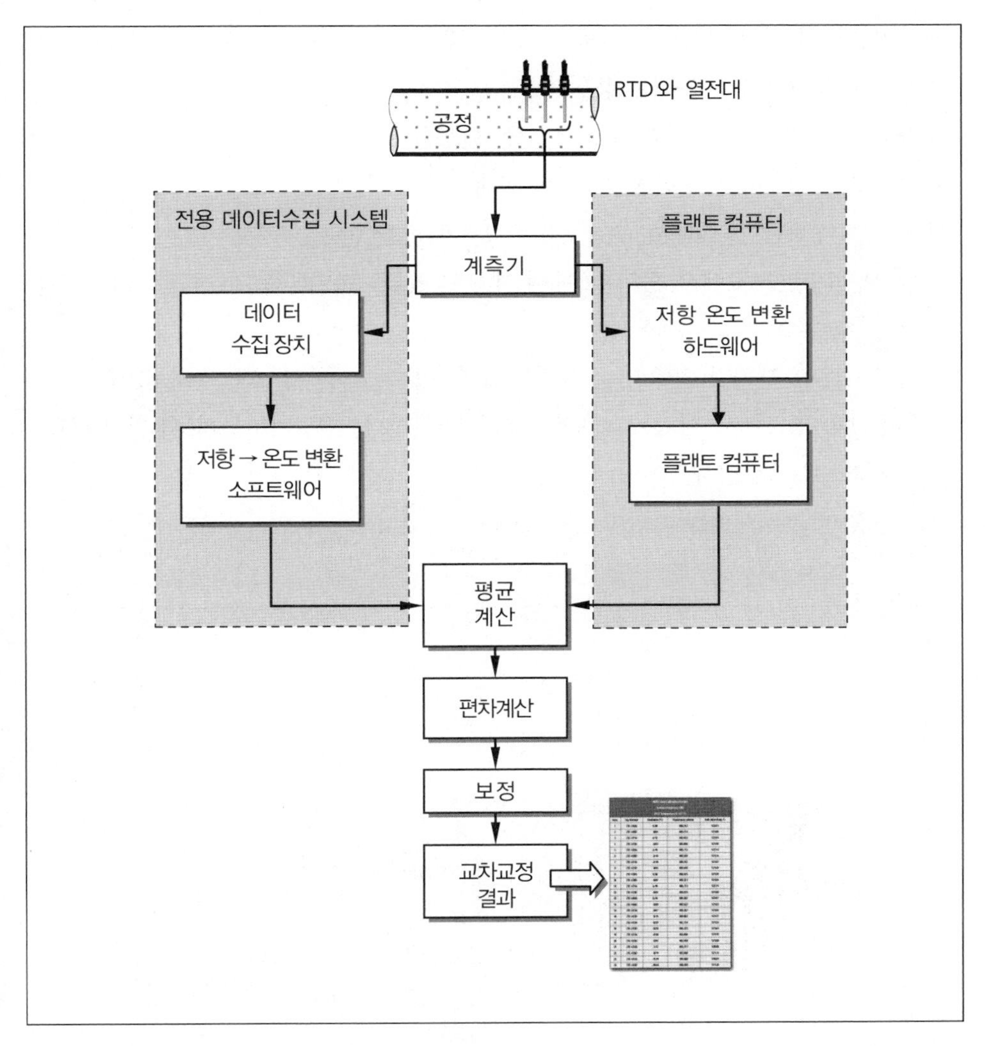

그림 5.1 교차교정 데이터 수집 방법

5.3.1 전용 데이터수집 시스템

전용 데이터수집 시스템을 사용하여 교차교정 데이터를 수집하기 위해서는, 주제어실내의 공정계장 캐비넷을 통해 센서에 액세스한다. 교차교정을 위한 데이터수집 시스템의 간략한 모습을 그림 5.2에서 보여주고 있다. 센서들은 발전소로부터 분리되어, 교차교정 시험장치에 연결된다. 데이터의 수집 순서는 아래와 같다.

(1) 모든 센서의 출력을 차례로 측정해, 필요한 경우 적절한 온도로 변환한다. 이는 1회 교차교정에 해당된다. 저항값을 온도로 변환하기 위해서 필요한 경우에는, 캘린더(Callendar) 방정식 등이 사용된다.

(2) 4회 교차교정을 마칠 때까지 순서 (1)을 반복한다.

(3) 각 센서에 대해 4회의 측정값을 평균한다.

(4) 모든 협역 RTD에 대해서, 순서 (3)의 값을 평균한다.

(5) 각 센서의 온도값에서 순서 (4)에서 계산된 평균값을 뺀다. 이 결과를 각 센서의 편차라고 부르며 △T로 한다.

(6) 협역 RTD도 편차가 어떤 기준값(예를 들면 ±0.3 ℃)를 넘으면, 순서 (3)에서 얻은 측정값의 평균에서 제외하고, 순서 (4)를 반복한다. 평균치로부터 제외된 RTD를 특이점으로 간주한다.

(7) 특이점이 모두 제외될 때까지 순서 (6)을 반복한다.

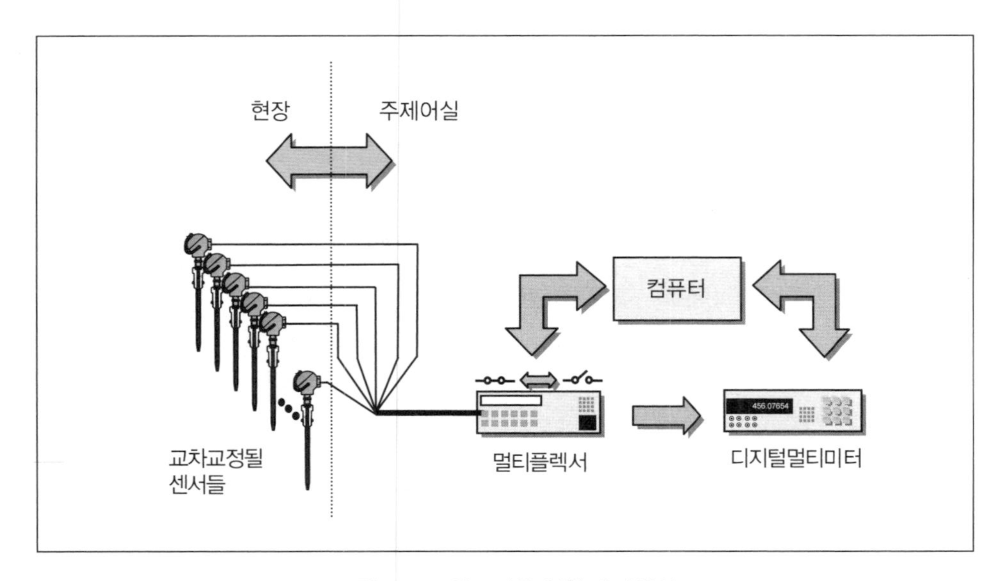

그림 5.2 교차교정을 위한 장비셋업

이러한 절차에 의해 교차교정 수행을 위한 예비 결과가 도출된다. 5.4장에서 설명하는 방법으로 발전소 온도의 불안정성과 불균일성의 데이터를 모두 보정하는 추가 해석을 통해 결과의 신뢰성을 개선해야 한다. 이를 통해 교차교정 결과의 불확실성과 교차교정 시험의 최종 결과를 제공한다. 여기서 설명한 일곱 단계를 전통적인 교차교정이라고 하며, 그림 5.3에서 보여주고 있다.

대부분의 경우에 캘린더 방정식을 사용해 RTD의 저항을 온도로 변환한다(순서 (1) 참조). 0℃ 이상의 온도에 대한 캘린더 방정식은 다음과 같다.

$$\frac{R(T)}{R(0)} = 1 + \alpha\left[T - \delta\left\{\left(\frac{T}{100\ ℃}\right)^2 - \left(\frac{T}{100\ ℃}\right)\right\}\right] \tag{5.1}$$

여기서,

T = 온도 (℃)

R(0) = 0℃에서의 저항 (Ω)

Alpha(α) = 교정상수 (Ω/Ω/℃)

Delta(δ) = 교정상수 (℃)

R(T) = 임의의 온도 T에서의 저항 (Ω)

R(0), α 및 δ를 캘린더 *방정식의 상수*라고 한다. α는 0 ℃ 부터 100 ℃에 대한 저항의 평균 온도 계수이며, δ는 저항 대 온도곡선이 직선과 얼마나 떨어져 있는지에 대한 지수이다. 통상, R(0)과 두 개의 상수는 실험실의 항온조 내에서 RTD를 교정하면서 파악할 수 있다. 일단 3개의 상수를 구하면, 식 (5.1)에 대입해 RTD의 교정표를 작성한다.

일부 웨스팅하우스 PWR에서는, 캘린더 방정식을 사용하지 않고 「웨스팅하우스 기준함수」라고 불리는 다음과 같은 2 차식을 사용한다.

$$R(T) = Ref(T) + Offset + (Slope)(T\text{-}525) \tag{5.2}$$

$$Ref(T) = 185.807 + (0.444693)(T) + 0.000036082(T^2) \tag{5.3}$$

여기서,

R(T) = 온도의 함수로 표현된 RTD 저항

Ref(T) = 기준함수

Offset 과 Slope = 웨스팅하우스 기준함수의 상수
(RTD 교정으로 확보)

웨스팅하우스 기준함수는 RTD의 교정 곡선과 일치시키기 위해서 2차식을 이용하여 근사한다. 식 (5.2)과 식 (5.3)의 온도의 단위는 °F이다.

5.3.2 플랜트 컴퓨터 데이터

대부분의 원자력발전소는 공정 센서의 출력 신호를 수집하고 있다. 이러한 경우 상용 데이터관리 소프트웨어를 이용하여 결과물을 검색할 수 있다. 그러한 데이터 관리 소프트웨어 패키지로서는 (1) PI Software©(OSISoft)와 (2) eONA Software©(InStep) 등이 있다.

일반적으로 "데이터 브릿지"라는 프로그램을 사용하여 센서 데이터를 얻는다. 데이터 브릿지는 센서 데이터를 발전소 데이터관리서버로부터 취득하는 역할을 한다. 그 후 로컬 컴퓨터에서 데이터를 해석한다. 교차교정 데이터를 얻어서, 플랜트 컴퓨터로 데이터를 해석하는 경우의 블록 다이어그램을 그림 5.4에서 보여준다. 일반적으로 플랜트 컴퓨터는 센서의 출력 신호를 샘플링 해서 온도로 변환해 보존한다. 샘플링 주기는 발전소에 따라서 다르지만 일반적으로 RTD에 대해 1~10초, 노심출구열전대에 대해 10~60초의 범위이다.

5.4 교차교정 데이터의 상세 해석

앞에 설명한 교차교정은 전용 시스템 또는 플랜트 컴퓨터로부터 수집된 데이터에 대하여 원데이터에 대한 교차교정의 예비해석과 시험 결과를 보여준다. 보다 정확한 결과를 위해서는 데이터 수집시 존재하는 온도 변동에 대해 데이터를 보정해야 한다. 이것을 *'불안정성 보정'*이라고 한다. 또한 1차 냉각재 루프 또는 고온관과 저온관의 온도차에 대해 데이터를 보정해야 한다. 이것을 *'불균일성 보정'*이라고 한다.

교차교정 데이터의 상세 해석에서는, 우선 불안정성과 불균일성 보정이 먼저 수행되고, 데이터를 재해석해 최종 교차교정 결과를 도출한다. 일단 보정이 되면 교차교정 결과의 불확실성이 계산된다.

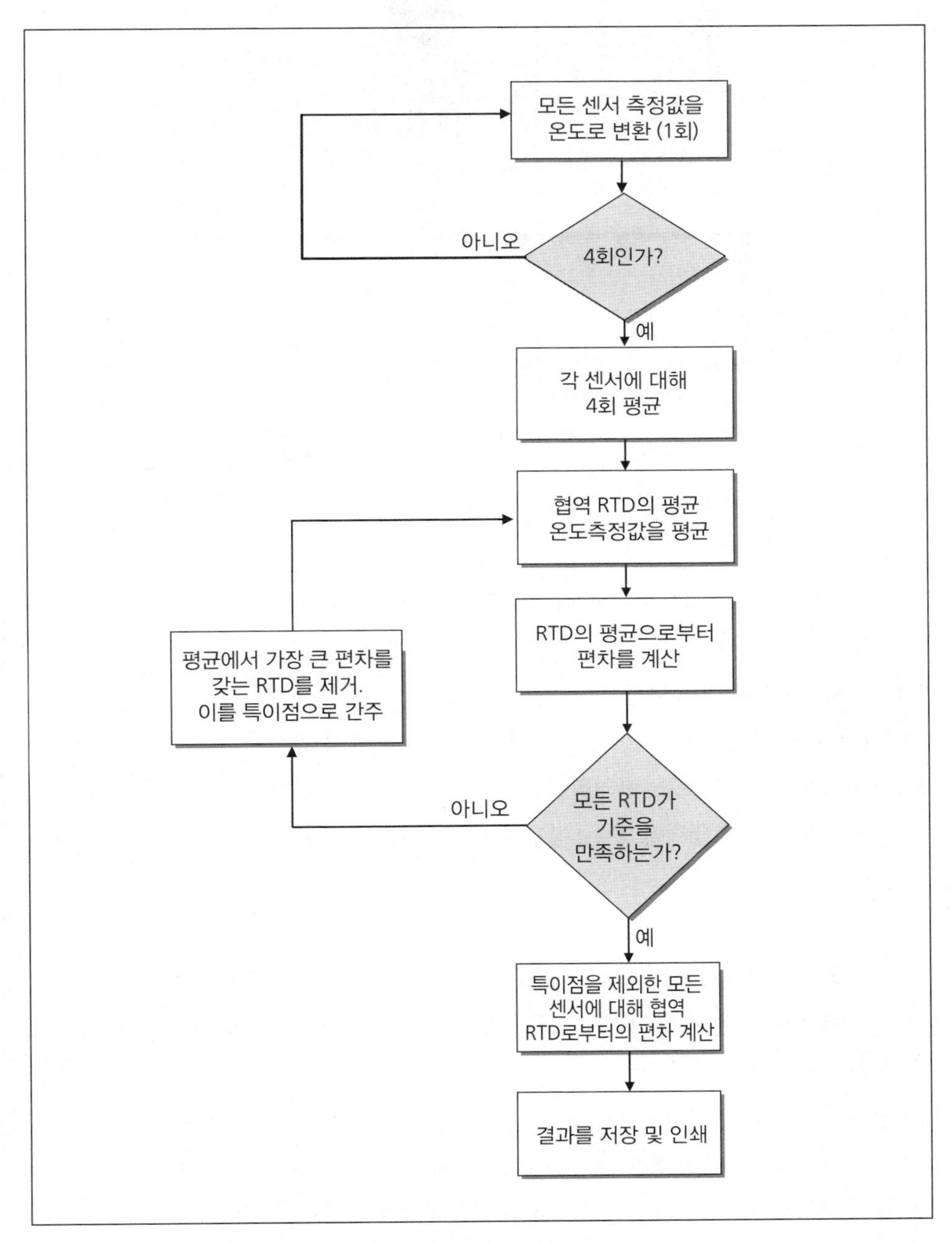

그림 5.3 전용 데이터수집 장치를 이용한 교차교정 절차

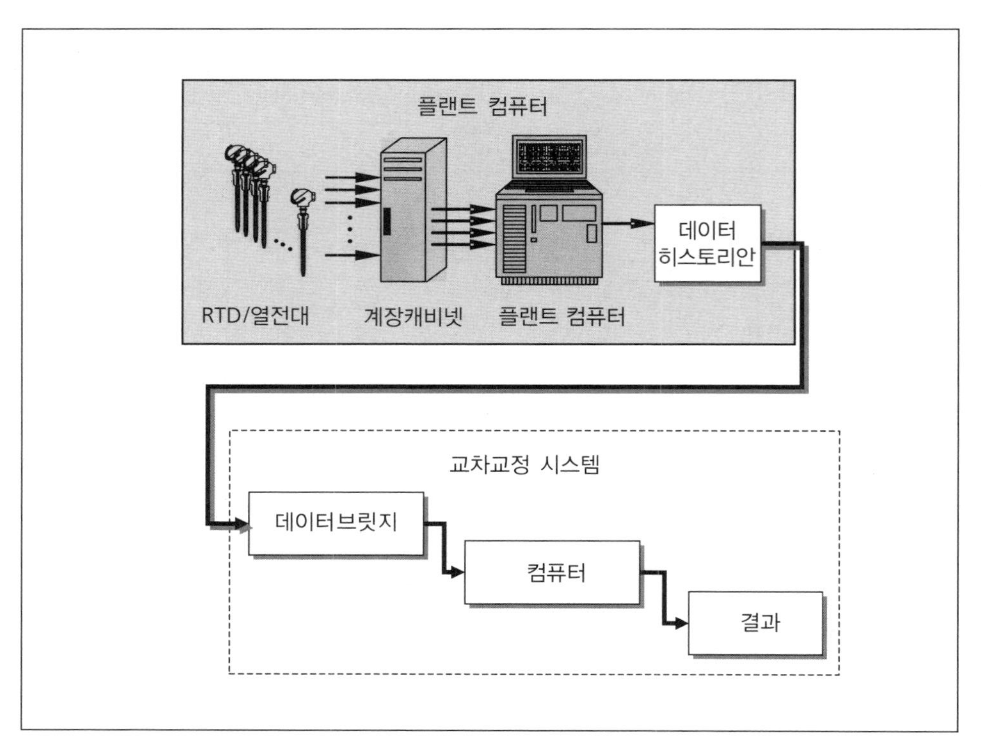

그림 5.4 플랜트 컴퓨터를 이용한 교차교정 방법

5.4.1 교차교정 데이터의 보정

원자력발전소 RTD의 교차교정은 등온 발전소 조건에서 중복성을 갖고 있는 RTD의 평균 온도가 공정 온도를 반영한다고 하는 가정에 근거한다. 그러나 몇몇 요인이 이 가정의 타당성에 영향을 주는 경우가 있다. 이러한 요인으로서 다음과 같은 것이 있다.

(1) 교차교정 시험에서 RTD의 저항을 온도로 변환하는 저항 대 온도표의 오차
(2) RTD에 발생하는 계통(Systematic) 드리프트. 모든 RTD가 상향 또는 하향으로 공통 드리프트가 발생하는 경우
(3) 발전소에서 교차교정 데이터의 수집 중에 생기는 1차 냉각재 온도의 진동과 드리프트
(4) 중복성을 갖는 RTD 온도의 불균일성. 교차교정법에서는 모든 RTD가 같은 온도라고 가정하므로, 이 가정이 교차교정 시험 결과에 오차를 발생시킴

발전소에서 한 주기 이상의 사용한 RTD를 교차교정 시험함에 있어서, 위에 나타낸 네 가지 요인 중 첫 번째와 두 번째는, 발전소에서 1개 이상의 RTD를 가져와서 실험실에서 교정하는 것으로 제거할 수 있다. 다른 대안은 RTD 중 1개를 새롭게 교정한 RTD로 바꾸고, 사용 정지 기간의 마지막에 발전소가 출력 운전을 향해 온도 상승하고 있는 사이, 교차교정 시험을 반복하는 것이다. 두 번째 요인을 제외할 수 있는 보다 실제적인 방법은 NUREG/CR-5560에 공개되어 있는 실험 데이터를 활용하는 것이다.[7] NUREG/CR-5560 데이터를 보면 원자력등급 RTD의 드리프트 가운데, 계통 드리프트보다 오히려 우연(Random) 드리프트가 큰 것을 알 수 있다. 이러한 가정 하에서는 바이어스 오차가 교차교정 결과에 나타나기는 힘들며, 따라서 위의 네 가지 요인 중에서 두 번째는 의미가 없어진다.

다음의 2절에 기술되어 있는 수치해석 방법을 이용함으로써 발전소의 온도의 불안정성과 불균일성에 대해 비교 교정 데이터를 보정하여, 위에 나타난 세 번째와 네 번째 요인이 해결될 수 있다.

5.4.2 불안정성 보정

원자력발전소에서는 온도를 완전히 안정된 상태로 제어할 수 없기 때문에 교차교정 시험 중에 온도 요동 혹은 드리프트가 항상 생긴다. 온도의 불안정성의 보정에 사용하는 방법은 데이터를 취득한 발전소 상태에 따라 다르다. 발전소의 온도가 천천히 일정 속도로 변화하고 있는 경우, 데이터 수집 중에 발생하는 발전소 온도에 생기는 요동을 자동적으로 보정하려면 램프(Ramp) 데이터 수집법을 사용한다. 발전소가 안정된 등온 조건을 유지하고 있는 경우, 안정(Plateau) 데이터 수집법을 사용하며 발전소 온도 요동은 상세한 분석을 통해 보상된다.

램프 데이터 수집법에서는 교차교정 과정 중에 두 번째, 네 번째 시행에서 RTD를 역순서로 샘플링 함으로써 일정 온도 변화를 고려한다. 예를 들면 24개의 RTD로 4회 시행하는 경우 샘플링 순서를, 1에서 24, 24에서 1, 1에서 24, 마지막으로 24에서 1으로 한다. 샘플링 순서를 반전시키면, 램프 온도 변화의 영향을 역전시키므로 4회 데이터를 모두 평균하면 오차가 없어진다.

안정 데이터 수집 중에는 램프 보정은 중요하지 않고, 단시간의 요동에 중점을 둔다. 발전소를 일정한 온도에 유지하기 위해서는 열제거의 빈번한 변화가 수반 되므로, 이 과정은 꼭 필요하다. 이 경우 단기 요동을 명확하게 하기 위해, 매 회 시험에서 같은 순서로 RTD를 샘플링한다. 불안정성에 대한 보정 전과 보정 후의 데이터를 그림 5.5에서 보여주고 있다. 이것은 4회 시험을 모두 포함한 결과를 보여주고 있다. 우선 그림 5.5(a)는 매회 시험의 평균치에 직선을 피팅시킨 결과이다. 이 직선은 각 시험에서 얻어진 RTD 온도의 평균을 선형 회귀분석한 결과이다. 공정 온도에 나타나는 모든 드리프트 영향을 제외하기 위해서 데이터로부터 직선의 값을 뺀다. 각 시행별 평균치에 보정한 후의 데이터를 그림 5.5(b)에서 보여준다. 그림 5.5(b)에 나타낸 데이터는 모든 RTD의 평균치에서 각각의 값을 뺀 편차를 나타낸다. 만약 이러한 편차가 사라지면 공정 온도에 남은 요동은 그림 5.5(c)와 같이 된다. 이러한 요동을 잔여 온도요동(Residual Temperature Fluctuation)이라고 하고, 그 표준편차는 5.8장의 끝에 설명될 교차교정 결과의 전체적인 불확실성 계산에 사용된다.

플랜트 컴퓨터로부터 데이터를 검색하는 경우에는, 각 데이터 세트의 표준편차를 계산하고 이를 이용하여 잘못된 데이터 세트를 제외하기 위한 보정을 실시한다. 그 순서는 다음과 같다.

(1) 각각의 온도 데이터 세트의 표준편차를 계산한다. 이를 STD라고 부른다.
(2) STD의 평균치와 표준편차를 계산해, 그것들을 AVE와 σAVE라고 하자.
(3) (1)과 (2)의 결과의 차이를 계산한다. 즉, 각 온도의 각 데이터 세트에 대해 Δ=STD−AVE이다.
(4) $|\Delta|$가 mσAVE 미만인 경우, 데이터 세트를 받아 들인다. 즉, $|\Delta| \leq m(\sigma AVE)$. 여기서, m는 일반적으로 1 이상의 승수이다. 이것을 *표준편차기준(Standard Deviation Criteria)*이라고 한다. $|\Delta|$가 m(σAVE) 보다 큰 경우, 해당 데이터 세트를 제외 한다.

이 네 단계의 순서를 적용하여 세 종류의 온도(171 ℃, 238 ℃, 277 ℃)에서 측정된 18개의 교차교정의 예를 표 5.3에서 보여주고 있다. 지금 설명한 기준에 의해서 제외된 값은 *로 표시하였다.

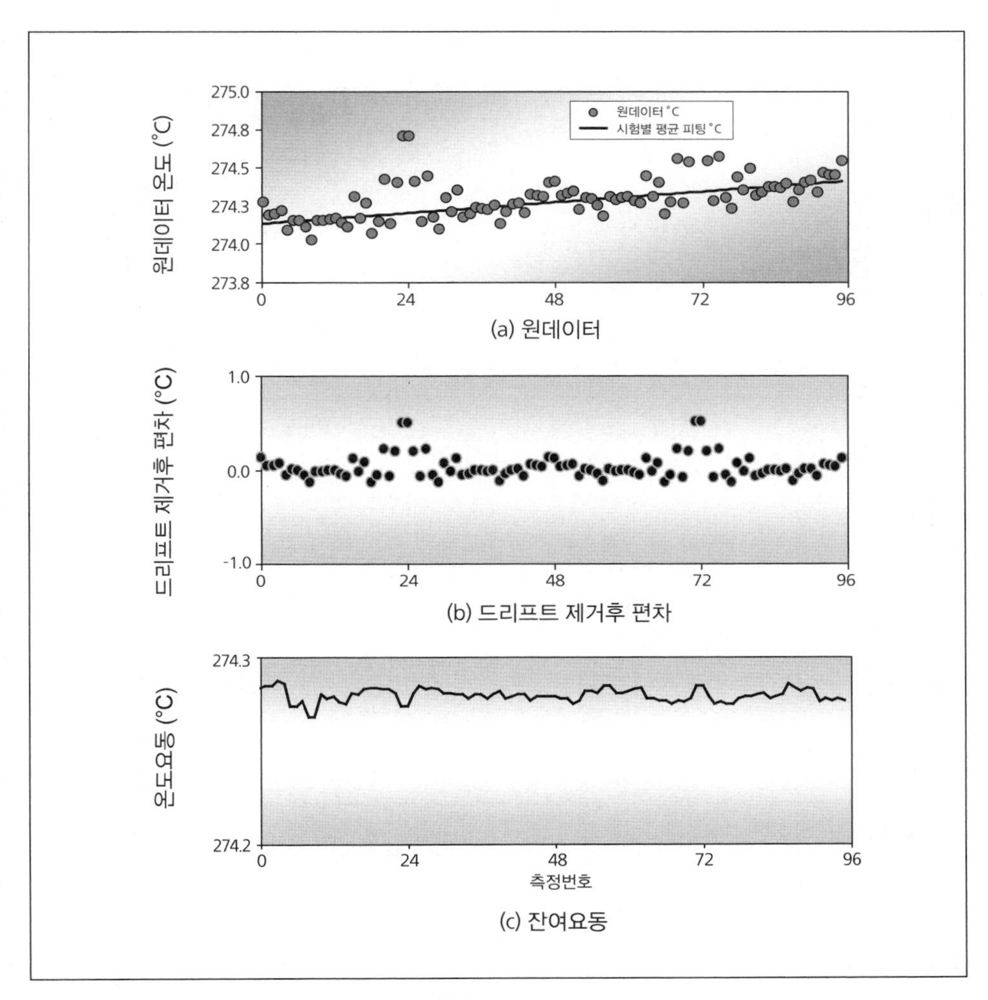

그림 5.5 교차교정에서 불안정성 보정의 효과

표 5.3 불안정성 보정을 위해 계산된 교차교정의 표준편차

시험번호	표준편차 (°C)		
	171°C	238°C	277°C
1	0.214	0.058	0.053
2	0.223*	0.059	0.053
3	0.231*	0.064	0.055*
4	0.209	0.071	0.052
5	0.218	0.075*	0.052
6	0.224*	0.074*	0.052
7	0.237*	0.074*	0.052
8	0.187	0.064	0.052
9	0.164	0.062	0.052
10	0.192	0.056	0.051
11	0.179	0.059	N/A
12	0.147	0.057	N/A
13	0.144	0.061	N/A
14	0.142	0.061	N/A
15	0.186	0.062	N/A
16	0.188	0.060	N/A
17	0.177	0.059	N/A
18	0.178	0.059	N/A

(*표준편차 기준인 1.0에 의해 제외됨.)

5.4.3 불균일성 보정

교차교정 데이터 수집 중에, 원자로를 가로지르는 루프사이 혹은 각 루프의 고온관과 저온관에 존재할 가능성이 있는 온도차를 계산하기 위해서 불균일성 보정을 한다. 이러한 온도차는 1차 냉각재의 불완전한 혼합에 의해서 생기곤 한다.

표 5.4는 발전소의 온도 안정성을 보정한 후, 교차교정 데이터로부터 계산한 평균 온도를 나타낸다. 이 데이터를 사용해 온도의 균일성에 문제가 있을지를 판정한다. 온도차가 매우 작은 경우 불균일성 보정은 필요없다. 그렇지 않으면, 고온관 RTD와 저온관 RTD의 각각의 온도차, 혹은 1차 냉각재 루프사이의 온도차에 대해서 데이터를 보정할 필요가 있다.

표 5.4 온도 불균일성 계산을 위한 1차 냉각재온도 대표평균

설명	온도 (°C)					
	204	221	232	249	266	277
전체 발전소 평균	204.06	219.24	233.76	248.89	265.35	276.41
고온관 RTD 평균	204.08	219.26	233.77	248.91	265.35	276.41
저온관 RTD 평균	204.02	219.22	233.74	248.88	265.36	276.42
루프 1 RTD 평균	204.06	219.26	233.84	249.06	265.47	276.55
루프 2 RTD 평균	204.05	219.21	233.69	248.81	265.29	276.35
루프 3 RTD 평균	204.03	219.19	233.66	248.76	265.24	276.30
루프 4 RTD 평균	204.08	219.32	233.83	248.96	265.39	276.45

5.5 비교교정 결과의 표시

모든 발전소 온도의 불안정성과 불균일성에 대해서 교차교정 데이터를 보정한 후, 그것을 재해석하여 최종 결과를 도출한다. 표 5.5는 PWR 발전소의 협역 1차 냉각재 RTD의 보정전 데이터와 보정후 데이터의 교차결과를 나타낸다. 보정전 데이터의 결과는 '보정전'으로 나타내고, 보정이 끝난 데이터는 '보정후'로 표시하였다. 보통 협역 RTD와 광역 RTD에 대해서만 교차교정 데이터에 보정을 수행한다. 노심출구열전대의 데이터는 일반적으로 보정하지 않는다.

표 5.5 교차교정의 보정전/후 비교

RTD 번호	센서 편차 (°C)	
	보정전	보정후
1NCRD5420	0.133	0.087
1NCRD5421	0.044	-0.002
1NCRD5422	0.050	0.003
1NCRD5430	0.067	0.019
1NCRD5440	-0.061	-0.107
1NCRD5460	0.011	0.043
1NCRD5461	0.000	0.044
1NCRD5462	-0.050	-0.014
1NCRD5470	-0.128	-0.092
1NCRD5480	-0.006	0.029
1NCRD5500	-0.011	0.010
1NCRD5501	-0.006	0.020
1NCRD5502	0.000	0.022
1NCRD5510	-0.039	-0.014
1NCRD5520	-0.061	-0.038
1NCRD5540	0.128	0.121
1NCRD5541	-0.011	-0.020
1NCRD5542	0.083	0.076
1NCRD5550	-0.122	-0.129
1NCRD5560	-0.039	-0.048
1NCRD5850	0.217	0.171
1NCRD5860	-0.094	-0.138
1NCRD5870	0.189	0.216
1NCRD5880	0.500	0.531
1NCRD5900	0.289	0.310
1NCRD5910	-0.333	-0.313
1NCRD5920	0.639	0.632
1NCRD5930	0.256	0.249

5.6 교차교정 결과에 대한 보정의 영향

발전소의 온도의 불안정성과 불균일성에 대한 데이터의 보정은 교차교정 시험의 최종 결과에 확실한 영향을 끼친다. 다만 보정이 결과에 영향을 주는 정도는 발전소에 따라 다르다. 간혹 보정이 큰 차이를 만들기도 하지만, 거의 대부분의 경우 조금 밖에 차이가 생기지 않는다.

그림 5.6은 발전소 온도의 불안정성과 불균일성의 보정을 수행하기 전과 후로 나누어 PWR 12개 RTD에 대한 교차교정 결과를 나타낸 것이다. 보정 전에는 RTD가 모두 양의 편차를 나타내고, 보정 뒤에는 편차가 예상대로 랜덤하게 분포되어 있다. 또한, 보정에 의해 RTD 편차의 절대치가 감소하였다.

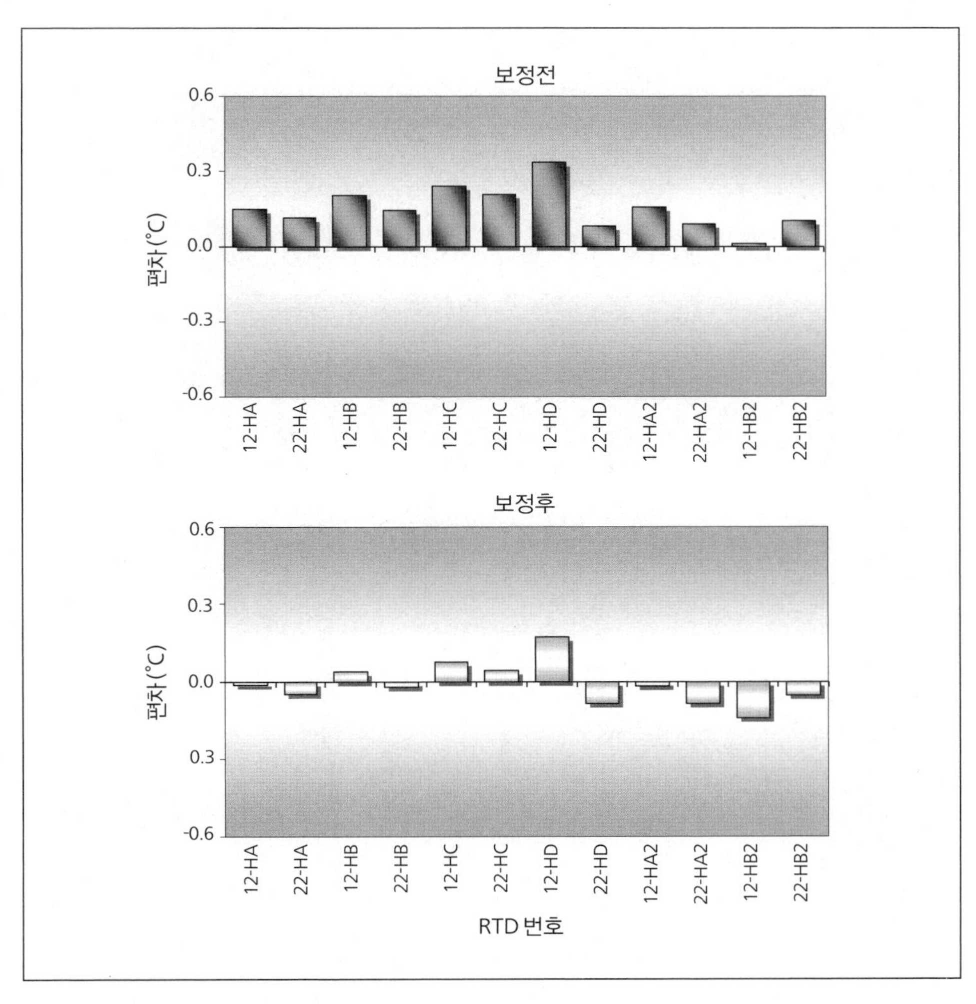

그림 5.6 불안정성과 불균일성에 대한 보정전/후의 교차교정 결과

5.7 교차교정용 소프트웨어

교차교정의 처리는 단순하지만 많은 계산이 필요하다. 그 때문에 처리 과정을 자동화해 데이터 수집과 해석 작업을 원활히 하는 것은 현명한 방법이다. 플랜트 컴퓨터로부터 얻은 보정 전의 교차교정 데이터를 그림 5.7에서 보여주고 있다. 자동화 소프트웨어는 보정 전 데이터를 읽고, 그래프로 그린 뒤, 발전소 온도의 불안정성과 불균일성에 대한 보정을 포함한 해석을 실시하고 결과를 인쇄한다.

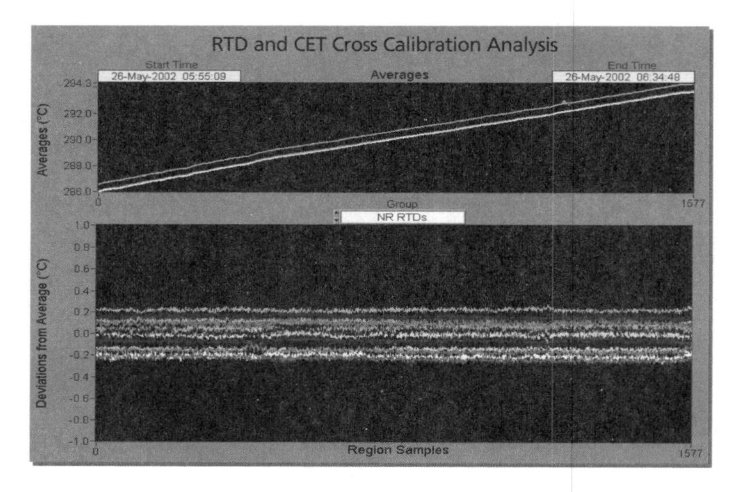

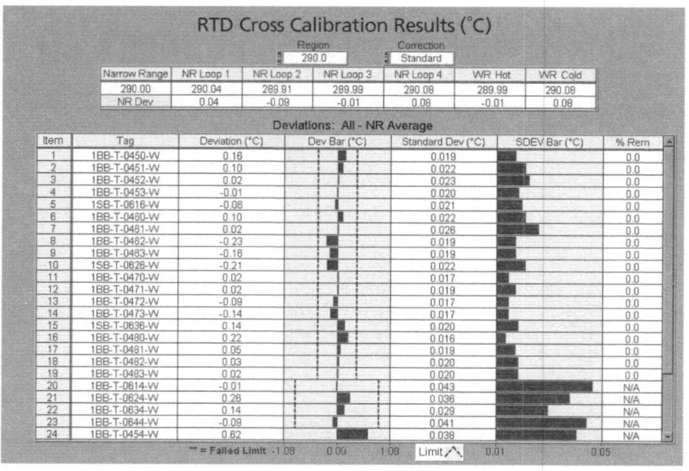

RTD Cross Calibration Results (°C)

Region: 290.0 Correction: Standard

Narrow Range	NR Loop 1	NR Loop 2	NR Loop 3	NR Loop 4	WR Hot	WR Cold
290.00	290.04	289.91	289.99	290.08	289.99	290.08
NR Dev	0.04	-0.09	-0.01	0.08	-0.01	0.08

Deviations: All - NR Average

Item	Tag	Deviation (°C)	Dev Bar (°C)	Standard Dev (°C)	SDEV Bar (°C)	% Rem
1	1BB-T-0450-W	0.16		0.019		0.0
2	1BB-T-0451-W	0.10		0.022		0.0
3	1BB-T-0452-W	0.02		0.023		0.0
4	1BB-T-0453-W	-0.01		0.020		0.0
5	1SB-T-0616-W	-0.06		0.021		0.0
6	1BB-T-0460-W	0.10		0.022		0.0
7	1BB-T-0461-W	0.02		0.026		0.0
8	1BB-T-0462-W	-0.23		0.019		0.0
9	1BB-T-0463-W	-0.16		0.019		0.0
10	1SB-T-0626-W	-0.21		0.022		0.0
11	1BB-T-0470-W	0.02		0.017		0.0
12	1BB-T-0471-W	0.02		0.019		0.0
13	1BB-T-0472-W	-0.09		0.017		0.0
14	1BB-T-0473-W	-0.14		0.017		0.0
15	1SB-T-0636-W	0.14		0.020		0.0
16	1BB-T-0480-W	0.22		0.016		0.0
17	1BB-T-0481-W	0.05		0.019		0.0
18	1BB-T-0482-W	0.03		0.020		0.0
19	1BB-T-0483-W	0.02		0.020		0.0
20	1BB-T-0614-W	-0.01		0.043		N/A
21	1BB-T-0624-W	0.26		0.036		N/A
22	1BB-T-0634-W	0.14		0.029		N/A
23	1BB-T-0644-W	-0.09		0.041		N/A
24	1BB-T-0454-W	0.62		0.038		N/A

"" = Failed Limit -1.08 0.00 1.08 Limit 0.01 0.05

그림 5.7 자동화된 교차교정 데이터 분석

5.8 교차교정 결과의 불확실성

교차교정 시험의 불확실성은 전용 데이터수집 시스템을 사용하느냐 혹은 플랜트 컴퓨터를 사용해 데이터를 수집하느냐에 따라 달라진다. 두 가지 데이터 취득 방법에 따른 불확실성을 다음 절에서 논의한다.

5.8.1 전용 데이터수집 시스템에서의 불확실성

RTD의 교차교정에 전용 데이터수집 시스템을 사용하는 경우, 네 가지, 시험 장치의 불확실성, 정밀도 오차, 불안정성 오차 및 불균일성 오차 등의 문제가 발생한다. PWR에서 7개의 온도센서로 행해진 RTD 교차교정 시험에서의 불확실성 계산 결과를 표 5.6에 나타냈다. 위에서 언급한 네 가지 오차를 조합하여 불확실성을 계산해 보았다.

표 5.6 교차교정에 대한 일반적인 불확실성 요인

온도 (°C)	개별 오차 (°C)				총오차 (°C- RSS)
	시험장비 e_1	정밀도 e_2	불안정성 e_3	불균일성 e_4	
121	0.011	0.003	0.001	0.001	0.011
149	0.013	0.003	0.003	0.004	0.014
171	0.013	0.003	0.018	0.021	0.031
204	0.013	0.003	0.010	0.014	0.022
232	0.013	0.003	0.021	0.027	0.037
260	0.014	0.003	0.019	0.026	0.035
282	0.014	0.003	0.018	0.021	0.031

(1) 시험장비의 불확실성

전용 데이터수집 시스템에서는 전기 저항을 측정해 온도로 변환한다. 따라서 결과의 불확실성은 저항 측정 기기의 정확도와 드리프트에 의존한다. 일반적으로 현재 이용 가능한 저항 측정 기기의 정확도와 단기 드리프트는 측정되는 저항값과 사용하는 기기에 따라 0.01 ℃부터 0.03 ℃정도이다.

(2) 정밀도 오차

정밀도 오차는 측정 잡음의 표준 편차를 측정해 확인한다. 일반적으로 정밀도 오차를 확인하는 방법은 데이터 수집 기기에 고정 저항기를 접속시켜 RTD 신호를 모의 작동시키는 것이다. 교차교정 시험을 실시하는 온도와 RTD의 저항값에 근거해 고정 저항기의 값을 선택한다.

(3) 불안정성 오차

원자력발전소 RTD의 교차교정시 나타나는 불안정성 오차를 설명하기 위해서, PWR에 설치된 16개의 RTD에 대한 교차교정 시험 결과를 그림 5.8에 나타낸다. 16개의 RTD에 대해 4회의 데이터 수집에 상응하는 64점의 데이터가 있다. 발전소 온도의 불안정성은 보정 전 데이터로 알 수 있다. 보정 후 데이터도 개념적으로 함께 표시하였다. 보정 후 데이터는 큰 편차가 없지만, 여전히 작은 요동은 나타난다. 이러한 요동을 *잔여 온도요동*이라고 한다.

이 사례에서는 2개의 직선에 보정 전 데이터를 최소자승 피팅하여 불안정성 보정을 실시했다. 그 후, 보정 전 데이터에서 직선값을 빼고 큰 온도의 편차를 제외하였다. 이렇게 해서 요동의 영향을 1.5 ℃에서 0.15 ℃로 줄였다.

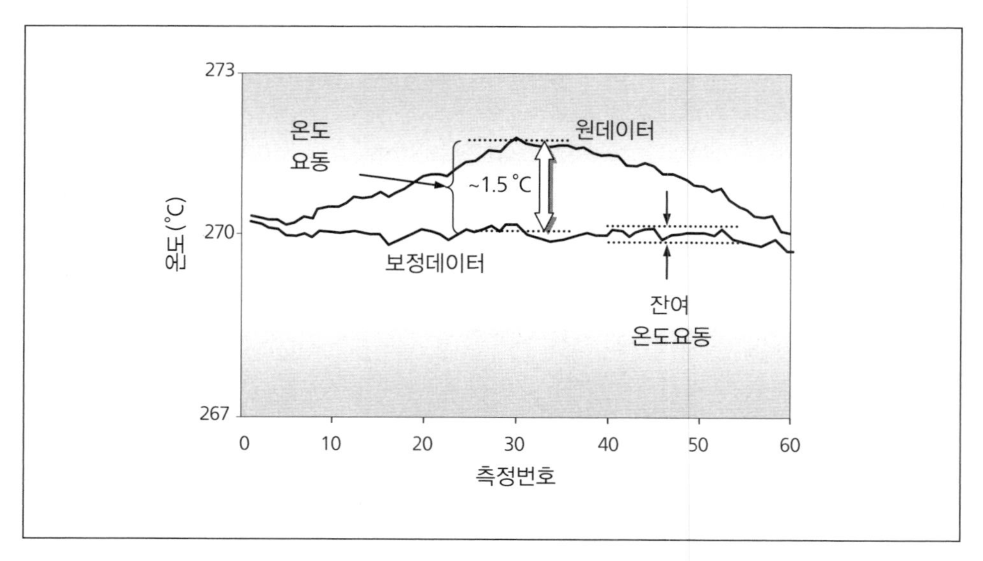

그림 5.8 요동에 대한 보정전후의 교차교정 결과

불안정성 오차를 계산하기 위해서는 잔여 온도 요동의 표준편차를 분명히 하지 않으면 안 된다. 이것들은 데이터 보정 후에 남는 요동으로 (1) 각각의 RTD의 편차, (2) 공정 온도의 요동과 드리프트, (3) 고온관과 저온관의 RTD간 혹은 루프 전체의 불균일성이다. 그림 5.8에 나타난 보정 후 데이터의 불안정성 오차(잔여 요동의 표준편차)는 0.015 ℃이다.

표 5.7은 불안정성의 보정 전과 보정 후 3개 온도에 대한 교차교정 데이터의 표준편차를 나타낸다. 이 값들은 16개의 RTD에 대해 4회의 교차교정에 상당하는 64개 측정값의 표준편차이다. 이 표는 불안정성 보정을 통해 0.09 ℃에서 0.03 ℃로 3배 정도 표준편차를 줄인 것을 나타나고 있다. 다른 시험에서도 비슷한 결과가 나타나는데, 이 데이터를 통해 발전소의 온도 불안정성이 일반적으로 0.001 ℃에서 0.1 ℃ 사이로 교차교정 결과에 나타날 수 있음을 알 수 있다.

표 5.7 원데이터와 보정된 데이터의 표준편차에 대한 불안정성 보정의 효과

온도 (°C)	시험번호	표준편차 (°C)	
		원데이터	보정데이터
280 °C	1	0.10	0.03
	2	0.08	0.03
220 °C	1	0.12	0.02
	2	0.06	0.02
170 °C	1	0.09	0.03
	2	0.11	0.03
평균		0.09	0.03

(4) 불균일성 오차

불충분한 혼합과 루프 내의 열제거 차이에 의해 등온 조건에서 고온관과 저온관 온도 간에 0.5 ℃ 정도의 차이가 생기는 경우가 있다. 2루프 PWR의 고온관과 저온관의 평균 온도의 차이를 그림 5.9에서 보여주고 있다. 이러한 온도 차이를 *불균일성 오차*라고 한다. 이 오차를 규명한 다음 데이터로부터 공제하여 교차 교정의 결과를 보다 정확하게 해야 한다. 각 루프 RTD의 표준편차 및 고온관 및 저온관 RTD의 표준편차, 양쪽을 모두 확인하고 최대값을 사용해 각 온도의 불균일성 오차를 확인한다.

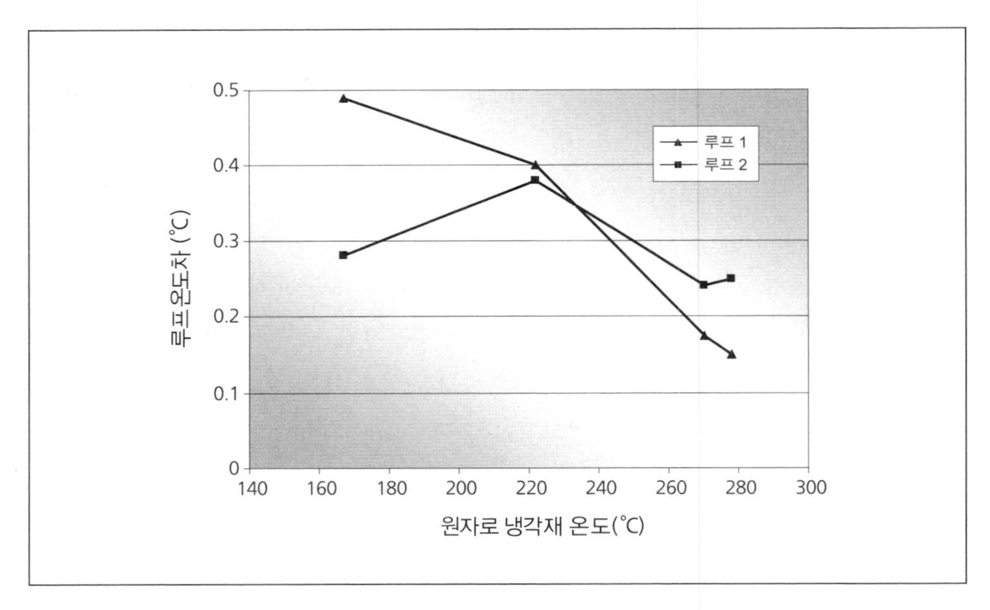

그림 5.9 루프별 고온관/저온관 온도간의 차이

모든 오차의 합은 다음과 같은 오차 제곱합의 제곱근(Root Sum Squared, RSS) 공식을 사용한다.

$$RSS\ (°C) = \sqrt{e_1^2 + e_2^2 + e_3^2 + e_4^2} \tag{5.4}$$

여기서, e_1, e_2, e_3, e_4은 앞서 말한 네 개의 오차이다.

오차 계산 결과를 표 5.6에 나타내었다. 결과는 0.01 ℃에서 0.03 ℃의 범위이다. 이것이 교차교정 시험에 수반되는 에러 수준이다. 즉, 결과의 불확실성을 포함하여 교차교정 결과를 제시하기 위해서는 $|\Delta| \pm$RSS으로 표현하고, 여기서 RSS는 식 (5.4)을 사용해 계산한 오차합, $|\Delta|$는 교차교정 시험으로 얻어진 편차에 해당된다.

5.8.2 플랜트 컴퓨터에서의 불확실성

플랜트 컴퓨터 혹은 데이터 전용 수집장치로부터 데이터를 취득하는 경우, 앞의 절에 설명한 오차와 함께 추가로 수반되는 몇 개의 다른 오차가 있다. 예를 들면, 많은 경우 휘트스톤 브릿지 또는 다른 방법을 이용하여 구성한 회로를 사용하여 원자력발전소 RTD의 저항을 전압으로 변환한다. 일반적으로 입력 저항에 비례하는 전압을 출력하도록 회로 기판을 교정한다. 또한 이 전압은 RTD가 읽는 온도에 비례한다. 그림 5.10은 교차교정 시험을 위한 온도 측정 채널의 표준적인 구성을 블록 다이아그램으로 나타낸 것이다.

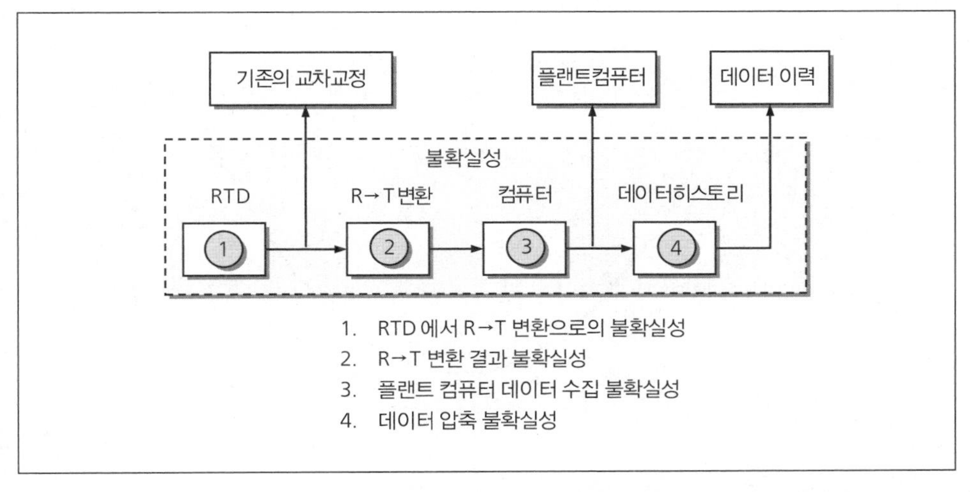

그림 5.10 온도 측정채널과 플랜트 컴퓨터 데이터를 활용한 RTD 교차교정에 포함될 수 있는 불확실성 요인

회로를 교정하면 교차교정 결과의 불확실성 계산에 수반되는 오차를 일으킨다. 게다가 회로는 저항과의 선형 관계를 이용하여 값을 온도로 변환한다. 그러나 RTD 곡선은 실제로 선형이 아닌 2차 방정식으로 나타나므로, 선형 변환은 다른 오차를 유발시킨다. 이 오차를 협역 RTD의 온도의 함수로서 그림 5.11에 제시하였다. 이것은 *저항 대 온도 변환에 있어서의 불확실성*이라고 한다(그림 5.10의 2번 참조).

플랜트 컴퓨터로부터의 데이터를 사용하는 교차교정 시험에 있어서는 또 하나의 불확실성 발생원인을 고려하지 않으면 안 된다. 플랜트 컴퓨터의 입력은 일반적으로 아날로그 신호로, 계산기에 보존되기 전에 디지털로 변환된다. 이것은 샘플링의 불확실성을 가져온다(그림 5.10의 3번 참조).

데이터의 히스토리안이 불확실성을 유발하는 경우도 있다. PI© 또는 eDNA© 같은 소프트웨어는 일반적으로 저장공간을 줄이기 위해서 플랜트 컴퓨터로부터의 데이터를 압축하는 방법으로 보여준다. 즉 데이터 값의 변화가 일정 크기 이상이 되는 경우에만 값을 저장한다. 예를 들어 현재의 데이터와 전의 데이터가 0.1 ℃이상의 값

차이를 보이는 경우에만, 데이터 히스토리안은 그 값을 보존한다. 이 때문에 플랜트 컴퓨터의 데이터를 사용해 교차교정 결과의 불확실성을 계산하는 경우, 데이터 압축과정의 오차가 포함되는 경우가 있다(그림 5.10의 4번 참조).

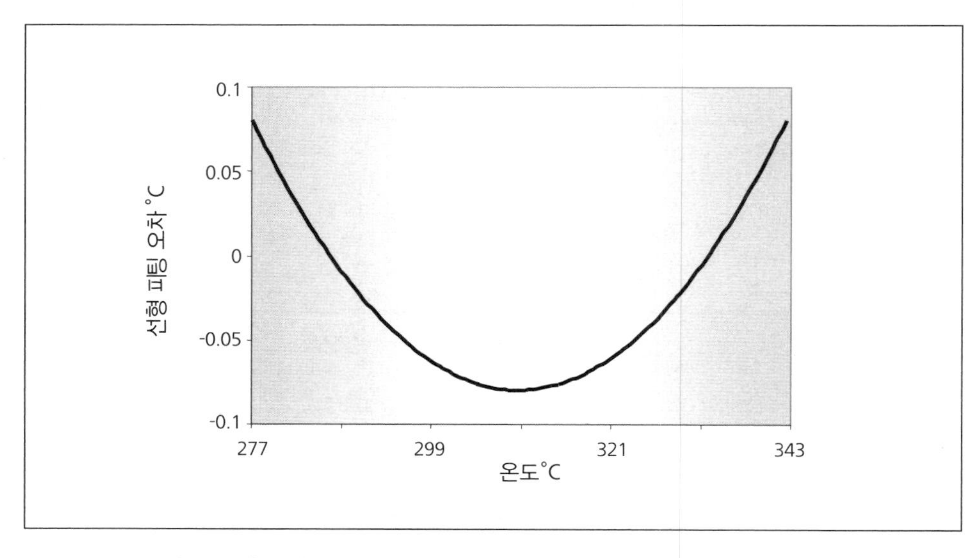

그림 5.11 협역 온도 구간에서 선형 회귀분석과 2차 회귀분석 사이의 오차

5.9 교차교정법의 검증

오일욕조, SPRT, 그리고 교차교정 시험 장치를 설치해 실험실에서 RTD와 열전대 모두에 대해 교차교정법을 검증할 수 있다.[7] 검증 작업의 목표는 SPRT로 측정될 때의 오일욕조 온도의 "참값"과 RTD 또는 열전대가 보이는 평균 온도가 매우 접근하고 있는 것을 검증하는 것이다. RTD에 대하는 검증 작업의 결과를 표 5.8에, 열전대에 대한 검증 작업의 결과를 표 5.9에 요약하였다.

표 5.8 4-와이어 RTD에 대한 교차교정 방법의 실험실 검증

욕조온도 300 °C

RTD 번호	저항 측정 (Ω)				평균 (Ω)	온도 (°C)	편차 (°C)
	1차	2차	3차	4차			
21	212.2644	212.2643	212.2741	212.2634	212.2666	*303.537	# 2.751
19	429.4928	429.4910	429.5060	429.4940	429.4960	300.759	-0.028
12A	429.1156	429.1152	429.1298	429.1134	429.1185	300.811	0.025
12C	429.0084	429.0088	429.0224	429.0102	429.0125	300.807	0.021
03	424.6416	424.6324	424.6384	424.6494	424.6405	300.785	-0.001
18	429.8286	429.8200	429.8228	429.8394	429.8277	300.819	0.033
15A	424.6800	424.6818	424.6862	424.6988	424.6867	300.774	-0.012
15C	424.2652	424.2698	424.2740	424.2818	424.2727	300.774	-0.012
13A	428.9974	428.9962	429.0018	429.0144	429.0025	300.762	-0.024
13C	428.9734	428.9702	428.9726	428.9840	428.9751	300.771	-0.015
9C	430.2376	430.2382	430.2478	430.2404	430.2410	300.787	0.001
9A	430.1488	430.1532	430.1658	430.1480	430.1540	300.780	-0.006
17A	424.3216	424.3148	424.3264	424.3152	424.3195	300.840	0.054
17C	424.2266	424.2230	424.2322	424.2186	424.2251	300.833	0.047
16A	424.7866	424.7882	424.7912	424.7800	424.7865	300.806	0.020
16C	424.5208	424.5294	424.5258	424.5228	424.5247	300.806	0.020
07	430.0636	430.0732	430.0620	430.0628	430.0654	300.724	-0.062
20	430.3424	430.3492	430.3344	430.3448	430.3427	300.749	-0.037
SPRT-1	54.7764	54.7778	54.7761	54.7767	54.7768	300.788	0.002
SPRT-2	54.7930	54.7954	54.7930	54.7935	54.7937	300.762	-0.024
* 평균에서 제외	# 편차한계초과				평균온도:	300.786 °C	

표 5.9 열전대의 교차교정 방법에 대한 실험실 검증

센서 번호	타입	EMF (mV)					온도 (°C)	ΔT (°C)
		1차	2차	3차	4차	평균		
1	K	8.103	8.103	8.103	8.103	8.103	199.16	-1.17
2	K	8.116	8.115	8.115	8.115	8.115	199.46	-0.87
3	K	8.201	8.201	8.201	8.201	8.201	201.61	1.28
4	K	8.123	8.124	8.130	8.125	8.126	199.74	-0.59
5	E	13.471	13.471	13.471	13.470	13.471	200.71	0.38
6	E	13.500	13.500	13.499	13.499	13.500	201.10	0.77
7	E	13.513	13.514	13.510	13.512	13.512	201.26	0.93
8	E	13.433	13.442	13.430	13.420	13.431	200.17	-0.16
9	J	10.755	10.758	10.757	10.757	10.758	199.67	-0.66
10	J	10.831	10.834	10.834	10.833	10.834	201.04	0.71
11	J	10.725	10.725	10.725	10.725	10.725	199.07	-1.26
12	J	10.830	10.829	10.830	10.829	10.830	200.96	0.63
SPRT	N/A	45.334	45.334	45.334	45.334	45.334	200.38	0.05
평균온도 (°C)							200.33 °C	

18개의 RTD(예외값 1개 제외)에 의해서 나타나는 욕조의 평균 온도 300.786 ℃, SPRT의 첫 번째 값은 300.788 ℃, 두 번째는 300.762 ℃로 온도가 매우 가깝다는 사실을 표 5.8에서 확인할 수 있다. 또한 표 5.9에서 볼 수 있듯이 열전대도 측정치가 매우 정확히 일치한다. 수치적으로 표현하면 SPRT에 의해서 측정했을 때 200.380 ℃와 비교해서, 열전대가 보인 평균 온도는 200.33 ℃였다.

표 5.8은 4-와이어 RTD의 결과이다. 3-와이어 RTD와 같은 방법으로 검증 작업을 실시하였다. 3-와이어 RTD에 포함될 수 있는 불확실성에 대해서는 5.10에서 설명한다.

5.10 3-와이어 RTD 교차교정의 불확실성

5.8절에서 설명한 불확실성에는 3-와이어 RTD에 발생하는 오차를 생략한 것이 있었다. 이 오차는 센싱소자부터 저항 측정 기기까지 도선의 저항값의 차이로부터 생긴다. 3-와이어와 4-와이어 RTD의 구성을 그림 5.12에 나타냈다. 4-와이어의

경우 도선의 저항을 완전하게 보상할 수 있지만, 3-와이어의 경우에는 3번 와이어의 저항 R3이 1번 와이어의 저항 R1, 혹은 2번 와이어의 저항 R2와 동일해야 하지만, 3-와이어 브릿지의 공통 와이어로서 어느 것을 사용하느냐에 따라 달라진다. 3번 와이어의 저항 R3가 나머지의 두 선 중 하나의 저항값과 동일하지 않으면, 3-와이어 RTD를 사용한 온도 측정에 오차가 생긴다. 이 오차를 *리드와이어 불일치 오차(Lead-wire Imbalance Error)*라고 한다. 나중에 보겠지만 리드와이어 불일치는 약 300 ℃에서 평균적으로 0.10 ℃ 정도이다.

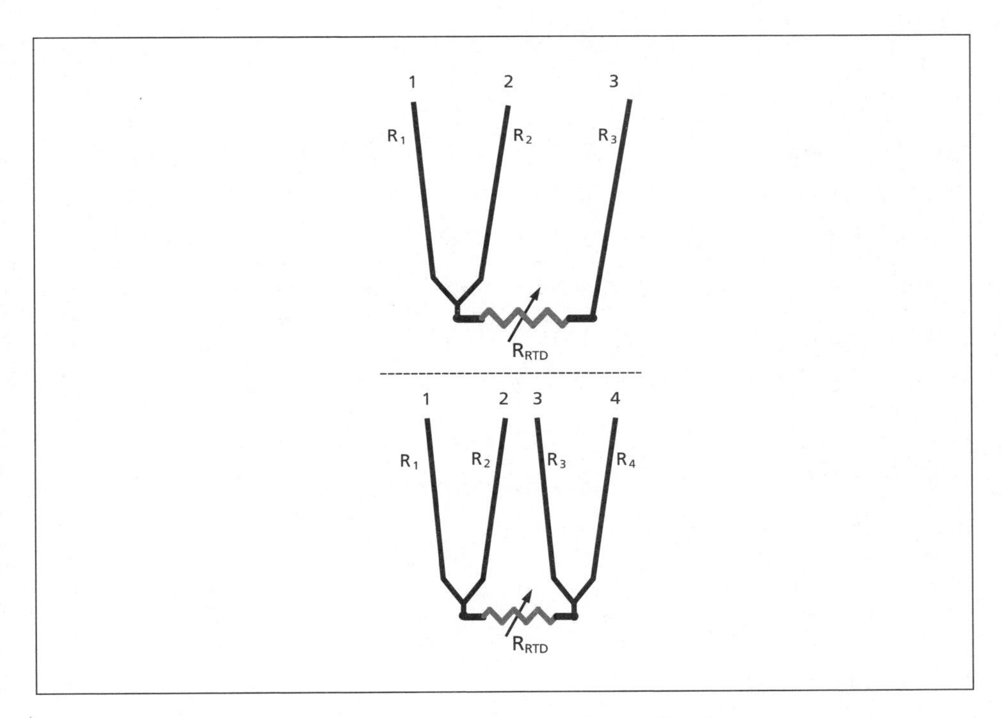

그림 5.12 3-와이어와 4-와이어 RTD의 모습

5.10.1 3-와이어 RTD의 교차교정 절차

3-와이어 RTD의 교차교정에는, 이 시험에 관련되는 각 RTD의 저항을 얻기 위해서, 별도의 4-와이어 RTD 세 개가 필요하다.

$$\text{측정 1: } R_{13} = R_1 + R_{RTD} + R_3 \tag{5.5}$$

$$\text{측정 2: } R_{23} = R_2 + R_{RTD} + R_3 \tag{5.6}$$

$$\text{측정 3: } R_{12} = R_1 + R_2 \tag{5.7}$$

교차교정 결과를 매우 정확하게 하기 위해서는, 다음이 참이어야 한다.

$$R_3 = \frac{R_1 + R_2}{2} \tag{5.8}$$

이것이 참인 경우,

$$R_{RTD} = \frac{\text{측정}1 + \text{측정}2}{2} - \text{측정}3 \tag{5.9}$$

이 만족된다. 교차교정 시험 중에는 3번 와이어의 저항을 측정할 수가 없다. 따라서, 교차교정 결과에 대해 리드와이어 불일치 영향을 정확하게 결정하는 것은 불가능 하다. 가능한 방법은 R1과 R2의 값을 명확히 파악하여, 이 값의 차이를 이용해 리드와이어 불일치에 의해 생기는 불확실성을 평가하는 것이다. 이 방법을 이용하여 PWR에 설치된 16개의 3-와이어 RTD에 대한 교차교정 시험이 행해졌다. 이 결과를 표 5.10에서 보여주고 있다. 이 예에서 R1과 R2 간의 평균의 차이는 약 0.07 Ω이다. 이 값은 200 Ω RTD의 경우 약 0.09 ℃의 불확실성에 해당된다.

리드와이어 불일치 오차는 더미 루프를 포함한 4-와이어 RTD에서도 문제가 될 수 있음을 기억해야 한다(제4장의 그림 4.9 참조).

표 5.10 280° C 안정점에서 리드와이어의 불일치

RTD 번호	저항 (Ω)		
	R_1	R_2	ΔR (R_1 - R_2)
1	2.228	2.476	0.248
2	2.968	2.955	0.013
3	2.257	2.303	0.047
4	2.310	2.417	0.108
5	2.302	2.311	0.009
6	2.239	2.284	0.045
7	2.916	3.018	0.102
8	2.243	2.251	0.008
9	2.567	2.671	0.095
10	2.530	2.540	0.010
11	2.304	2.373	0.069
12	2.088	2.072	0.016
13	2.552	2.662	0.070
14	2.248	2.218	0.030
15	2.697	2.636	0.061
16	2.336	2.098	0.238
Δ (Ω)의 평균			0.073
온도 오차 (℃)			0.091

5.10.2 3-와이어 RTD의 교차교정법의 검증

3-와이어 RTD의 교차교정 전 오차는 리드와이어 불일치와 관련된 불확실성을 제외하면, 표 5.6과 같다. 3-와이어 RTD의 교차교정법을 검증하기 위해서, 표 5.8의 경우와 같이 동일한 18개의 RTD와 300 ℃의 오일욕조를 사용하여 실험실에서 교차교정 시험을 실시하였다. 4-와이어 RTD를 이용하여 3-와이어의 형상으로 시험을 하였다.

4-와이어 교차교정법의 검증 결과를 표 5.8에서 보여주고 있고, 3-와이어에 대한 결과는 표 5.11에 있다. 3-와이어 RTD의 편차가 명백하게 4-와이어의 편차보다 크다. 이것은 3-와이어의 교차교정시 리드와이어 불일치의 영향 때문임을 알 수 있다.

표 5.11 3-와이어 RTD에 대한 교차교정 방법의 실험실 검증

시험온도 300 °C

번호	저항 측정 (Ω)				평균 (Ω)	온도 (°C)	편차 (°C)
	1차	2차	3차	4차			
21	212.2397	212.2376	212.2349	212.2344	212.2366	*303.452	# 2.908
19	429.3999	429.4064	429.3937	429.3864	429.3966	300.622	0.078
12A	428.8234	428.8349	428.8227	428.8128	428.8234	300.403	-0.141
12C	428.7745	428.7909	428.7758	428.7656	428.7767	300.481	-0.063
03	424.7646	424.7887	424.7765	424.7661	424.7740	*300.973	# 0.429
18	429.6882	429.7120	429.7032	429.6962	429.6999	300.643	0.099
15A	424.5699	424.5908	424.5827	424.5752	424.5797	300.623	0.079
15C	424.1568	424.1741	424.1683	424.1659	424.1663	300.625	0.081
13A	428.7102	428.7284	428.7178	428.7214	428.7195	300.371	#-0.173
13C	428.6318	428.6460	428.6365	428.6451	428.6399	300.308	#-0.236
9C	430.0284	430.0315	430.0301	430.0450	430.0338	300.500	-0.044
9A	429.9458	429.9449	429.9430	429.9646	429.9496	300.497	-0.047
17A	424.1572	424.1518	424.1428	424.1502	424.1505	300.602	0.059
17C	424.0595	424.0545	424.0462	424.0589	424.0548	300.593	0.049
16A	424.6559	424.6485	424.6553	424.6712	424.6577	300.625	0.081
16C	424.3978	424.3937	424.4001	424.4085	424.4000	300.631	0.087
07	429.8613	429.8435	429.8580	429.8836	429.8616	300.445	-0.099
20	430.2722	430.2506	430.2682	430.2763	430.2668	300.645	0.101
SPRT-1	54.7627	54.7614	54.7617	54.7634	54.7623	300.632	0.088
SPRT-2	54.8013	54.7996	54.8012	54.8046	54.8017	*300.848	# 0.304
* 평균에서 제외 # 편차한계초과 평균온도: 300.544 °C							

5.11 동적 교차교정법의 검증

발전소의 기동 또는 정지시 온도가 램프 상태로 변화하거나 안정화 상태일 때 교차교정 데이터를 수집할 수 있다. 온도가 램프 상태에서 취득되는 경우를 *동적 교차교정*이라고 한다.[8, 9]

동적 교차교정에서는 센서를 첫 번째부터 마지막까지, 그리고 순서를 바꾸어서 마지막부터 첫 번째까지 차례로 읽고 결과를 계산한다. 올바르게 된다면 동적 교차교정은 안정상태에서 데이터를 취득했을 때 얻을 수 있던 결과에 상당하는 결과를

얻을 수 있다. 실험실과 발전소에서 얻은 데이터를 모두 사용해 검증한 결과를 표 5.12와 표 5.13에 제시하였다. 실험실에서의 검증 시험에서는, 욕조 온도를 60 ℃/hr의 비율로 300 ℃로부터 실온까지 램프 방법으로 강하시켰다.

표 5.12 동적 교차교정 방법의 실험실 검증

번호	저항 측정 (Ω)				평균 (Ω)	온도 (°C)	편차 (°C)
	1차	2차	3차	4차			
21	212.1559	209.3864	209.3155	206.6431	209.3752	*295.338	#2.631
19	429.1486	423.7962	423.3428	418.2018	423.6224	292.681	-0.026
12A	428.7144	423.6962	422.9530	418.1374	423.3752	292.885	#0.177
12C	428.4792	423.7342	422.7188	418.1828	423.2788	292.892	#0.184
03	423.8728	419.4584	418.1750	413.9560	418.8656	292.686	-0.022
18	428.8116	424.5744	422.9724	418.9354	423.8235	292.575	-0.132
15A	423.7890	419.9490	418.1166	414.4610	419.0789	292.900	#0.193
15C	423.2386	419.6854	417.5794	414.1920	418.6739	292.905	#0.197
13A	427.7112	424.3816	421.9590	418.7786	423.2076	292.766	0.058
13C	427.5354	424.4894	421.7880	418.8812	423.1735	292.765	0.057
9C	428.5696	425.8194	422.8422	420.2084	424.3599	292.664	-0.043
9A	428.3434	425.8806	422.6212	420.2622	424.2769	292.663	-0.045
17A	422.3640	420.2154	416.7224	414.6750	418.4942	292.655	-0.052
17C	422.1288	420.2594	416.5016	414.7212	418.4028	292.646	-0.061
16A	422.5072	420.9188	416.8842	415.3698	418.9200	292.567	-0.141
16C	422.1058	420.8016	416.4910	415.2438	418.6606	292.565	-0.143
07	427.4872	426.4386	421.6986	420.6922	424.0792	292.526	#-0.182
20	427.6642	426.9180	421.9240	421.1984	424.4262	292.617	-0.090
SPRT-1	54.4276	54.3723	53.6961	53.6425	54.0346	292.793	0.085
SPRT-2	54.4188	54.4000	53.6885	53.6699	54.0443	292.692	-0.016

* 평균에서 제외 # 편차한계초과 평균온도: 292.707 °C

표 5.13 동적 교차교정 방법의 발전소에서의 검증

RTD 번호	안정상태 결과 (℃)	램프 결과 (℃)
2NCRD5420	-0.03	-0.03
2NCRD5421	-0.06	-0.06
2NCRD5422	0.08	0.09
2NCRD5430	0.01	0.00
2NCRD5440	0.01	0.00
2NCRD5460	0.04	0.00
2NCRD5461	0.13	0.12
2NCRD5462	-0.01	-0.04
2NCRD5470	-0.10	-0.06
2NCRD5480	-0.06	-0.02
2NCRD5500	0.01	-0.02
2NCRD5501	-0.01	-0.03
2NCRD5502	-0.01	-0.03
2NCRD5510	0.06	0.10
2NCRD5520	-0.05	-0.01
2NCRD5540	-0.10	-0.07
2NCRD5542	-0.07	-0.05
2NCRD5550	0.05	0.02
2NCRD5560	0.02	-0.03

양쪽 결과는 300 ℃ PWR에서 수집된 발전소 내 데이터를 기반으로 함

결과 자료로부터, (1) 램프 시험 결과는 전체적으로 안정 시험 결과와 약 0.03 ℃의 범위내이고, (2) 램프 시험 결과와 안정 시험 결과의 차이는 교차교정법의 불확실성과 재현성 측면에서 정상적인 범위 내에 있음을 보여주고 있다. 현장 시험의 경우, 운전원이 발전소를 일정한 온도로 유지하는 경우보다 램프 시험에서 얻어지는 공정 온도가 일반적으로 더 안정되고 균형적으로 분포하고 있음을 알 수 있다.

5.12 노심출구열전대의 교차교정

PWR 등온 조건에서는 1차 냉각재 RTD와 노심출구열전대가 본래 같은 온도를 보여야 한다. 그러나 전자가 열전대보다 정확하기 때문에 노심출구열전대는 1차 냉각재 RTD에 대해서 비교 교정된다.

열전대의 교차교정을 위해서는 협역 RTD가 제시하는 평균 온도로부터 노심출구

열전대의 지시값을 뺀다. 표 5.14에 결과를 제시하고 있다. 플랜트 컴퓨터로부터 데이터를 취득해 자동화된 교차교정 소프트웨어를 사용해 해석하였다.

표 5.14 열전대 교차교정 결과

Item	Tag	Deviation	Dev Bar
1	1BB-T-0325-W (H15)	5.33	
2	1BB-T-0331-W (J12)	0.47	
3	1BB-T-0337-W (L10)	-0.53	
4	1BB-T-0338-W (L12)	1.02	
5	1BB-T-0339-W (L14)	-1.25	
6	1BB-T-0346-W (N14)	2.12	
7	1BB-T-0349-W (R10)	3.58	
8	1BB-T-0326-W (J2)	-0.71	
9	1BB-T-0327-W (J4)	2.04	
10	1BB-T-0329-W (J8)	2.83	
11	1BB-T-0334-W (L4)	-0.65	
12	1BB-T-0335-W (L6)	2.42	
13	1BB-T-0340-W (N2)	0.91	
14	1BB-T-0343-W (N8)	3.19	
15	1BB-T-0347-W (R6)	3.02	
16	1BB-T-0348-W (R8)	1.70	
17	1BB-T-0300-W (A6)	1.68	
18	1BB-T-0303-W (C2)	0.97	
19	1BB-T-0304-W (C4)	0.37	
20	1BB-T-0310-W (E2)	0.45	
21	1BB-T-0311-W (E4)	4.28	
22	1BB-T-0317-W (G2)	3.45	
23	1BB-T-0318-W (G4)	-0.85	
24	1BB-T-0301-W (A8)	5.87	
25	1BB-T-0302-W (A10)	0.65	
26	1BB-T-0306-W (C8)	-0.19	
27	1BB-T-0308-W (C12)	2.75	
28	1BB-T-0313-W (E8)	1.35	
			-10.80　0.00　10.80

5.13 특이점의 재교정

원자력발전소의 온도상승 혹은 냉각 중에, 넓은 간격에서 취한 세 점 이상의 온도로 교차교정 데이터를 수집하는 경우, 특이점을 보이는 RTD 에 대해서 새로운 교정표를 작성할 수 있다.

5.13.1 재교정

아직 안정화가 덜된 RTD로 교체할 필요 없이, 아래 조건을 만족시키는 이상 RTD는 재교정할 수 있다.

(1) 특이점이 몇 군데 정도이다.

(2) 새로운 교정표가 기껏해야 1~2회 정도만 생성된다.

이러한 조건을 채우면, 아래의 순서에 의해서 특이점을 교정할 수 있다.

(1) 두 개의 열을 갖는 표를 작성한다. 첫 번째 열에는 교차교정을 위해 수집한 온도를 기입한다. 이 열에 기입된 온도는 협역 RTD의 평균치를 계산해 결정한 것처럼 공정 온도의 최적 추정치를 나타내야 한다. 두 번째 열에는 이에 대응하는 RTD 저항값을 기입한다. 플랜트 컴퓨터의 데이터를 사용해 교차교정을 실시할 때는, RTD의 평균 온도에 RTD의 온도 편차를 더하고, 기존의 RTD의 교정에서 얻은 상수를 사용한 캘린더 방정식 혹은 2차 방정식에 결과를 대입한다. 이것을 이용하여 해당되는 저항값에 대해 푼다.

(2) 캘린더 방정식이나 2차 방정식에 저항 대 온도 데이터를 피팅한다.

(3) 캘린더 방정식이나 2차 방정식의 상수를 확인한다.

(4) 특이점을 보이는 RTD에 대해 새로운 교정표를 작성하기 위하여, 새로운 캘린더 방정식 혹은 2차 방정식을 사용한다.

캘린더 방정식은 5.3.1의 식 (5.1)에 설명되었다. 특이점에 대한 새로운 교정표를 작성하기 위해서 사용하는 2차 방정식은 아래와 같다.

$$R(T) = R_0 (1 + AT + BT^2) \tag{5.10}$$

여기서,

$R(T)$ = 임의의 온도 T에서의 저항 (Ω)

T = 온도(℃)

R_0, A, B = RTD 교정상수

특이점 RTD를 위해서 새로운 교정표를 작성하는 것은, 마치 빙점 없는 교정을 실시하는 것과 비슷하다. 빙점 없이 교정을 실시하는 경우 RTD에 미치는 영향에 대해, 원자력등급의 RTD를 사용하여 연구를 수행하였다.[7] 이 시험에서는 0 ℃,

100 ℃, 200 ℃, 300 ℃에 대해 6개의 RTD에 대한 4점 교정을 사용하였다. 빙점을 활용하였을 때와 그렇지 않은 경우에 대한 데이터를 해석하여 0 ℃, 200 ℃, 280 ℃, 300 ℃에 있어서의 차이를 표 5.15에 나타냈다.

표 5.15 4점 교정에서 빙점 부족으로 발생하는 교정 오차

번호	편차 (°C)			
	0 °C	200 °C	280 °C	300 °C
15A	0.09	0.013	0.002	0.006
15C	0.09	0.013	0.002	0.005
16A	0.09	0.014	0.003	0.004
16C	0.07	0.011	0.002	0.004
17A	0.08	0.013	0.002	0.005
17C	0.09	0.016	0.004	0.005

편차는 빙점이 있고 없을 때, 4점 교정의 결과 사이의 값이다.

예상대로 이 차이는 0 ℃에서 크고, 고온에서는 작아진다. 0 ℃부터 300 ℃의 범위에 대해 12개의 온도로 교정을 반복한 결과를 살펴보면 이러한 예상이 들어 맞음을 알 수 있다. 4점 검증에서 일반적으로 사용하는 교정점(0 ℃, 100 ℃, 200 ℃, 300 ℃)과 고온영역에서의 교정점 (160 ℃, 200 ℃, 240 ℃, 300 ℃)을 사용해 데이터를 해석했다. 0 ℃, 200 ℃, 280 ℃, 300 ℃의 4점의 온도에 있어서의 결과는 표 5.16에 제시되었다. 이 경우에도 차이는 고온에서 작고, 0 ℃에서 크게 나타났다.

표 5.16 12점 교정에서 빙점 부족으로 발생하는 교정 오차

번호	편차 (°C)			
	0 °C	200 °C	280 °C	300 °C
		교정점 300 °C, 260 °C, 200 °C		
15A	0.099	0.018	0.004	0.006
15C	0.072	0.017	0.003	0.006
16A	0.112	0.015	0.004	0.005
16C	0.121	0.013	0.004	0.004
17A	0.065	0.014	0.002	0.005
17C	0.129	0.040	0.004	0.005
		교정점 300 °C, 260 °C, 200 °C, 160 °C		
15A	0.117	0.017	0.004	0.006
15C	0.109	0.016	0.003	0.006
16A	0.110	0.015	0.004	0.005
16C	0.107	0.013	0.004	0.004
17A	0.065	0.014	0.002	0.005
17C	0.071	0.016	0.004	0.004

편차는 빙점이 있고 없을 때, 4점 교정의 결과 사이의 값이다.

5.13.2 새로운 교정표

특이점을 갖는 RTD가 5.13.1에서 설명한 순서에 의해서 재교정 된 다음, 새로운 교정표가 생성되고 이는 발전소 내의 다른 다중 RTD에서 발생하는 특이점을 조정하기 위해서 사용된다. 그림 5.13에는 교정 상수를 표로 제시하고 있다. 여기에서는 2차 방정식을 사용하였다.

그림 5.13은 특이점에 대한 새로운 교정표를 작성하기 위해서 사용된 데이터와 2차 방정식 상수, 그리고 특이점에 대해서 교정 이전, 이후 간 차이를 곡선으로 나타냈다.

Tag

1BB-T-0450-W

Recal Data

RCS Temp. (°C)	Res. (ohms)	Uncertainty (°C)
292.81	209.212	0.047
279.50	204.469	0.047
266.20	199.705	0.047

Quadratic Calibration

Constant	Original	New Calibration	Units
Ro	99.943	99.189	Ohms
A	3.902351E-3	3.993068E-3	1/°C
B	-5.822314E-7	-6.997264E-7	1/°C/°C

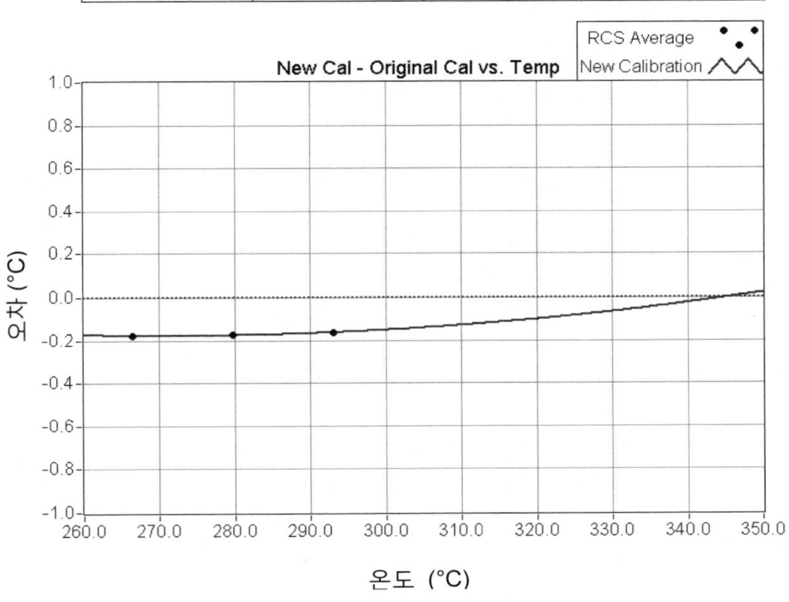

그림 5.13 소프트웨어를 사용한 특이점 재교정 결과

Tag

1BB-T-0450-W

Recal Data

Temperature (°C)	Resistance (ohms)	Uncertainty (°C)
292.81	209.212	0.047
279.50	204.469	0.047
266.20	199.705	0.047

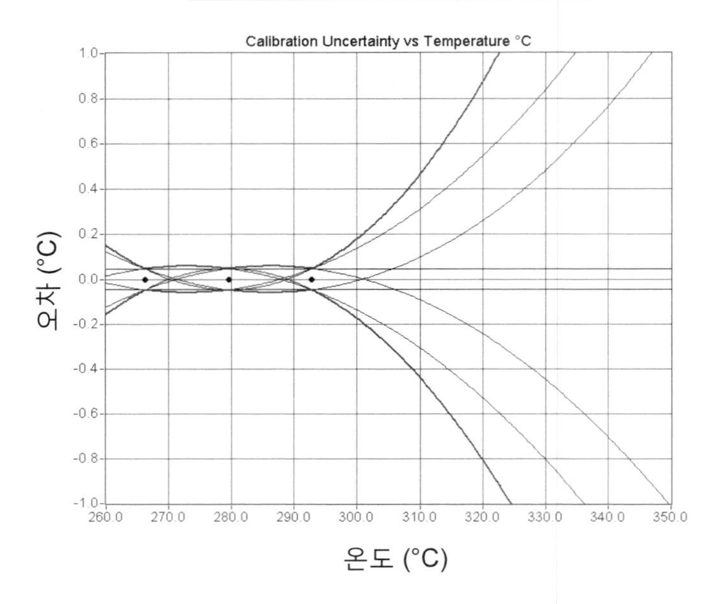

그림 5.14 2차 방정식과 캘런더 방정식을 사용했을 때 외삽 오차

5.13.3 재교정 결과의 불확실성

특이점을 재교정하는 경우 우려되는 점은 교차교정 시험에서 사용된 마지막 온도를 넘어서는 부분까지 새로운 교정 곡선을 외삽하는 경우이다. 가령 플랜트 컴퓨터로부터 협역 RTD의 데이터를 취득하는 경우, 3점의 교차교정 온도를 270 ℃, 280 ℃, 290 ℃로 설정해도 상관은 없다. 그러나 좁은 온도 범위를 사용했기 때문에, 특이점을 위한 새로운 교정 곡선에 의해 생기는 불확실성은 290 ℃를 넘거나 270 ℃를 밑도는 온도에 대해 현저히 커진다. 외삽 불확실성을 계산하기 위해서 세 점의 조합에 따라 온도를 상승시키면서 살펴본 결과를 그림 5.14에 나타내었다. 이 데이터는 외삽을 위해서 2차 방정식이나 캘린더 방정식을 사용하였다. 그림 5.15에 나타나듯이, 선형 회귀분석을 사용하면 외삽의 불확실성은 현저하게 감소한다.

Tag

1BB-T-0450-W

Recal Data

Temperature (°C)	Resistance (ohms)	Uncertainty (°C)
292.81	209.212	0.047
279.50	204.469	0.047
266.20	199.705	0.047

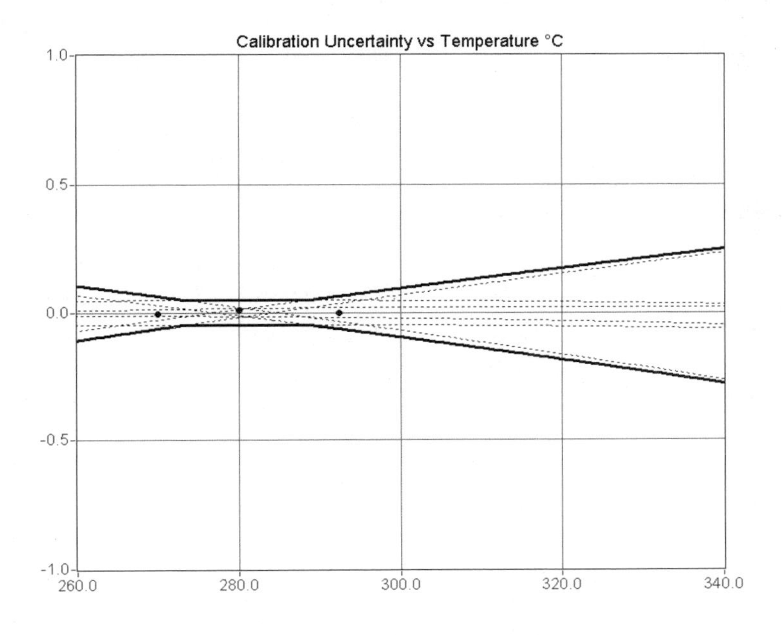

그림 5.15 선형회귀분석을 사용했을 때 외삽 오차

세 개의 교정점에 대하여 0.05 ℃의 불확실성을 가정하면 외삽 오차는 아래와 같이 계산된다. 즉 교정점이 270±0.05 ℃, 280±0.05 ℃ 및 290±0.05 ℃이라면, 모든 가능한 경우에 대한 결과는 표 5.17에 나타나 있다. 각 경우에 따라 사용되는 교정 방정식과 피팅 형식(즉 캘린더 방정식의 2차식 또는 선형식 등)에 근거해 새로운 계수가 계산된다. 다음은 270 ℃, 280 ℃ 및 290 ℃에 피팅되는 교정 계수를 각 경우의 곡선 계수에서 차감하여 그림 5.14와 같은 결과를 얻는다. 그림 5.15에서 볼 수 있듯이, 선형 상관을 사용했을 경우 외삽 오차는 분명하게 감소한다. 이것은 계산으로 사용하는 데이터의 범위를 넘어 온도가 변화했을 때 1차식의 차이가 항상 2차식의 차이보다 작기 때문이다.

그림 5.14는 최악의 경우를 보이고 있으며, 각각의 온도에 대해 불확실성의 경계

내에서 온도가 변동하는 일이 있다고 가정한 것이다. 실제로 단기간에 수집한 데이터의 불확실성은 계산된 불확실성과 거의 유사한 바이어스를 갖게 된다. 그 때문에 실제의 외삽 오차는 그림 5.14에 나타내는 최악의 경우보다는 적다.

0 ℃부터 400 ℃의 온도 범위에서 1 ℃ 단위로 작성된 특이점 RTD의 재교정표를 표 5.18에서 제시하고 있다. 이 표는 2차 방정식에 근거하며 RTD 각 온도의 저항값을 표시하고 있다.

표 5.17 다양한 조합으로 계산된 외삽 오차

조합번호	270±0.05 ℃	280±0.05 ℃	290±0.05 ℃
1	269.95	279.95	289.95
2	270.05	279.95	289.95
3	269.95	280.05	289.95
4	270.05	280.05	289.95
5	269.95	279.95	290.05
6	270.05	279.95	290.05
7	269.95	280.05	290.05
8	270.05	280.05	290.05

표 5.18 RTD 재교정표

상수	값	단위
Ro	99.189	Ω
A	3.993068E-3	1 / ℃
B	-6.997264E-7	1 / ℃ / ℃

온도(℃)	+0	+1	+2	+3	+4	+5	+6	+7	+8	+9
0	99.19	99.59	99.98	100.38	100.77	101.17	101.56	101.96	102.35	102.75
10	103.14	103.54	103.93	104.33	104.72	105.11	105.51	105.90	106.30	106.69
20	107.08	107.48	107.87	108.26	108.66	109.05	109.44	109.83	110.22	110.62
30	111.01	111.40	111.79	112.18	112.58	112.97	113.36	113.75	114.14	114.53
40	114.92	115.31	115.70	116.09	116.48	116.87	117.26	117.65	118.04	118.43
50	118.82	119.21	119.60	119.99	120.37	120.76	121.15	121.54	121.93	122.32
60	122.70	123.09	123.48	123.87	124.25	124.64	125.03	125.41	125.80	126.19
70	126.57	126.96	127.35	127.73	128.12	128.50	128.89	129.28	129.66	130.05
80	130.43	130.82	131.20	131.59	131.97	132.35	132.74	133.12	133.51	133.89
90	134.27	134.66	135.04	135.42	135.81	136.19	136.57	136.96	137.34	137.72
100	138.10	138.48	138.87	139.25	139.63	140.01	140.39	140.77	141.16	141.54
110	141.92	142.30	142.68	143.06	143.44	143.82	144.20	144.58	144.96	145.34
120	145.72	146.10	146.48	146.86	147.23	147.61	147.99	148.37	148.75	149.13
130	149.51	149.88	150.26	150.64	151.02	151.39	151.77	152.15	152.53	152.90
140	153.28	153.66	154.03	154.41	154.78	155.16	155.54	155.91	156.29	156.66
150	157.04	157.41	157.79	158.16	158.54	158.91	159.29	159.66	160.04	160.41
160	160.78	161.16	161.53	161.90	162.28	162.65	163.02	163.40	163.77	164.14
170	164.52	164.89	165.26	165.63	166.00	166.38	166.75	167.12	167.49	167.86
180	168.23	168.60	168.98	169.35	169.72	170.09	170.46	170.83	171.20	171.57
190	171.94	172.31	172.68	173.05	173.41	173.78	174.15	174.52	174.89	175.26
200	175.63	176.00	176.36	176.73	177.10	177.47	177.83	178.20	178.57	178.94
210	179.30	179.67	180.04	180.40	180.77	181.14	181.50	181.87	182.23	182.60
220	182.97	183.33	183.70	184.06	184.43	184.79	185.16	185.52	185.89	186.25
230	186.61	186.98	187.34	187.71	188.07	188.43	188.80	189.16	189.52	189.89
240	190.25	190.61	190.97	191.34	191.70	192.06	192.42	192.78	193.15	193.51
250	193.87	194.23	194.59	194.95	195.31	195.67	196.03	196.40	196.76	197.12
260	197.48	197.84	198.20	198.56	198.91	199.27	199.63	199.99	200.35	200.71
270	201.07	201.43	201.79	202.14	202.50	202.86	203.22	203.58	203.93	204.29
280	204.65	205.00	205.36	205.72	206.08	206.43	206.79	207.14	207.50	207.86
290	208.21	208.57	208.92	209.28	209.63	209.99	210.35	210.70	211.05	211.41
300	211.76	212.12	212.47	212.83	213.18	213.53	213.89	214.24	214.59	214.95
310	215.30	215.65	216.01	216.36	216.71	217.06	217.42	217.77	218.12	218.47
320	218.82	219.18	219.53	219.88	220.23	220.58	220.93	221.28	221.63	221.98
330	222.33	222.68	223.03	223.38	223.73	224.08	224.43	224.78	225.13	225.48
340	225.83	226.18	226.53	226.88	227.22	227.57	227.92	228.27	228.62	228.96
350	229.31	229.66	230.01	230.35	230.70	231.05	231.39	231.74	232.09	232.43
360	232.78	233.13	233.47	233.82	234.16	234.51	234.85	235.20	235.54	235.89
370	236.23	236.58	236.92	237.27	237.61	237.96	238.30	238.64	238.99	239.33
380	239.67	240.02	240.36	240.70	241.05	241.39	241.73	242.07	242.42	242.76
390	243.10	243.44	243.78	244.13	244.47	244.81	245.15	245.49	245.83	246.17

5.14 RTD의 교차교정에 관한 NRC의 입장

RTD의 교차교정에 관한 NRC의 입장은 NUREG-0800에 설명되었다.[10] 구체적으로, 부서기술검토(Branch Technical Position) 13 혹은 BTP-13으로 불리는 NUREG-0800의 제7장의 부록 13은 응답시간 시험과 교차교정 양쪽 모두를 포함한 RTD의 성능 시험에 관한 NRC의 입장을 제시하고 있다. BTP-13의 일부를 다음에 요약한다.

(1) RTD의 성능은 정확도와 응답시간에 의해서 평가된다. RTD의 성능을 충분히 보증하기 위해서는 그 정확도와 응답시간이 검증되어야 한다.
(2) 시험 중에 발생하는 공정 온도의 요동과 드리프트에 대해서, 교차교정 시험 데이터를 보정하여야 한다.
(3) 교차교정법, 교정 및 응답시간 데이터를 정밀 조사하고, 교정의 부정확도, 불확실성, 오차 등을 검증해야 한다.

BTP-13 문서 사본을 이 책의 부록 B에 수록하였다.

제6장

RTD와 열전대의 응답시간 시험

6.1 시험목적

원자력발전소에서 RTD와 열전대에 대하여 가동중 응답시간 시험을 실시하는 이유는 다음과 같다.

(1) 기술 사양 요건 또는 규제 요건, 혹은 양쪽 모두 때문에, 센서의 "가동중 또는 사용중(In-Service)" 응답시간 측정
(2) 발전소 센서가 열보호관의 바닥에 도달해 있는지 확인하고, 열보호관 내의 공극, 먼지, 이물질 존재 여부를 시험
(3) 예방정비, 초기고장 발견, 경년열화 관리 대책을 제공하고, 교체할 센서에 대한 객관적 계획을 수립
(4) 센서의 문제인지 케이블 또는 커넥터의 문제인지를 확인
(5) 센서와 공정 이상을 진단

거의 모든 미국 내의 PWR에서는 RTD의 응답시간 시험이 의무적으로 운전 주기마다 1채널 이상에 대해서 실시된다. 열전대의 경우 의무적인 응답시간 시험은 없다. 그러나 몇몇 발전소에서는 위의 이유들을 때문에 시험을 실시하기도 한다.

6.2 현황

통상 RTD와 열전대의 응답시간은 플런지 시간상수(Plunge Time Constant, τ)라고 하는 단일 변수에 의해서 나타냈다. 이것은 센서 표면에 스텝 온도변화를 가한 후, 그 출력이 최종치의 63.2 %에 도달하는데 필요한 시간으로 정의된다. 일반적으로 스텝 변화는 유속 1 m/s로 물이 순환하는 탱크에 센서를 담그고 측정한다. 물은 RTD보다 고온 혹은 저온이어야 한다. 이 때 τ를 측정하는 것을 *플런지 시험*이라고 한다.

1977년까지 원자력발전소 온도 센서의 응답시간 시험은 거의 모두 플런지 시험으로 수행되었다. 그러나 플런지 시험은 1차 냉각재 배관에서 센서를 분리하여 실험실에 가지고 가지 않으면 안 되기 때문에 매우 불편하다. 압력이 150 bar(15 MPa, 2,250 psig), 온도가 300 ℃(572 ℉)인 원자로의 운전 조건을 실험실에서 재현하는 것 또한 쉽지 않다. 따라서, 훨씬 완화된 조건에서 시험을 수행하고, 그 결과를 운전 조건까지 외삽하여 이용한다. 센서의 응답시간 측정시, 시험 조건을 운전 조건까지 외삽하면 간혹 3배 정도까지 큰 오차를 일으키기도 한다. 플런지 시험의 이러한 결점 때문에, 원자력 산업계는 원자력발전소 온도 센서의 응답시간을 시험하기 위한 보다 좋은 방법을 연구하였으며, 그 결과, 다음과 같은 방법을 개발하여 원자력발전소에 적용하였다.

(1) LCSR 시험

LCSR 시험에서는 센싱소자를 전류로 가열해, 소자 온도의 과도현상을 기록한다. 이 과도현상으로부터 외부의 온도 변화에 대한 센서의 응답시간을 확인한다. 이 방법은 RTD와 열전대 모두에서 사용할 수 있다.

(2) 자가발열지수 측정

이 방법은 RTD에만 적용할 수 있고, 응답시간 측정하는 것과는 달리 응답시간의 변화를 확인하기 위해서 사용된다. 이 방법도 LCSR처럼 센싱소자를 전류에 의해서 가열한다. RTD의 출력이 안정된 후, 센서에 가한 전력의 함수로서 RTD 전기저항의 정상상태 증가분을 측정한다. 이 결과를 *자가발열지수(Self-Heating Index, SHI)*라고 한다. 이 값의 변화도 RTD 응답시간의 변화를 나타낸다. 따라서 RTD의 응답 시간 열화를 판정하기 위하여 SHI를 추적할 수 있다.

(3) 잡음해석법

이 방법은 발전소의 운전 중에 센서 출력에 나타나는 자연스러운 요동을 기록해, 센서의 응답시간을 결정한다. 이 방법은 RTD, 열전대 및 그 이외 센서의 응답시간 시험에 사용할 수 있다.

세 가지 방법을 표 6.1에 정리하였다. 본 장에서는 모든 방법에 대해 설명을 하지만 LCSR와 RTD에 중점을 둘 것이다. 왜냐하면 (1) LCSR은 온도 센서의 응답시간을 측정하는 가장 일반적으로 이용되고 있는 수단이며, (2) 원자력발전소에서는 열전대보다 RTD가 보다 엄격한 응답시간 시험을 요구 받기 때문이다.

표 6.1 원자력발전소 RTD와 열전대 응답시간 시험을 위한 방법들의 비교

시험방법	적용	수행장소	센서작동중지여부	복잡도	측정품질
플런지 시험	RTD / 열전대	실험실	예	RTD를 탈착하여 실험실에서 수행	플랜지 시험에서는 τ 을 직접 측정하지만, 측정품질은 떨어진다. 그 이유는 (1) RTD를 조정하면서 응답시간이 바뀔 수가 있으며, (2) 가동중 조건이 실험실에서 그대로 재현되기 어려워 외삽을 하여야 하며, 3) 열보호관형 RTD의 경우, 발전소에서 사용되는 열보호관과 동일한 것을 사용해야만 결과가 타당하다. 이런 요소들의 조합된 결과가 오차를 만들어 낸다.
LCSR 시험	RTD / 열전대	가동중	예	특수한 시험장치가 필요. 데이터 해석이 복잡하고 전문성이 요구됨.	- LCSR는 RTD와 열전대의 응답시간을 측정하는 가장 정확한 방법임 - LCSR는 RTD와 열전대를 발전소에서 탈착하지 않고도 τ 를 제공함 - 결과는 대략 10% 이내에서 정확함 - 결과에는 공정조건과 설치된 특성을 감안한 응답조건임.
자가발열 시험	RTD	가동중	예	시험과 해석이 간단하고 단순한 장비로 가능	- SHI는 꽤 정확하게 측정이 가능함. - RTD 응답시간의 변화를 SHI의 변화로 감지할 수 있음. - τ 와 SHI 사이의 정확한 상관관계는 없음.
잡음 해석법	RTD / 열전대	가동중	아니오	특수한 시험장치가 필요. 데이터 해석이 복잡하고 전문성이 요구됨.	- RTD의 응답시간을 측정할 수 있는 좋은 방법임. - LCSR만큼 정확치는 않아도 한번에 다수의 센서를 시험할 수 있음.

출처: NUREG-0809 [11]

6.3 LCSR

이 방법은 가동중인 공정에 센서를 설치한 후, RTD와 열전대의 응답시간을 원격으로 측정하기 위해 개발되었다. 이 시험은 센서의 연장도선 끝에 인가한 전류를 센서에 흐르게 하는 것으로 시작된다. 이 전류는 센서에 줄 열을 발생시켜 센서 내부의 온도를 높인다. 전류를 인가하는 도중에 가열되는 상태 또는 전류를 정지한 후의 냉각되는 상태에서의 결과를 기록한다. 이 기록을 LCSR 변환하여 센서의 응답시간을 얻는다.

6.3.1 시험장치

RTD와 열전대용 LCSR 시험장치는 완전히 다르다. 각 시험장치에 대한 설명은 다음과 같다.

RTD는 LCSR 시험을 위해 휘트스톤 브릿지를 사용한다(그림 6.1). 우선 RTD에 1~2 mA의 직류 전류를 흘려 브릿지를 평형상태로 만든다. 그리고 전류를 약 30~50 mA로 전환한다. 이렇게 RTD 센싱소자를 서서히 가열해, 주위 온도보다 몇 도 정도 높게 안정시킨다. RTD의 온도 상승은 가열 전류의 크기 및 주위 매체간의 열전달에 좌우된다. 일반적으로 LCSR 시험 중에 RTD는 약 5~15 ℃ 이상 가열된다.

그림 6.2는 두 가지 LCSR 시험의 과도현상을 나타낸다: 직접침지형 RTD와 열보호관 고정형 RTD. 이 그림은 약 40 mA의 가열 전류를 흘려 수행된 원자력발전소 RTD의 LCSR 시험 결과이다. 응답시간이 빠른 직접침지형 RTD는 열보호관 고정형 RTD보다 빠르게 가열된다. 이러한 과도현상은 내부 가열에 의해 발생하고, 데이터가 변환될 때까지는 RTD 응답시간을 확인할 수 없다.

LCSR에 필요한 전류를 공급하기 위해서, RTD와 이것이 설치된 공정에 따라 30~50 mA의 전류가 흐르도록 휘트스톤 브릿지 내의 전원 장치를 조절한다. RTD가 안정된 공정 상태에 있다면, 대부분 30 mA로 충분하다. 그러나 RTD가 큰 온도 요동이 있는 공정에 설치되어 있다면, 신호대 잡음비를 개선하기 위해서 보다 큰 전류(예를 들면 50 mA)가 필요하다. 물론 휘트스톤 브릿지의 출력에 증폭기를 접속시켜 LCSR 신호의 진폭을 조정할 수 있다.

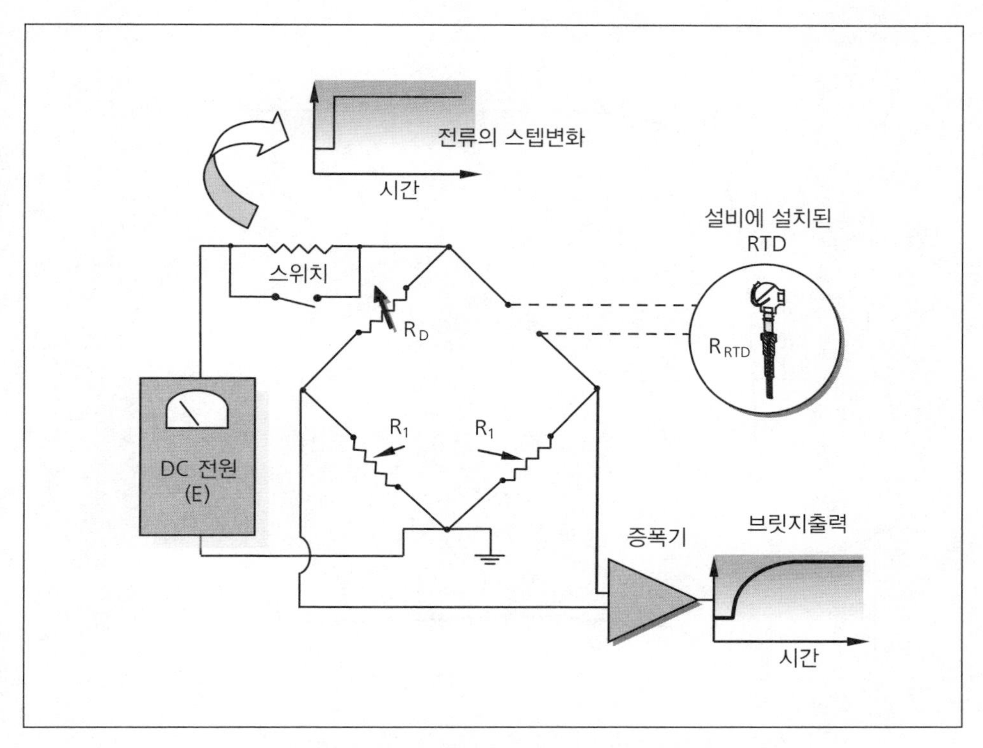

그림 6.1 RTD 시험을 위한 LCSR의 휘트스톤 브릿지

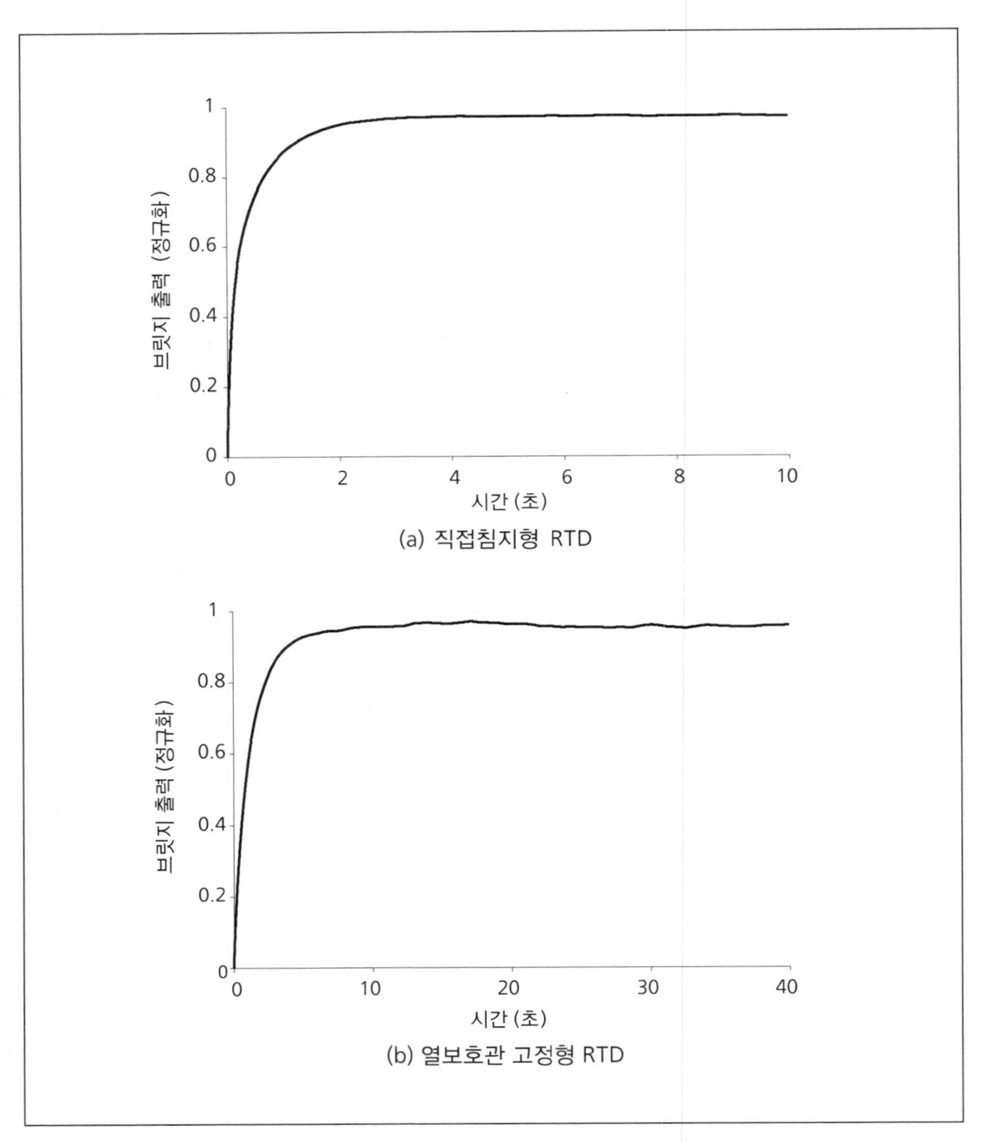

그림 6.2 직접침지형 및 열보호관 고정형 RTD의 LCSR 시험 결과

LCSR중, 휘트스톤 브릿지의 출력전압 V는 RTD의 저항 δ R에 대해 선형으로 변화한다. 그림 6.1의 간단한 회로 해석에 의해 브릿지 출력이 아래와 같이 되는 것을 알 수 있다.

$$V = \frac{R_1(R_{RTD} - R_d)}{(R_1 + R_d)(R_1 + R_{RTD})} E \tag{6.1}$$

여기서 *E는 브릿지의 전원 전압이다.*

LCSR 시험에서 브릿지의 평형을 유지하면, $R_{RTD}=R_d$ 및 V=ϕ이 된다. LCSR을 시작하기 위해서 전류를 늘리면, 곧바로 브릿지 출력은 지수 함수적으로 상승하고, RTD의 저항은 $R_{RTD}+\delta R$으로 증가한다. 브릿지 출력이 최종적으로는 정상상태에서 안정화가 되면 브릿지 출력전압은 다음과 같이 쓸 수 있다.

$$V = \left(\frac{R_1}{R_1 + R_d}\right)\left(\frac{\delta R}{R_1 + R_d + \delta R}\right) E \tag{6.2}$$

만일 R_1+R_d가 δ R보다 훨씬 크다고 가정하면 다음과 같이 쓸 수 있다.

$$V = C\delta R E \tag{6.3}$$

여기서, *C는 정수이다.*

식 6.3에서 R_1+R_d가 R보다 훨씬 크다면, 브릿지 출력이 δR에 대해 선형으로 변화하는 것을 나타낸다. 일반적으로 δR는 10 Ω 미만, R_1+R_d는 RTD와 그 주위 온도에 따라 300~600 Ω의 범위에 있다. 따라서 V가 δR에 따라 선형적으로 변화한다는 가정은 성립된다. 필요하다면 R_1는 선형 조건이 되도록 충분히 크게 할 수 있다. 그러나 보통 R_1 값은 100~200 Ω으로 충분하다.

이전에는 LCSR 시험이 한 번에 하나의 RTD에 대해 행해졌다. 그러나 2000년 초에 다수의 RTD를 동시에 시험하는 새로운 장치가 개발되었다. 일반적으로 4~6개의 RTD를 함께 LCSR를 하는 것이 가능해졌다. 다중 LCSR 장치를 그림 6.3에서 보여주고 있다. 이 장치는 휘트스톤 브릿지 뿐만이 아니라, LCSR 데이터를 수집하고, 해석에 사용하는 디지털 데이터 수집 장치도 포함되어 있다.

그림 6.4는 4개 RTD의 LCSR 시험 장치 화면을 나타낸다. RTD의 예상 응답시간과 시험 조건에 따라서, 통상 0.001~0.04초의 간격으로 RTD의 LCSR 데이터를

수집한다. 일반적으로 흐르는 유체 내에서 센서를 사용하는 경우, 열보호관 고정형 RTD에 대해서는 20~60초간, 직접침지형 RTD에 대해서는 2~20초간 데이터를 수집한다.

열전대에 대한 시험과 데이터 해석의 원리는 RTD와 같지만 LCSR시험 순서는 RTD와 완전히 다르다. 우선 열전대의 LCSR에서는 시험시 센서의 가열을 위해 직류보다 교류를 사용한다. 교류 전류는 열전대의 접합부에서 펠티에(Peltier) 효과를 상쇄시킬 수 있다. 또한 열전대 LCSR에서는 보다 높은 전류(예를 들어 500 mA)가 필요하다. 이것은 열전대의 전체 길이에 걸쳐서 열전대 회로의 저항이 분포하기 때문이다. 이는 회로 저항이 센싱소자의 저항에 의해 지배되는 RTD와는 대조적이다. 따라서 열전대의 LCSR에서는 시험 전류를 인가하면 열전대 전체가 가열된다.

RTD의 LCSR에서는 전류를 회로에 흘려 RTD를 가열하면서 데이터를 수집한다. 이에 반해 열전대에서는 전류의 차단 후, 열전대의 냉각 중에 LCSR 데이터를 수집한다. 즉, 열전대의 LCSR 시험에서는, 몇 초간 전류를 인가하고 그 후 스위치를 끊어 열전대가 주위 온도까지 냉각될 때 열전대 출력을 모니터 한다(그림 6.5 참조).

LCSR 시험 중에는 열전대의 케이블도 동시에 가열되고 냉각되지만, 열전대 접합부의 과도현상이 LCSR의 냉각 과도현상을 지배한다.

열전대의 응답시간을 확인하기 위해서, RTD와 같은 순서를 사용해 LCSR의 과도현상을 해석해야 한다. 그러므로 열전대의 LCSR 냉각 현상은 원데이터를 타점한 그래프와 종종 반대로 표시되곤 한다. 실험실과 발전소에서 수행한 전형적인 LCSR 과도현상을 그림 6.6에 나타내었다.

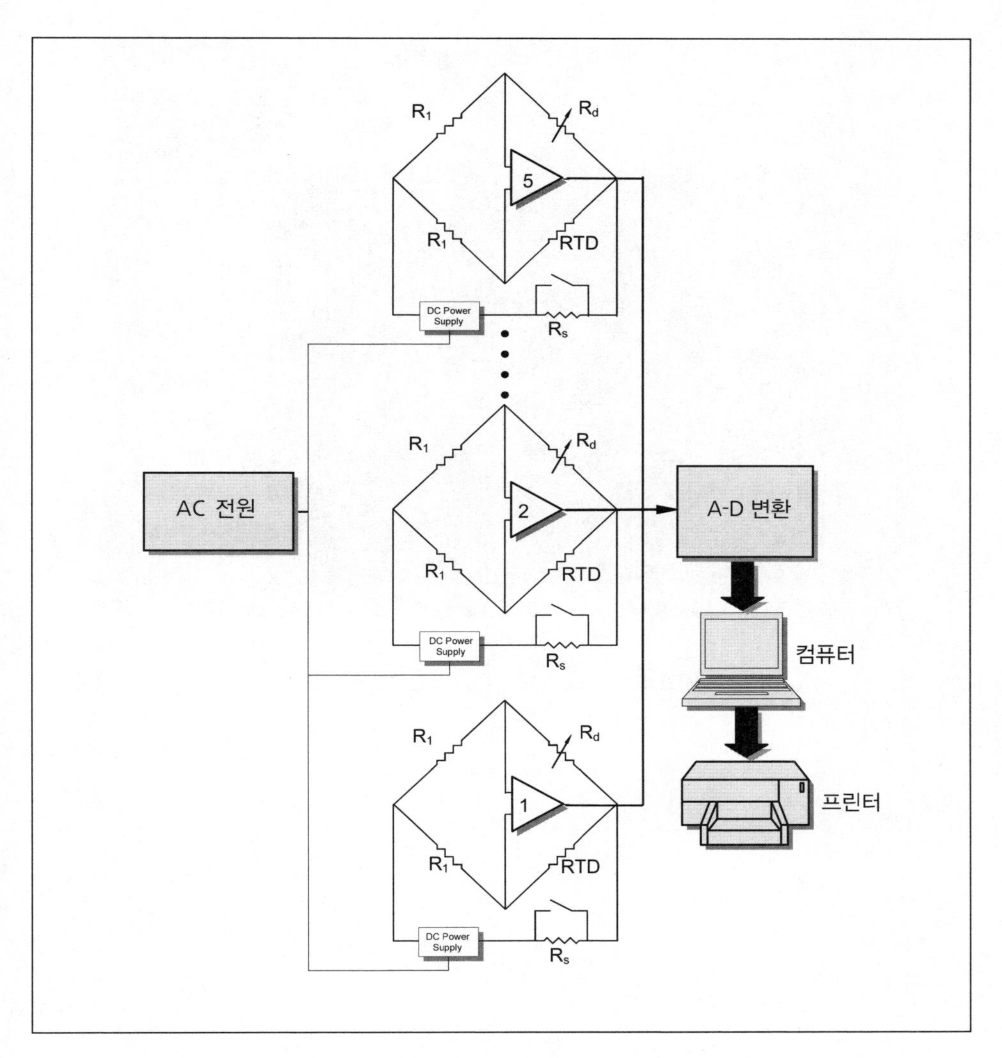

그림 6.3 다중채널 LCSR 시험장치

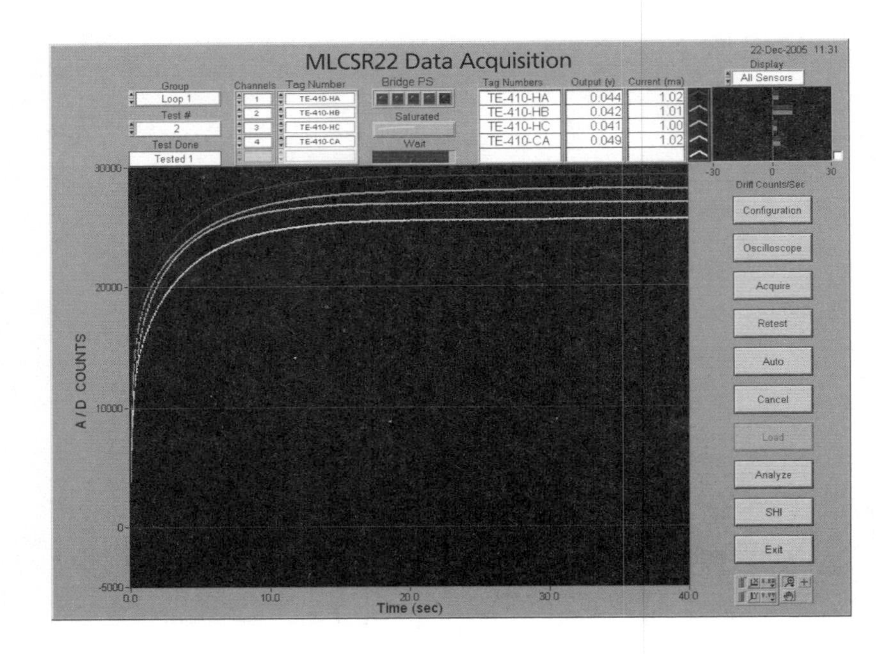

그림 6.4 LCSR 데이터수집 소프트웨어 스크린

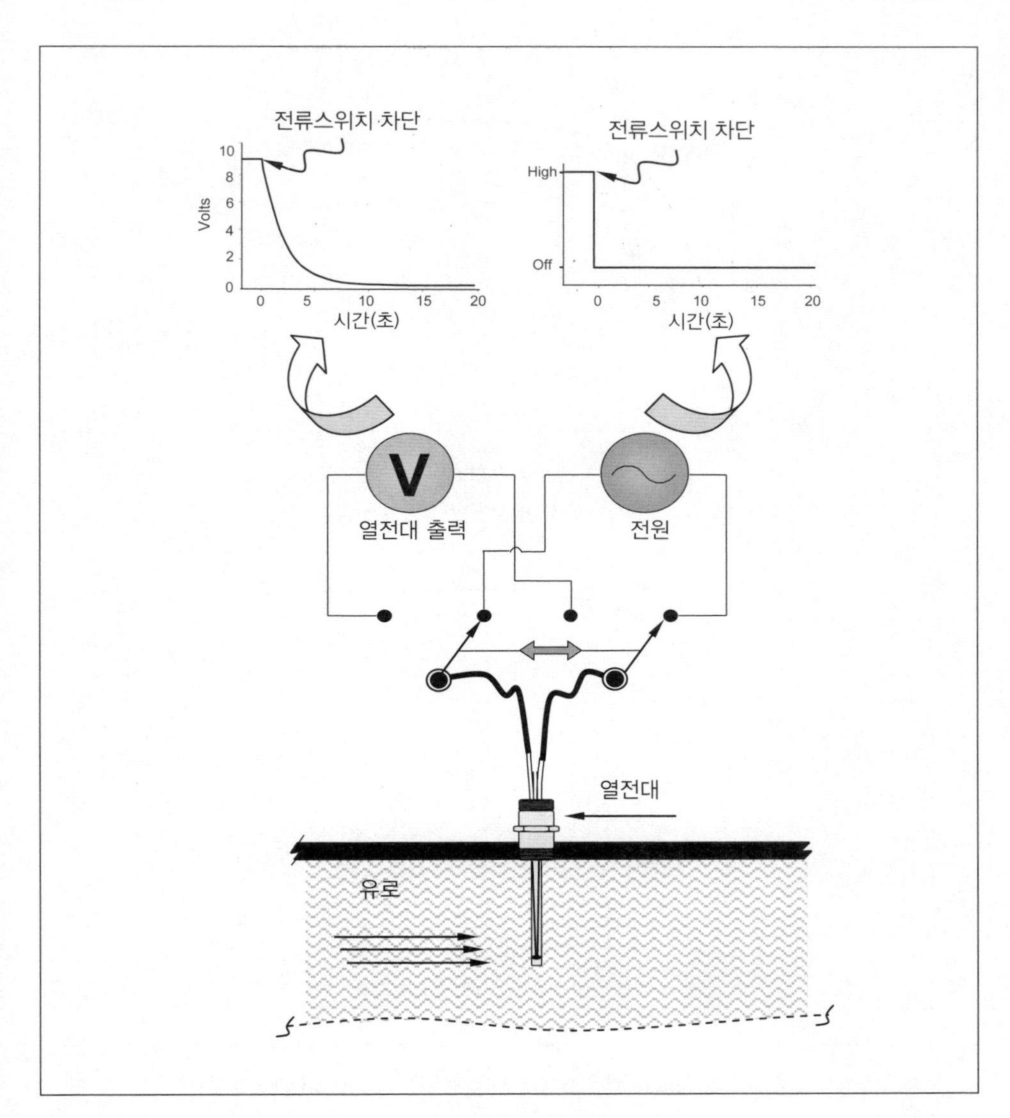

그림 6.5 열전대용 LCSR 시험장치

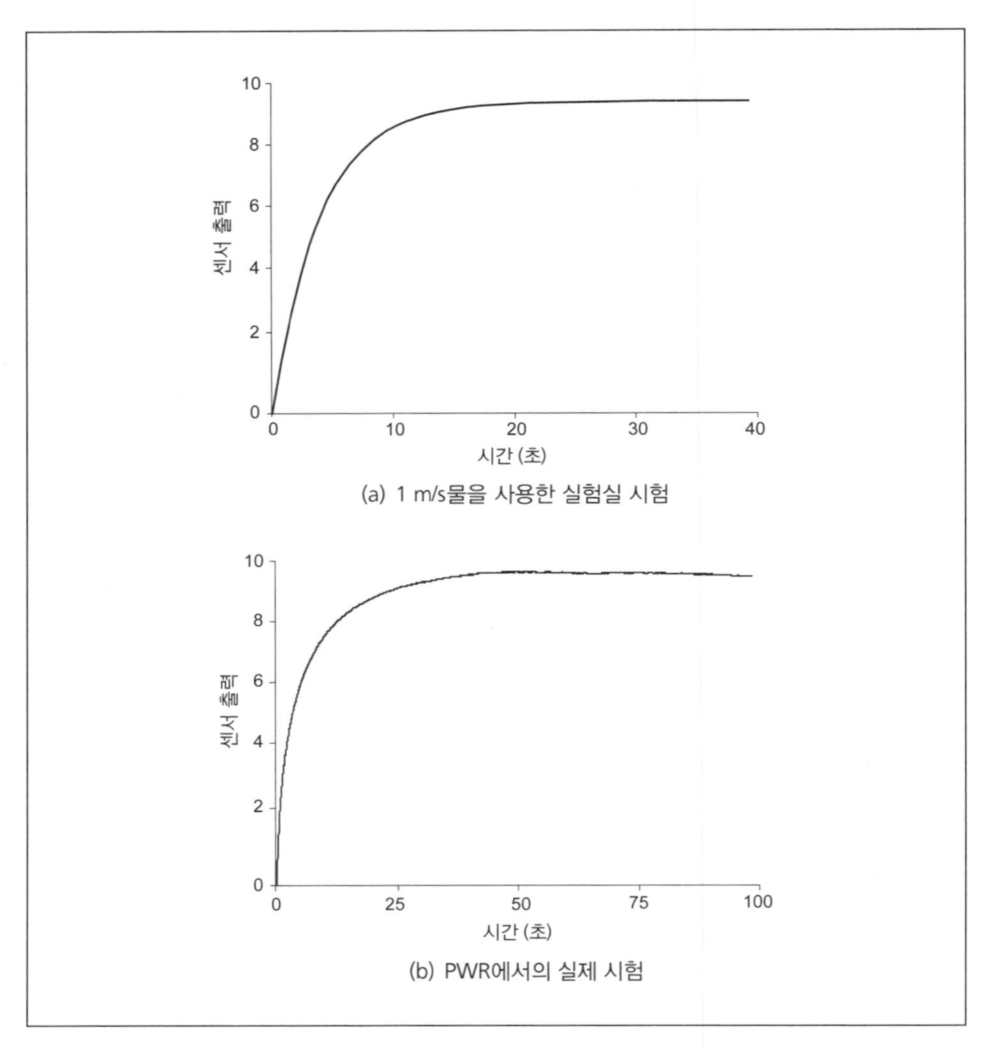

그림 6.6 실험실과 발전소에서 시험된 열전대의 LCSR 과도현상

6.3.2 LCSR 변환

LCSR 시험은 센서 내부에 스텝 온도 변화를 일으켜서 수행되지만, 센서의 동적 응답은 센서 외부의 스텝 온도 변화에 대한 응답을 측정해 얻을 수 있다. 다행히도 센서 외부의 스텝 온도 변화에 대한 동적응답을 얻기 위해서, 센서의 내부 가열을 통해 얻은 LCSR 과도현상을 변환하는 방법이 있다. 그림 6.7에서는 플런지 시험을 실시해 얻은 RTD의 변환 전후의 LCSR 과도현상과 플런지 시험에서 얻은 RTD 외부의 스텝 온도 변화에 따른 RTD 응답을 비교하였다. 이 데이터는 실온, 대기압

및 유속 1 m/s의 물이 순환하는 탱크에 RTD를 삽입한 실험실에서 시험을 통해 얻어졌다.

LCSR 데이터를 변환한 결과를 *LCSR 변환*이라고 한다. 이 변환은 RTD와 열전대에 대해서 동일하게 적용이 가능하며, 테네시 대학의 컬린(T.W. Kerlin) 교수가 1970년대 중반에 제안하였고 저자가 이를 검증하였다. 이 연구를 통해 LCSR 방정식으로 불리는 다음의 공식을 얻을 수 있었다.

$$V = \frac{R_1(R_{RTD} - R_d)}{(R_1 + R_d)(R_1 + R_{RTD})} E \tag{6.4}$$

여기서, *T(t)는 LCSR 과도현상을 나타내고,* $\tau_1, \tau_2, \ldots, \tau_n$*를 모달시간상수(Modal Time Constant)라고 한다*. 모달시간상수는, 다음의 방정식에 의해서 센서의 응답시간 τ와 연결된다.

$$\tau = \tau_1 \left[1 - \ln\left(1 - \frac{\tau_2}{\tau_1}\right) - \ln\left(1 - \frac{\tau_3}{\tau_1}\right) - \cdots - \ln\left(1 - \frac{\tau_n}{\tau_1}\right) \right] \tag{6.5}$$

여기서, *ln*는 *자연로그 연산자, n*는 *모달시간상수이다.*

식 (6.5)의 τ는 센서 외부 유체의 스텝 온도 변화에 대한 응답시간과 동일하다. 즉 τ는 센서의 출력이 외부 유체의 스텝 온도 변화를 따르고, 최종값의 63.2 %에 이르기 위해서 필요한 시간과 동일하다.

식 (6.4)는 노달 열전달 모델을 사용하여 얻어진 것이다. 특별히 온도 측정 부분을 비균질 원통형 모델로 가정하고, 이에 대한 열평형 방정식을 유한차분 형태로 만들어 해를 구한 것이다. 이로부터 다음과 같은 결론을 얻을 수 있다.

- RTD나 열전대와 같은 비균질 원통형의 온도 센서의 동적응답은 식 (6.4)에 나타나는 지수 급수의 형태에 의해서 나타난다. 이 방정식의 형태는 LCSR 시험과 같이 센서가 내부에서 영향을 받거나 플런지 시험과 같이 외부에서 영향을 받는 경우에 동일하다.

- 식 (6.4)의 지수($\tau_1, \tau_2, \ldots, \tau_n$)는, 내부 또는 외부로부터의 센서 교란 때문에 아니라, 센서의 형상과 열적 물성치에 의존한다. 그렇지만, 계수(A_0, A_1, …, A_n)는 센서를 내부 또는 외부에서 가열하였는지 여부에 의존한다.
- 동적응답의 전달함수에서 보면, 식 (6.4)의 모달시간상수($\tau_1, \tau_2, \ldots, \tau_n$)는 전달함수의 폴($P_1$, $P_2, \ldots P_n$)에 대응하고, 계수(A_0, A_1, …, A_n)는 폴 또는 폴과 제로($Z_1, Z_2 \cdot \cdot \cdot \cdot Z_n$)의 함수에 해당된다. 제로는 열원의 위치에 의존하지만, 폴은 센서의 형상과 열적 물성치에만 의존한다. 플런지 시험에서는 전달 함수에 폴만 포함되어 있고, LCSR 시험에서는 폴과 제로가 모두 존재할 수 있다.
- 식 (6.5)에 나타나듯이 센서의 응답시간 τ는 식 (6.4)의 계수(A_0, A_1, …, A_n)가 아니고 모달시간상수($\tau_1, \tau_2, \ldots, \tau_n$)만의 함수이다.

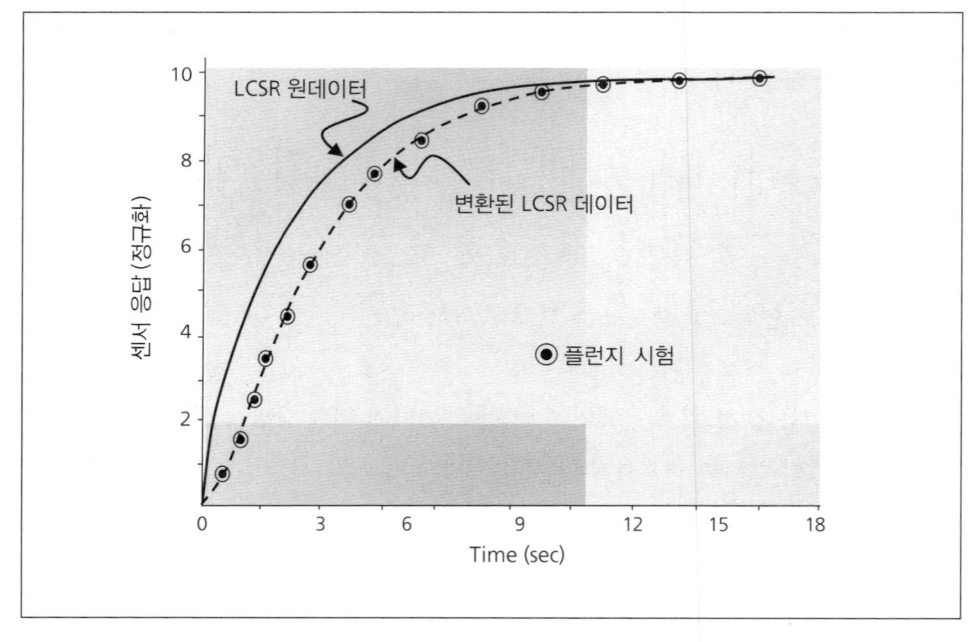

그림 6.7 LCSR 원데이터와 변환된 데이터, 그리고 이에 상응하는 플런지 시험 결과의 비교

온도센서의 균질 원통 모델에 대해서도 비균질 원통 모델과 같은 결론을 얻을 수 있다. 좀 더 상세하게 설명하면, 노달 방법이 아닌 연속체 해석법을 사용해 1차원의 중심부가 채워진 원통과 중심부에 공동이 있는 원통의 과도상태에 대한 열전달을 해석할 수 있다. 노달 방법과 연속체 해석법을 이용한 다수의 시뮬레이션 해는

일반적으로 서로 2% 이내에 있다. 이것은 두 개의 방법이 본질적으로 동일함을 의미한다. 특히, 연속체 해석법은 내부 센싱소자의 스텝 온도 변화에 대한 고유치(Eigenvalue)가(LCSR 시험), 센서 표면의 스텝 온도 변화에 대한 것(플런지 시험)과 같다는 것을 나타냈다. 이것은 두 경우의 경계 조건이 같기 때문이라고 생각할 수 있다. 게다가 연속체 해석법은 균질 원통의 해석적인 결과로 얻어진 계수가 LCSR와 이에 대응하는 플런지 시험에서 동일하지 않다는 것을 보였다. 이것은 두 개의 시험에 대한 구동 함수가 다르기 때문으로 판단된다.

연속체 해석법에서 센서의 균질 모델에 대한 열적 프로세스를 기술할 때에, 비오트 모듈러스(Biot Modulus, N_{Bi})가 중요한 역할을 하는 것으로 나타났다. 비오트 모듈러스는 센서표면의 전열저항에 대한 내부의 전열저항의 비로 다음과 같이 주어진다.

$$N_{Bi} = \frac{\text{센서 내부의 전열 저항}}{\text{센서 표면의 전열 저항}} = \frac{h}{k/R} = \frac{hR}{k} \tag{6.6}$$

여기서, h는 *센서 검출부 표면의 열전달 계수이며,* R는 *검출단의 외측 반경,* k는 *센서 검출부 내부의 열전도율이다.*

비오트 모듈러스는 유체의 특성(예를 들면 유량, 온도 혹은 압력)이 센서의 응답시간에 어떤 영향을 줄지 판단할 때 사용된다. 또한 비오트 모듈러스는 온도 센서의 연속체 열전달 모델의 해에서 고유치($\lambda_1, \lambda_2, \ldots, \lambda_n$) 사이의 간격에 영향을 준다. 한편, 식 (6.5)을 사용해 센서의 응답시간 τ의 계산에 사용하는 모달시간상수 τ_1는 $(\lambda_i)^2$ 에 반비례 한다. 앞의 두가지로부터 비오트 모듈러스가 모달시간상수와 관계가 있다고 추측할 수 있다. 표 6.2에는 가상 온도 센서에 대한 결과를 보여주고 있다. 비오트 모듈러스가 작은 경우(예를 들면 0.1~0.5)에는 막저항이 센서 전체의 전열저항을 지배해, τ_1/τ_2 가 크다. 이것은 고차 시간상수($\tau_2, \tau_3, \ldots$)가 센서의 총 응답시간 τ의 결정에 τ_1 만큼 중요하지 않다는 뜻이다. 더욱이 작은 비오트 모듈러스에서는 유체의 유량, 온도 및 압력이 RTD 응답시간을 지배하게 된다.

표 6.2 가상의 온도센서에 대한 비오트 모듈러스와 모달시간상수의 관계

비오트 모듈러스	τ_1 / τ_2	정규화된 응답시간 (초)
0.4	21.69	2.0040
1	10.49	1.000
2	7.18	0.6713
5	5.64	0.4740
10	5.34	0.5049
20	5.28	0.3719

참고: 비오트 모듈러스가 1일 때, 응답시간을 1로 정규화
출처: AMS Topical Report to NRC for Approval of LCSR Technology [2]

보다 큰 비오트 모듈러스(예를 들어 10)에서는, 내부의 전열저항이 전체의 전열저항을 지배하기 때문에 τ_1/τ_2의 비는 작아진다. 이는 (1) 유체의 유량과 다른 표면조건은 센서의 총 응답시간에 영향을 주지 않고, (2) 고차 시간상수(τ_2, τ_3,...)가 센서의 총 응답시간 τ의 결정에 있어서 중요하다는 뜻이다.

로즈마운트 모델 104 RTD(큰 내부전열저항을 갖는 열보호관 설치형 센서)와 모델 176 RTD(덮개의 안쪽에 바로 센싱소자가 부착된 직접침지형으로서 매우 작은 내부전열저항을 갖는 센서)에 대해 비오트 모듈러스를 계산했다. 실험실 조건과 발전소 조건에 대한 결과를 표 6.3에 나타내었다.

표 6.3의 결과를 보면 실험실 조건으로부터 발전소 조건까지 표면 열전달이 증가했을 때, 양쪽 모두의 RTD에 대해서 비오트 모듈러스가 약 10배 증가함을 알 수 있다. 그렇지만 매질의 종류에 따라 이러한 계산과 센서의 응답시간 측정 결과는 특정 열전달 구역에서의 동적응답이 다른 열전달 구역에서 그것과 같지 않음에 주의해야 한다.

표 6.3 두 가지 로즈마운트 RTD에 대한 비오트 모듈러스

RTD 표면조건	Biot Modulus (hR/k)	
	로즈마운트 모델 104	로즈마운트 모델 176
대기압 1m/sec, 80 °C로 흐르는 물	27	0.34
PWR 운전조건 (유속은 대략 10 m/s, 300 °C, 150 bar)	300	3.8

출처: NUREG-0809 [11]

비오트 모듈러스는 LCSR로부터 한층 더 정확한 결과를 얻기 위해서 필요한 고유치 λ_j의 수를 결정하는데 도움을 준다. 표 6.4는 고유치의 수 N과 가상 센서의 응답시간 τ_{true}와 LCSR에서 얻은 응답시간 τ_{LCRS}의 비율 사이의 관계를 나타내었다. 다른 두 값의 비오트 모듈러스에 대한 τ_{LCRS}/τ_{true}의 비를 표 6.4에 제시하였다.[14] 이 결과로부터 비오트 모듈러스가 1인 경우 LCSR의 결과가 응답시간의 7 % 이내가 되지만, 100인 경우 응답시간의 17 % 이내가 된다. 즉, 비오트 모듈러스가 큰 경우, 고차 모드가 중요하게 된다. 특히 고차 모드는 저차 모드와 비해 비오트 모듈러스에 민감하지 않다.

표 6.4 주성분값의 개수와 LCSR 변환의 정확도 사이의 관계

주성분값의 개수 (N)	τ_{LCSR}/τ_{True}	
	hR/k = 1	hR/k = 100
1	0.84	0.69
2	0.93	0.83
3	0.95	0.88
4	0.97	0.91
5	0.97	0.93
20	0.99	0.93

출처: EPRI Report NP-459 [14]

1970년대의 후반부로 거슬러 올라가면, 다수의 논문이 LCSR에 관한 이론의 개발에 대해 자세하게 기술하고 있다. 저자는 2005년에 ISA에서 출판한 Sensor Performance and Reliability에서 유한 차분 해석에 대해 자세하게 설명하였다.

6.3.3 LCSR 데이터 해석

다양한 유체 조건에 대하여(즉, 다른 비오트 모듈러스에 대해), 앞서 설명한 이론을 사용해 가상 센서의 응답시간을 계산할 수 있다. 이를 사용하여 다른 구동함수(예를 들면, LCSR 시험과 같이 센서 내부에 생기는 스텝 온도 변화 혹은 플런지 시험과 같이 센서 외부의 스텝 온도 변화)에 대한 응답시간을 계산할 수 있다. 그러나 실제의 센서의 응답시간은 이론에 의해서 얻을 수 없다. 센서와 그 재료의 정확한 형상, 치수, 물리적 성질을 알 수 없기 때문에, 이론은 데이터를 어떻게 사용할지를 결정할 때에만 유용하다. 예를 들어, LCSR 데이터를 식 (6.4)와 식 (6.5)를 사용하여 센서가 실제로 설치되고 시험된 공정 조건하에서 어떤 응답시간을 보일지 계산할 수 있다. 그 순서는 다음과 같다.

(1) LCSR 시험을 실시하고, 그 과도현상을 디지털화한다.

(2) LCSR의 과도현상을 식 (6.4)에 피팅시켜 $\tau_1, \tau_2, \ldots, \tau_n$를 찾는다 (계수 A_0, A_1, A_2, ..., A_n는 필요치 않다).

(3) $\tau_1, \tau_2, \ldots, \tau_n$를 식 (6.5)에 대입해 τ를 계산한다.

이 순서는 다음과 같은 조건을 만족한다면 충분히 정확한 응답시간을 나타낼 수 있다: (1) LCSR 과도현상이 충분히 자연스럽게 식 (6.4)에 피팅되는 경우, (2) 정확한 모달시간상수($\tau_1, \tau_2, \ldots, \tau_n$)를 찾는 경우, (3) LCSR 변화에 대한 열전달 가정이 시험 대상 센서에 대해 만족되는 경우 등이다. 각각의 조건은 LCSR 시험으로부터 신뢰할 수 있는 응답시간을 얻기 위해서 해결되어야 한다. 다음 절에서는, 이러한 문제를 극복하는 방법에 대해 설명한다.

<u>앙상블(Ensemble) 평균</u>

세 종류의 LCSR 의 과도현상을 그림 6.8에 나타나 있다. (1) 단일 LCSR의 과도현상, (2) 10회 LCSR 과도현상의 평균, (3) 40회 LCSR 과도현상의 평균이다. 이것은 출력 운전중인 원자력발전소에 설치된 RTD의 결과이다. 그림 6.8에서 단일 LCSR의 과도현상은 매끄럽지 않게 보인다. 이는 공정 본래의 온도 요동이며, 온도와 유량의 층 형성, 공정 온도 제어장치에 의한 변화, 열전달 및 진동의 우연적 요소에 의해서 일어난다. 매끄러운 LCSR 과도현상을 얻기 위해서는 다음의 순서를 따른다.

(1) 신호대 잡음비를 개선하기 위해서 최대허용 시험전류(즉, 50 mA)를 이용한다.
(2) 같은 RTD에 대해 LCSR 시험을 10~50 회 반복해 결과를 평균한다(그림 6.9에 나타나듯이 앙상블 평균을 이용한다).

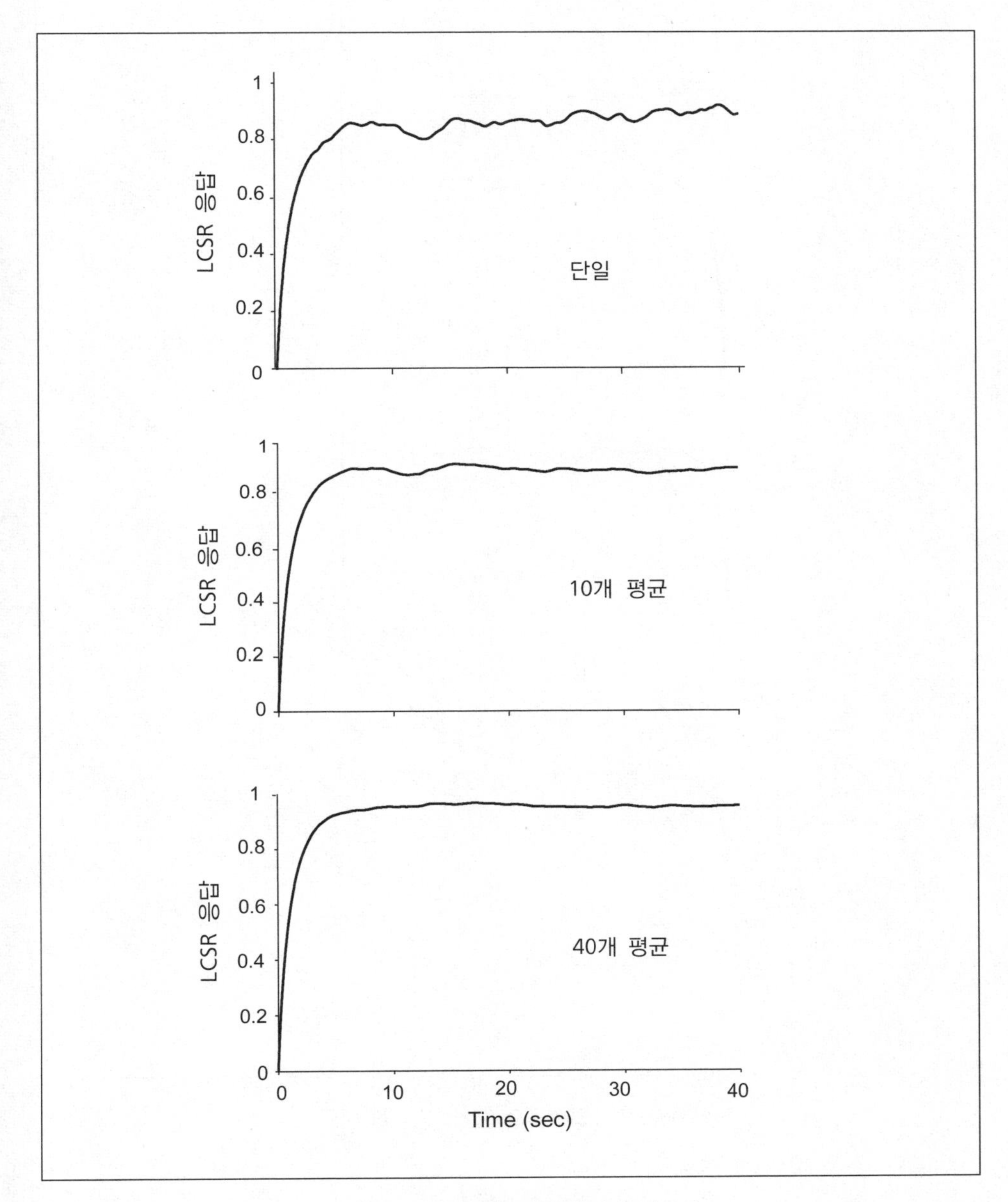

그림 6.8 단일 LCSR 과도현상과 평균값

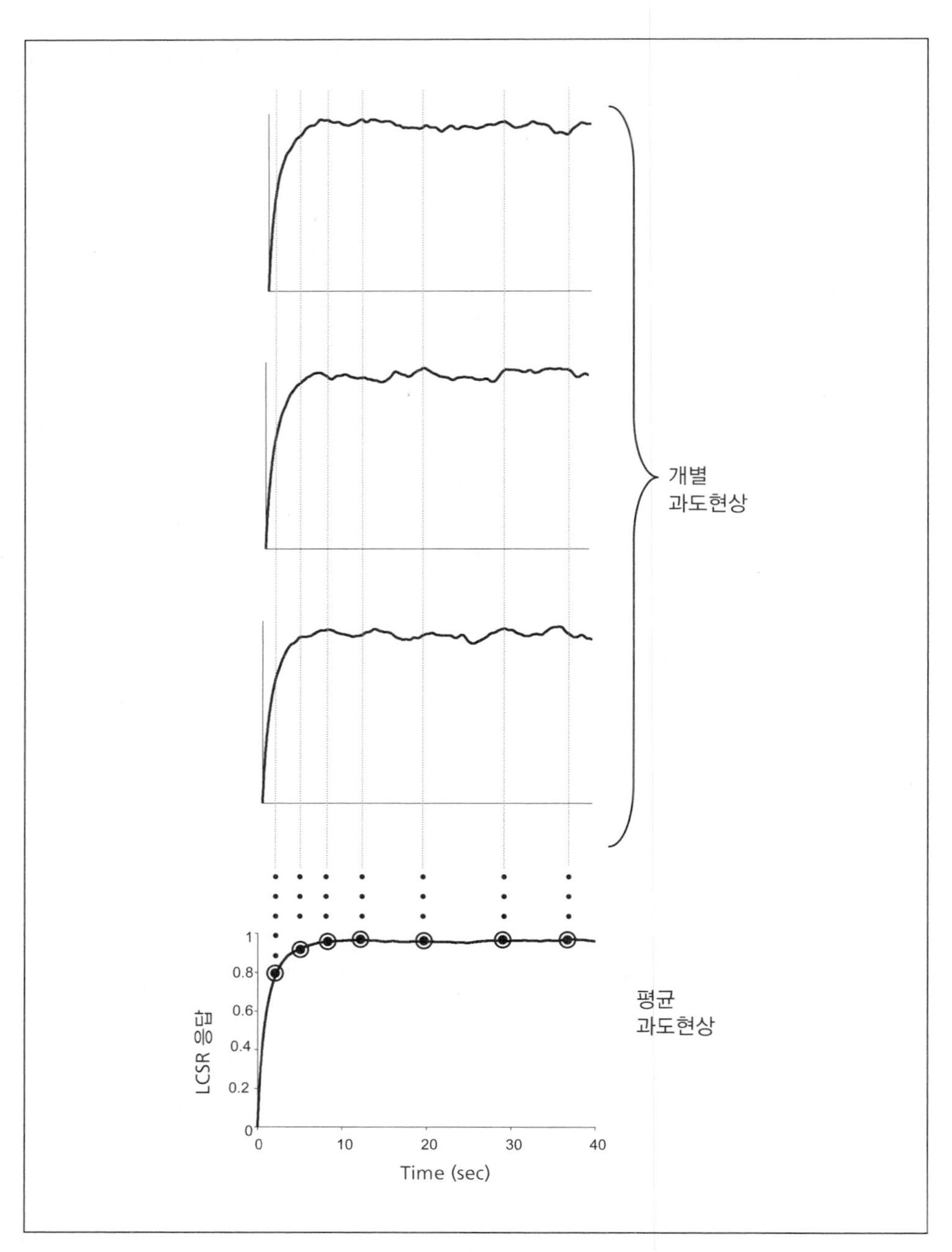

그림 6.9 LCSR 과도현상의 앙상블 평균

통상, LCSR의 요동을 매끄럽게 하기 위해서 수행하는 데이터 필터링은 응답시간에 영향을 주는 일이 있으므로, 평균 대신 데이터 필터링을 사용해서는 안된다. 그러나 다른 수단에 의해서 해결할 수 없는 진동, 즉 전기적 간섭 혹은 접지 문제에 의해서 생기는 고주파 잡음에 대해서는 저역 필터를 사용할 수 있다.

고차 모드의 영향

모달시간상수($\tau_1, \tau_2, \ldots, \tau_n$)를 찾기 위하여 매끄럽게 만든 LCSR 과도현상을 식 (6.4)에 피팅시켰다. 일단 피팅이 되면, 센서의 응답시간 τ를 확인하기 위하여 식 (6.5)의 모달시간상수를 사용한다. 이것이 원칙이기는 하지만 τ_1와 τ_2 이후의 모달시간상수를 계산하는 것은 실제로 매우 어렵다. 이 문제는 LCSR 변환이 처음에 개발된 후, 1970년대 후반에 알려지게 되었다. 이에 따라, 테네시 대학의 푸어(W.P. Poore)에 의해 LCSR 과도현상(즉 $\tau_3, \tau_4, \ldots, \tau_n$)에서 고차 모드의 영향을 고려하는 방법이 개발되었다. 푸어의 방법은 원통형 센서 집합체에 기반한 포괄적인 열전달 시뮬레이션을 하는 것이다.[13] 그는 비균질계의 혼합변수(Lumped-Parameter)의 노달 해석(유한 차분)과 균질형 연속체 해석을 모두 시도하였다. 각각에 대해서, 시뮬레이션된 플런지 시험과 LCSR 시험에 대한 가상 센서의 응답시간을 계산했다. 푸어는 플런지 시험으로 나온 총 응답시간 τ와 간략화 된 식 (6.5)에 τ_1, τ_2만을 사용해 계산한 총 응답시간 사이의 관계를 규명하였다. 이로써 온도 센서의 총 응답시간이 다음의 방정식에 의해서 τ_2/τ_1 와 관련을 보이는 것으로 나타났다.

$$\tau = f\left(\frac{\tau_2}{\tau_1}\right)\left[\tau_1\left(1-\ln\left(1-\frac{\tau_2}{\tau_1}\right)\right)\right] \tag{6.7}$$

여기서, $f(\tau_2/\tau_1)$는 그림 6.10에 있는 상관식에 의해 나타난다. $f(\tau_2/\tau_1)$의 식을 얻기 위해서 그림 6.10의 곡선을 5차 다항식에 피팅시킨다. 이 식을 LCSR 의 보정 계수(Correction Factor, CF)라고 하고 다음과 같이 쓴다.

$$CF = 1.0043 + 0.05578\left(\frac{\tau_2}{\tau_1}\right) + 19.590\left(\frac{\tau_2}{\tau_1}\right)^2 - 238.38\left(\frac{\tau_2}{\tau_1}\right)^3 + 1352.2\left(\frac{\tau_2}{\tau_1}\right)^4 - 2622.9\left(\frac{\tau_2}{\tau_1}\right)^5 \tag{6.8}$$

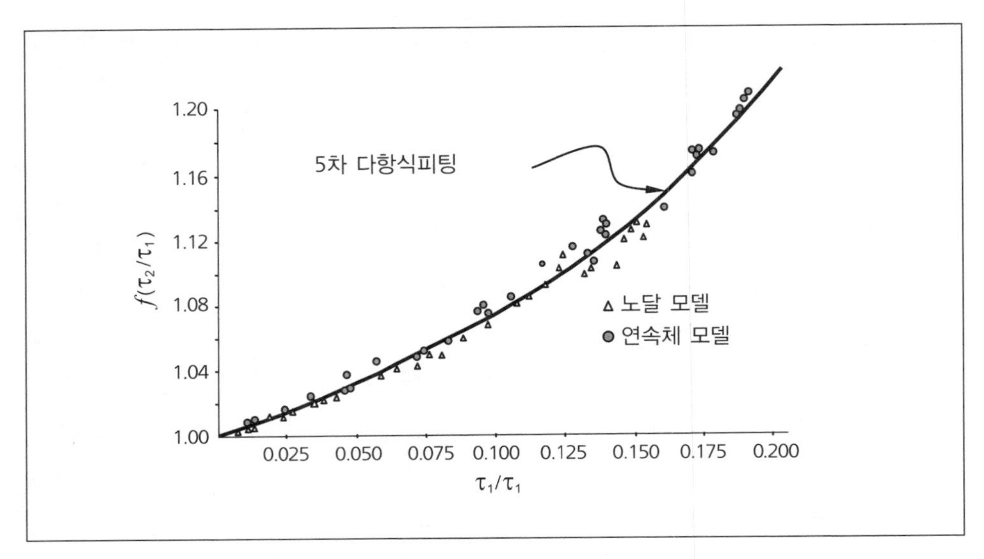

그림 6.10 LCSR 보정 계수

요약하면 CF는 몇 개의 다른 가상 센서에 대해서 $\tau_1 [\ 1-ln\ (1-\tau_2 / \tau_1\ )]$와 τ 값을 수학적으로 계산해, 두 계산 결과의 비와 τ_2 / τ_1을 타점하는 것이다. 이 해석에 사용되는 가상의 센서는 다양한 치수와 형상을 가질 수 있다.

만약 LCSR 데이터로부터 τ_1만이 필요하다면 다음의 식으로부터 센서의 응답시간이 계산된다.

$$\tau = (\tau_1)(1.5) \tag{6.9}$$

계수 1.5는 이론적인 연구에 의해서 구할 수 있고 표준 센서에 대해서는 실험실 시험으로 확인할 수 있다.

LCSR 가정의 타당성

LCSR 방법의 타당성은 센싱소자의 구조와 형상에 관한 몇 가지 조건에 따라 달라진다. LCSR 시험으로부터 정확한 결과를 얻기 위해서 센싱소자는 원통형의 센서 집합체 중심에 있어야 한다. 게다가 센싱소자와 센서의 중심선 사이에 특별한 열 매개체가 없어야 한다(그림 6.11). 또한 그림 6.12와 같이 센싱소자와 주위 매체간의 열전달은 반경 방향으로 월등하게 발생해야 한다.

대표적인 원자력등급 RTD의 X선 사진을 4장에서 제시한 바 있다. 위에서 언급한 타당성 검증을 위해 LCSR을 개발했을 때에 촬영한 것이다. LCSR 가정이 타당하다는 것은 실험실 시험에 의해서 입증되었다. 즉, 센서가 설치된 상태에서 시험된 응답시간을 갖도록 하기 위해서, 대표성 있는 센서 샘플과 필요한 경우 이에 대응하는 열보호관이 실험실에서 시험되어야 한다. 이러한 실험실 시험에서는, 센서의 응답시간을 측정하기 위해서 표준 플런지 시험법을 실시해야 하고, 같은 조건 하에서 LCSR 시험도 실시해야 한다. 이 절차에 따라, LCSR 시험이 플런지 시험과 유사한 결과를 보이는 지를 알 수 있다. 플런지 시험과 LCSR 시험의 결과가 서로의 10% 이내에 있는 경우, 센서가 LCSR 가정을 만족한다고 하며, "LCSR 시험가능"으로 분류된다.

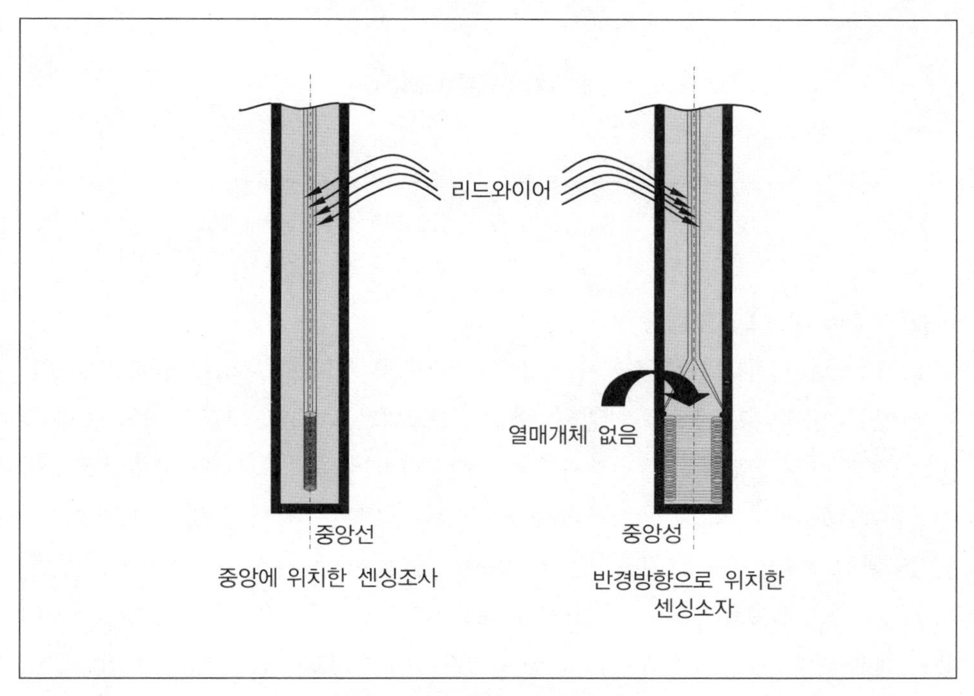

그림 6.11 센싱소자의 내부 구조

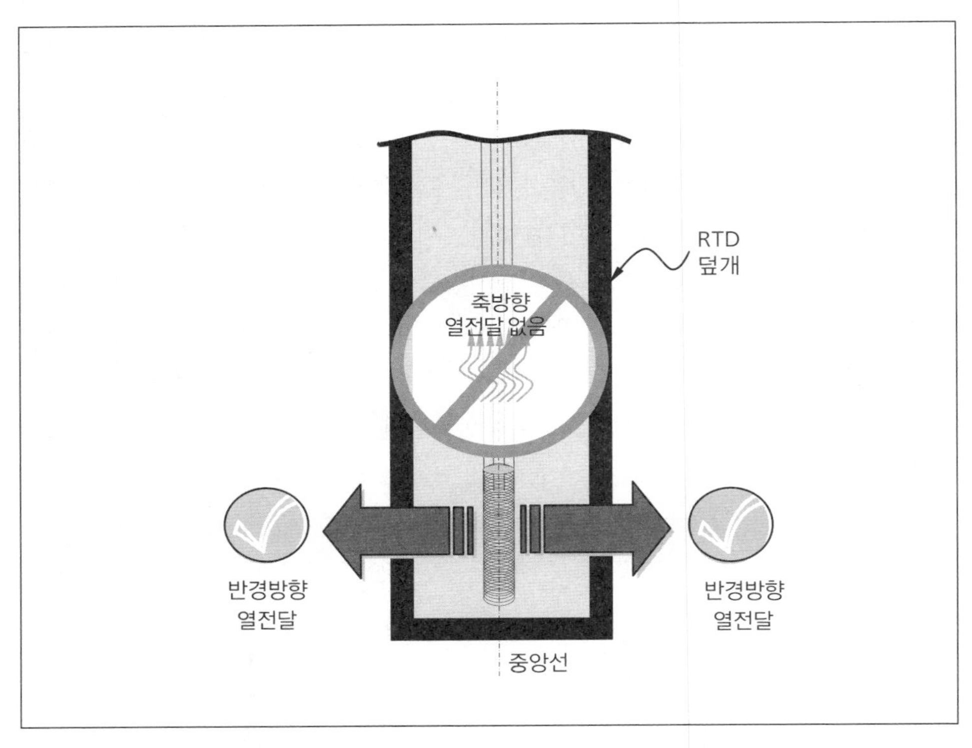

그림 6.12 RTD 센싱소자에서 반경방향 열전달 현상의 설명

6.3.4 RTD에 대한 LCSR 검증

LCSR 방법이 원자력발전소에서 사용되고 있는 몇 가지 RTD에 대해 적용되었다. LCSR이 1970년 후반 최초로 개발되었을 때, 로즈마운트 RTD에 대해 검증되었다(표 6.5). 당시, 미국 PWR은 1차 냉각재 온도를 측정하기 위해서 주로 로즈마운트 RTD를 사용하고 있었다. 그 후 다른 제작사가 시장에 참가해, 그 이후로 로즈 마운트는 원자력발전소의 안전등급 온도측정 분야에서 그 비중이 점차 축소되었다. 예를 들면, 미국의 위드인스트르먼트(Weed Instrument)와 RdF, 유럽의 센시콘 (Sensycon) 등은 현재 원자력등급의 RTD를 공급하고 있다. 이러한 RTD의 상당수에 대해 LCSR 시험이 유효하다고 확인되었다. 대표적인 결과를 표 6.6와 표 6.7에서 확인할 수 있다. 각각의 표는 같은 조건하에서 수행된 플런지 시험 및 LCSR시험으로 측정된 RTD 응답시간을 나타낸다. 데이터를 검증하기 시험은 모두 실온수가 1 m/s로 순환하는 탱크 내에서 행해졌다.

표 6.5 로즈마운트 RTD에 대한 LCSR 시험의 실험실 검증 결과

	RTD 모델	덮개 O.D. (mm)	열보호관 O.D. (mm)	응답시간 (초)		센싱 소자	확장 와이어	$R_0 (\Omega)$
				플런지 시험	LCSR 시험			
1.	176 KF	9.5	N/A	0.38	0.40	1	4	200
2.	104 ADA	3.2	6.4	7.1	7.2	1	2 + 더미	200
3.	104 ADA Bare	3.2	N/A	3.1	3.1	1	2 + 더미	200
4.	104 VC	3.2	6.4	5.3	5.5	1	2 + 더미	200
5.	104 VC Bare	3.2	N/A	2.3	2.1	1	2 + 더미	200
6.	177 GY	8.5	N/A	6.1	6.3	2	8 (소자당 4)	100
7.	177 HW	7.4	10.4	11.7	12.3	2	8 (소자당 4)	100
8.	104 AFC	6.1	9.6	5.3	5.2	1	2 + 더미	200
9.	104 AFC Bare	6.1	N/A	3.0	3.1	1	2 + 더미	200
10.	104 AFC NEVER-SEEZ	6.1	9.6	3.9	3.9	1	2 + 더미	200

참고:
1. 출처: EPRI Report NP-1486
2. 모든 시험은 상온에서 1 m/s으로 흐르는 물에서 수행
3. Bare 는 열보호관이 없음을 뜻함
4. 규격은 개략적인 숫자임
5. O.D.: 외경(Outside Diameter)
6. mm: millimeter
7. NEVER-SEEZ 는 RTD와 열보호관 집합체 끝부분에 응답시간을 개선하기 위해 바르는 열커플링 화합물

표 6.6 위드 RTD에 대한 LCSR 시험의 실험실 검증 결과

	RTD 모델	덮개 O.D. (mm)	열보호관 O.D. (mm)	응답시간 (초)		센싱 소자	확장 와이어	$R_0 (\Omega)$
				플런지 시험	LCSR 시험			
1.	N9004	6.4	9.5	2.9	2.8	1 or 2	4 or 8	200
2.	N9004 Bare	6.4	N/A	1.6	1.7	1 or 2	4 or 8	200
3.	N9019	9.5	N/A	2.9	2.8	1 or 2	4 or 8	200
4.	SP612	6.4	9.5	4.1	3.9	1 or 2	4 or 8	200
5.	SP612 Bare	6.4	N/A	1.4		1 or 2	4 or 8	200

Notes:
1. 모든 시험은 상온에서 1 m/s으로 흐르는 물에서 수행
2. Bare 는 열보호관이 없음을 뜻함
3. 규격은 개략적인 숫자임
4. O.D.: 외경(Outside Diameter)
5. mm: millimeter.
6. 위드 RTD는 4 또는 8개의 확장리드를 갖는 단일 또는 듀얼 센싱소자를 제공함

표 6.7 RdF RTD에 대한 LCSR 시험의 실험실 검증 결과

	RTD 모델	덮개 O.D. (mm)	열보호관 O.D. (mm)	응답시간 (초)		센싱 소자	확장 와이어	$R_0 (\Omega)$
				플런지 시험	LCSR 시험			
1.	21232	6.4	9.5	4.9	5.0	1	4	200
2.	21232 Bare	6.4	N/A	0.9	1.0	1	4	200
3.	21458	6.4	9.5	5.4	5.8	1	4	200
4.	21458 Bare	6.4	N/A	1.7	1.9	1	4	200
5.	21459	6.4	9.5	5.3	6.0	2	8	200
6.	21549 Bare	6.4	N/A	1.8	1.9	2	8	200

Notes:
1. 모든 시험은 상온에서 1 m/s으로 흐르는 물에서 수행
2. Bare 는 열보호관이 없음을 뜻함
3. 규격은 개략적인 숫자임
4. O.D.: 외경(Outside Diameter)
5. mm: millimeter.
6. RdF RTD는 4 또는 8개의 확장리드를 갖는 단일 또는 듀얼 센싱소자를 제공함

LCSR 방법을 개발할 당시 실험실 시험 이외에도 PWR의 운전 조건에서 시험을 추가로 실시했다. 이 시험은 프랑스 파리 근처에 있는 EdF의 레나르디에이르 연구소 및 CEA 사크레이 연구소에서 저자와 프랑스 동료에 의해 1970년대 후반에 수행되었다.[13] 그 시험에서는 로즈마운트의 대표적인 PWR용 RTD를 사용했다. 주된 시험은 레나르디에이르 연구소에 있는 PWR 운전 조건을 갖춘 루프에서 수행되었다. 특히, 이 루프는 300 ℃ 가까운 온도, 150 bar(15 MPa) 가까운 압력, 그리고 약 10 m/s의 유속을 재현할 수 있었다. 당시 EdF는 이 루프를 사용하여 펌프와 밸브와 같은 원자로 부품을 시험하고 있었다. LCSR 검증 작업을 위해서는 그림 6.13와 같은 측정부를 설계했다. 한번에 하나의 RTD를 루프에 설치시켜 그 응답시간을 수온의 스텝 변화에 직접 노출시켜 측정했다. EdF는 고온, 고압 및 고유량 조건 하에서 냉각수를 주입하여 스텝 온도 변화를 줄 수 있도록 시스템을 설계하였다. RTD 응답시간을 측정하기 위한 타이밍 신호를 제공할 수 있도록, 열전대의 첨단을 RTD의 반대편으로부터 RTD의 첨단에 접근하여 설치하였다.

우선 RTD 응답시간은 EdF 루프에 설치된 채로 루프 내에 냉각수를 주입해 스텝 온도 변화를 일으키게 한 후, 출력이 최종치의 63.2 %에 이르기 위해서 필요한 시간을 측정했다. 다음으로는 LCSR을 사용하여 같은 조건하에서 시험을 하고 데이터를

해석해 RTD의 응답시간을 확인하였다. 이 시험의 결과를 표 6.8에 나타냈다. 그림 6.14와 그림 6.15은 EdF 루프의 사진이다.

표 6.8 EdF 루프에서 PWR 운전조건으로 수행된 로즈마운드 RTD에 대한 LCSR 방법의 검증

RTD 모델	응답시간 (sec)	
	직접시험	LCSR 시험
176KF	0.14	0.13
177HW	8.8	8.4
104-AFC	6.2	5.9
104-AFC + NEVER-SEEZ	4.1	3.7

출처: EPRI Report NP-1486.

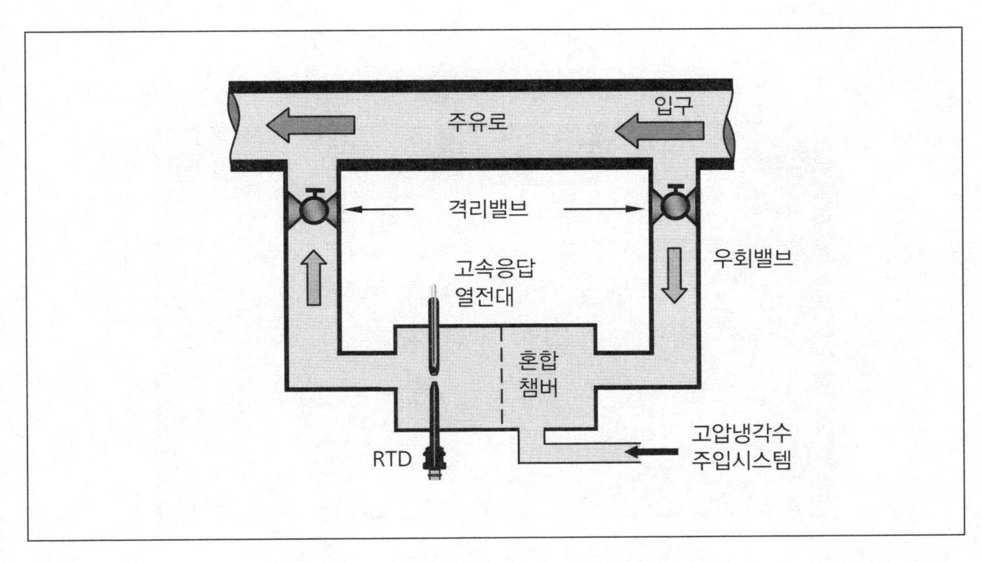

그림 6.13 LCSR 시험법 검증을 위한 EdF 실험장치

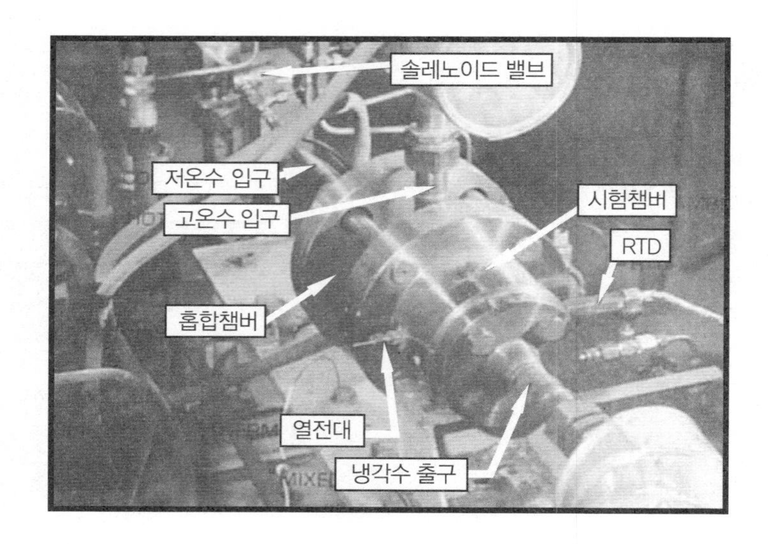

그림 6.14 EdF 루프에 설치된 RTD와 열전대

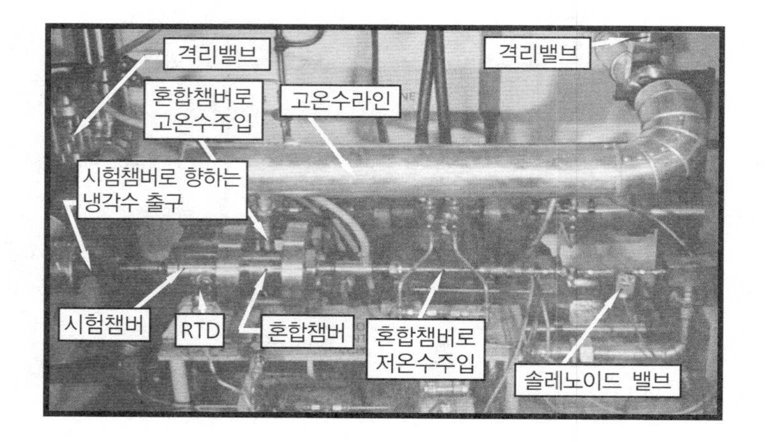

그림 6.15 LCSR 검증시험에 사용된 EdF 시험장치

6.3.5 열전대에 대한 LCSR 검증

열전대에 대한 LCSR 시험도 물 또는 공기가 흐르는 실험실 조건에서 검증되었다. [15,16] 표 6.9와 표 6.10은 시험 결과를 나타내며, RTD를 위한 LCSR 검증에 사용한 순서와 같은 방법을 사용하였다.

표 6.9 흐르는 물에서 시험된 열전대의 LCSR 시험검증 결과

열전대 번호	응답시간 (초)	
	플런지 시험	LCSR 시험
29	1.40	1.10
27	2.00	1.99
43	0.37	0.37
44	2.10	2.19
46	1.98	2.39
36	1.43	1.33
38	1.90	1.98
40	0.43	0.43
04	3.06	2.83
07	2.72	2.96
09	0.76	0.49
13	0.27	0.29

모든 시험은 상온에서 1 m/s로 흐르는 물에서 수행

표 6.10 흐르는 공기에서 시험된 열전대의 LCSR 시험검증 결과

열전대 번호	응답시간 (초)	
	플런지 시험	LCSR 시험
40	3.20	3.63
38	9.90	9.48
52	1.28	1.54
13	3.66	7.03
09	10.03	14.68
07	17.13	18.27
51	1.12	1.10
43	3.88	3.90
29	10.55	8.61
27	17.10	19.45
20	0.16	0.10
18	0.14	0.12
23	0.50	0.56

모든 시험은 5 m/s로 흐르는 공기에서 수행

원자력발전소에 설치된 열전대에 있어서, 응답시간은 RTD만큼 중요하지 않기 때문에 정기적으로 열전대의 응답시간을 시험하지는 않는다. 열전대의 경우는 정비, 경년열화에 의한 센서의 문제점 해결, 센서와 케이블의 고장 구분, 열전대가 열보호관에 올바로 설치되었는지 등을 검사하기 위하여 LCSR이 이용된다.

예를 들어 러시아 PWR(VVER 발전소)에서는 LCSR을 사용해 열전대가 열보호관 하단에 닿아 있는지를 판단한다. 이 발전소에서는 열전대가 노심 내의 여러 장소에 긴 열보호관(예를 들면 10~20 m) 속에 장착되어 있다. 따라서 VVER 발전소에서는 열전대가 열보호관 바닥에 확실히 도달했는지 여부를 확인하기 위하여 이 방법을 사용한다.

6.3.6 LCSR 변수 최적화

LCSR 시험 결과의 정확도가 센서가 얼마나 LCSR 가정에 부합하는지, 그리고 데이터 수집과 해석에 사용된 변수에 의존한다. 예를 들면, 원자력발전소의 RTD 응답시간을 시험하기 위한 LCSR 데이터는, RTD와 시험 조건에 따라 통상 0.001~0.04초의 샘플링 주기로 수집한다. 만일 LCSR 시험이 정확한 결과를 제공해야 한다면, 샘플링 주기는 그에 맞춰 정확하게 선택되어야 한다. RTD와 시험 조건에 따라 일반적으로 1,000에서 2,000개의 샘플을 수집한다. 샘플링 주기와 샘플수는 LCSR의 데이터 수집 시간에 달려 있는데, 그 값은 직접침지형의 경우 약 5초이고, 열보호관형은 약 50초 정도이다.

샘플링 주기와 샘플링 시간뿐만이 아니라, LCSR 해석 변수도 각 RTD의 설계에 대해서 최적화해야 한다. 해석 변수는 LCSR 방정식에 그 데이터를 피팅시킬 때에 반복해서 사용되는 변수이다. LCSR 방정식에 피팅한 결과와 원래 데이터의 차이가 최소가 될 때까지 분석 과정이 반복된다. 이렇게 최적의 데이터 샘플링 변수를 선택하는 과정을 *LCSR 변수 최적화*라고 한다. LCSR 변수 최적화 과정에서는 대표적인 센서와 어떤 새로운 센서의 열보호관에 대한 광범위한 실험실 시험을 수행하는 것이 필요하다. 이러한 시험에는 일반적으로 같은 조건하에서 수행된 다수의 플런지 시험과 LCSR 시험이 포함된다. 시험으로부터 얻은 LCSR 데이터를 수집하고 해석하여 LCSR 샘플링과 변수 해석을 반복한다. LCSR 시험으로부터의 응답시간 결과가 10 % 이하가 될때까지 계속한다. 이 때의 LCSR 샘플링과 변수의 해석 결과를 최적 LCSR 변수로 간주한다. 최적 변수는 이를 지니고 있는 모든 센서에 대한 LCSR 데이터를 수집하고 해석하기 위한 초기 설정치로서 사용된다.

6.3.7 LCSR 결과의 정확도

일반적으로, 아래의 조건이 만족되는 경우 가동중 LCSR 시험에서 응답시간의 정확도는 ±10 %이다.

(1) LCSR 방법이 시험 대상의 센서에 대해 검증된 경우
(2) LCSR 데이터가 깔끔하고 매끄러운 경우
(3) 최적 변수를 사용하여 데이터를 처리한 경우

또한 발전소의 조건이 LCSR 시험에 적절해야 한다. 즉 LCSR 시험 중에 발전소의 온도가 안정되어, 큰 요동이나 드리프트가 있어서는 안된다.

세 종류의 오차가 LCSR 시험 중에 발생 가능하다.

(1) 센서의 설계가 LCSR 변환 가정을 만족하지 않았을 때 발생하는 오차
(2) 모달시간상수의 올바른 값을 사용하지 못한 오차
(3) 데이터 수집과 데이터 해석의 오차

다음에서 이러한 오차에 대해 각각 논의한다.

LCSR 가정에 의한 오차

LCSR 변환은 센서의 전달 함수에 제로가 없음을 가정한다. 이는 센서의 끝 부분에서 센싱소자가 어떻게 위치하는지에 대한 다음의 두 가지 조건을 만족하는 경우에 이 가정이 성립된다. (1) LCSR시험 중에 센서에서 생기는 열은, 반경방향으로 센서 외부에 방출된다(즉, 축 방향으로는 열전달이 거의 없거나 전혀 없다). (2) 센싱소자와 센서의 중심선 사이에 유의미한 열매체가 없다. 센싱소자와 센서 주변 유체사이의 열전달이 플런지 시험과 LCSR 시험에서 모두 같다는 가정이 필요하다.

LCSR의 가정을 확인하기 위해서, 센서 별로 LCSR에 따라 응답시간 시험을 실시하여 검증하지 않으면 안 된다.

모달시간상수 계산에 있어서의 오차

보통은 두 개의 모달시간상수(τ_1와 τ_2)만이 LCSR 데이터로부터 검증될 수 있기 때문에, 두 개의 모달시간상수는 센서의 총 응답시간 τ가 올바른 값이 되도록 정확하게 결정되지 않으면 안 된다.

두 종류의 오차가 τ_1와 τ_2을 결정하는데 영향을 준다. (1) 전기적으로 생기는(고주파 잡음) 혹은 프로세스의 요동(저주파 잡음) 잡음. (2) 공정 드리프트. 이러한 잡음은 보다 큰 가열 전류를 사용하고 다수의 LCSR 데이터 세트의 평균을 사용함으로써 해결될 수 있다. 일부 발전소에서는, 적절한 신호대 잡음비를 얻기 위해서 적당한 가열 전류(예를 들면 30~50 mA)를 사용하고 있다. 그러나, 잡음이 너무 크면 이러한 가열 전류로는 해결이 되지 않는다. 이러한 경우 가능한 한 대전류(즉 50 mA)를 사용한 다음, LCSR 시험을 50회 반복해 결과를 평균하는 것으로 LCSR 데이터에서 공정 잡음의 영향을 최소화한다.

드리프트는 드리프트 비율을 결정하고 데이터로부터 드리프트를 제거하는 간단한 소프트웨어를 사용하면 해결할 수 있다. LCSR 데이터의 드리프트가 정방향(데이터가 위쪽으로 이동)에 있는 경우, LCSR 결과는 센서의 응답시간보다 큰 경향을 보인다. 드리프트가 부방향(데이터가 아래 쪽으로 이동)에 있으면, LCSR의 결과는 센서의 응답시간보다 빨라진다.

데이터 수집과 데이터 해석의 오차

데이터 수집과 데이터 해석 오차의 원인은 다음과 같다. (1) LCSR 데이터 수집과 해석에 있어서의 부적절한 샘플링 변수와 해석 변수. (2) 데이터 샘플링과 컴퓨터의 유한한 분해능. 샘플링 변수에 의한 오차를 피하기 위해서, LCSR 데이터를 센서의 예상 응답시간부터 적어도 100에서 1,000배의 샘플링 주기로 수집하고(예를 들면 응답시간 4초의 센서에 대해 0.02초), 센서의 예상 응답시간보다 적어도 5배 이상의 기간을 샘플링 한다(예를 들면 4초의 응답시간의 센서에 대해서 적어도 20초). 그리고, 앙상블 평균에 의해 매끄러운 LCSR의 과도현상을 제공하기 위해서, 충분히 필요한 횟수로 시험을 반복한다(예를 들면 발전소의 온도 요동의 정도에 따라 10~50회 반복한다). 6.3.6에서 언급한 것처럼, 부적절한 해석 변수에 의한 오차를 피하기 위해서는 센서에 대해서 검증된 최적 변수를 사용하여야 한다.

아무리 최신 제품이라 하더라도 데이터 샘플링과 컴퓨터의 계산에 있어서의 분해능한계에 의한 오차는 피할 수가 없다. 이 상황은 데이터 수집과 해석 기술이 발전하면 개선될 수 있을 것이다.

6.3.8 LCSR 가열 전류의 영향

발전소에서 사용하는 RTD와 같은 온도 센서는 저항 측정시 언제나 수 mA(예를 들면 1~2 mA)의 전류가 흐르게 된다. RTD 제작사는 자가발열이 현저한 온도 측정 오차를 일으키지 않을 최대 전류를 지정하게 된다. 보통 최대값은 10 mA이다. 이 정도의 값은 PWR 표준 RTD에서 0.5~1 ℃의 측정 오차를 발생시킨다. 측정 오차를 무시 가능한 범위에서의 저항에 흐르는 전류는 통상 약 1 mA이다.

LCSR을 개발할 당시, 원자력발전소용 RTD를 제조하고 있는 몇 개 제작사에 최대 허용 전류를 질의한 적이 있었다. 그 결과 80 mA이내의 LCSR 전류는 RTD에 심각한 결과를 가져오지는 않는 것으로 의견이 모아졌다.[2] 더욱이 ORNL는 LCSR 시험에 필요한 적절한 값의 줄(Joule) 가열은 RTD를 손상시키지 않는다는 증거를 확보하였다. 이 문제는 테네시 대학에서 수행된 EPRI 연구 프로그램을 통해서도 검토되었다. 이 과제에서는 RTD에 100 mA이내의 전류를 몇 천회 스텝 변화로 주면서 LCSR 시험을 수행하였으나, RTD의 교정, 응답시간, 혹은 다른 특성에 대하여 측정에 미칠 정도의 변화를 보이지 않았다.

6.3.9 온도성층의 영향

온도성층(Temperature Stratification 또는 Temperature Streaming)은 PWR에서 흔히 볼 수 있는 현상이다. 냉각재가 노심을 빠져 나갈 때 불균일하게 가열되므로 온도성층이 발생한다. 그 결과, 노심을 나온 고온관에 들어가는 냉각수는, 위치에 따라 온도 분포가 다르다. 일반적으로 고온관에서 원주 방향으로의 온도는 발전소에 따라 3~10 ℃정도 차이가 난다. 또한 그림 6.16에서와 같이 선회류(Swirling) 효과가 생기기도 한다. 이와 같이 온도 분포가 있는 흐름과 선회류 때문에 온도가 요동을 보이거나 불균일한 경우가 있다. 원자로 냉각재가 1차계통을 한 바퀴 돌아도 이러한 문제는 경감되지 않는다. 실제로 고온관에서와 같이 크지는 않지만 저온관 까지도 지속된다.

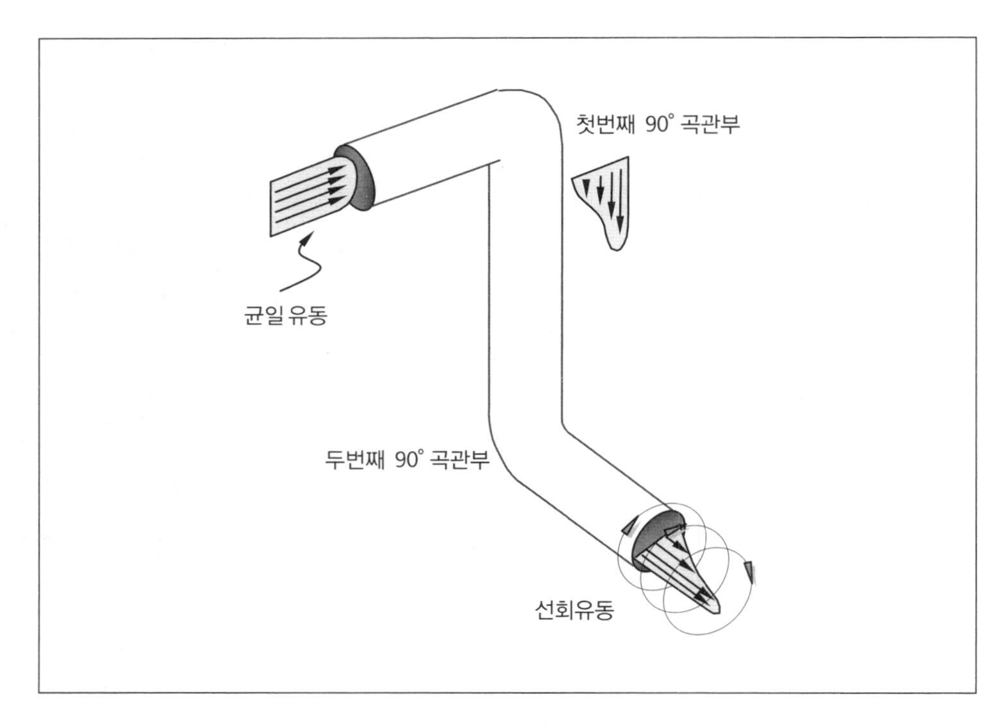

그림 6.16 PWR 1차계통에서 발생하는한 선회류 효과

그림 6.17은 PWR의 6개 고온관 RTD의 온도 감시 데이터를 나타낸다. 이 그래프는 6개의 다중 고온관 RTD의 평균치와 개별 RTD의 편차를 나타낸다. 그래프에서 6개 RTD 지시치의 각각에는 약 ±2 ℃의 차이(합계 약 4 ℃)가 있음을 알 수 있다. 그림 6.18은 고온관 RTD를 원자로출력과 함께 그린 결과이다. 이것은 발전소 전출력까지의 상승(온도 상승) 및 100 %에서 0 % 출력으로 강하(온도 강하)한 경우를 수집한 것이다. 이 데이터는 같은 루프내의 모든 고온관 RTD의 평균치와 고온관 RTD 중 1개 RTD의 편차를 원자로출력에 대해 보여주고 있다. 원자로출력이 0 %에서 100 %까지 상승하면서, 온도 편차가 0부터 1.5 ℃ 상승하거나 혹은 반대의 경향이 나타남을 알 수 있다.

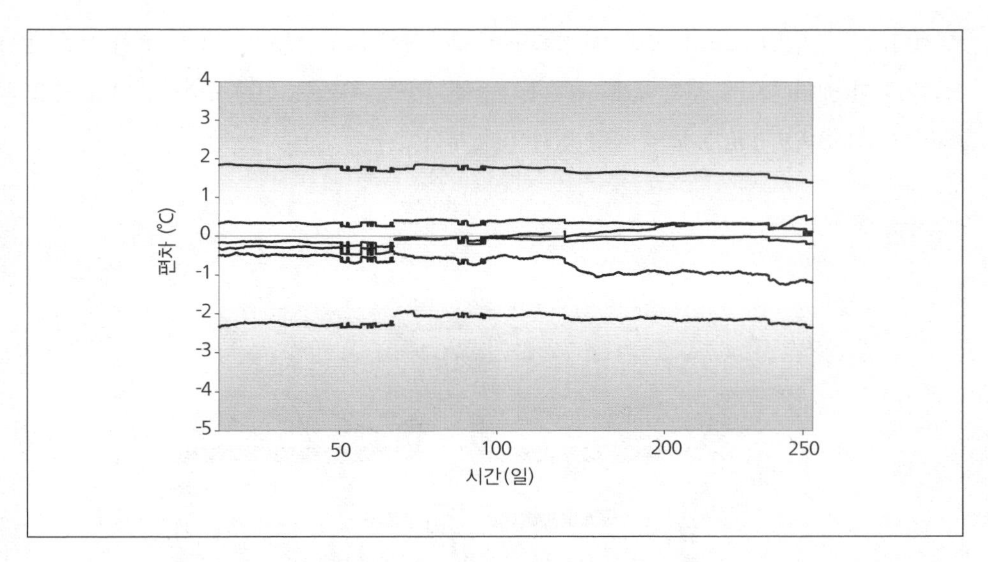

그림 6.17 온도 성층화로 인해 발생한 다중 고온관 RTD의 편차

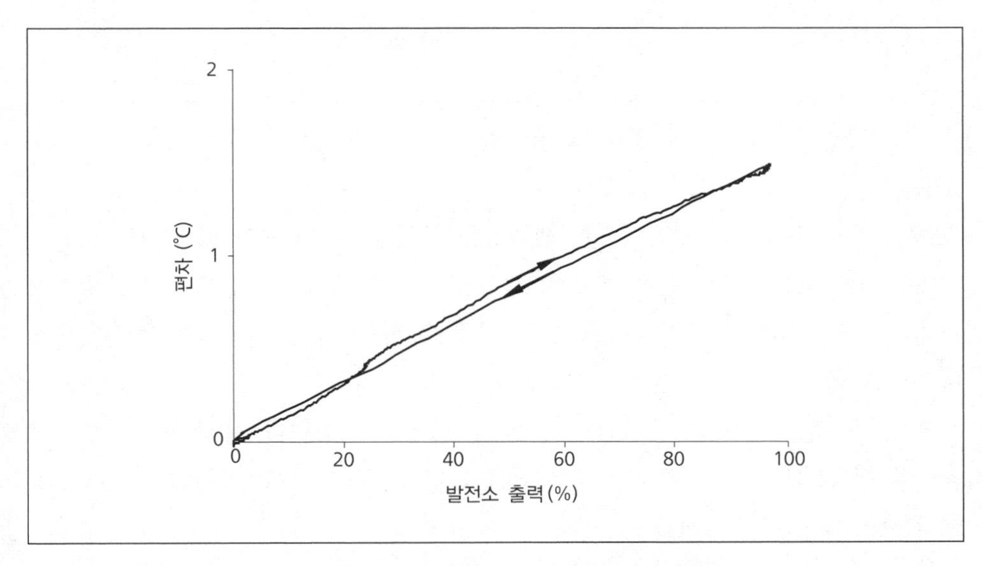

그림 6.18 발전소 출력의 함수로 나타낸 온도 성층화 에러

온도성층 작용과 선회류의 문제는 1960년대 중순 캘리포니아주의 산오노후레(San Onofre) 원자력발전소 1호기에서 최초로 발견되었다. 이 발전소는 두 개의 루프를 지닌 웨스팅하우스 PWR이었으며, 현재는 폐로되었다. 이 문제를 해결하기 위해서 산오노후레 발전소 1호기는 그림 6.19와 같이 우회 유로와 RTD 우회 매니폴드를

설계하였다. 이 발전소의 경험을 활용하여 웨스팅하우스 PWR는 모두 우회 유로와 RTD 우회 매니폴드를 추가하게 되었다. 이 매니폴드 루프는 원자로냉각재의 혼합을 촉진해 전체적인 평균 온도의 측정 정확도를 개선했다.

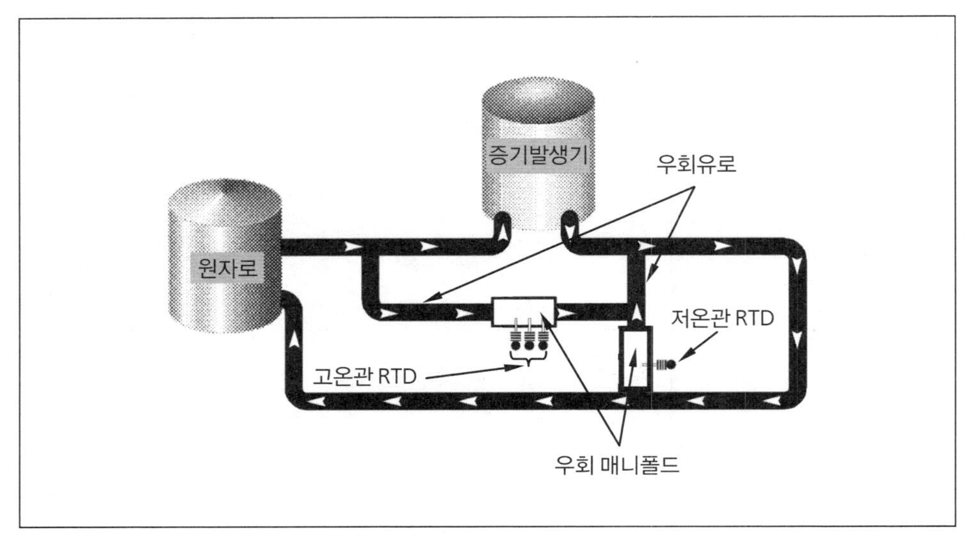

그림 6.19 RTD 우회 매니폴드가 설치된 PWR 1차 계통

PWR 우회 유로에는 일반적으로 샘플링용 삽입관이 설치되어 있다(그림 6.20). 이러한 샘플링용 삽입관은 고온관의 몇 군데 다른 위치에서 온도를 샘플링하기 위해 설치되어 있으며 우회 유로를 통해 샘플 유량을 RTD를 사용하여 온도를 측정하는 매니폴드로 이송시킨다. 우회에 따른 시간 지연을 보상하기 위해서 고속 응답시간을 갖는 직접침지형 RTD를 우회 매니폴드에 사용한다. 통상 약 2초의 전달 지연이 생기는데 이는 냉각수가 우회 유로를 따라 1차 냉각재 배관부터 RTD 우회 매니폴드까지 이동하는 시간이다.

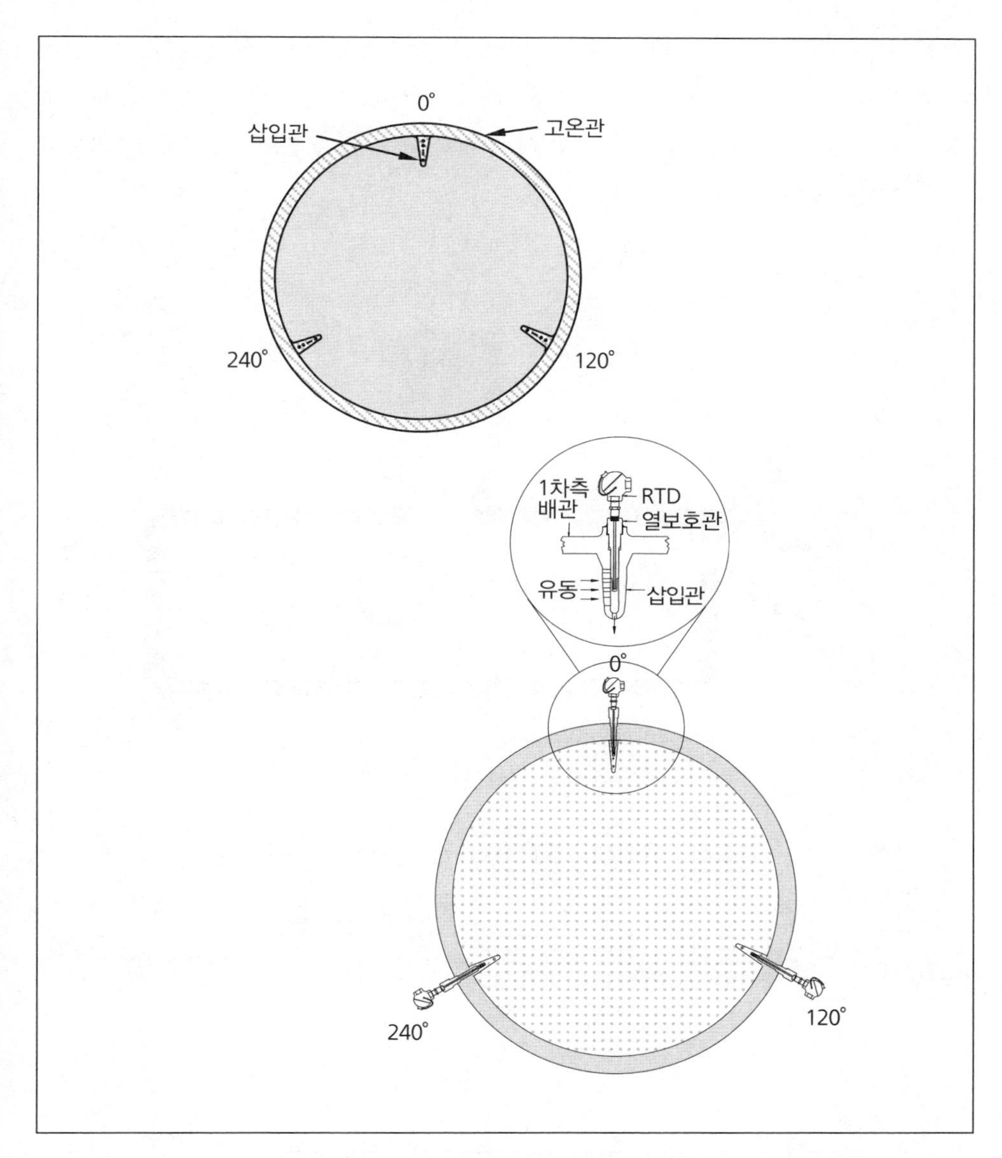

그림 6.20 웨스팅하우스 PWR 1차계통에 설치된 샘플링용 삽입관

우회 매니폴드는 온도 측정의 문제를 해결하여 약 100 m에 달하는 배관, 100개가 넘는 배관 지지대, 60개 이상의 방진기, 60~70개 정도의 밸브 등에 추가되었다. 시간이 지나자 우회 유로와 매니폴드는 보수상의 문제를 불러 일으켜, 정비원에게 방사선 방사능 노출을 늘리고 발전소의 불시정지의 가능성을 높이게 되었다. 그 결과 원자력 산업계는 1980년대 중순에 우회 매니폴드를 철거하기로 결정했다. 즉 우회

매니폴드를 사용하기 시작한지 약 10~20여년 후인 1980년대 중순, 웨스팅하우스 PWR는 RTD 우회 매니폴드를 철거하고 그 대신에 고온관과 저온관에 새로운 열보호관형 RTD를 설치하였다(그림 6.21). 이 때 새로운 RTD의 열보호관은 가능한 경우 기존의 샘플링 삽입관 내부에 설치하였다(그림 6.20).

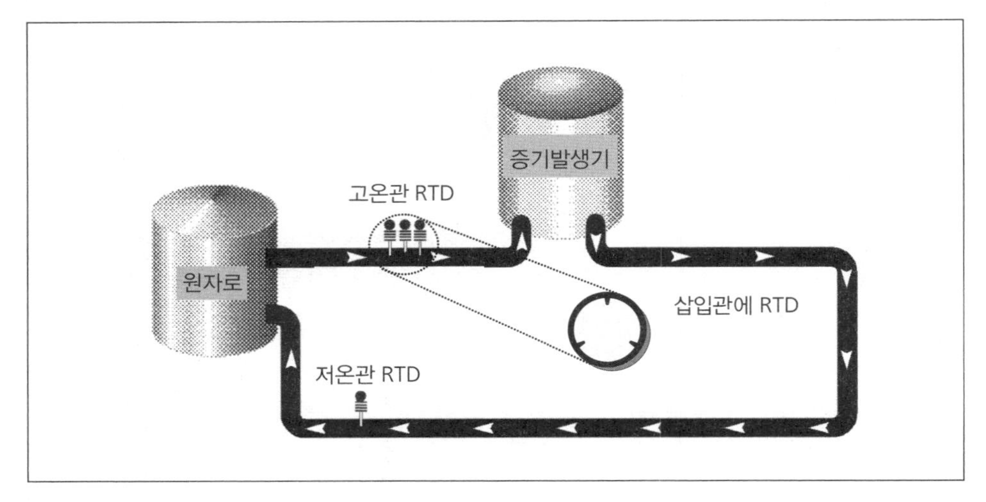

그림 6.21 RTD 우회 매니폴드를 제거한 후의 1차계통

표 6.11 RTD 우회 매니폴드의 유무에 따른 응답시간

기기	응답시간 (초)	
	매니폴드 있음	매니폴드 없음
RTD	3.0	4.75
전자기기	1.0	1.0
이송/혼합	2.0	0.25
총	6.0	6.0

우회 매니폴드에 직접침지형 RTD를 설치하는 대신 냉각재 배관에 열보호관형 RTD를 설치하게 되면 온도 측정 채널의 총 응답시간에 영향을 준다. 냉각재 계통에 직접 설치할 수 있었던 열보호관형 RTD과 우회 매니폴드에 설치한 직접침지형 RTD의 동적 응답 데이터를 표 6.11에 나타냈다. 이 표에 의하면, 응답시간 6.0초의 요구 조건을 만족하기 위해, 원자로 냉각재를 1차 냉각재 배관으로부터 우회 매니폴드 내의 RTD까지 우회시키기 위해서 필요한 2초의 지연 보상을 고려하여 보다 응답시간이

빠른 RTD(3.0초 이하)가 필요하다. RTD가 1차 냉각재 배관에 직접 설치 된 경우, 이 지연은 0.25초(샘플링 삽입관에서의 혼합 시간)까지 감소한다.

동적 응답에 대한 영향뿐만 아니라, 우회 매니폴드의 철거는 냉각재 RTD의 정확도에도 영향을 준다. 즉 우회 매니폴드가 있는 경우, 냉각수가 매니폴드에 이르렀을 때 이미 충분히 혼합이 된 상태이다. 따라서, 냉각수 전체의 혼합 평균 온도가 보다 정확하게 측정된다. RTD를 1차 냉각재 배관에 직접 고정시키면, 냉각수 전체의 온도를 측정하는데 있어 다중성을 갖도록 복수의 RTD를 설치하여 지시치를 평균하는 과정을 수행한다. 샘플링 삽입관에서는 냉각수가 우회 매니폴드에 있던 것처럼 혼합되어 있지 않기 때문에, 후자의 경우의 온도 측정은 전자의 경우만큼 정확하지 않다. 그 결과, 냉각재 배관에 직접 고정시킨 열보호관형 RTD 교정에 대한 요건은 보다 엄밀할 수 밖에 없다. 이와 관련하여 5장에서 PWR 1차 계통 RTD의 교정을 검증하기 위해서 개발된 교차교정법에 대해 설명하였다. 특히, 1차 계통 RTD의 정확도가 제대로 평가되는 것을 보증하기 위한 데이터 처리와 데이터 해석 기술, 보정 알고리즘에 대해 자세하게 설명하였다.

오늘날 다수의 웨스팅하우스 PWR에서는 우회 매니폴드를 철거하고 냉각재 배관 주위에 다수의 열보호관형 RTD를 설치하였다. 이런 경우 RTD의 LCSR 시험에 영향을 줄 수 있다. 구체적으로는, 원자로 냉각재계통의 온도성층 작용 및 선회류가 문제가 된다. 원자력발전소 RTD로부터 얻은 정상적인 LCSR 데이터와 온도성층 작용과 선회 효과로 인하여 요동(잡음)을 일으킨 데이터를 그림 6.22에 나타내었다. 영향의 정도는 발전소에 따라 다르다. 어떤 발전소에서는 큰 요동(잡음)이 있으나, 어떤 곳에서는 전혀 없을 수도 있다. 가끔은 같은 발전소의 같은 RTD가 다른 운전 주기에는 문제가 없었으나 동일 운전 주기 중에 문제가 생기는 일이 있기도 한다(그림 6.23). 다른 예로서 그림 6.24에 나타나듯이, 같은 발전소의 다른 루프에 다른 방향으로 설치된 RTD에서 잡음 문제가 생기기도 한다. 신뢰할 수 있는 응답시간 결과를 얻기 위해서, 이러한 문제들은 적절히 해결되어야 한다. 대표적인 두 가지의 해결책이 있다.

(1) LCSR 시험을 여러 번(50회 내외) 반복해 결과를 평균하는 것.
(2) 가능한 전소 온도가 안정되어 있고 일정한 온도에 가까운 경우, 즉 기동 중에 고온대기 조건에서 LCSR 시험을 실시하는 것.

그림 6.25은 40회의 LCSR 과도현상 평균치를 표시하고 있는 데이터수집 시스템의 모습을 나타낸다. 평균을 취한 LCSR 과도현상은 깔끔하고 신뢰할 수 있는 응답시간 결과를 가져오지만, 각각의 과도현상은 잡음이 많기 때문에 해석하기 어렵다. 이 데이터는 온도성층 문제가 있는 PWR 발전소에서 얻은 것으로, 높은 전류를 사용하고 40회의 반복 시험을 통해 이 문제를 해결하였다.

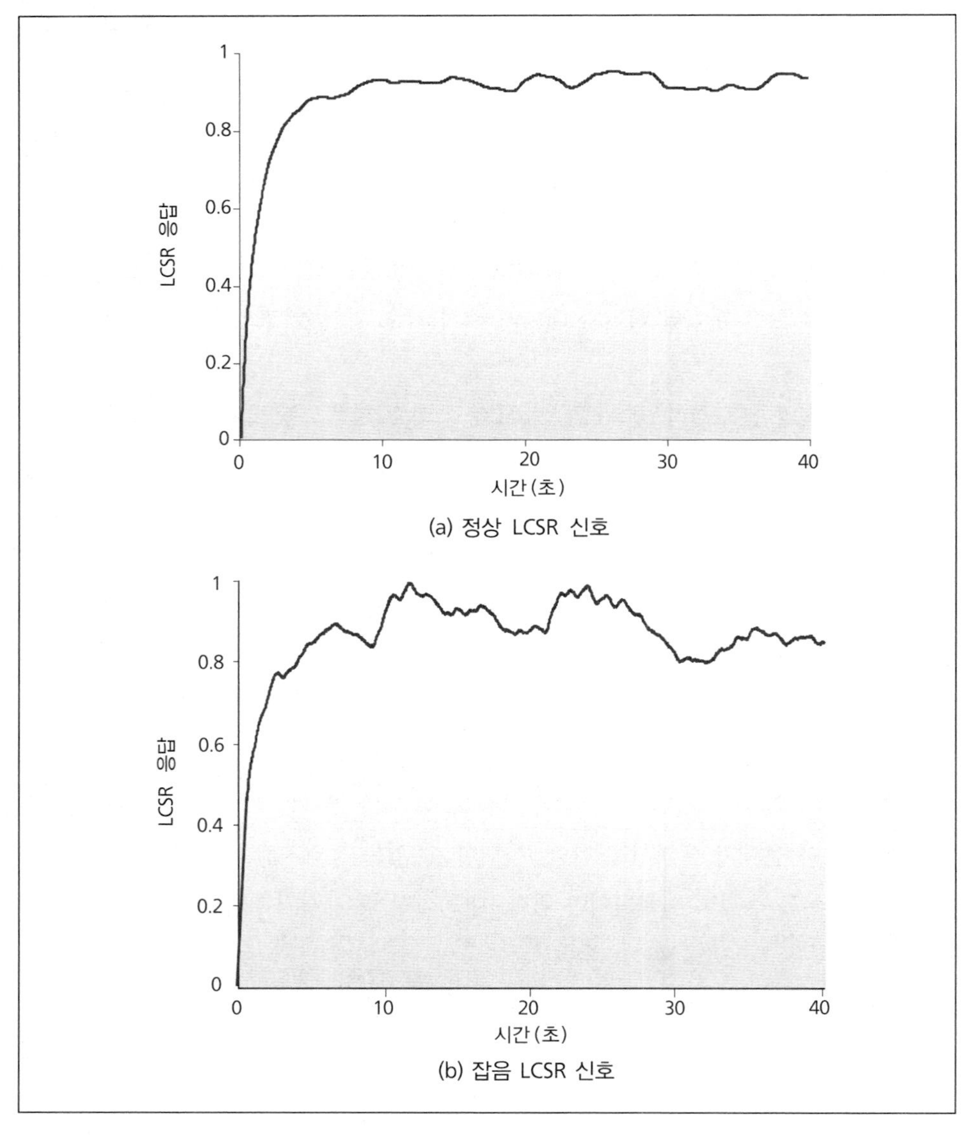

그림 6.22 LCSR 데이터에 나타난 온도성층 영향

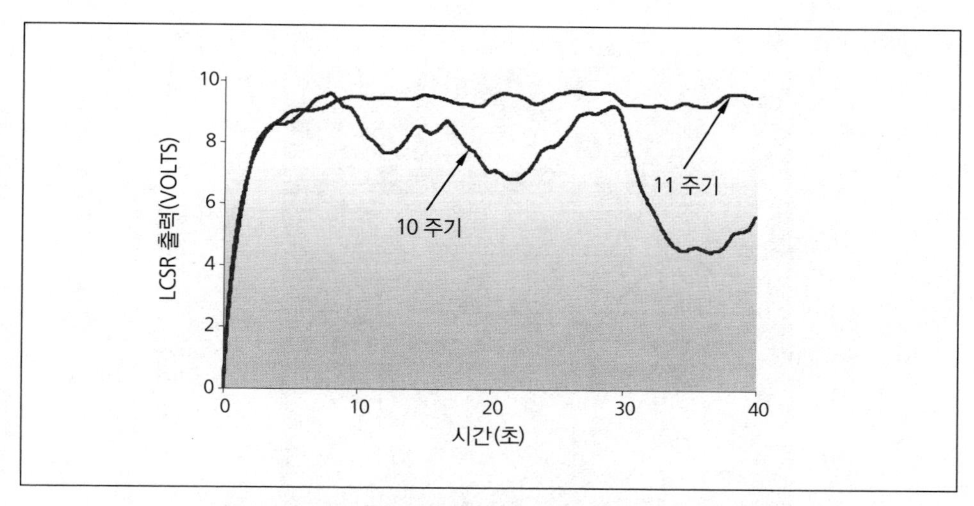

그림 6.23 PWR 발전소에서 두 번의 운전주기에서의 RTD의 LCSR 신호

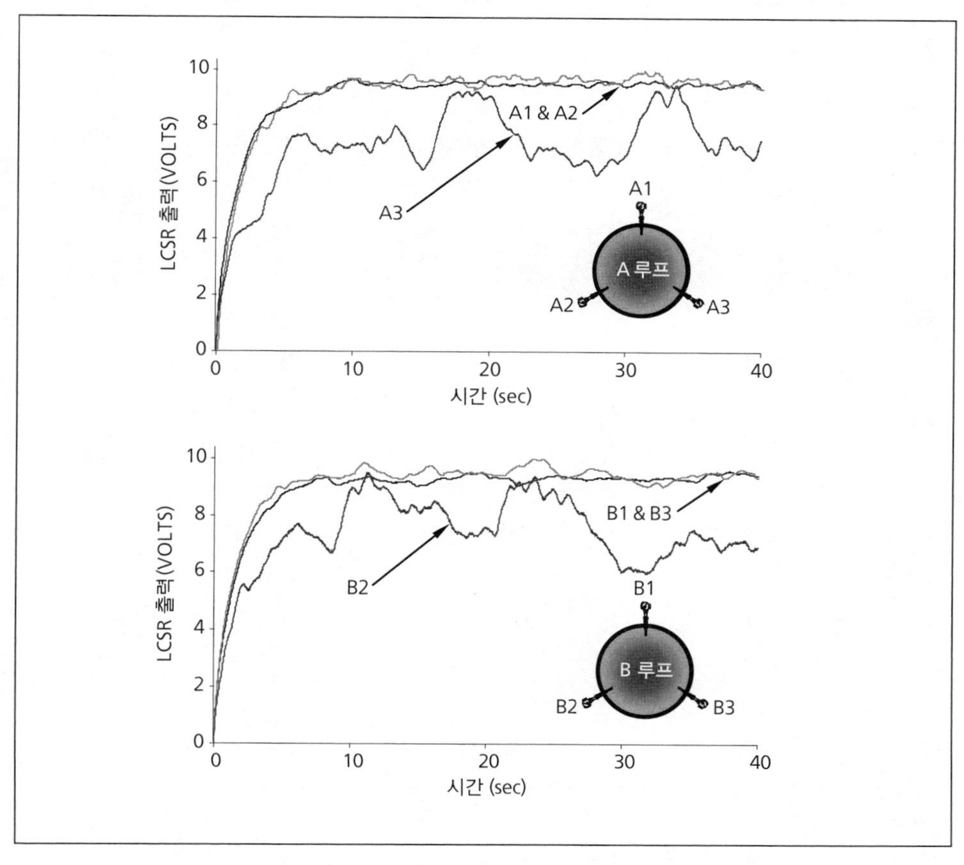

그림 6.24 RTD의 설치 방향에 따른 LCSR 신호의 온도성층 영향

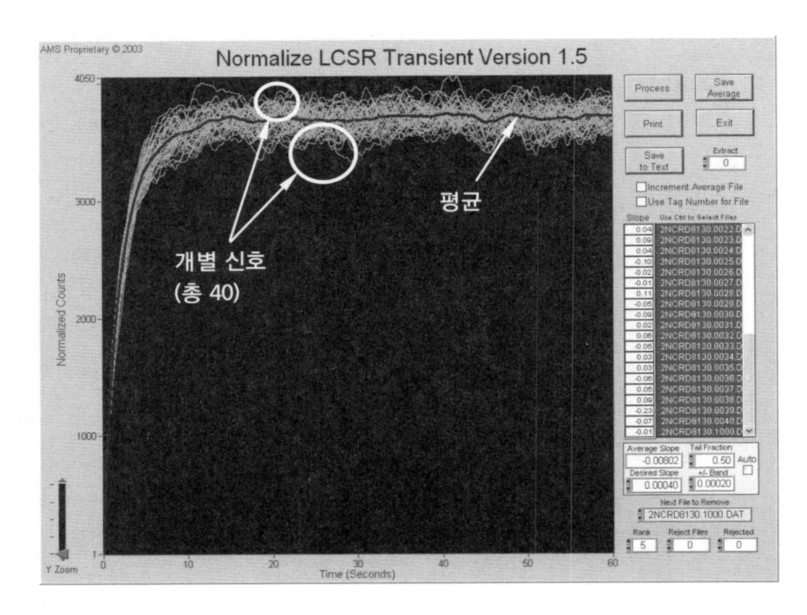

그림 6.25 LCSR 데이터 수집장치 화면

표 6.12 발전소 정지 중에서 해결하는 RTD 응답시간 문제

응답시간 (초)		수행 조치
해결전	해결후	
11.6	4.7	열보호관 청소
22.5	7.5	열보호관 청소
14.7	5.9	열보호관 청소
37.4	13.0	열보호관 청소
9.0	5.0	RTD 재배치
18.0	14.0	RTD 재배치
19.2	9.5	RTD 재배치
14.5	5.4	새 RTD 설치
24.0	7.8	새 RTD 설치
24.0	17.0	이물질 제거
27.9	5.8	열보호관 교체

6.3.10 저온정지시 LCSR 시험

사용 중인 센서의 응답시간을 얻기 위해서는, 발전소가 출력 운전 혹은 고온대기 상태에서 정상적인 운전시의 온도, 압력, 유량 혹은 그 근방의 조건을 유지할 때에 시험을 실시하지 않으면 안 된다. 새로운 센서를 발전소에 설치했을 때, 발전소가 고온대기 상태 혹은 그 부근 상태 혹은 출력 운전 때까지, 사용중 응답시간을 알 수 있는 방법은 없다. 만일 새로운 센서가 응답시간 요건을 만족하지 않는다면, 발전소는 RTD를 교환하기 위해서 정지해야 한다. 이러한 가능성을 줄이기 위해서, 신규 센서를 저온정지 상태에서 LCSR 시험하는 방법이 있다. 이것을 실시하는 이유는 응답시간을 측정하기 보다는, RTD가 최적 응답시간 성능을 나타낼 수 있도록 적절히 설치되었는지를 검증하기 위해서이다.

저온정지 시험은 다수의 RTD에 대해서 실시된다. 특이점을 분명히 확인하기 위해서 결과를 상호 비교한다. 특이점을 발견한 경우, 해당 RTD를 탈착하여 청소를 하거나 회전시켜 다시 설치한다. 열보호관도 청소를 하고 모든 이물질을 제거한다. LCSR 시험은 그 문제가 해결되었음을 확인할 때까지 반복한다. 청소 또는 재설치를 하여도 문제가 해결되지 않는 경우 RTD를 교체해야 한다. 응답시간의 문제를 해결하기 위해서 열보호관의 교체가 필요한 때도 있다.

표 6.12는 다양한 원자력발전소에서 저온정지시 수행된 LCSR 시험 결과와 응답시간의 회복을 위해 수행된 조치를 나타낸다. 이 표에서는 RTD의 응답시간에 문제가 있었음을 발견하기 전후의 값을 나타내고 있다. 전자는 새로운 RTD를 설치한 때에 수행된 LCSR 시험이고, 후자는 응답시간의 문제를 해결하기 위한 조치가 취해진 후의 것이다. 대부분의 경우에는 청소하는 것만으로 문제가 해결되었으나, 몇몇 경우는 센서 자체를 교환해야만 했다. RTD의 청소나 교환에 의해서 문제를 해결 할 수 없는 경우 열보호관을 교체한 경우도 있었다.

6.4 자가발열 시험

자가발열 시험에 의해 응답시간의 변화를 검출할 수 있다. 이것은 RTD에는 적용할 수 있지만 열전대에 적용할 수 없다. 이 시험을 통해 RTD 응답시간의 절대치를 측정할 수는 없다. 다만 RTD의 응답시간의 변화(주로 열화)를 검출하는 수단이다. 일반적으로 RTD 동적 특성에 대한 정확한 정보를 얻기 위하여 상호 보완적인 LCSR와 자가발열 시험을 모두 실시한다. 자가발열 시험은 고온대기 상태 혹은 정상운전 상태에서 응답시간을 측정하거나 RTD의 올바른 설치 여부를 확인하기 위해서 저온정지 상태에서 수행되는 LCSR 시험과 함께 행해진다.

6.4.1 시험과정

LCSR과 같이, 자가발열 시험도 소량의 직류 전류(I)에 의한 RTD 가열을 이용한다. 즉 LCSR 시험과 같이 휘트스톤 브릿지를 사용한다. 자가발열 시험에서는, 입력 전력($P=I^2R$)의 함수로서 RTD 전기저항(△R)의 증가가 측정된다. 이 결과를 RTD의 자가발열지수(Self Heating Index, SHI)라고 하고, 1 W 당 Ω의 단위(Ω/W)로 표현된다.

다음은 RTD의 자가발열지수와 응답시간 T의 관계를 나타낸다. RTD는 일반적으로 1 차식으로 표현되지 않지만, 여기에서는 쉬운 설명을 위하여 1 차식으로 표현하였다. RTD내에 발생하는 줄 열(I^2R)과 온도와의 관계는 다음과 같다.

$$Q = UA(T-\theta) \tag{6.10}$$

여기서,

Q = 12 R의 가열에 의해 RTD에 발생하는 줄 열

U = RTD의 검출단(내부와 표면의 전열의 양쪽 모두를 포함한다)의 전열계수

A = 전열면적

T = RTD 온도

Θ = RTD가 설치된 유체의 온도

일정한 유체 온도에 대해서, 식 (6.10)은 다음과 같이 쓸 수 있다.

$$\triangle Q = UA \triangle T \tag{6.11}$$

따라서 RTD의 단위 전력당 온도 상승은 다음과 같다.

$$\frac{\Delta T}{\Delta Q} = \frac{1}{UA} \tag{6.12}$$

RTD 백금소자의 전기 저항은 온도(즉, R=αAT, α는 저항의 온도 계수)에 거의 비례한다. 따라서,

$$\frac{\Delta R}{\Delta Q} = \frac{상수}{UA} \tag{6.13}$$

한편 RTD의 응답시간은 RTD 가 1 차 시스템이라고 가정한다면(다시 한번 강조하지만 RTD는 일반적으로 1차 응답 시스템은 아니다), 다음의 식으로 근사적으로 표현된다.

$$\tau = \frac{MC}{UA} \tag{6.14}$$

여기서,

M = 검출단의 질량

C = 센서 재료의 비열

열용량 MC가 일정한 경우에는

$$\tau = \frac{상수}{UA} \tag{6.15}$$

식 (6.13)과 식 (6.15)을 비교하면, T가 △R/△Q에 비례한다는 결론이 된다.

$$\tau \propto \frac{\Delta R}{\Delta Q} \quad 또는 \quad \tau \propto SHI \tag{6.16}$$

여기서, $\frac{\Delta R}{\Delta Q}$가 SHI와 동일하고, ∝는 비례를 나타낸다. 이 식은 자가발열 지수의 변화부터 RTD의 응답시간의 변화를 확인할 수 있음을 나타낸다.

6.4.2 시험순서

자가발열 시험은 일반적으로 다음의 순서에 따라 휘트스톤 브릿지를 사용해 실시한다.

(1) 브릿지의 평형을 유지하면서 RTD의 저항값을 기록한다. 이 단계에서 전류는 통상 약 1~2 mA이다.

(2) 전류를 「고」로 전환한다. 이 단계에서 전류는 약 5 mA로 한다.

(3) RTD의 저항이 안정될 때(즉, 정상 상태)까지 기다린다.

(4) 브릿지가 평형이 되면, 새로운 RTD의 저항을 측정한다.

(5) RTD의 저항(Ω), RTD를 흐르는 전류(mA) 및 RTD 센싱 소자의 출력(mW)을 기록한다(표 6.13 참조).

(6) 전류를 약 5~10 mA 증가시키면서 적어도 네 곳의 측정점에서 광범위한 전류(예를 들어, 5 mA~50 mA) 범위에 대해서 값이 기록될 때까지 순서 (3)부터 반복한다.

(7) RTD의 저항(R) 대 출력(P)을 직교좌표상에 타점한다. 이 그래프는 *자가발열 곡선*(그림 6.26)이라고 한다.

(8) 자가발열 데이터에 직선을 피팅시켜, 직선의 기울기를 계산한다. 기울기는 자가발열 지수이다.

모든 과정은 컴퓨터로 자동화되어 있다. 컴퓨터는 자가발열 곡선 작성, 자가발열 지수 계산, 결과 제시, 결과 저장 등의 과정을 수행한다. 자가발열 시험의 결과를 표시하는 컴퓨터 화면을 그림 6.27에 나타내었다.

표 6.13 자가발열 데이터

번호	R 저항 (Ω)	I 전류 (mA)	P 출력 = (mW)
1	442.72	10.72	50.88
2	443.88	20.61	188.55
3	445.84	29.99	400.99
4	447.72	37.09	615.91

모든 데이터는 발전소 운전조건에서의 RTD에서 얻어짐
mA: milliamperes
mW: milliwatts

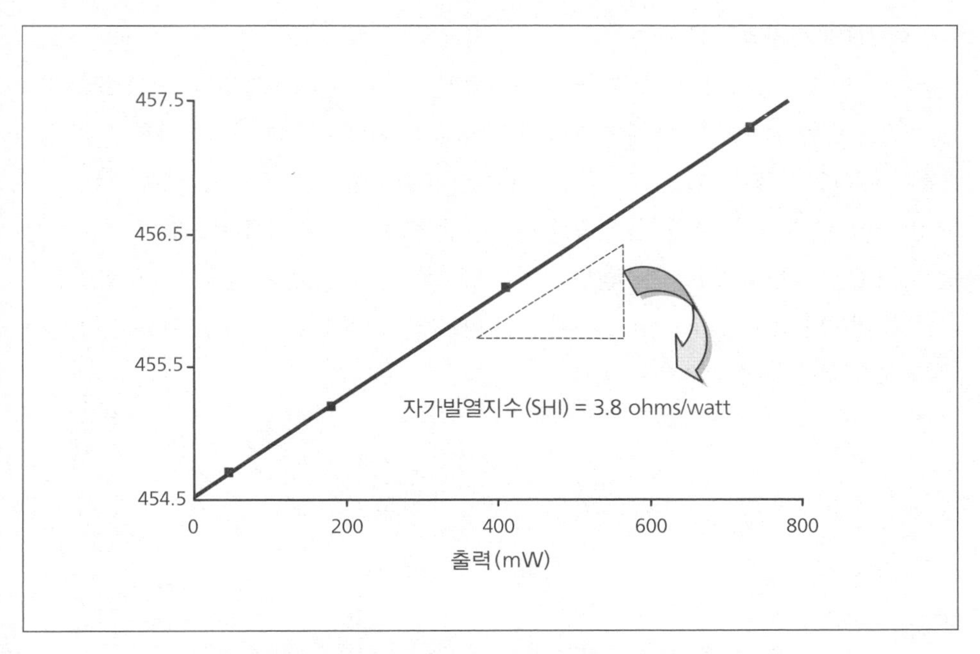

그림 6.26 PWR 발전소의 RTD에 대한 전형적인 자가발열 곡선

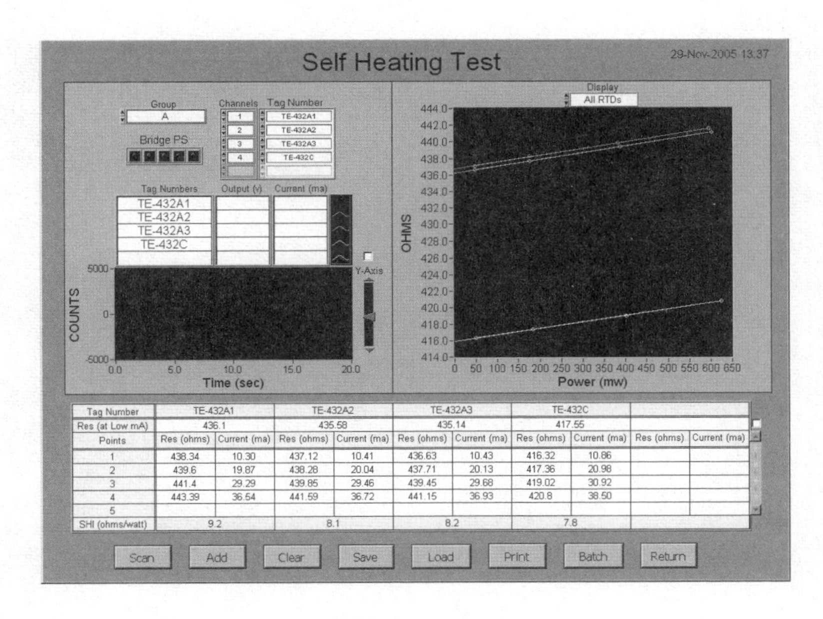

Tag Number	TE-432A1		TE-432A2		TE-432A3		TE-432C			
Res (at Low mA)	436.1		435.58		435.14		417.55			
Points	Res (ohms)	Current (ma)	Res (ohms)	Current (ma)	Res (ohms)	Current (ma)	Res (ohms)	Current (ma)	Res (ohms)	Current (ma)
1	438.34	10.30	437.12	10.41	436.63	10.43	416.32	10.86		
2	439.6	19.87	438.28	20.04	437.71	20.13	417.36	20.98		
3	441.4	29.29	439.85	29.46	439.45	29.68	419.02	30.92		
4	443.39	36.54	441.59	36.72	441.15	36.93	420.8	38.50		
5										
SHI (ohms/watt)	9.2		8.1		8.2		7.8			

그림 6.27 자가발열시험 컴퓨터 화면

6.4.3 RTD의 자가발열 오차

RTD를 이용한 모든 온도 측정에는 자가발열에 의한 고유 오차가 있다. 이것은 공기와 같이 열전달이 불충분한 매체의 온도를 측정하기 위해서 RTD가 잘 사용되지 않는 주된 이유 중의 하나이다. 공기 및 그 외에 열전달이 잘 되지 않는 물질에 대한 온도 측정 시에는 열전대를 사용한다. RTD의 저항을 측정하기 위해서는 소량의 전류(예를 들면 1 mA)가 사용되므로, 자가발열 오차는 매우 작다. 이 전류가 발생시키는 발열량은 RTD의 열전달(즉 RTD의 응답시간)에 따라 다르다. RTD에서 발생하는 단위 전력(P)당 온도 상승(T)은 다음 식으로 주어진다.

$$\frac{\Delta T}{\Delta P} = \left(\frac{\Delta R}{\Delta P}\right) \cdot \left(\frac{\Delta T}{\Delta R}\right) \tag{6.17}$$

이것은,

$$\frac{\Delta T}{\Delta P} = (SHI)(\alpha) \tag{6.18}$$

여기서, α는 100 Ω RTD에 대해 약 0.4 Ω /℃ 정도인 RTD 저항의 온도 계수이다. 따라서 RTD의 자가발열 오차를 계산하기 위해서 필요한 것은 바로 SHI 뿐이다.

대표적인 원자력등급 RTD의 자가발열 오차와 SHI를 표 6.14에 나타내었다. 이 결과는 실온에서 1 m/s의 유속에서 얻어졌다.

표 6.14 원자력등급 RTD의 자가발열 오차

RTD 모델	$R_0(\Omega)$	SHI (Ω/watt)	자가발열 오차 (°C/watt)
	로즈마운트		
176KF	200	6.1	7.6
104AFC	200	5.6	7.0
177HW	100	7.3	18.3
177GY	100	8.7	21.8
	위드		
9004	200	8.5	10.6
9019	200	8.0	10.0
	기타		
Sensycon 1703	100	22.0	55.0
RdF 21458	200	4.6	5.8
RdF 21459	200	4.6	5.8
RdF 21232	200	3.0	3.8
Conax 7N13-1000-02	200	22.0	27.5
Conax7RB4-10000-01	200	11.7	14.6

6.5 잡음 해석법

원자력발전소의 모든 공정 센서의 출력에는 중성자속, 열전달, 난류, 진동 및 다른 기계적 또는 열수력의 현상에 기인한 잡음이 들어 있다. 이러한 잡음을 센서의 출력에서 추출, 해석하여 센서의 응답시간을 확인할 수 있다. 잡음 해석법은 압력, 수위 및 유량 전송기에 대하여 사용중 응답시간 시험에 자주 활용된다(9장 참조). 이 방법을 사용하여 압력 센싱 라인내의 폐색, 기포, 누설 등을 검출할 수 있다. 또한 중성자 센서를 사용하여 원자로 내부의 진동을 측정하고, 중성자 센서와 노심출구 열전대로부터의 상호 상관잡음 신호로 노심 유량의 이상을 검출한다. 온도 센서의 응답시간을 시험하기 위해서는 LCSR이 가장 정확하므로 이것이 일반적으로 이용되고 있다. 정확도가 그다지 중요하지 않은 경우(예를 들면, 센서의 응답시간과 발전소가 요구하는 응답시간 사이에 큰 여유도가 존재하는 경우) 잡음 해석법은 유용하다. 또,

잡음 해석법은 센서의 응답시간이 변화했는지를 확인하기 위해서도 사용할 수 있다. 센서의 응답시간이 크게 변화한 경우, LCSR을 사용하여 정확한 응답시간을 측정할 수 있다. 잡음 해석법의 이점은 시험 중에 사용중인 센서를 탈착할 필요가 없다는 것이다. 또한 한 대의 다중 채널 데이터 수집 시스템을 사용하여 다수의 센서를 동시에 시험할 수 있다.

6.5.1 실험실 검증

RTD의 응답시간을 시험하기 위한 잡음 해석법은, 프랑스의 레나르디에이르에 있는 EdF 연구소와 사크레이에 있는 CEA 연구소에서 저자와 동료들에 의해 최초로 유효성이 검증되었다. 장치에 대해서는 6.3.4에 기술하였고 검증 시험의 결과는 표 6.15에 있다.

표 6.15 EdF의 레나르디에이르 연구소에서 수행된 잡음 해석법의 검증결과

RTD 모델	응답시간 (초)	
	주입시험	잡음해석법
176 KF	0.14	0.18
177 HW	8.8	7.7
104 AFC	6.2	5.1
104 AFC + NEVER-SEEZ	4.1	3.7

그림 6.28은 레나르디에이르 연구소에서 잡음 해석법의 유효성을 검증하기 위해서 사용한 로즈마운트 177 HW형 RTD의 PSD를 나타낸다. 그림에 나타난 PSD를 피팅한 결과를 RTD 응답시간을 계산하기 위해 사용하였다. 자기회귀(Autoregressive, AR) 모델을 사용하여 잡음 데이터의 시간영역 해석을 통한 응답시간도 계산하였다. 그 후, PSD와 AR의 결과를 평균하여 표 6.15에 있는 응답시간을 계산하였다.

잡음 해석법은 저압과 저유속 조건에서도 시험 루프를 이용하여 유효성을 확인했다. 검증 작업 당시 원자력발전소에 대해 가장 일반적으로 사용되었던 로즈마운트의 네 종류 RTD에 대한 결과를 표 6.16에 나타내었다.

표 6.16 RTD에 대한 잡음 해석법의 실험실 검증

번호	응답시간 (초)	
	직접시험	잡음 해석법
1	4.5	4.5
2	2.2	2.0
3	3.9	4.0
4	3.0	3.2

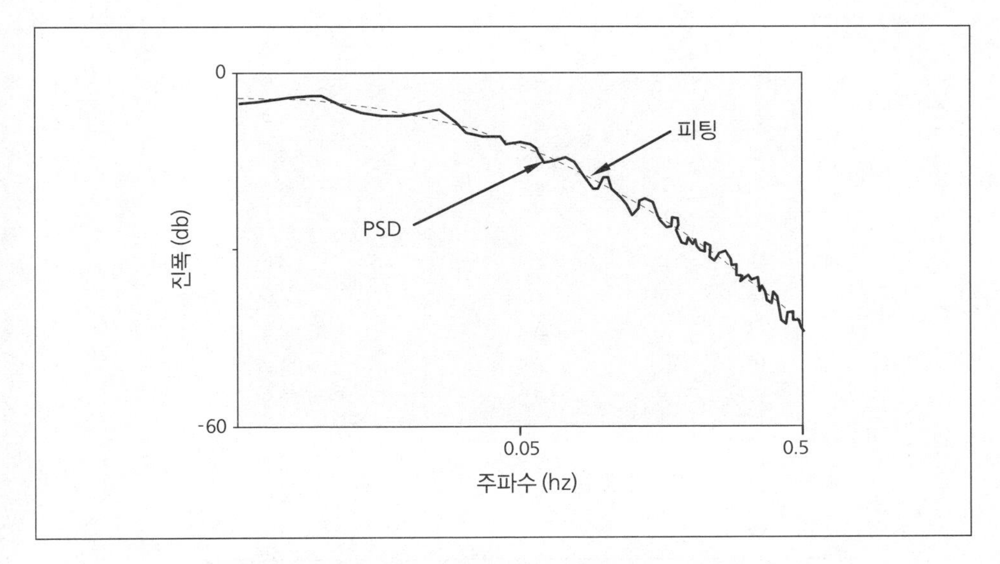

그림 6.28 EdF 루프에서 얻어진 로즈마운트 177 HW RTD의 PSD

6.5.2 발전소 검증

몇몇 원자력발전소에서 RTD에 대해 같은 조건 하에서 LCSR과 잡음 해석법을 모두 시험하였다. 측정 결과는 표 6.17에 제시하였으며, PSD는 그림 6.29에 나타내었다. 여기에는 PWR 에서 시험한 열전대의 PSD도 제시하였다.

표 6.17 LCSR과 잡음 해석법을 이용한 RTD의 발전소 시험 결과

번호	응답시간 (초)	
	LCSR 시험	잡음 해석법
1	3.7	3.4
2	3.5	3.3
3	3.6	2.9
4	4.0	4.5
5	2.9	3.3
6	4.5	4.4
7	3.4	3.0
8	4.6	4.4
9	4.6	4.4
10	6.5	6.8
11	2.4	2.8
12	2.7	2.6
13	2.4	2.1
14	2.4	1.7
15	0.9	0.9
16	3.5	3.2
17	3.7	4.0
18	2.7	2.7

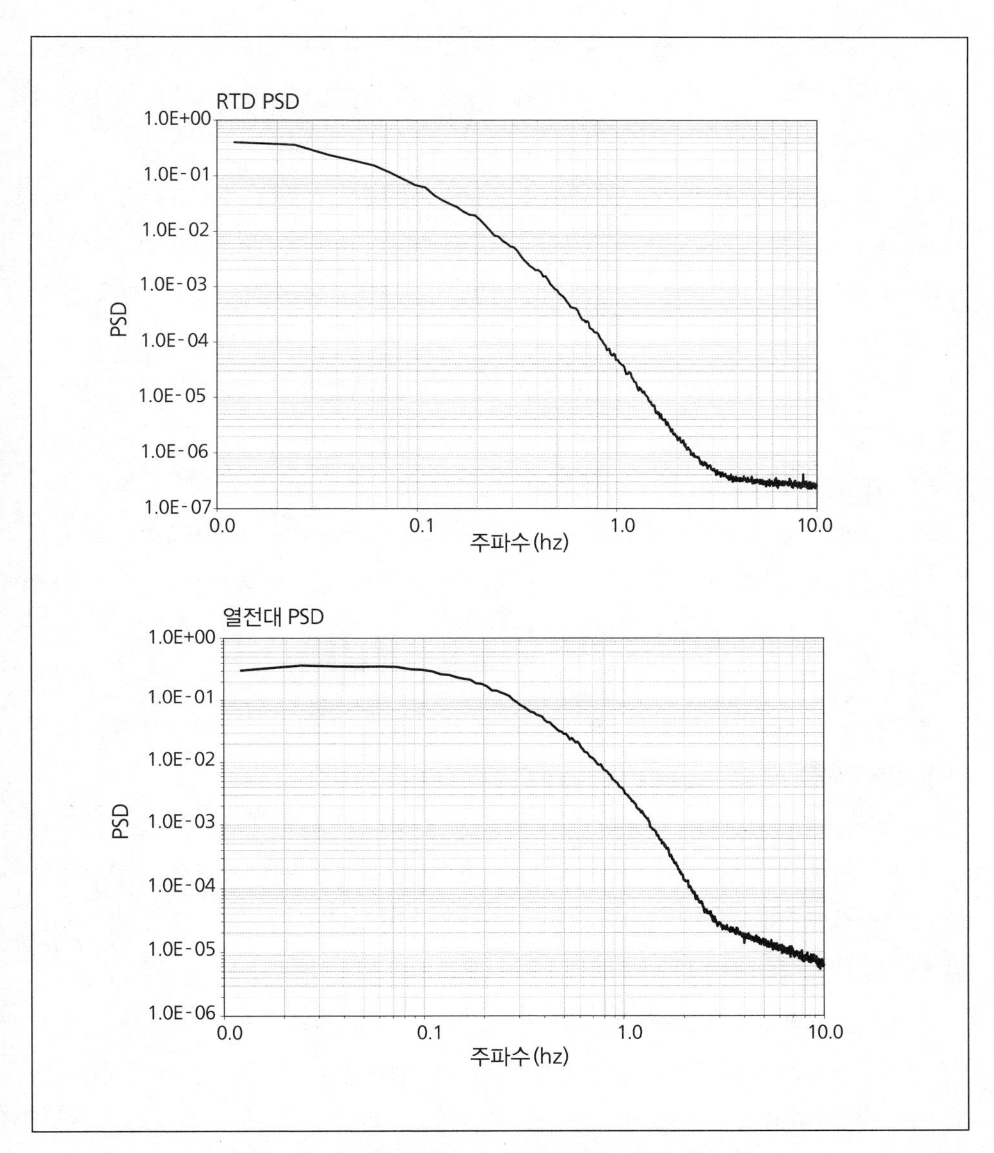

그림 6.29 정상운전조건에서 시험된 RTD와 열전대의 PSD

6.6 NRC 규제

NRC 규제지침 1.118, NUREG-0800 및 NUREG-0809에는 센서의 응답시간 시험과 직간접적으로 관련이 있는 내용이 담겨 있다. 예를 들면 규제지침 1.118은 원자로 보호계통의 정기적인 시험에 대한 기준, 요건 및 권고 사항 등을 규정하고 있다.

여기에서는 「안전계통의 응답시간 측정은 센서로부터 액추에이터의 동작까지, 시스템 전체의 종합 응답시간(발전소의 안전 해석에서 가정된 값)을 정기적으로 검사해야 한다」라고 규정하고 있다.

또한 규제지침 1.118은 두 개의 IEEE 표준(IEEE 표준 279및 IEEE 표준 338)을 참조하고 있다. 구체적으로는 규제지침 1.118 은 IEEE 표준 279및 IEEE 표준 338의 기준, 요건, 제안 등은 대부분 활용가능하며, 일부 예외나 추가 설명이 필요할 수 있다고 기재하고 있다.

규제지침 1.118 은 1970년대 중반에 처음 발행되었다. 이 문건은 원자력발전소의 RTD, 압력, 수위 및 유량 전송기의 응답시간을 설치된 채로 측정할 수 있는 새로운 방식의 개발을 촉진시켰다. 특히 LCSR 시험은 규제지침 1.118에 의해서 시작되었다. LCSR 시험의 종료 후, LCSR에 대한 기술보고서가 NRC에 제출되었다. 이것이 NUREG-0809로 명명된 SER이다. 이 SER에 의해 NRC는 원자력발전소에서 RTD의 사용중 응답시간을 측정하는 LCSR를 인가하였다.

LCSR과 함께 SER에서는 자가발열과 잡음 해석법을 다루고 있다. 특히, 센서의 응답시간에 대한 성능저하를 정성적으로 감시하는데 있어서 자가발열과 잡음 해석법을 소개하고 있다.

LCSR이 원자력 산업에서 요구하는 점들을 만족시켰기 때문에, 잡음 해석법은 RTD의 응답시간 시험에는 널리 사용되지 않았다. 그러나 원자력 산업계에서는 열전대의 응답시간 시험에 대해서는 잡음 해석법을 선호하고 있다. 이는 열전대의 경우에도 여전히 LCSR 시험이 정확하지만, LCSR 시험은 열전대 밀봉이나 절연재의 열화와 같은 문제를 일으킬 수 있는 높은 가열 전류(>500 mA)를 필요로 하기 때문이다.

NUREG-0800의 제 7장 부록 13에서 RTD의 교정과 응답시간 시험에 대한 NRC의 입장을 이야기하고 있다.[10] 센서 응답시간에 대한 NRC의 입장을 나타내는 두 개의 문구는 다음과 같다.

(1) RTD의 성능은 정확도와 응답시간에 의해 표시된다. RTD의 성능이 타당한 것을 보증하기 위해서, 정확도와 응답시간을 검증해야 한다.
(2) RTD의 응답시간은 LCSR을 사용하여 검증될 수 있다. LCSR 방법은 LCSR 변환과 같은 해석 방법론을 사용해야 한다.

부록 B에 이에 대하여 보다 자세하게 설명되어 있다.

6.7 응답시간에 영향을 주는 요인

원자력발전소에서 온도 센서의 응답시간은 유체 유량과 온도와 같은 환경조건, 열보호관 내부에 설치 여부, 그리고 열화에 의한 성능저하 등에 의해 주로 영향을 받는다. 온도 센서의 응답시간에 영향을 주는 요인에 대하여 설명한다.

6.7.1 주변 온도의 영향

주변 온도의 변화가 센서의 응답시간에 영향을 주는 경우가 있다. 그 이유는 (1) 센서와 주위의 유체간의 열전달은 온도에 의존하고 (2) 온도 변화와 함께 치수가 변화하기 때문이다.

물의 열전도율, 비열 및 점성이 온도에 의존하므로, 센서표면의 열전달 계수는 온도와 함께 변화한다. 예를 들면, 온도 센서의 막(Film) 열전달계수는 20 ℃로부터 300 ℃까지 수온이 상승하면 일반적으로 약 2배 정도 감소한다.

센서의 규격에 대한 온도의 영향은 보다 지배적인 요인이다. 우선 온도 센서는 몇 개의 재료 층으로 구성되어 있다. 이상적인 상태는 모든 재료가 균질로 서로 완전하게 밀착되어 있어야 한다. 그러나 실제로는 균열과 빈틈이 영역 내부 또는 경계에 존재할 수 있으며, 온도가 상승하는 것과 동시에 센서 재료의 팽창 온도 계수에 따라서, 균열과 빈틈이 벌어지거나 닫힐 수 있다. 기체가 충만한 상태에서 균열과 빈틈은 열전달 저항에 큰 영향이 있으므로(그러나 측정은 불가능함) 온도와 함께 응답시간이 증감한다. 따라서 센서 응답에 대한 온도의 영향은 운전 조건하에서의 시험을 통해서만 알아낼 수 있다.

6.7.2 유체 유량의 영향

온도 센서의 막열전달계수는 유량의 함수이다. 따라서 온도 센서의 응답시간은 표면전열저항에 대한 내부전열저항의 비, 즉 비오트 모듈러스에 의존한다. 예를 들면, 저유량에서는 센서 내부의 열전도 저항이 전체의 90 %인 반면, 고유량에서는 최대 약 10 %의 응답시간 개선에 머무르는 경우가 있다. 이와는 대조적으로 큰 표면전열저항을 갖는 센서는, 유량이 증가할 때 2배 이상 응답시간을 감소시키는 경우가 있다. 따라서 응답시간에 대한 유량의 영향은 온도와는 달리 어느 정도 예측 가능하다. 즉, 유량이 증가하는 경우 항상 응답시간이 감소한다. 그렇지만 응답시간의 변화량은 비오트 모듈러스에 의존한다. 비오트 모듈러스가 큰 경우, 유량의 영향은 경미하며, 작은 경우에는 영향이 크게 된다.

6.7.3 주변 압력의 영향

만약 센서의 피복재가 압축성이면, 압력의 증가에 따라 센서의 재료는 압축되어 열전달이 좋아지면서 응답시간을 감소시킬 것이다. 그렇지만 보통 온도 센서의 피복재는 압축성은 아니기 때문에, 압력의 영향은 문제가 되지 않는다.

또한 압력은 물(밀도, 비열, 열전도율 및 점성)의 열물리적 특성에 영향을 준다. 그러나, 이 영향도 그리 크지 않다. 따라서 온도 센서의 응답시간에 대한 압력의 총체적인 영향은 무시할 수 있다.

6.7.4 경년열화의 영향

응답시간은 열확산에 의해서 지배되므로, 열전달 저항이나 센서의 재료 유효 열용량의 변화 때문에 응답시간이 저하될 수 있다. 응답시간은 대개의 경우 저하되므로, 가능한 원인을 고려하는 것은 중요하다.

(1) 충전재 또는 접착제 특성의 변화

충전재나 접착제를 사용하여 온도 센서내의 올바른 장소에 센싱 소자를 보관 유지한다. 공기 중 시험에서 약 300 ℃까지 가열했을 때, 접착제는 플라스틱과 유사한 균질 물질로부터 박편 모양의 경질재로 변화하는 것을 확인할 수 있었다.[13] 이것에 의해 센서의 응답시간이 변화할 수 있다(증가 또는 감소).

(2) 센서 표면상의 이물

이물(부식 생성물이나 또는 크러드 등)이 센서의 표면에 부착되면, 전열저항을 증가시켜, 센서의 응답시간을 증가시킨다.

(3) 접촉 압력 또는 접촉 면적의 변화

열보호관형 센서에서는 센서의 덮개와 열보호관 내벽 사이의 접촉 압력이 응답시간에 영향을 주는 경우가 있다. 높은 접촉 압력은 빠른 응답시간을 나타낸다. 스프링판 센서에서는 탄력이 서서히 느슨해져 접촉 압력이 약해지면서, 응답시간이 길어지는 경우가 있다. 일부의 센서에서는, 센서와 열보호관 내벽의 접촉을 확실히 하기 위해서 나사선 또는 홈을 갖고 있는 부싱을 사용하기도 한다. 진동에 의해 센서와 열보호관 간의 상대운동이 생기면, 마모가 생겨 접촉면을 줄이게 되어 응답시간을 길게 한다.

표 6.18은 원자력발전소에서 침지형 RTD와 열보호관형 RTD에 대해 설치 장소에 따른 응답시간 결과를 보여주고 있다. 18~24개월의 운전 사이클 내에서 현저한 성능 저하를 나타내고 있다. 이러한 결과가 보편적인 것은 아니지만, 센서의 응답시간이 단기간의 기간에도 급격히 저하되는 것을 보여주고 있다. 표 6.19와 표 6.20은 단일 운전주기보다 긴 기간 동안에 수행된 RTD의 응답시간 결과를 나타낸다. 몇몇 원자력발전소에서 확인된 RTD 응답시간의 성능저하 사례를 보여주기 위하여 제시되었다.

표 6.18 원자력발전소에서 RTD 응답시간 저하의 예

응답시간 (초)		
첫번째 주기말	두번째 주기말	변화
	열보호관 고정형 RTD	
2.7	3.7	37%
4.0	5.9	48%
2.4	3.3	38%
	직접침지형 RTD	
1.9	2.5	32%
2.8	3.9	39%
2.0	2.5	25%

정상운전중인 원자력발전소에 설치된 RTD를 대상으로 LCSR 시험을 수행함

표 6.19 원자력발전소 RTD 응답시간의 주기적 측정 결과

RTD 번호	응답시간 (초)			
	1997	1999	1999*	2000
411A1	5.3	5.9		6.3
411A2	3.3	3.3		4.2
411A3	5.0	5.0		4.9
411B	4.9	5.6		5.7
410B	5.4	6.3	3.8	3.7
421A1	4.7	5.2		5.6
421A2	4.8	4.8		4.6
421A3	5.4	5.5		5.6
421B	3.9	4.3		4.9
420B	4.8	5.4		5.8
431A1	4.4	4.0		4.5
431A2	5.5	5.8		6.2
431A3	4.5	4.0		4.1
431B	4.7	5.4		5.4
430B	5.7	6.3	3.8	3.8
441A1	5.7	5.7		5.7
441A2	4.5	4.2		5.2
441A3	4.7	5.2		5.1
441B	5.8	6.3	5.7	6.1
440B	5.4	6.1	4.2	3.8

정상운전중인 원자력발전소에 설치된 RTD를 대상으로 LCSR 시험을 수행함
*6초가 넘는 RTD는 1999년에 모두 교체되었음

표 6.20 한주기 이상 운전시 RTD 응답시간의 저하 사례

RTD 번호	응답시간 (초)	
	첫 시험	한주기 이후
112HA	3.4	6.1
112HB	4.7	5.6
112HC	4.3	5.4
112HD	3.2	4.4
112CA	3.0	3.7
112CB	6.3	7.3
112CC	3.4	3.6
112CD	5.6	5.4
122HA	3.3	3.7
122HB	4.4	5.1
122HC	3.5	3.6
122HD	3.7	5.2
122CA	3.5	4.8
122CB	3.9	4.7
122CC	2.8	3.1
122CD	4.3	4.6

정상운전중인 원자력발전소에 설치된 RTD를 대상으로 LCSR 시험을 수행함

6.8 요약

온도 센서의 응답시간은 설치 상태와 공정의 조건에 따라 좌우된다. 공정의 온도와 유량은 특히 응답시간에 큰 영향을 준다. 유량에 대한 영향은 일반적으로 예측 가능하지만 온도의 영향은 그렇지 않다. 즉 유량을 증가시키면 응답시간이 감소되지만, 온도는 증가하여도 응답시간이 증가 혹은 감소되는 경우가 있으며, 이는 온도가 센서 내부의 재료 특성과 열전달에 어떤 영향을 주는지에 의존한다. 열보호관형 센서의 경우 응답시간의 대부분은 센서의 측정단과 열보호관의 접촉에 의존한다. 이 효과는 열보호관형 센서의 응답시간에 매우 중요하다. 즉 어떠한 종류의 센서와 열보호관 사이의 부정합도 응답시간에 큰 영향을 끼친다. 그 때문에 열보호

관형 센서의 응답시간은 센서가 사용되는 열보호관에 장착된 상태로 센서와 함께 측정되지 않으면 안 된다.

원자력발전소의 온도 센서의 「사용중」 응답시간을 측정하기 위해서, 1970년대 중순에 LCSR이 개발되었다. 이 방법은 응답시간에 영향을 주는 설치 상태와 공정 조건 양쪽 모두의 효과를 고려하고 있다. 이는 원자력발전소에서 일반적으로 사용되고 있으며 현재 미국 NRC로부터 정식인가가 나온 유일한 방식이다.

열전대에 대해서도 LCSR이 개발되어 왔지만 아직 공식적으로 검증되지 않았고, 또 규제 기관에 의해서 승인되어 있지 않다. 이것은 원자력발전소의 열전대가 과도한 응답시간 요건을 요구 받지 않기 때문이다. 그렇지만 열전대도 일부의 발전소에서는 응답시간이 시험되고 있다. 열전대의 건전성, 신뢰성 및 잔여 수명을 입증하기 위해서, 이러한 결과는 케이블 시험과 비교 교정 및 같은 다른 성능 평가와 함께 고려될 수 있다.

LCSR과 함께 자가발열 시험과 잡음 해석법도 온도 센서의 응답시간 시험에 이용할 수 있다. 자가발열 시험에서는 응답시간을 얻을 수는 없지만, 응답시간에 비례하는 SHI를 확인할 수 있다. 따라서 자가발열 시험은 센서의 응답시간에 대한 저하를 확인하기 위하여 사용할 수 있다. 그러나 센서의 자가발열 지수에 대한 응답시간 감도가 반드시 높다고는 할 수 없으며, 자가발열 시험은 RTD에만 이용할 수 있기 때문에 열전대에는 이용할 수 없다.

잡음 해석법도 센서의 응답시간을 분석할 수 있지만, 통상 LCSR만큼 정확하지는 않다. 그러나 잡음 해석법의 이점은 센서의 응답시간 시험을 위하여 사용중인 센서를 탈착시킬 필요가 없다는 것이다. 또한 잡음 해석 시험은 다수의 센서를 원격으로 자동적으로 실시할 수 있다.

제7장

원자력발전소의 압력 전송기

7.1 전송기의 종류

원자력발전소의 압력 전송기는 압력과 차압(수위와 유량 포함)을 측정하는 전기-기계식 기기이다. 여기서 「압력 전송기」라고 하는 용어는, 압력, 수위, 혹은 유량 전송기를 가리킨다.

압력 전송기를 기계부와 전자부, 두 개의 시스템으로 구분할 수 있다. 압력 전송기의 기계부는 압력에 따라 굴곡하는 다이아프램, 벨로즈, 부르동관 등의 탄성체 센싱 소자를 내장한다. 이 센싱 소자의 이동량은 변위 센서로 검출되고, 압력에 비례하는 전기신호로 변환된다.

거의 모든 원자력발전소의 안전성에 관련되는 압력 측정에는, 두 개 형식의 압력 전송기를 사용한다. 이것들은 센싱 소자의 움직임을 어떻게 전기신호로 변환하는지에 따라서, 모션-밸런스(Motion-Balance)와 힘-밸런스(Force-Balance)로 나뉜다. 모션-밸런스 전송기에서는 센싱 소자의 변위량을 변위 센싱 소자(예를 들면 스트레인 게이지 또는 정전용량 측정기)로 검출하고, 압력에 비례하는 전기신호(예를 들면 4~20 mA의 직류 전류)로 변환한다. 힘-밸런스 전송기에서는 전송기내의 센싱봉을 변형시킨다. 이 변형은 전송기의 기전부 피드백계에 영향을 준다. 이 피드백계는 평형 위치에서 센싱봉을 보관 유지시키도록 하는 모터(일종의 리니어 모터)로 구성된다. 따라서 모터에 인가된 공급 전류의 크기는 압력에 비례하게 된다.

전송기의 전자 회로는 출력 신호에 대한 신호 처리, 온도 보상, 선형성 조정을 실시하는 능동 소자와 수동 소자, 회로 등으로 구성되어 있다. 일반적으로 저압용과 고압용 압력 전송기의 전자회로는 동일하다. 예를 들면 어떤 회사는 동일한 전송기를 활용하면서 세 가지 다른 센싱 소자를 사용하여 0에서 최대 약 200 bar(약 3,000 psi)까지의 압력을 측정하고 있다.

7.2 전송기의 개수와 용도

원자력발전소에서는 일반적으로 약 200~800대의 압력 전송기와 차압 전송기를 사용해 1, 2차 계통의 프로세스의 압력, 수위, 유량을 측정한다. 발전소에서 사용하는 전송기의 구체적인 개수는 발전소의 형식과 설계에 따라 다르다. 예를 들면 PWR에서 사용하는 전송기의 개수는 원자로 냉각재 계통의 루프 수에 따라 다르다. PWR의 1차 계통과 일반적으로 설치된 중요 전송기 및 기타 센서 중 일부를 그림 7.1에 나타내었다. 이들 전송기 중에는 DP 셀, DP 전송기라고 불리는 차압 전송기가 있어, 이것을 사용해 유량과 수위를 측정한다. 또 비차압 전송기를 사용해 절대압과 게이지압을 측정한다. 절대압, 게이지압, 그리고 차압 측정 원리를 그림 7.2에 제시하였다. 절대압 측정을 위해서는 센싱 소자의 한쪽을 공정에 연결하고, 반대쪽은 진공으로 한다. 게이지압측정에 대해서는 한쪽 편을 공정에 연결하고, 반대측을 대기압에 노출시킨다. 절대압 전송기와 게이지압 전송기에서, 공정에 연결된 부분을 고압측이라고 부른다. 그러나 차압 측정에서는 센싱 소자의 양쪽을 공정에 연결하고, 한쪽 편을 편의에 따라 고압측, 다른 쪽을 저압측이라고 부른다. 모든 차압 전송기는 한쪽을 공정에 연결하고, 반대측을 대기에 개방해 게이지압을 측정하도록 구성할 수 있다.

통상 정압 범위의 상한은, 일반적으로 PWR의 경우 약 200 bar(대략 3,000 psi), BWR은 약 100 bar(대략 1,500 psi)이다. 발전소에서 사용하는 압력 전송기 중 몇 개를 BWR 발전소의 개략도에 그림 7.3과 같이 표시하였다.

통상, 원자력발전소 압력 전송기 센싱 소자의 움직임은 직류 전류로 변환되어 2 선식 회로에 전송된다. 이 회로는 현장의 전송기와 전송기로부터 멀리 설치되어 있는 주제어실 계장 캐비닛에 들어 있는 전원 공급기로 구성된다. 전송기의 전자 회로에 전력 공급에 사용하고 있는 두 개의 케이블은 그림 7.4와 같이, 직렬로 부하 저항을 위치시켜 전류 루프를 구성한다. 저항 양단의 전압강하에 의해서 압력 또는 차압을 측정한다. 전류 루프를 사용하면 신호 손실이 없고 전기적 잡음과 간섭을 적게 할 수 있어 긴 거리에 걸쳐서 압력 정보를 전송할 수 있다.

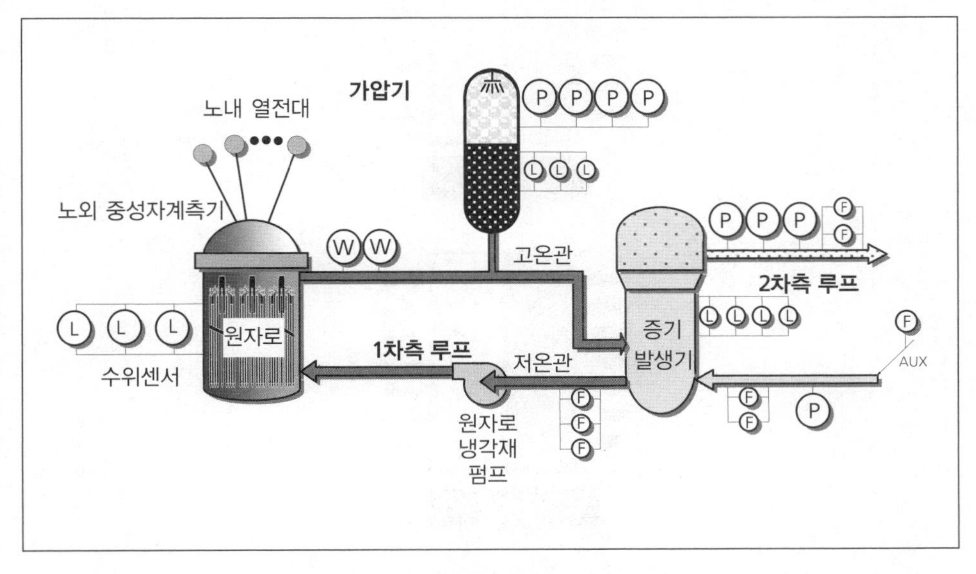

그림 7.1 4루프 PWR에 설치된 중 압력 전송기 및 다른 센서들의 예

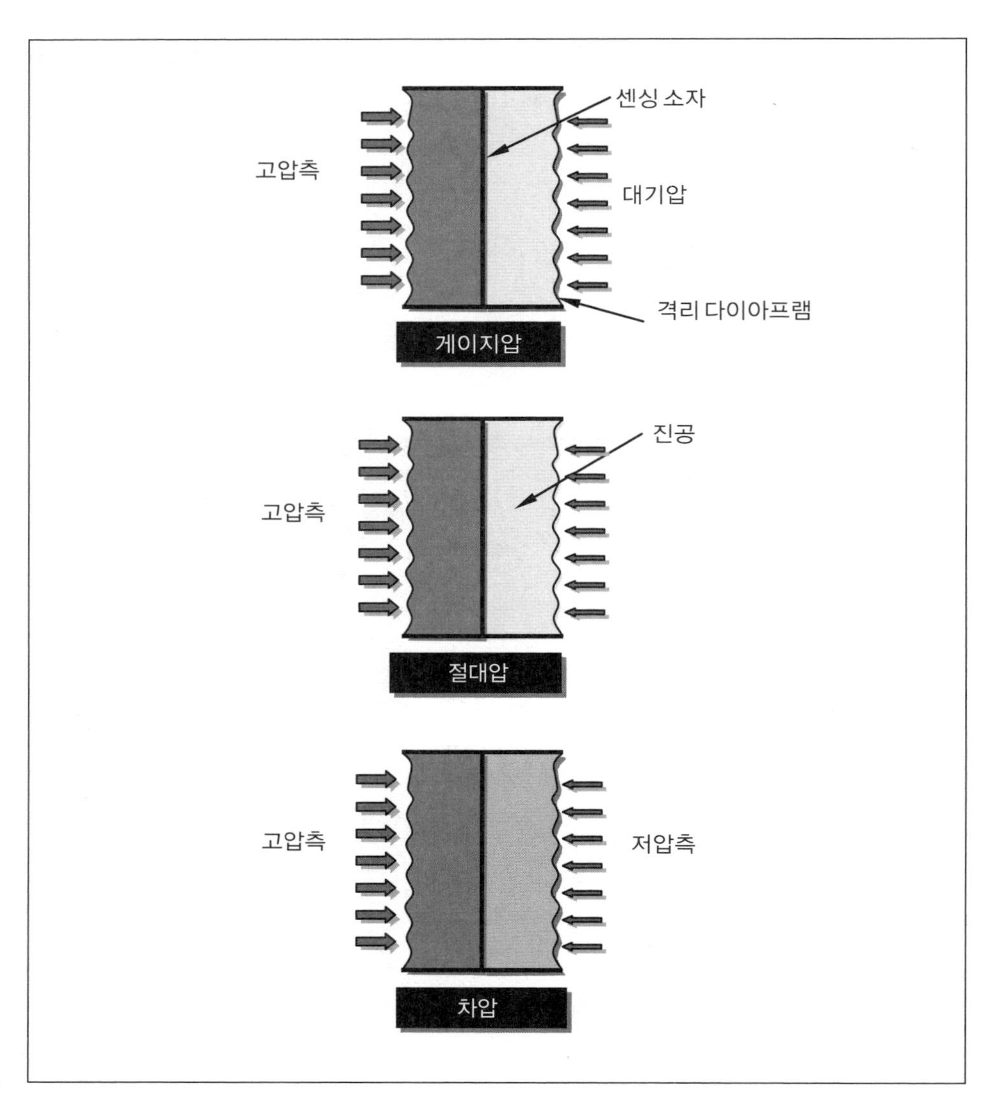

그림 7.2 게이지압, 절대압, 차압 측정원리

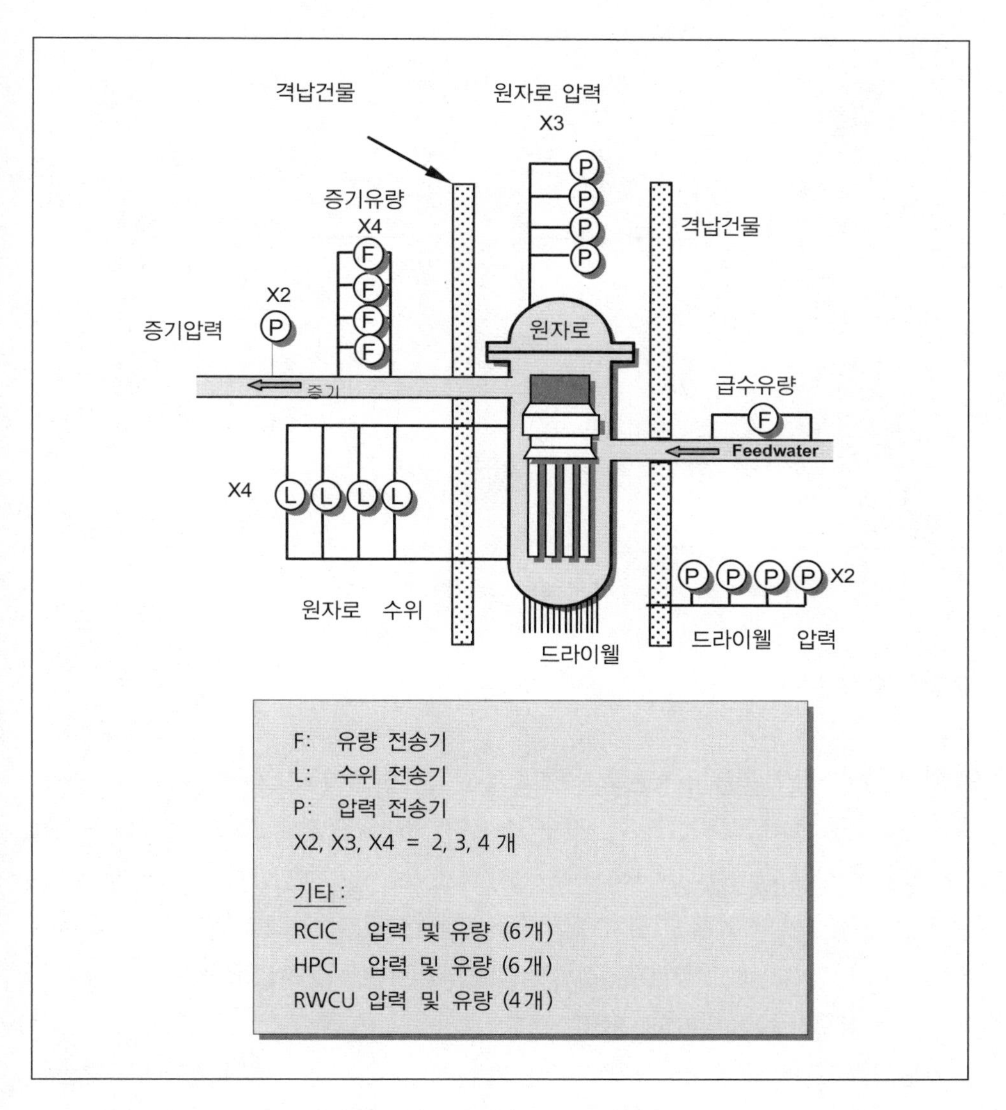

그림 7.3 BWR 발전소에 설치된 주요 압력 전송기

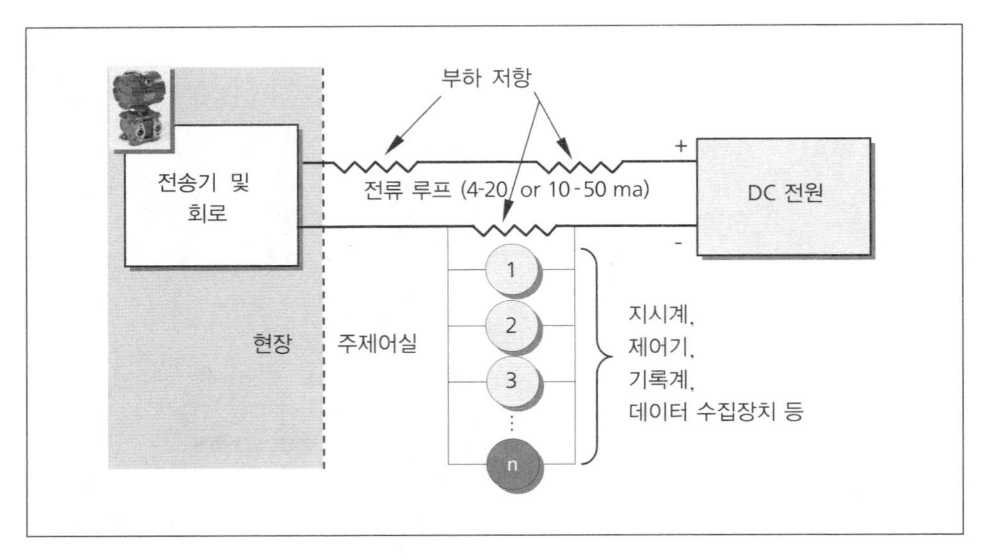

그림 7.4 압력 전송기 전류 루프

7.3 원자력 인증

압력, 수위, 유량 전송기는 원자력발전소의 안전성을 제어하고 확보하는 데 요구되는 대다수의 신호를 제공한다. 이러한 전송기는 설치 장소와 용도에 따라 원자로의 사고의 전, 후에 예상되는 어떠한 환경에서도 정확하게 작동해야 한다. 이 때문에 제작사는 대표적인 전송기의 형식 시험을 실시하고, 실험실에서 사고를 모의 한 상태에서 전송기를 일괄적으로 인증한다. 실험실 인증의 범위는 원자력발전소에서 전송기를 사용하는 장소와 목적에 따라 다르다.

가장 광범위한 인증은 원자력발전소의 격납용기 혹은 다른 가혹한 환경에 사용되는 'Class 1E'에 해당되는 전송기에 대해 실시된다. '1E'라는 명칭은 고장 혹은 파손에 의해 다량의 방사성 물질을 환경에 방출할 가능성이 있는 전기 기기와 시스템에게 부여되는 안전 등급이다. 이른바 원자로의 설계기준사건(Design Basis Event, DBE)가 발생했을 경우에도 사건 과정과 그 이후에 기기의 계속적인 작동을 보증하는 인증 등급이다.

DBE는 원자력발전소에서 어떤 기기에 최악으로 가정된 사건을 포함하는 조건들의 가상의 집합이다. 이것은 지진 조건, LOCA시 방사선 환경, 고에너지 배관 파손(High Energy Line Break, HELB)과 LOCA시 증기, 온도 및 압력 환경 등을 포함한다.

이러한 조건에서 검증된 기기는 이보다 나은 환경에서는 당연히 사용이 가능할 것이다. 그러나 모든 기기가 그러한 엄격한 조건하에서의 인증이 필요치는 않다. 예를 들면 보조건물과 같이 온화한 환경에 설치가 예정되는 계기는 덜 엄격한 환경하에서 인증을 받을 수 있다.

Class 1E는 미국 용어라는 점을 기억해야 한다. 즉, 조직과 국가에 따라 원자력 발전소 기기의 안전등급 분류는 달라진다. 원자력발전소의 기기등급 비교를 그림 7.5에 제시하였다.

<table>
<tr><th>조직/국가</th><th colspan="8">분류</th></tr>
<tr><td rowspan="2">국제원자력기구</td><td colspan="5">안전에 중요한 설비</td><td colspan="3" rowspan="2">안전에 중요치 않은 설비</td></tr>
<tr><td colspan="2">안전계통</td><td colspan="3">안전관련계통</td></tr>
<tr><td>국제전기표준위원회</td><td>Category A</td><td colspan="3">Category B</td><td colspan="3">Category C</td><td>분류없음</td></tr>
<tr><td>프랑스</td><td>1E</td><td colspan="3">2E</td><td colspan="4">IFC/NC</td></tr>
<tr><td>유럽사업자기준</td><td>F1A
(자동)</td><td colspan="3">F1B
(자동/수동)</td><td colspan="3">F2</td><td>분류없음</td></tr>
<tr><td>영국</td><td colspan="3">Category 1</td><td colspan="3">Category 2</td><td colspan="2">분류없음</td></tr>
<tr><td>미국</td><td>1E</td><td colspan="7">비안전</td></tr>
</table>

그림 7.5 원자력발전소 설비의 안전등급 분류 (출처: IAEA-TECDOC-1402)

미국 연방법 10CFR50.59에 의하면, 안전에 주요한 전기 기기는 용도와 규정된 성능에 따라 다음 세 개의 분류 중에서 어디에 속하는지 결정되고 인증되어야 한다.

(1) 안전관련 Class 1E
(2) 그 고장이 다른 안전관련 기기에 악영향을 미치지 않을 비안전관련 Non-Class 1E
(3) 미국 NRC의 규제지침 1.97에서 제시한 사고후 감시기기

7.3.1 인증절차

원자력발전소용 기기를 인증하는 일반적인 절차는 인위적으로 경년열화를 만들어 기기를 의도한 설계치 또는 인증수명까지 이르게 하는 것이다. 압력 전송기에 있어서

경년열화란 통상, 발전소 수명기간 동안의 방사선 조사, 열에 의한 열화, 진동, 반복적인 압력 변화 등에 의하여 나타난다. 열에 의한 경년열화를 설명하는 방정식인 아레니우스 이론과 같이, 원자력 산업계에서 입증된 방법에 따른 가속 경년열화 시험이 가능하다. 인증 시험용 시편을 경년열화 시키는 경우, 방사선량, 압력 변화, 고온 효과 등에 의한 추가 영향을 고려하는 것이 일반적이다.

경년열화는 내진시험에도 동반된다. IEEE에서는 IEEE 표준 344을 통해 내진시험에 대한 가이드를 제공하고 있다. 원자로 격납용기내 혹은 사고시 침수, 고습 또는 방사선 노출이 우려되는 장소에서의 기기 사용이 예상되면 반드시 환경인증을 받아야 한다. 환경인증은 일반적으로 내진시험에 이어지며 IEEE 표준 323을 따른다. 원자력발전소에서의 사용을 목적으로 내진과 환경인증이 된 압력 전송기를 *원자력등급 전송기*라고 한다.

7.3.2 인증수명

실험실에서 수행된 인증시험 결과에 근거하여 기기의 인증수명이 결정된다. 전송기가 발전소의 통상적인 운전 조건에 노출되는 경우 인증수명을 그림 7.6에서 보여주고 있다. 그림 7.6에서 전송기에 대한 2개의 곡선을 나타내고 있다. 하나는 전송기 모듈(몸체와 하드웨어), 다른 하나는 전자 회로에 대한 것이다. 동일한 온도에서 전송기 모듈보다 전송기의 전자 회로가 짧은 인증수명을 보이고 있다.

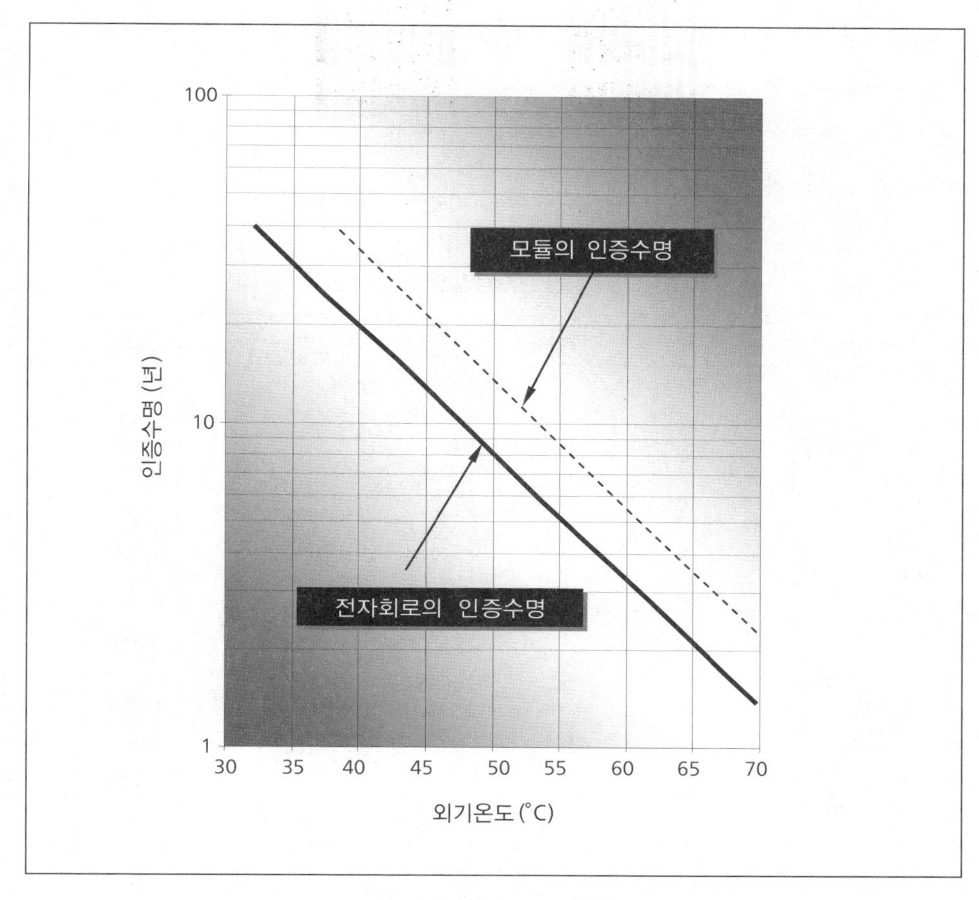

그림 7.6 원자력등급 압력 전송기의 인증수명과 작동 온도

센서를 인증수명에 걸쳐 사용하기 위해서 유지되어야 하는 주변 온도의 범위는 센서의 인증수명과의 상관관계에 의해서 결정된다. 그림 7.6에서와 같이 전송기의 전자 회로를 인증수명 말기에 교체한다면, 전송기의 인증수명을 모듈의 수명까지 늘리는 것이 가능하다.

7.4 전송기 제작사

전 세계적으로 10 곳 미만의 회사가 원자력발전소의 안전등급 압력 전송기의 대부분을 공급한다. 예를 들면, 바톤(Barton), 폭스보로(Foxboro), 로즈마운트(Rosemount)는 1960년대 이래 미국 원자력발전소에 압력 전송기의 대부분을 공급해 왔다. 이들

회사의 대표적인 원자력발전소 등급의 전송기 형식과 환경인증 상황을 표 7.1에 제시하였다. 이들이 안전등급으로 사용되기는 해도, 일부의 전송기는 환경인증을 받지 않았다는 점에 주의해야 한다. 이들은 LOCA 영향을 받지 않는 구역에 설치되는 안전관련 전송기이다.

표 7.1 대표적인 원자력발전소 압력 전송기

제작사	모델	범위 코드	환경 인증	응답시간 (초)
바톤	752		N	N/A
	763		Y	<0.18
	764		Y	<0.18
폭스보로	E11		N	<0.30
(위드)	E13		N	<0.30
	NE11		Y	<0.30
	NE13		Y	<0.30
로즈마운트	1152	3	Y	0.31
		4	Y	0.13
		5	Y	0.09
		6	Y	0.06
	1153	3	Y	2.0
		4	Y	0.5
		5 - 9	Y	0.2
	1154	4	Y	0.5
		기타	Y	0.2

1. 원자력발전소용 폭스보로 전송기는 현재 위드에서 공급하고 있음.
2. 표에서 제시된 응답시간은 제작사가 제시한 값임. 실제 응답시간은 차이가 많이 남.
3. 제작사별로 다른 정의의 응답시간을 사용하기도 함.

표 7.1에는 전송기 응답시간에 대한 제작사 명세를 보여주고 있다. 이들은 공칭 응답시간이며, 개개의 전송기에 대한 실제 응답시간과는 현저하게 다를 수 있다. 더욱이 회사별로 응답시간을 다르게 정의했을 수도 있다. 예를 들어 바톤은 전송기 응답시간을 입력 압력이 스텝 변화를 일으킨 다음 전송기의 출력이 최종값의 10 %에서

90 %에 이르기 위해서 필요한 시간으로 정의하고 있다. 한편 로즈마운트는 일반적인 시간상수(즉, 스텝 압력 변화 후, 센서기의 출력이 최종값의 63.2%에 이르는 시간)를 사용한다. 또 폭스보로 전송기의 응답시간은 대체로 주파수 응답 데이터에 근거하고 있다.

2000년 초부터 원자력발전소용 폭스보로 전송기는 위드인스트루먼트(Weed Instrument)가 공급하고 있다. 실제 원자력발전소 압력 전송기의 제작사와 공급사의 명칭은 오랜 세월에 걸쳐 회사간 인수합병이나 다른 이유로 변경되고 있다. 위에서 언급한 세 회사 이외에도 전통적으로 다음과 같은 회사를 통해 원자력등급의 압력전송기가 공급되어 왔다: 웨스팅하우스 베리트락크(Westinghouse Veritrak), 토바(Tobar), 카밀바우어(Camille Bauer), 피셔&포터(Fischer & Porter), 굴드(Gould), 하트만&브라운(Hartmann & Braun), 슈럼버거(Schlumberger), 굴튼-스테텀(Gulton-Statham), 베이리세레그 S.A.(Bailey Sereg S.A.), KDG 모브레이(KDG Mobrey) 등이다. 현재 로즈마운트와 KDG 모브레이 전송기는 에머슨 프로세스 매니지먼트(Emerson Process Management)에서, 베리트락크와 토바는 위드인스트르먼트, 굴튼-스테텀은 아메텍(AMETEK)에서 공급하고 있다. 위에서 언급된 전송기의 공급자 중에서는 새로운 회사들도 많이 있다.

이러한 모든 전송기 제작사 가운데, 폭스보로와 F&P는 주로 원자력발전소용 힘-밸런스 전송기를 생산한다. 나머지 회사는 보통 원자력등급 모션-밸런스 전송기를 공급하고 있었다. 다음 절에서는 1960년대 중순부터 미국의 원자력 산업에서 사용되어 온 네 개 전송기 회사의 제품에 대한 개요를 설명한다.

7.4.1 바톤

원자력발전소의 안전관련 용도로서 네 가지, 모델 752, 753, 763, 그리고 764형을 사용한다. 센서의 사진을 그림 7.7과 그림 7.8에 제시하였다(모델 753과 763은 각각 752과 764와 유사하므로 사진을 제시하지 않았다). 각 모델의 센싱 소자가 다른 것을 제외하면, 바톤의 네 개 모델의 동작 원리는 본질적으로 동일하다.

표 7.2에 네 가지 바톤 전송기의 사양을 요약하였다. 바톤 모델 752부터 시작해서 차례대로 설명할 예정이다. 네 가지가 모두 동일한 동작 원리이므로 모델 752에 대해서만 상세하게 설명한다.

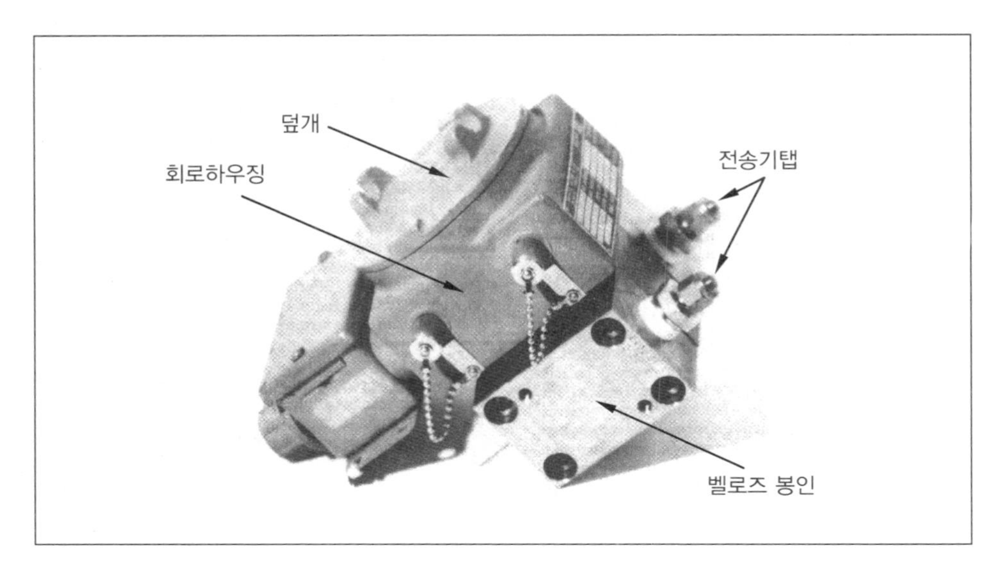

그림 7.7 바톤 모델 752 (모델 753의 회로하우징과 유사함)

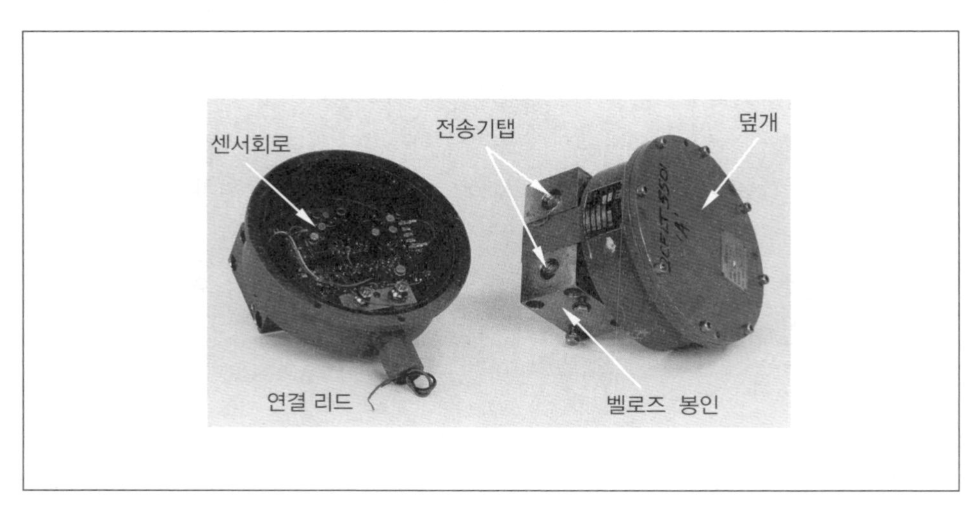

그림 7.8 바톤 모델 764 (모델 763의 회로하우징과 유사함)

표 7.2 바톤 전송기의 제작사 사양

전송기 특징	전송기 모델 번호			
	752	753	763	764
형태	차압	게이지	게이지	차압
센싱소자	벨로즈	부르동관	부르동관	벨로즈
정확도(스팬의 %)(1)	± 0.25	±0.25	± 0.5	± 0.5
범위	0 - 50° wc 0 - 300 psid	0 - 25 psi 0 - 5000 psi	0 - 100 psi 0 - 3000 psi	0 - 100° wc 0 - 300 psid
응답시간	N/A	N/A	< 0.18 sec	< 0.18 sec
드리프트 (스팬의 % / 년)(2)	N/A	N/A	± 1.0	± 1.0
품질등급 (3)	내진만인증	내진만인증	인증	인증

참고: 1. 전송기의 정확도에는 선형성, 히스테리시스, 재현성이 포함되어 있음.
2. 응답시간은 입력을 10 %에서 90 %로 스텝변화를 주었을 때에 최종 출력의 63.2 %에 도달하는 시간을 의미함.
3. 원자력등급은 발전소 사고후 운전에 대한 표준인 IEEE 323과 344에 의거 환경 및 내진등급을 포함함.

바톤 모델 752

바톤 모델 752는 센싱 소자가 축으로 연결된 두 개의 벨로즈로 구성된 차압 전송기이다. 실리콘 오일로 채워진 하우징 내에 벨로즈와 축이 장착되어 기계적 손상을 보호하고 측정 압력 신호를 댐핑시키는 역할을 한다(그림 7.9a). 전송기 회로에 콘덴서를 추가하여 한번 더 댐핑을 강화한다. 통상 바톤 전송기는 공장에서 댐핑 콘덴서를 부착하여 공급하지 않는다. 대신 사용자가 원하는 동적응답, 제거해야 할 잡음 레벨과 주파수에 따라 콘덴서를 추가할 수 있다.

원자력발전소 센서에서 댐핑 기능을 사용할 때에는 동적 응답시간이 요건을 넘지 않는 것을 보장하기 위하여 주의를 기울여야 한다. 압력 전송기가 댐핑 기능을 사용하는 경우, 원자력발전소에서 바람직하지 않은 결과를 초래한 사례가 부록 D에 있는 NRC 정보고시(Information Notice)에 소개되었다. 이 문서는 원자력발전소에서 댐핑 기능을 사용하는 경우, 공정 센서의 응답시간에 대한 댐핑의 영향에 대해 세심한 주위를 기울이도록 경고하고 있다.

바톤 전송기의 두 개의 벨로즈, 축, 그리고 하우징을 포함하여 차압유닛(Differential

Pressure Unit, DPU)이라고 부른다. DPU는 가스압 측정을 위한 드레인 장치와 액압 측정을 위한 벤팅 장치를 갖고 있다. 벨로즈가 과압되면, 두 개의 벨로즈 사이의 축은 벨로즈 사이의 오일 흐름을 멈추게 하는 밸브축으로 기능을 함으로써, 벨로즈 내부에 충분한 오일을 유지하여 교정 중의 손상이나 시프트로부터 보호한다. 보다 구체적으로 벨로즈가 DPU의 차압 범위보다 큰 압력을 받았을 경우, 축은 벨로즈 내의 밸브 위치를 밀폐할 때까지 이동한다. 이러한 이동은 압력이 과하게 걸릴 경우 벨로즈 내에 오일을 가둠으로써 센서를 파열로부터 보호한다. 바톤 전송기의 기전 부분을 간략화한 도면을 그림 7.9b에 나타냈다.

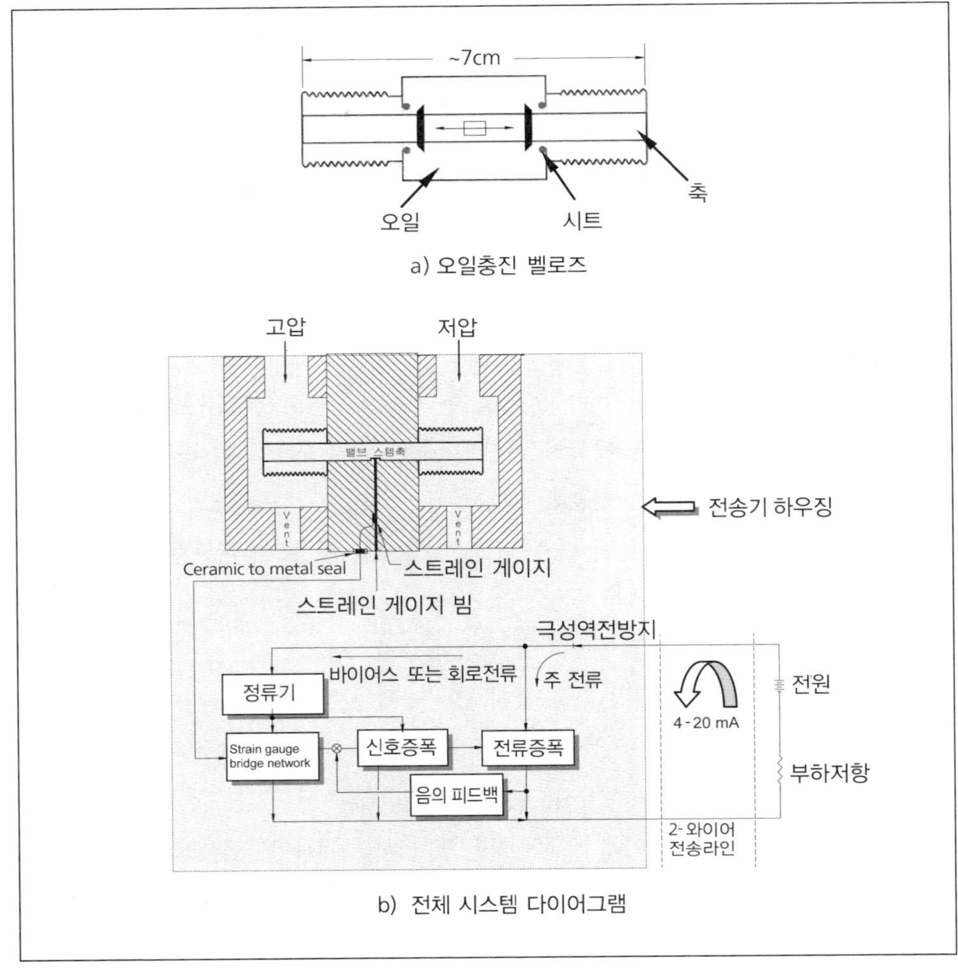

그림 7.9 바톤 이중 벨로즈 전송기의 작동 원리

벨로즈에 압력이 가해지면, 벨로즈는 인가된 압력에 비례해 압축하면서 두 개의 벨로즈를 연결하는 축을 움직인다. 축의 중간에 있는 사각 구멍에 맞춰져 있는 빔의 움직임을 통해 축의 이동을 검출한다(그림 7.10). 이동을 감지하는 빔의 양쪽은 두 개의 스트레인 게이지가 연결되어 있다. 오일로 채워진 DPU 내에 빔과 스트레인 게이지가 들어 있다. 빔이 움직이면 두 개의 스트레인 게이지 중에 한 쪽에 장력이 가해지고 다른 쪽을 압축한다. 장력이 가해진 게이지의 전기 저항은 증가하고 압축되는 게이지의 전기 저항은 감소한다. 휘트스톤 브릿지 회로의 적절한 위치에 두 개의 게이지가 전기적으로 접속되어 있다. 브릿지의 출력전압은 전류 증폭기에 의해서 4~20 mA 혹은 10~50 mA의 전류 신호로 변환된다. 브릿지 회로는 두 개의 스트레인 게이지 이외에도 영점 및 스팬 조정을 위한 가변저항기, 브릿지를 형성하는 저항기 및 온도 보상 부품으로 이루어져 있다.

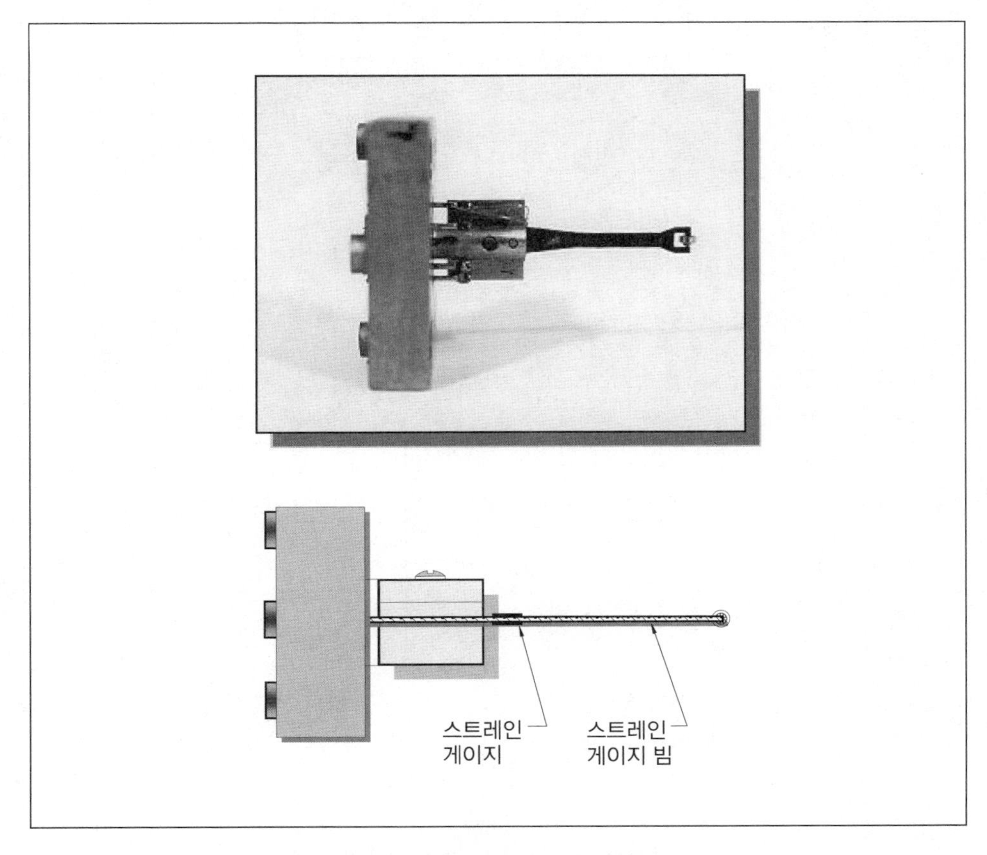

그림 7.10 바톤 전송기의 변위센서의 사진과 도면

온도 보상을 위해서 DPU의 고압 측에는 오일이 온도 상승에 의해서 팽창했을 경우 넘쳐 나오게 하기 위한 오일 저장장치가 있다. 이 장치는 그림 7.11a에 제시되어 있다. 그림 7.11b는 바톤 전송기 센싱 모듈의 상세도면이다. 온도 보상용 오일 저장장치는 추가적인 벨로즈 나선주름을 필요로 한다. 이것은 주위의 온도가 변화했을 때 오일의 팽창과 수축을 가능케 해 준다. 이와 같은 여분의 나선주름은 오일의 부피 변화가 지시 압력에 영향을 끼치지 않도록 해 주는 통로에 의해 측정용 벨로즈에 연결되어 있다. 온도 보상은 전자공학 기술을 사용해도 가능하다.

바톤 모델 752는 752-1과 752-2의 두 가지 형식이 있다. 752-1은 현장 지시계가 없는 표준형이며, 752-2는 현장 지시계가 부착된 형태이다.

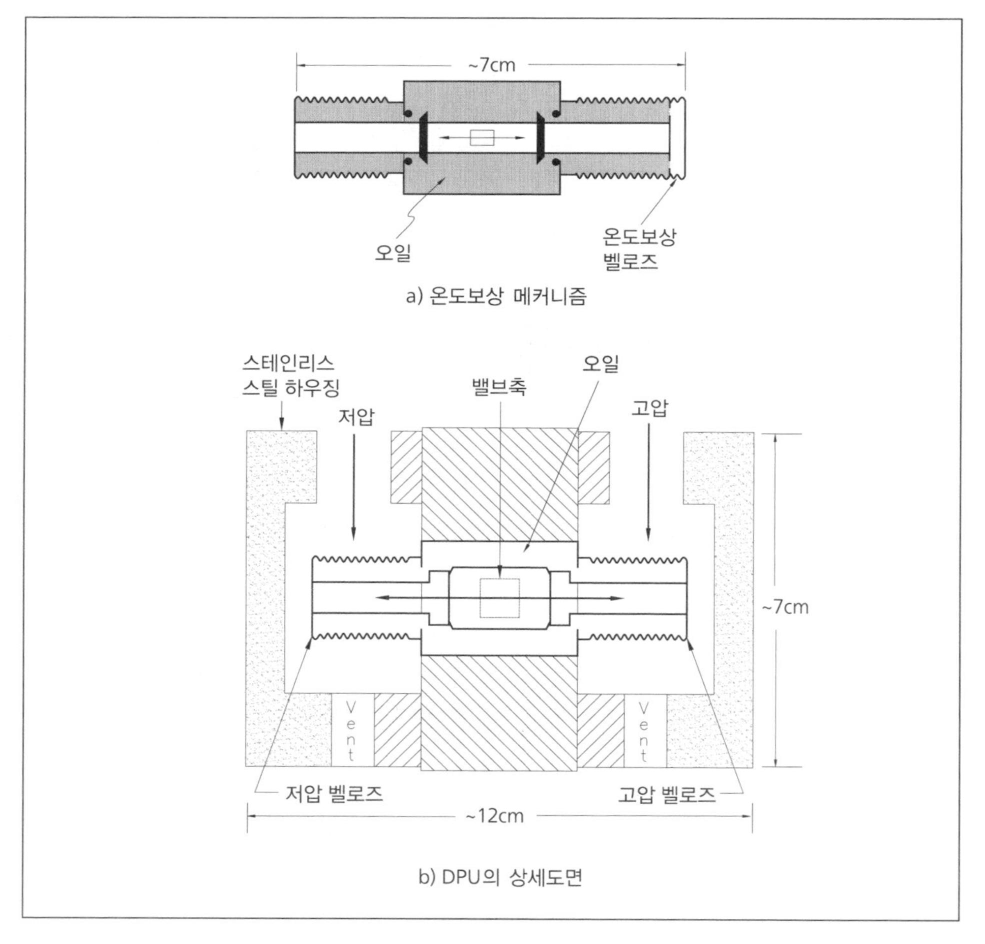

그림 7.11 바톤 전송기 모델 763

바톤 모델 753

바톤 모델 753은 부르동관 센싱 소자를 이용한 게이지압 전송기이다. 링크가 부르동관과 캔틸레버 빔을 연결하고 있다. 부르동관이 굴곡을 하게 되면 캔틸레버 빔이 이에 비례하여 굽어진다. 바톤 모델 752과 유사한 방법으로 빔의 움직임이 측정된다. 그림 7.12에 바톤 모델 753의 동작 원리를 제시하였다.

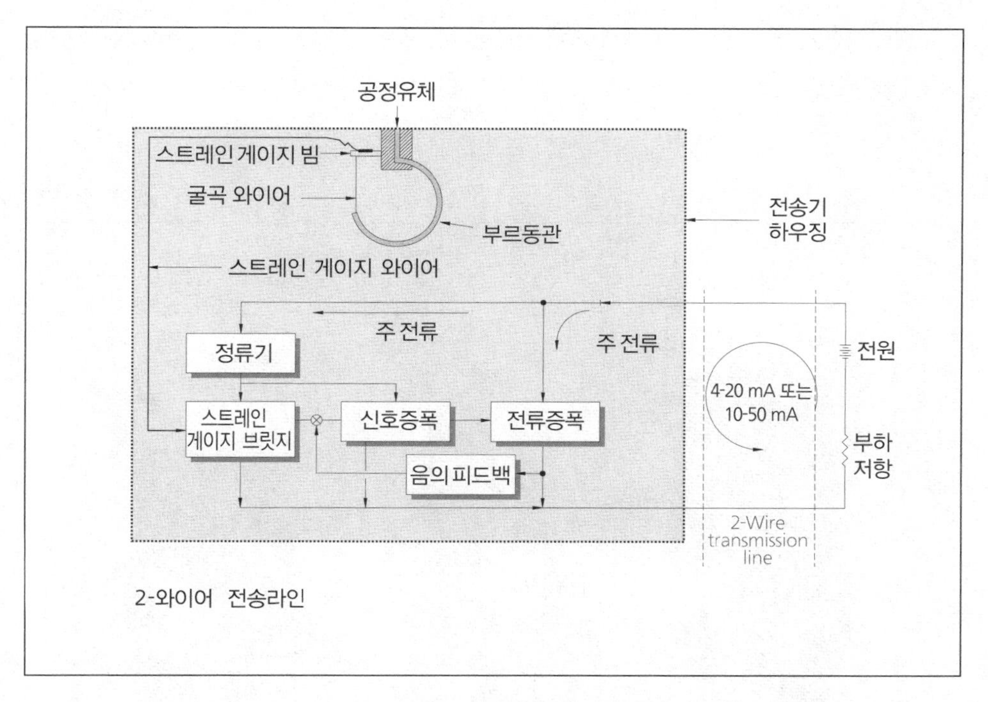

그림 7.12 바톤 모델 753의 작동원리

바톤 모델 763

바톤 모델 763형은 원자력발전소 격납용기 내에서 사용할 수 있도록 인증 받은 제품이다. 이 전송기의 센싱 소자는 캔틸레버 빔에 연결된 부르동관이다. 전송기에 압력이 인가되면 부르동관을 변형시켜 캔틸레버 빔을 움직인다. 빔의 양쪽 끝에 위치한 스트레인 게이지가 축의 움직임을 탐지하고 모델 753과 같은 방법 신호로 변환한다.

바톤 모델 764

바톤 모델 764형은 전자 회로와 DPU를 조합한 차압 전송기이다. 전송기가 원자로 안전관련 등급으로 인증을 받았다는 점을 제외하면 바톤 모델 752와 매우 유사하다.

7.4.2 폭스보로/위드

원자력발전소에서는 E11, E13, NE11, NE13 네 종류의 폭스보로 전송기가 사용되고 있다. 모델 번호에서 "N"은 전송기가 원자력 인증을 받았음을 나타낸다. 네 모델 모두 힘-밸런스 전송기로 물리적 구성과 동작 원리는 매우 유사하다.

그림 7.13은 세 가지 다른 모델의 폭스보로 힘-밸런스 전송기의 사진이다. 사진에는 611 DM 모델이 포함되어 있는데, 그것은 예전 모델로서 현재는 NE110M 모델로 대체되었다.

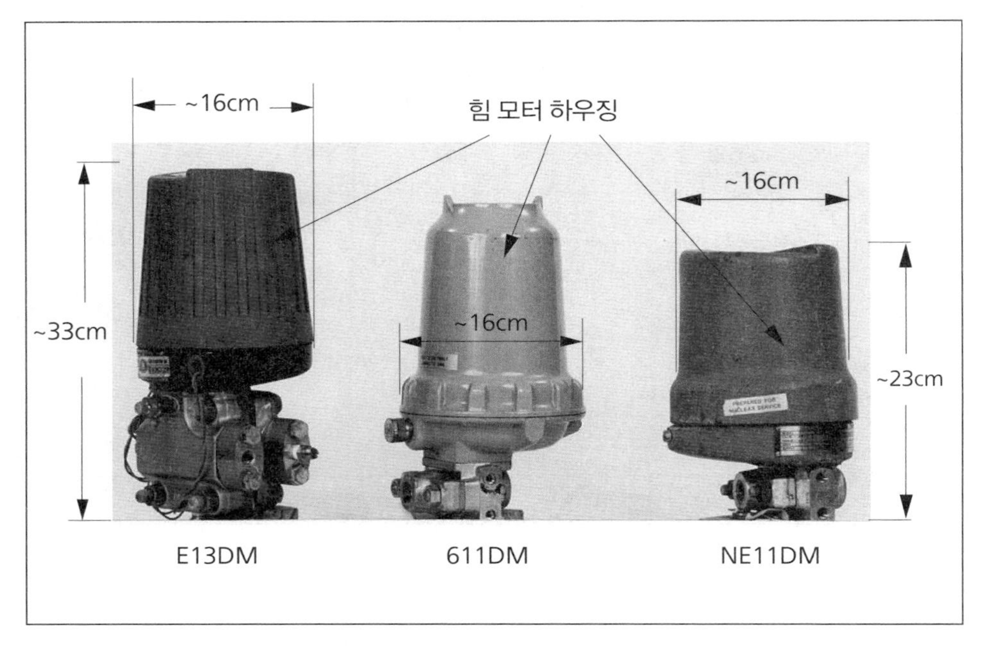

그림 7.13 폭스보로 (위드) 전송기의 세 가지 모델

표 7.3에는 폭스보로 전송기의 대표적인 사양을 요약하였다. E13와 N13은 차압 측정에만 사용할 수 있지만, E11와 NE11은 절대압, 게이지압, 차압 측정에 모두 적절하다.

폭스보로 힘-밸런스 압력 전송기는 부르동관, 벨로즈, 다이아프램의 세 가지 센싱

소자를 사용하고 있다. 그림 7.14에서 7.16은 세 가지 센싱 소자를 사용하는 세 종류의 폭스보로 전송기 모습을 보여주고 있다. 센싱 소자를 제외하면, 세 가지 형식의 전송기는 기전 장치의 구조와 동작 원리가 동일하다. 각 전송기는 압력이 인가되면 변형되는 포스바와 포스바의 변형을 제로로 되돌리는 포스모터가 내장되어 있다. 포스바를 평형 상태로 유지하기 위해서 모터가 소비하는 전류는 인가 압력에 비례한다. 즉 인가된 압력에 의해서 생기는 힘은 포스모터에 의해서 생기는 반탄력에 의해 평형을 유지한다.

표 7.3 폭스보로 힘-밸런스 압력 전송기

모델	명칭	형태	센싱소자	범 위	정확도 (스팬의 ±%)	드리프트/년 (스팬의 %)
E11	E11AL	절대압-저압	다이아프램	0-90 mbar (0-70 mm Hg)	1.0	N/A
	E11AM	절대압-중압	다이아프램	0-2 bar (0-1520 mm Hg)	0.5 to 1.25	N/A
	E11AH	절대압-고압	벨로즈	0-50 bar (0-750 psia)	0.5	N/A
	E11DM	차압	벨로즈	-12 to 205 bar (-180 to 3000 psi)	0.5	N/A
	E11GM	게이지압	벨로즈	1-205 bar (-15 to 3000 psi)	0.5	N/A
	E11GH	게이지압	부르동	1 to 830 bar (-15 to 12000 psi)	0.5 to 1.25	N/A
E13	E13DL	차압	다이아프램	-62.3 to +62.3 mbar (-25 to +25" wc)	0.5	N/A
	E13DM	차압	다이아프램	±0.5 to ±2.2 bar (±205 to ±850" wc)	0.5 to 0.75	N/A
	E13DH	차압	다이아프램	±0.5 to 2.2 bar (-205 to 850" wc)	0.5 to 0.75	N/A
NE11	NE11AL	절대압-저압	다이아프램	0-90 mbar (0-70 mm Hg)	1.0	1.2
	NE11AM	절대압-중압	다이아프램	0-2 bar (0-1520 mm Hg)	0.5 to 1.25	0.5
	NE11AH	절대압-고압	벨로즈	0-50 bar (0-750 psia)	0.5	0.33
	NE11DM	차압	벨로즈	-12-205 bar (-180 to 3000 psi)	0.5	0.25
	NE11GM	게이지압	벨로즈	-1-205 bar (-15 to 3000 psi)	0.5	0.25 to 0.40
	NE11GH	게이지압	부르동	-1-414 bar (-15 to 6000 psi)	0.5 to 1.25	0.33
NE13	NE13DL	차압	다이아프램	-62.3 to +62.3 mbar (-25 to +25" wc)	0.5	0.33
	NE13DM	차압	다이아프램	-0.5 to 22 bar (-205 to 850" wc)	0.5	0.25
	NE13DH	차압	다이아프램	-0.5 to 22 bar (-205 to 850" wc)	0.5 to 0.75	0.25

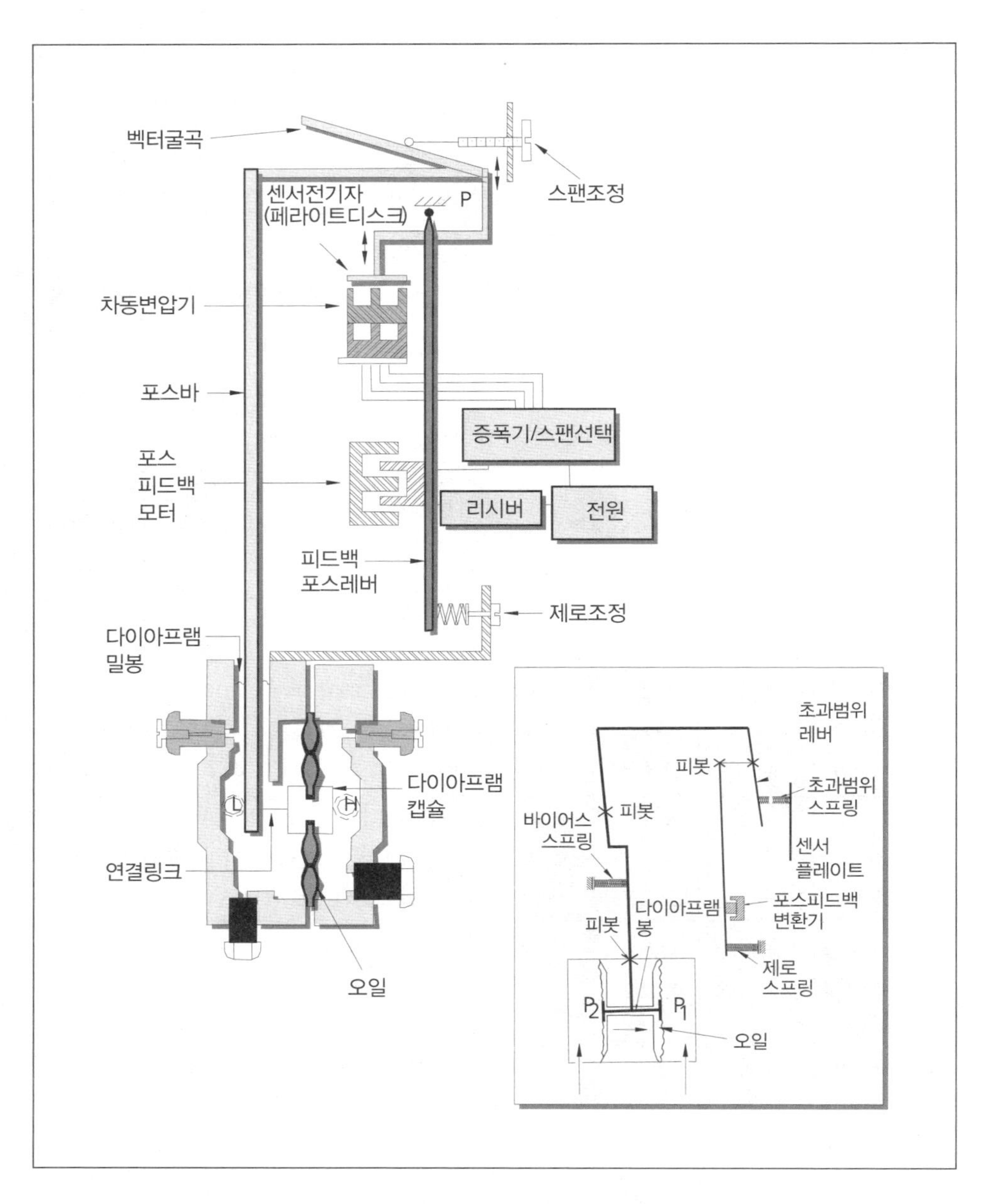

그림 7.14 다이아프램 캡슐로 제작된 센싱 소자와 폭스보로 전송기의 다이아그램

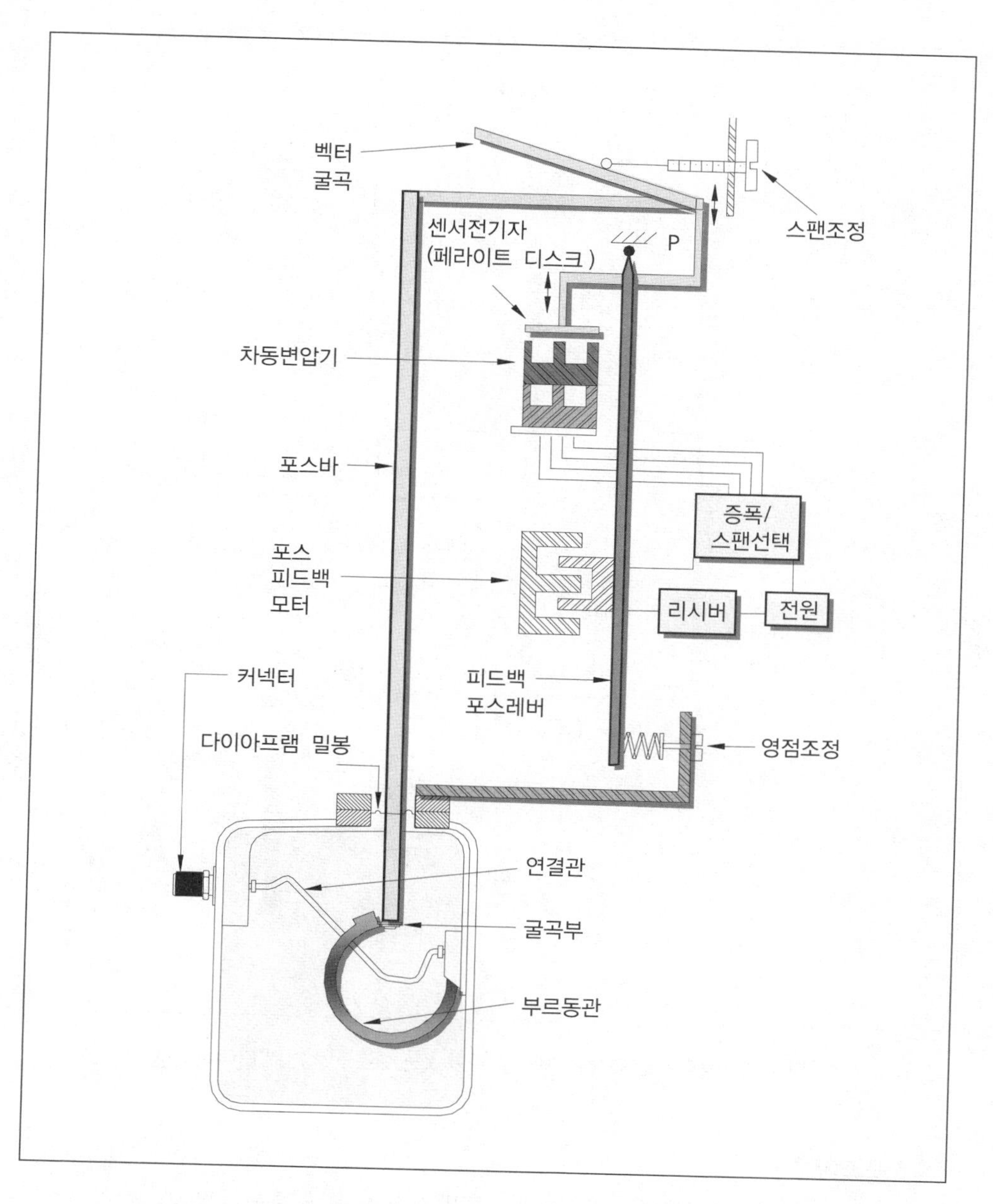

그림 7.15 부르동관으로 제작된 센싱 소자와 폭스보로 전송기의 다이아그램

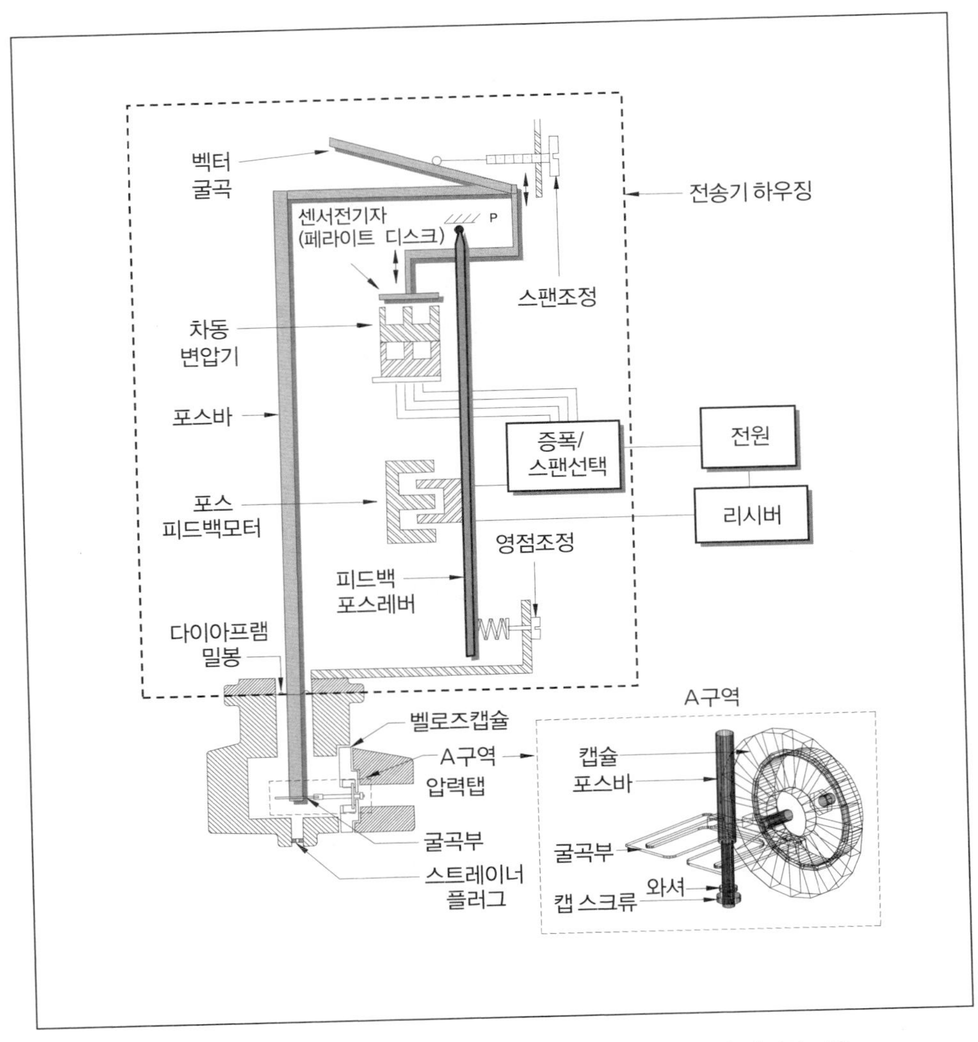

그림 7.16 벨로즈로 제작된 센싱 소자와 폭스보로 전송기의 다이아그램

7.4.3 로즈마운트

로즈마운트 압력 및 차압 전송기는 원자력발전소 1, 2차 계통의 압력, 수위, 유량 측정에 사용되고 있다. 이들은 모델 1151, 1152, 1153, 1154 등이다. 모델 1152, 1153, 1154는 원자력 안전등급에 사용할 수 있도록 인증된 제품이다. 모델 1151은 원자력발전소 비안전등급에 사용되는 범용 전송기이다. 로즈마운트 모델의 인증 상황을 표 7.4에 제시하였다.

표 7.4 로즈마운트 전송기의 품질인증 현황

전송기모델	인 증 현 황
1151	비안전 등급 원자력 품질인증 아님 10CFR21 미적용
1152	IEEE-323-1971과 IEEE-344-1975 내진등급이 필요한 곳에 사용
1152-T1805	10-50 mA에 대해서는 내진등급
1153 Series B	IEEE-323-1974과 IEEE-344-1975 BWR 및 PWR 격납건물 외부에서 사용 IEEE-323-1974로 인증받은 첫번째 전송기
1153 Series D	IEEE-323-1974과 IEEE-344-1975 PWR 격납건물 내부에서 사용 (스테인리스 스틸 하우징) 와일(Wyle)에서 사용자 그룹에 의해 인증
"R" Output Electronics	방사선 조건에서 Series B와 Series D의 성능향상
"R" Output Electronics	N0037, 회로출력의 댐핑을 조절가능
1154	IEEE-323-1974과 IEEE-344-1975 Class 1E 전송기 고방사선, 고온 조건에서 성능향상
1154 Series H	IEEE-323-1974과 IEEE-344-1975에 따른 Class 1E 전송기

로즈마운트 네 가지 전송기의 물리적 구성과 동작 원리는 같다. 그림 7.17에는 일반 산업용과 원자력등급의 전송기 사진을 보여주고 있고, 이들 전송기의 센싱 모듈의 동작 원리는 그림 7.18에 나타냈다. 센싱 소자는 델타셀(δ–셀)이라고 하는 오일봉입 커패시턴스형 센서이다. δ–셀은 격리 다이아프램에 의해서 공정 유체로부터 격리된다. δ–셀에 실리콘 오일이 봉입되어 격리 다이아프램의 공정 압력을 몇 개의 모세관을 통해 δ–셀의 중심에 있는 센싱 다이아프램까지 전달한다. 로즈마운트 센싱 소자의 절반을 그림 7.18a에 제시하였다. 로즈마운트 센서의 센싱 소자를 구성하는 부품은 2개의 반구, 센터 다이아프램, 격리 다이아프램, 봉입 오일로 구성되어 있다(그림 7–18b).

그림 7.17 로즈마운트 상용/원자력등급 전송기

각 반구는 유리로 채워진 금속제의 컵이다. 즉, 유리 내에 공동을 기계 가공해 만들고, 유리 위에 금속 필름을 도포하여 콘덴서 평판을 형성한다. 이를 관통하는 구멍을 지닌 세라믹 삽입물이 공동과 셀 컵 뒷편 사이에 존재한다. 이 삽입물은 오일이 수력학적으로 공정 유체로부터 센터 다이아프램까지 압력을 전송하는 통로이다. 콘덴서 평판까지의 리드와이어는 조립 후 셀의 절반을 오일로 채워 넣은 작은 직경의 관이다. 셀을 오일로 채운 후 봉입관을 단단히 조여 닫는다. 이것에 의해 콘덴서 평판에 밀봉형 전기 도선으로 작동한다.

상이한 압력 범위를 정확하게 측정하기 위한 센싱 소자의 성능은 다음의 네 개 변수의 함수이다: 셀의 반구에 기계 가공으로 만들어진 공동의 곡율, 공동의 표면에 응착시킨 콘덴서 평판의 직경, 센터 다이아프램의 강성(Stiffness) 또는 두께, 그리고 격리 다이아프램의 강성이다. 마지막 항목은 저압 영역에서만 중요하다.

센터 다이아프램의 중심에서의 변위는 셀의 반구 뒷편에 검출 다이아프램을 밀착시킴으로써 최대 대략 0.101 mm (0.004 인치)로 제한된다. 이 기능은 셀을 과압에서 보호한다. 로즈마운트 제품에서는 센싱 다이아프램이 차이를 보이는데, 이는 전송기의 압력 범위(범위 코드)에 따라 다르다. 일반적으로 압력 범위가 보다 높아지면, 센싱 다이아프램은 두꺼워지고 전송기의 응답은 보다 빨라진다.

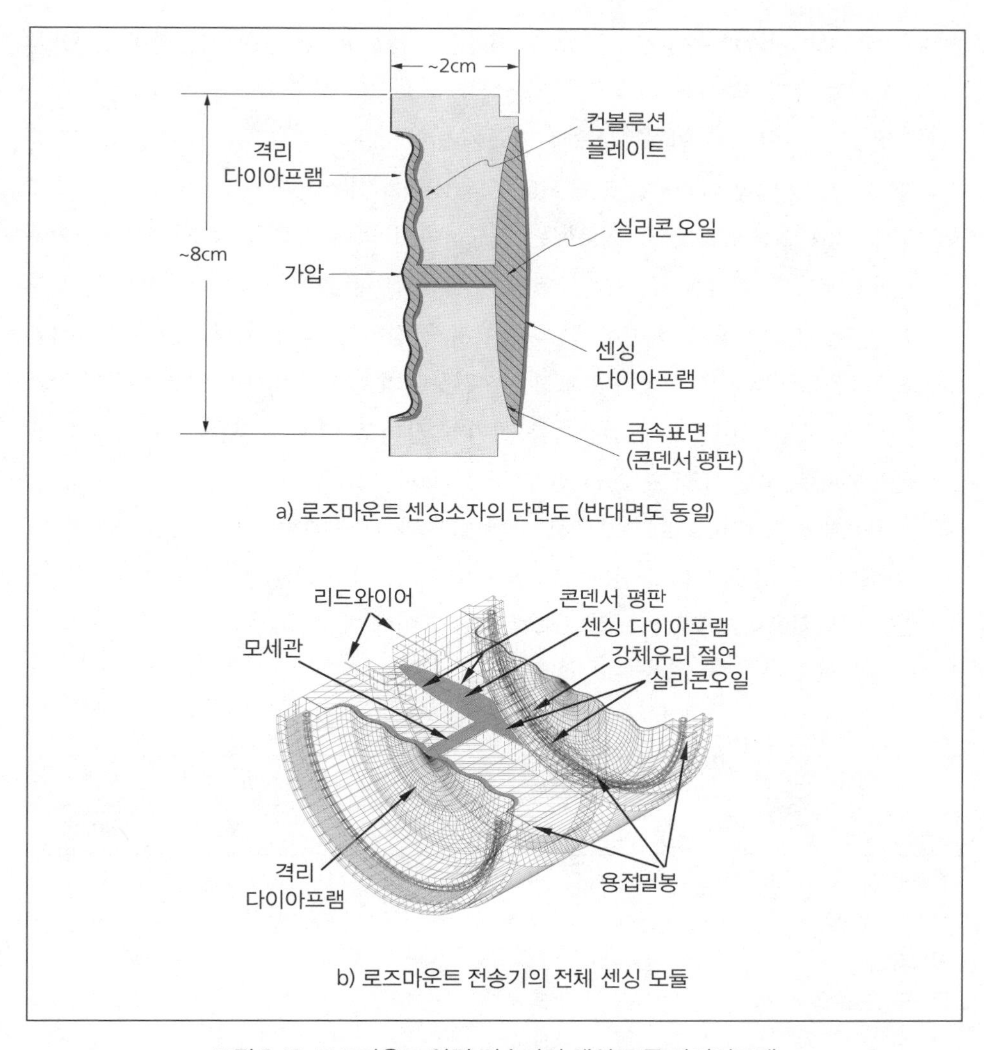

그림 7.18 로즈마운트 압력 전송기의 센싱 모듈 다이어그램

센싱 다이아프램의 변위는 다이아프램 양쪽에 있는 두 개의 콘덴서 평판에 의해서 검출된다. 다이아프램과 한쪽 콘덴서 평판 간의 커패시턴스는 약 150 pF이다. 센싱 다이아프램과 콘덴서 평판 간의 커패시턴스 차이는 2-와이어에 4~20 mA (또는 10~50 mA)의 DC 신호로 변환된다. 전송기의 전자 회로에는 다이오드 브릿지와 온도 보상 서미스터를 내장한다. 다이오드 브릿지는 교류 전류를 직류 출력으로 정류한다.

표 7.5에 요약된 네 종류의 로즈마운트 전송기의 특성은 다음과 같다.

(1) 차압과 게이지압만 측정가능한 모델 1154를 제외하고, 모든 모델은 절대압, 차압, 게이지압 측정이 가능하다.
(2) 모델 1152는 원자로 안전등급으로 인증을 받았지만 사고 후에는 사용할 수 없다. 사고 후의 용도에 대해서는 모델 1153이나 1154를 사용한다.
(3) 모델 1151과 1152의 전자 회로에는 필요하다면 외래 잡음을 감소시키는 댐핑용 가변저항기를 추가할 수 있다. 댐핑은 시간상수값을 0.2~2초 사이로 조정할 수 있다. 전송기를 출하하기 전 공장에서 설정하는 초기 설정치는 0.2초이다. 로즈마운트에 의하면 전송기의 교정은 시간상수의 설정에 의해서 영향을 받지 않기 때문에, 사용자는 공정에 전송기를 설치한 상태로 댐핑 조정을 해도 무방하다. 댐핑 기능은 모델 1153 및 1154 전송기의 선택사항이다.
(4) 원자력발전소 Class 1E기기로서 모델 1153과 1154 전송기를 사용할 수 있다. IEEE 323와 IEEE 344를 만족하고 있으며, BWR 사고 상황에서 모델 1153은 환경인증을 받았으며, PWR용으로는 모델 1154가 이에 해당된다.

표 7.5 로즈마운트 압력 전송기의 특성

특징	전송기 모델 번호			
	1151	1152	1153	1154
절대압	√	√	√	No
차압	√	√	√	√
게이지압	√	√	√	√
원자력 인증	No	√	√	√
사고후 인증	No	No	√	√
댐핑 조절	√	√	옵션	옵션
정확도 (스팬의 ±%)	0.25 to 0.5	0.25	0.25	0.25
드리프트 (최대범위의 ±% / 6개월)	0.25 to 0.5	0.25	0.25	0.25

로즈마운트 전송기는, 수 mbar(물기둥 1 인치의 몇 분의 1)부터 200 bar(약 3,000 psi) 이상의 광범위한 압력에 사용할 수 있다. 각 모델에는 전송기의 압력 범위에 대응하는 몇 개의 범위 코드가 있다. 모델 1153에 대해서는 표 7.6에서 예를 제시하였다. 압력 범위뿐만 아니라 범위코드는 전송기의 공칭 응답시간을 설명한다. 모델 1151과 1152의 응답시간은 범위코드와 댐핑에 의해서 0.2~2초로 결정된다.

모델 1153과 1154의 응답시간은 범위코드 3의 경우 2초, 4의 경우 0.5초, 다른 모든 범위코드의 경우 0.2초이다.

대부분의 로즈마운트 전송기는 전송기의 외부에서 조작할 수 있는 영점과 스팬 조정기가 있다. 추가로 선형성에 대한 조정도 가능하도록 전자 회로도 구현되어 있다. 선형성 조정은 보통 공장에서 이루어지고 현장에서는 조정하지 않는다.

여기에서 설명되는 로즈마운트 및 타사 전송기에 대한 모든 내용은 현장에 설치되어 있는 대표적인 전송기에 대한 기존 설계와 성능 사양에 근거하고 있으며, 최근에 있었을 개선이나 변경 내용은 포함하고 있지 않다. 게다가 로즈마운트나 다른 회사는 현재 원자력발전소를 포함한 여러 산업용 목적으로 스마트 전송기와 디지털 센서를 제조한다. 로즈마운트와 타사에서 제작한 기존의 전송기와 스마트 전송기 모두는 원자력 산업용으로서 신뢰할 수 있는 기능을 제공하고 대부분 고장율이 상당히 낮다.

표 7.6 로즈마운트 1153 전송기 Series B 명세서

전송기 번호 및 설명		
모델 번호	설명	
1153AB	절대압	
1153DB	차압	
1153GB	게이지압	
1153HB	차압, 고압	
전송기 범위코드와 응답시간		
범위코드	압력범위	응답시간
3	0 – 12 to 0 – 75 mBar	2 sec
4	0 – 62 to 0 – 374 mBar	0.5 sec
5	0 – 311 to 0 – 1868 mBar	0.2 sec
6	0 – 1.2 to 0 – 7 bar	0.2 sec
7	0 – 3.5 to 0 – 21 bar	0.2 sec
8	0 – 12 to 0 – 69 bar	0.2 sec
9	0 – 34 – 0 – 207 bari	0.2 sec
전송기 출력 특성		
모델번호 접미어	출력	
P	4 – 20 mA, 표준	
R	4 – 20 mA, 방사선 조건	

7.4.4 토바

네 가지 토바 모델이 원자력발전소 안전등급에 사용되고 있다. 차압 전송기로는 모델 32DP1과 32DP2가 있고, 절대압 전송기로는 모델 32PA1과 32PA2가 있다. 토바가 이 모델들을 판매하기 전에는 표 7.7과 같이 다른 모델 번호로 웨스팅하우스 베리트락크에서 공급하였다. 차압 전송기인 32DP1과 32DP2의 차이점은 원자력 품질등급에 있다. 모델 번호의 마지막 숫자 1은 고준위 방사선에 대해서 인증을 받은 것이고, 2는 저준위 방사선에 인증을 받은 것이다. 절대압 전송기 모델에 대해서도 동일하다. 표 7.7에 추가로 토바에서는 원자력 안전등급에는 해당하지 않는 동일한 모델 번호(그러나 5로 끝남)의 절대압 및 차압 전송기를 보유하고 있다.

표 7.7 토바와 베리트락크 모델번호

번호	토바 번호	동일한 베리트락크 모델번호	품질등급
1	32DP1	76DP2	고준위 방사선
2	32DP2	76DP1	저준위 방사선
3	32PA1	76PA2	고준위 방사선
4	32PA2	76PA1	저준위 방사선

토바의 차압과 절대압 전송기의 센싱 소자는 다이아프램 캡슐로 구성된다. 절대압 전송기에서 캡슐 어셈블리는 스트레인 게이지가 브릿지 네트워크로 부착된 다이아프램으로 구성된다(그림 7.19 참고). 그림 7.20에 나타나듯이 다이아프램은 지지대와 헤더 어셈블리에 용접되어 있다. 헤더 어셈블리는 굴곡부로부터 증폭기까지 전기신호를 전하기 위해 밀폐된 관통접속 인출선을 내장하고 있다.

현재 위드인스트르먼트는 원자력발전소용 베리트락크/토바 전송기를 DTN2010이라는 이름으로 차압, 절대압, 게이지압 측정용 모델을 공급하고 있다. DTN2010은 IEEE 표준 323, 344에 따라 원자력용으로 인증을 받았다. DTN2010에는 기존의 베리트락크와 토바 전송기를 개선한 새로운 전자 회로가 사용되고 있다. DTN2010의 응답시간은 보통 0.5.~2.5초 사이이며 전기적으로 조정이 가능하다.

차압 전송기에서는 공정 압력 배관을 고압측 다이아프램과 저압측 다이아프램에 연결한다. 다이아프램 사이의 공간은 댐핑 유체로 채워져 있다(그림 7.20). 고압측 다이아프램과 저압측 다이아프램은 캡슐 어셈블리 센서(스트레인 측정용 저항 배열)까지 밀대에 의해서 연결되어 있다. 밀대는 약 0.101 mm (0.004 인치)까지 캡슐 센서를 구부려 전기 출력을 발생시킨다. 압력이 인가되면 다이아프램 집합체 내의 오링(O-Ring)이 캡슐 몸체를 밀폐시킨다. 다이아프램과 캡슐 몸체 사이의 봉입 유체는, 어느 정도 이상의 다이아프램의 움직임을 억제한다. 절대압 전송기와 마찬가지로, 캡슐 어셈블리는 스트레인 게이지의 브릿지 네트워크가 부착되어 움직임을 검출하는 굴곡부로 구성된다.

그림 7.21은 토바 전송기의 두 가지 몸체 형상을 보여주고 있다. 원자력발전소에서는 이제까지 책에서 제시한 명칭과 제품번호의 토바 전송기를 사용하고 있지 않으므로 주의해야 한다. 전송기에 관한 최신 정보는 위드인스트르먼트의 카탈로그를 참조한다.

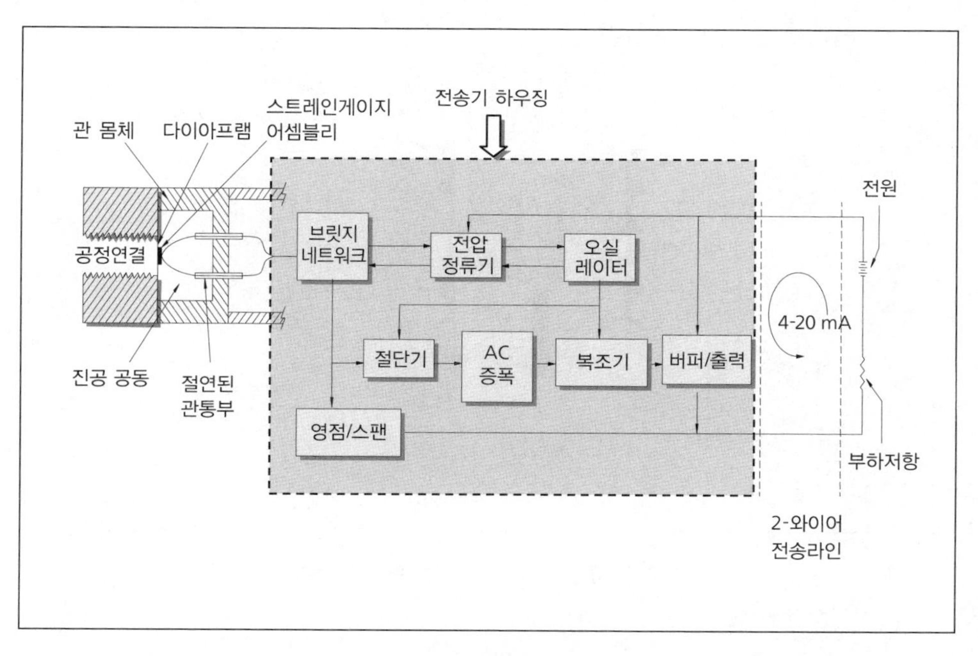

그림 7.19 토바 절대압 전송기

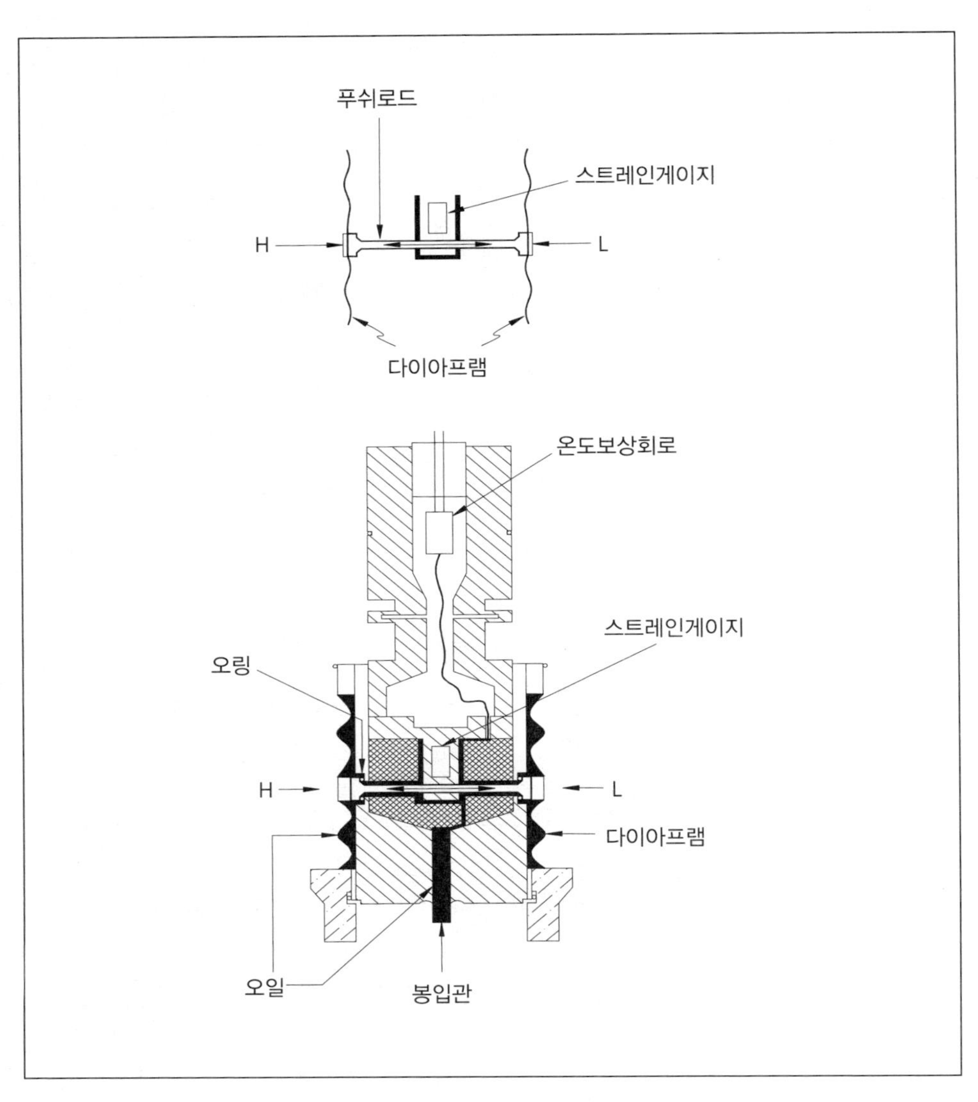

그림 7.20 토바 전송기 센싱 모듈의 구조

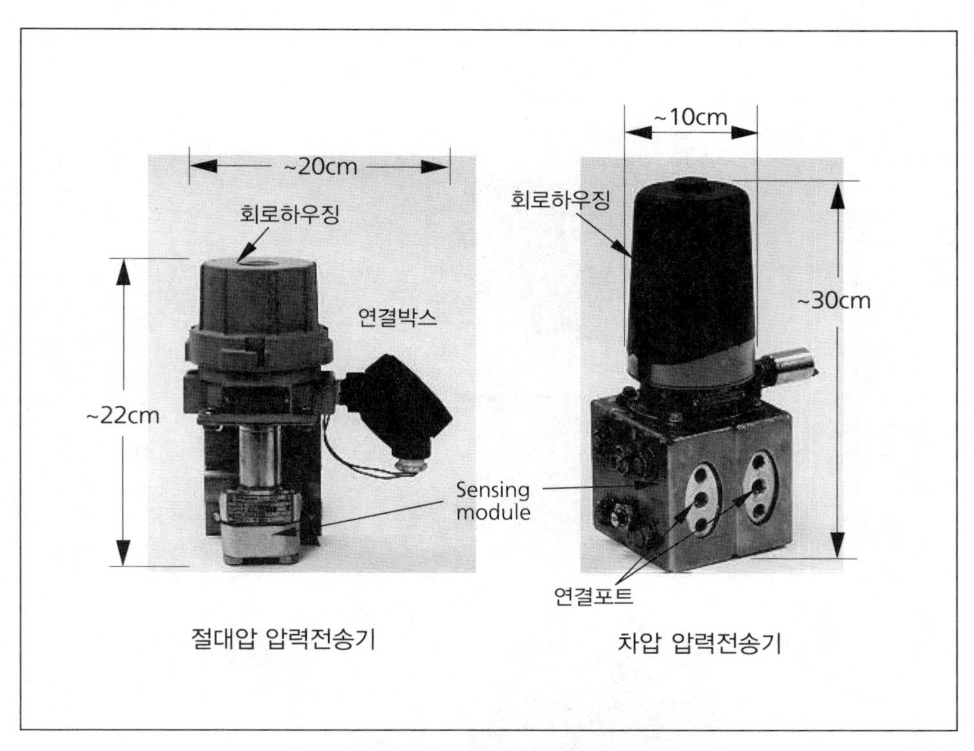

그림 7.21 토바(위드) 전송기의 몸체부

7.5 스마트 압력 전송기

스마트 압력 전송기는 1990년대 말 원자력 산업계에 선보였다. 제작사와 원자력 산업계가 인증한 일부 스마트 센서는, 안전 용도를 포함한 여러 가지 목적으로 현재 사용되고 있다. 로즈마운트의 스마트 온도 전송기와 압력 전송기의 외관 사진을 그림 7.22에 제시하였다.

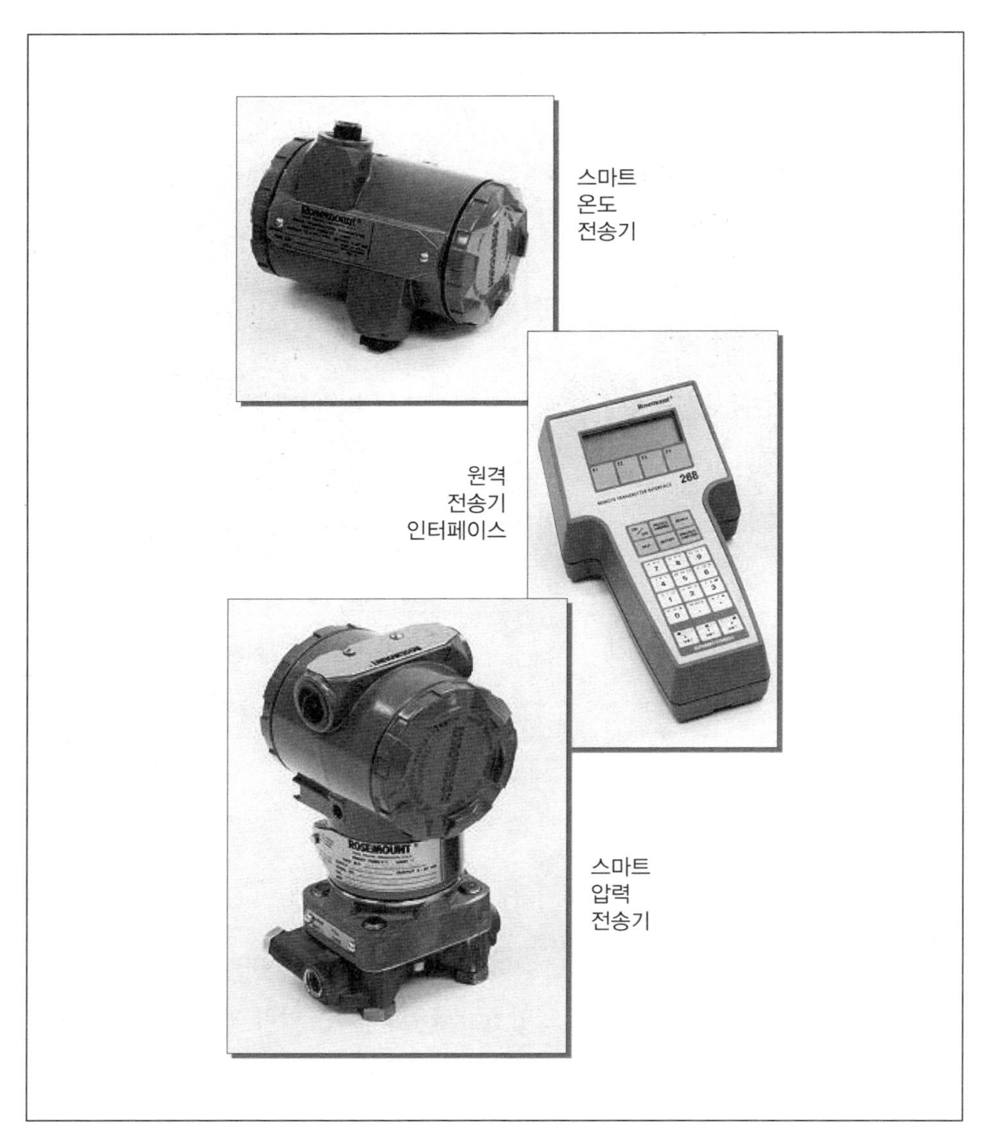

그림 7.22 로즈마운트의 스마트 압력 전송기 사진

로즈마운트의 스마트 압력 전송기와 타사의 스마트 전송기는 종래의 제품과 비교했을 때, 교정의 용이함(예를 들면, 센서 캡을 제거할 필요가 없다), 메모리, 설정의 용이함, 가격 경쟁력 등의 이유로 원자력발전소에서 평판이 좋다. 열화되었거나 구식이 될 전송기를 서서히 교체하게 되면서, 원자력 산업계는 스마트 전송기에 더욱 의존하고 있다. 로즈마운트가 원자력용으로 공급한 스마트 압력 전송기(모델 3051N)의 사진을 그림

7.23에 제시하였다. 이 전송기는 IEEE 표준 344를 통해 Class 1E 내진 안전등급을 인증 받았으며, IEEE 표준 323으로 온화한 환경에 대한 인증을 받았다.

스마트 센서의 대표적인 회로구성과 구성요소를 나타내는 두 개의 블록 다이아그램을 그림 7.24에서 보여준다.

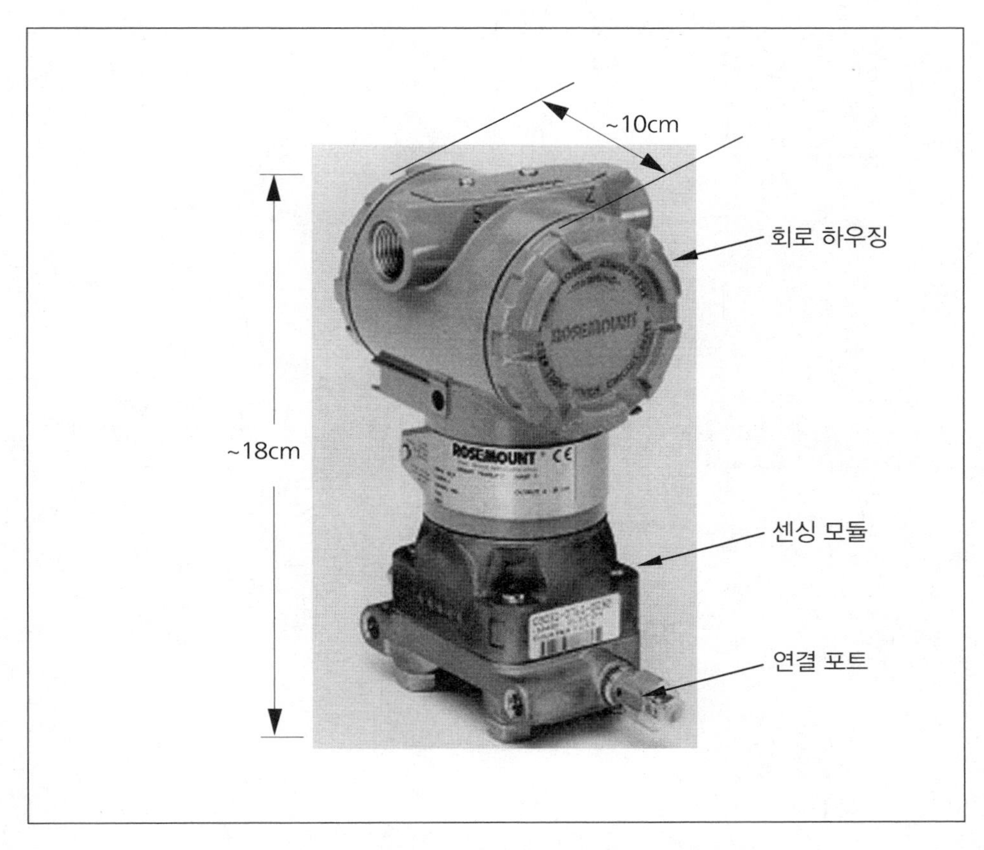

그림 7.23 원자력용 로즈마운트 모델 3051N 스마트 압력 전송기

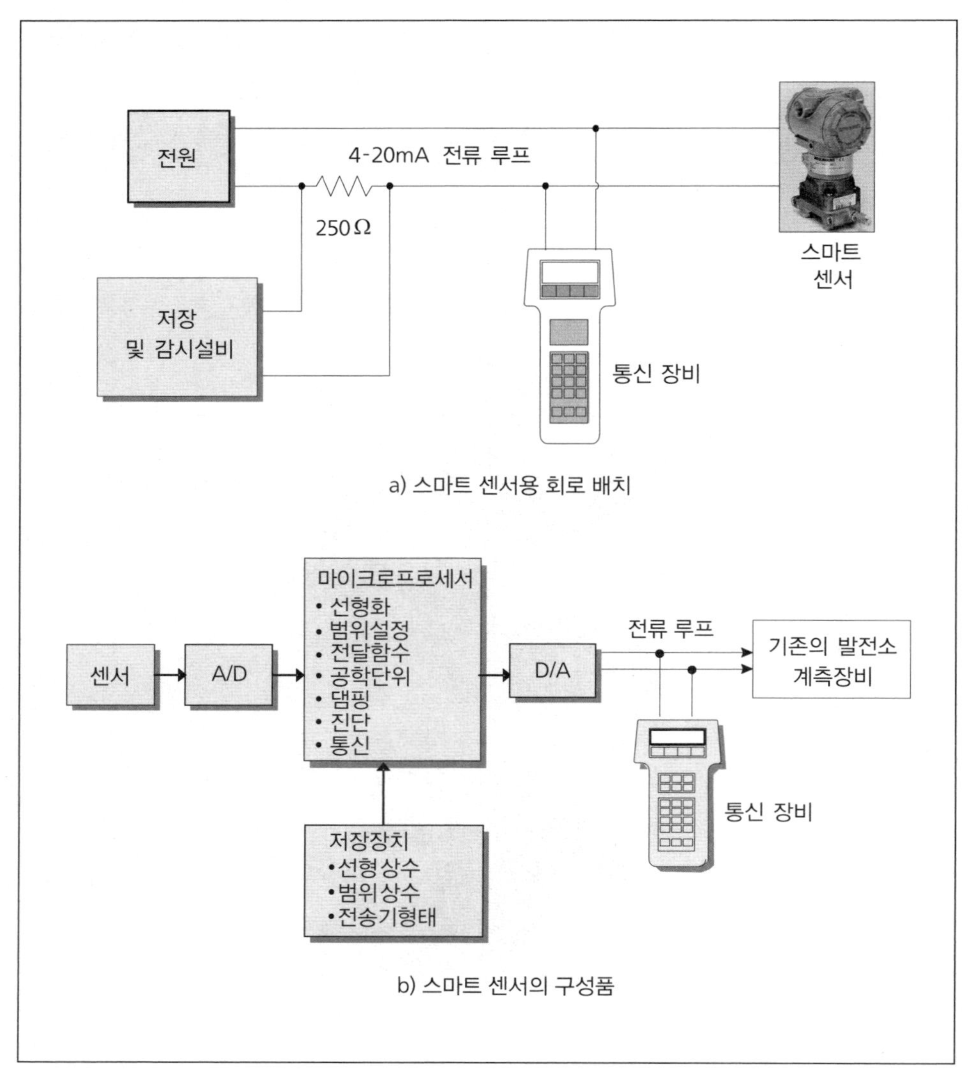

그림 7.24 로즈마운트 스마트 전송기의 회로 구성

7.6 광섬유 압력 전송기

원자력 산업에서는 스마트 센서와 함께, 광섬유 압력 전송기에도 관심이 많다. 이미 기존의 원자로나 신형 원자로의 비방사선 구역에서 광케이블 및 광기기를 활용하고 있다. 방사선 환경과 격납용기 내부에서는 아직 광섬유 센서의 활용이 미숙한 상태이고, 이러한 용도의 광섬유 압력 전송기의 개발이나 인증에 대해 관심을 보이는 제작사는 아직 없다. 이것은 광섬유 부품에 대한 방사선 영향에 대한 기술적 문제점, 현재의 원자력 시장규모가 작은 것과 관련된 비즈니스상의 문제점, 원자력 산업에 신제품과 신기술을 도입하는데 소요되는 어려움, 품질 보증 등과 같은 것이 주요 원인이다.[19] 그러나 광섬유 센서는 전자기/무선주파수 방해(Electromagnetic and Radio Frequency Interference, EMI/RFI)의 영향이 없고, 접지 루프 영향도 없으며, 소형, 고감도, 다중화 기능이 가능하기 때문에 타 산업에서는 이미 성공적으로 사용하고 있다. 예를 들어 자동차 산업에서는 소형의 장점을 취해서, 항공 우주 산업에서는 잡음 배제성과 경량, 석유 화학 공업에서는 폭발 방지를 위해 광섬유 센서를 사용하고 있다. 단순한 광섬유 압력센서의 동작 원리를 그림 7.25에 도시하였다. 광섬유 센서는 압력 측정 외에도, 온도, 스트레인, 진동, 또는 다른 변수의 측정에도 이용 가능하다.

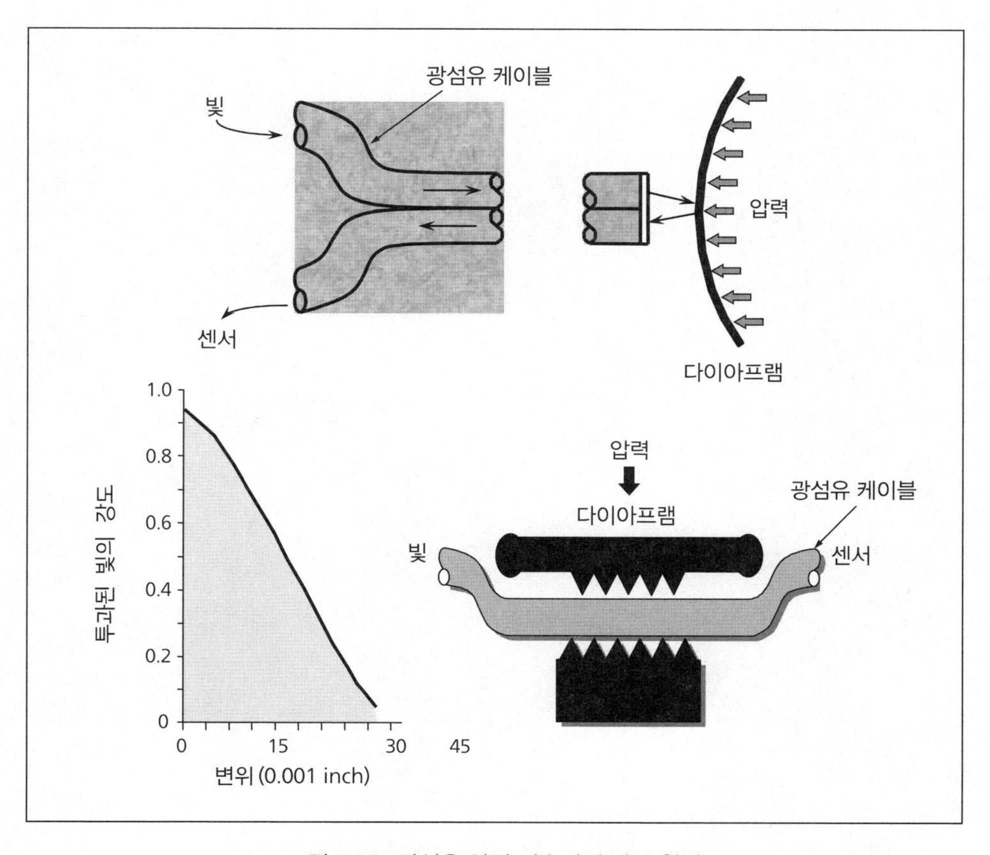

그림 7.25 광섬유 압력 전송기의 작동 원리

7.7 무선 압력 전송기

무선 압력 전송기는 서서히 원자력발전소에서 이용을 시작하였지만 방사선 구역이나 격납용기 내부에서의 안전상에 중요한 측정 목적으로는 활용되지 못하고 있다. 원자력발전소에서 무선 센서가 중요한 공정 변수의 측정에 사용되기 위해서는 많은 문제점을 해결해야 한다. 그러나 배선과 관련된 비용 절감, 발전소 기기와 공정의 성능 검증을 위한 원격 진단과 온라인 감시를 위한 데이터 수집 기능 등의 목적으로 무선 센서가 원자력발전소에서 중요한 역할을 수행할 것으로 기대한다. 2020년 경에 건설된 것으로 예상되는 차세대 원자력발전소나 2030년 정도로 예상되는 4세대 원자로에서는 1, 2차 계통에 무선 센서 기술이 도입될 것으로 전망한다.

제8장

압력 센싱라인의 특성

원자력발전소에서는 통상 전송기의 조작성과 내구연한에 대한 주변 온도의 영향을 줄이기 위하여 공정으로부터 멀리 떨어진 곳에 압력 전송기를 설치한다. 주변의 높은 온도(70 ℃ 이상)는 전송기 부품에 영향을 주므로 반도체 전자 회로의 내구연한을 단축시킨다. 전송기를 공정으로부터 멀리 설치하는 또 다른 이유는 방사선과 진동의 영향을 줄이고, 전송기의 교체나 정비 목적으로 직원이 접근하는 것을 쉽게 하기 위해서이다.

공정으로부터 전송기까지 공압이나 수압 신호를 전하기 위해서, 배관, 원자로 용기, 또는 주 유로(Primary Flow)와 압력 전송기를 연결하는 센싱라인(Sensing Line)을 사용한다. 용도에 따라, 전송기 별로 1개 혹은 2개의 센싱라인이 있다.

센싱라인을 임펄스라인(Impulse Line) 혹은 계장라인(Instrument Line)이라고도 한다. 원자력발전소에서는 액체장입 또는 가스장입 센싱라인을 사용한다. 일반적으로 액체장입 라인은 설계와 용도에 따라 공정 액체 또는 오일로 채운다. 가스장입 라인은 증기, 공기, 질소 혹은 다른 가스로 채우고, 오일 또는 물과 같은 다른 매체로 전달되는 부분이 있기도 하다. 이를 위하여 센싱라인에는 다이아프램, 벨로즈, 응축폿 등이 설치되어 있다.

8.1 설계와 설치

원자력발전소 1차 계통에 있는 센싱라인은 일반적으로 두께 약 2.5 mm, 직경 약

10~15 mm의 스테인리스 강관으로 제작된다. 그러나 발전소 2차 계통에는 대부분 탄소강으로 제작되고 드물기는 하지만 부식을 막기 위해서 구리로 제작되기도 하다.

센싱라인의 길이는 전송기의 장소와 용도의 성격에 따라, 일반적으로 약 10 m 미만에서 200 m를 넘기도 한다. 대부분 누설의 가능성을 줄이고자 단일 튜브를 배관의 위에 설치하는 방법을 채택한다. 센싱라인의 길이는 압력측정 시스템 전체의 응답시간에 영향을 주므로, 원자력발전소에서는 센싱라인을 가능한 짧게 설계한다. 이 때문에 안전관련 압력 전송기 센싱라인의 평균 길이는 통상 약 35 m 이하이다.

센싱라인의 설치는 변형을 수반하지 않게 열팽창과 진동을 고려하고, 중력에 의한 배수를 확실히 하고, 자가벤팅(Selfventing)이 될 수 있도록 설계한다. 액체장입 센싱라인은 배관 내의 가스 혹은 공기가 공정으로 방출될 수 있도록 센싱라인을 경사를 두어 만든다. 센싱라인의 경사는 일반적으로 30 cm 당 약 30 mm이다. 이정도 경사가 구현되기 어려운 경우에도, 센싱라인은 가능한 한 30 cm 당 3 mm이하가 되지 않도록 경사를 둔다. 필요한 경사도를 만들 수 없다면, 액체장입 센싱라인에서는 가장 높은 곳에 가스 배기구를 마련하고 가스장입 센싱라인에는 가장 낮은 위치에 드레인을 설치한다.

원자력발전소 센싱라인을 설계하고 설치하기 위한 기준은, 다수의 산업용 문건과 「원자력발전소 안전관련 계장 센싱라인 배관 및 튜브에 관한 표준(Nuclear Safety Related Instrument Sensing Line Piping and Tubing Standards for Use in Nuclear Power Plants)」이라는 제목의 ISA 표준 S67.02에 제시되어 있다. 이 표준은 격납용기 내외부에서 사용하는 센싱라인에 대한 설계 사례를 보여준다. 이러한 내용 중의 일부를 다음 절에 요약하였다.

8.2 격납용기 내부의 센싱라인

원자력발전소 격납용기 내부에 설치되는 전송기의 표준 센싱라인의 주요 부품을 그림 8.1에 제시하였다. 부품들은 다음과 같다.

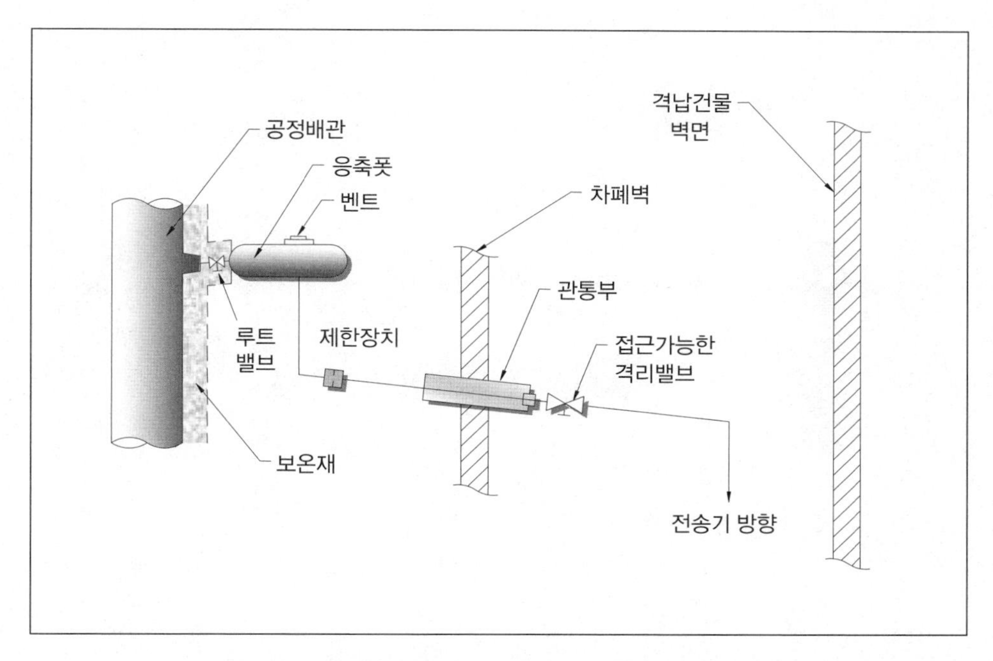

그림 8.1 원자로 격납건물 내부의 물과 증기압력 측정용 센싱라인

루트밸브(Root Valve) : 센싱라인 첫번째 밸브를 *루트밸브*라고 한다. 센싱라인이 주 공정으로부터 나온 바로 그 위치에 설치한다.

응축폿(Condensate Pot) : 이것은 수위 측정용 차압 전송기의 센싱라인에 종종 설치된다. 응축폿의 목적은 전송기 전단의 기준렉(Reference Leg)이 증기 또는 공기가 아닌 물로 항상 채워져 있음을 보증하는 것이다.

제한장치(Restriction Device) : 제한장치는 만약 이 장치의 하류 배관에 파손이 생겨도 가능한 공정 유체의 손실을 줄이기 위해서 공정에 근접한 위치에 설치한다. 제한장치의 단점은 이것이 압력측정 시스템의 응답시간을 증가시키는 경우가 있다는 것이다. 따라서 빠른 응답시간이 필수적인 경우에는 제한장치를 설치하지 말아야 한다.

격리밸브 : 격리밸브는 발전소의 운전 중인 경우에도 정비 직원이 센싱라인에 쉽게 접근할 수 있는 위치에 설치된다. 이 밸브는 루트밸브에 추가적으로 설치된다. 압력 센싱 시스템의 위치와 용도 등에 따라 루트밸브가 격리밸브의 기능을 수행하는 경우도 있다.

평형밸브(Equalizing Valve) : 차압 전송기에는 평형밸브라는 추가적인 밸브가 설치되어 두 개의 센싱라인 사이에 매니폴드로 사용된다. 평형밸브의 목적은 교정 및 보수 작업 중에 필요한 경우에 전송기의 압력을 동일하게 만드는 것이다.

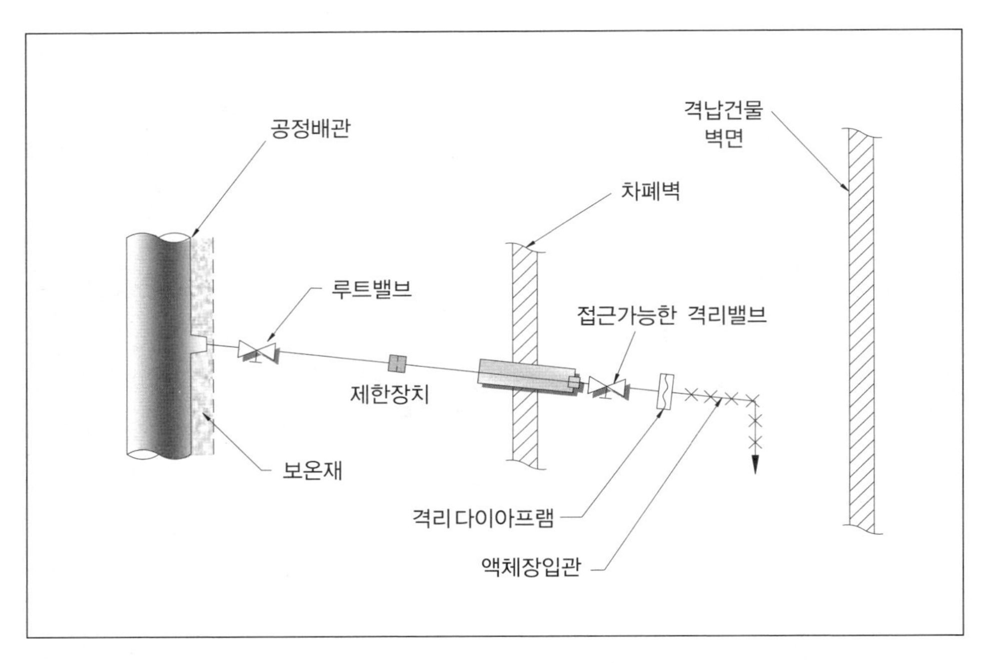

그림 8.2 공정유체로부터 전송기를 격리시키는 장치가 구비된 압력 센싱라인

원자로 격납용기 내부에서 물 또는 증기를 활용하는 센싱라인의 또 하나의 예를 그림 8.2에 나타내고 있다. 이 경우 응축폿을 사용하지 않는다. 그림 속의 다이아프램은 공정유체가 전송기에 들어가지 않게 하기 위해서 사용되는 격리 다이아프램이다. 그림 8.2의 배관에 ×로 표시된 격리 다이아프램의 우측 배관은 적절한 유체로 채워진다. 공정 유체가 부식성이 있거나 방사성 또는 전송기 정비원에게 유해한 경우 격리 다이아프램이 유용하다.

8.3 격납용기 외부의 센싱라인

격납용기 외부까지 연장되는 센싱라인은 스스로 작동하는 과잉유량 체크밸브를 제외하고는 격납용기 내부의 센싱라인과 유사하게 설계된다. 이 밸브는 하류에서 배관이 파단되었을 때 자동적으로 센싱라인을 폐쇄하기 위해서 사용된다(그림 8.3 참조).

격납용기를 관통하는 센싱라인의 일례로서 격납용기 압력 전송기에 연결된 것이 있다. 이 전송기는 격납용기 내부 압력을 측정하지만 격납용기 외부에 설치된다.

격납용기 압력 센싱라인은 그림 8.4에 제시된 세 가지 방법 중의 하나로 설계될 수 있다. 센싱라인 내에 공기가 있다면 그림 8.4의 세 가지 중에서 상단의 사례와 같이 센싱라인의 윗쪽을 경사지게 만들어야 한다. 대부분의 격납용기 압력 전송기의 센싱라인은 격리 다이아프램부터 전송기까지 오일로 채워져 있다.

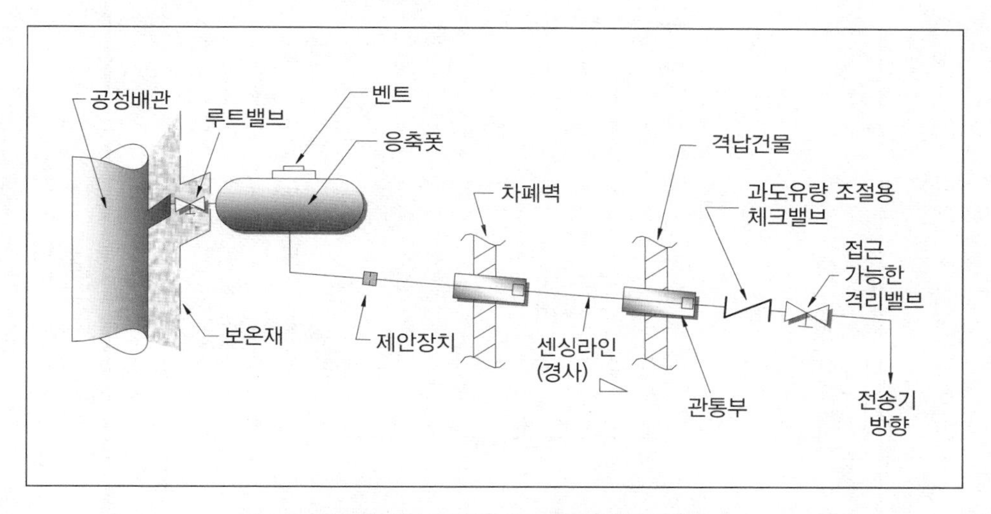

그림 8.3 격납건물 외부의 물과 증기압력 측정용 센싱라인

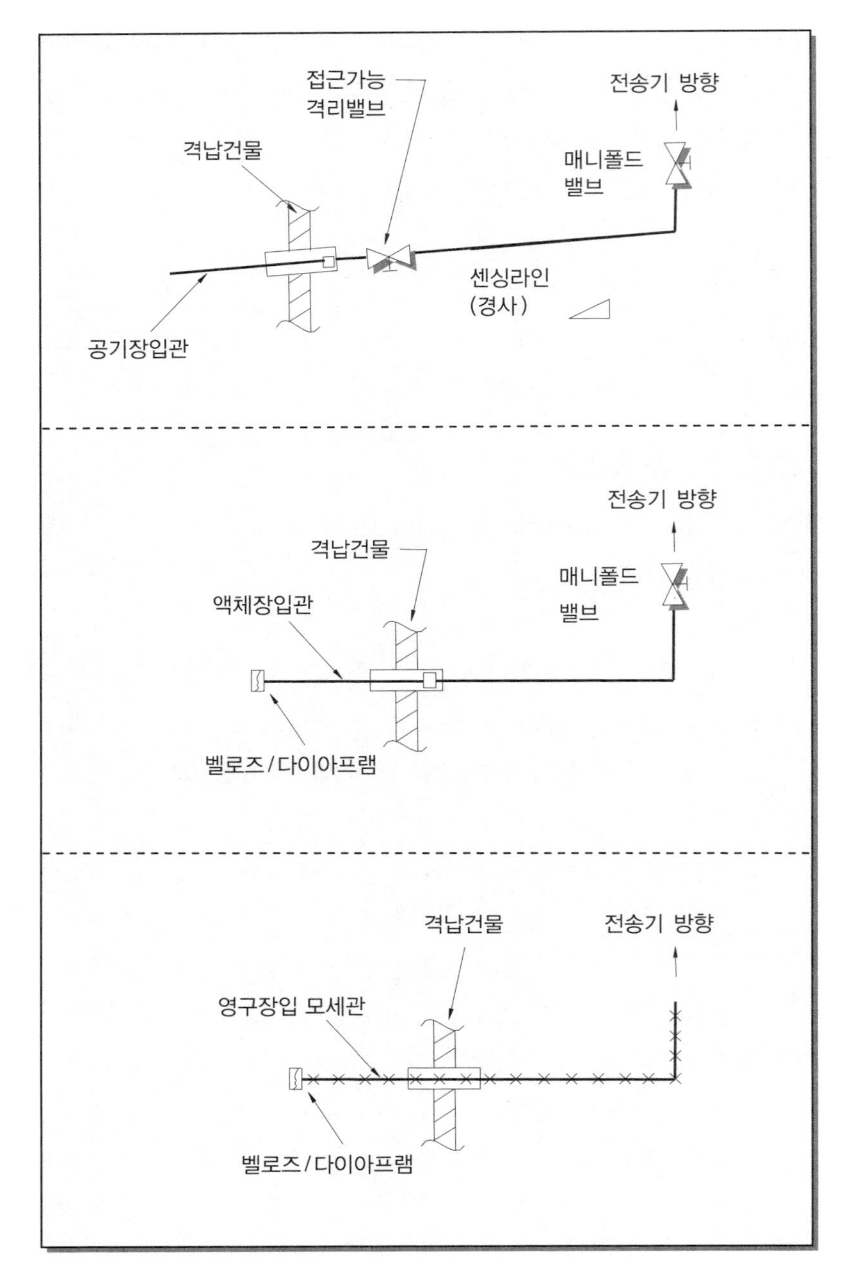

그림 8.4 격납건물 압력 전송기를 위한 센싱라인 설치

8.4. 센싱라인의 문제점

센싱라인은 압력측정 시스템의 정확도와 응답시간에 영향을 줄 가능성이 있는 많은 문제점이 있다. 이 절에서는 이러한 문제점을 알아본다.

8.4.1 폐색, 기포, 누설

원자력발전소에서 발생할 수 있는 센싱라인의 문제점은 다음과 같다.

(1) 슬러지, 붕소, 혹은 침전물에 의한 폐색
(2) 저압 센싱라인 내부의 갇혀 있는 공기 혹은 가스
(3) 센싱라인의 동결(예를 들면, 배관의 보온재료 혹은 열전달과 관련된 문제로 발생)
(4) 격리밸브과 균압력밸브의 부적절한 정렬 또는 배치
(5) 센싱라인 누설(예를 들면 밸브 고장으로 발생)

이들 다섯 가지 문제점의 어떤 조합이라도 압력측정 시스템의 응답시간을 증가시키거나 혹은 또다른 문제점을 일으킬 가능성이 있다. 예를 들면 센싱라인에 공기가 존재할 경우 응답시간 증가의 원인이 될 뿐만 아니라, 압력 변동과 잘못된 지시를 만드는 공진을 일으키는 경우가 있다. 공기는 대개 고압의 유체 내에서는 용해되지만 내부의 공기가 용해되지 않거나, 발전소의 압력이 감압되면서 어떤 압력 이하가 되면 공기가 유체에서 나오는 경우가 종종 있다. 센싱라인 내부의 공기는 과도응답과 관련된 문제뿐만 아니라 압력 지시의 정확도에도 영향을 준다.

표 8.1과 표 8.2는 원자력 산업에서 경험한 센싱라인 이상에 대한 LER과 NPRDS 보고서의 예를 나타낸다(표 8.1과 표 8.2는 LER과 NPRDS에서 발췌하여 요약하였지만, 분량을 줄이기 위하여 저자가 편집하였다. 또한 저자가 승인을 받지 못한 관계로 해당 발전소의 이름은 공개하지 않았다).

9장에서는 원자력발전소의 압력측정 시스템의 폐색, 기포, 누락을 발전소 운전 중에 확인할 수 있는 잡음 해석법을 기술하였다.

표 8.1 원자력발전소 센싱라인 문제점에 대한 LER 사례

발전소	문제점	원인	해결책
		센싱라인 폐색	
인디안 포인트 (Indian Point)	SG 수위전송기 느린 반응	슬러지 발생으로 센싱라인 일부 폐색	관청소
	SG 수위전송기 고 드리프트	센싱라인 폐색	관청소
브라운 페리 (Browns Ferry)	다섯 곳에서 차압 전송기가 낮은 지시값을 보임 (안전저해)	센싱라인에 설치된 펄스댐핑 기기 (스너버)	스너버 제거
살렘(Salem)	붕산수 탱크 수위 지시상실	붕산으로 센싱라인 폐색	가압질소가스로 센싱라인 청소
H.B. 로빈슨 (H.B. Robinson)	SG 저수위로 인한 원자로정지	기준렉의 부분폐색	관청소
진나(Ginna)	붕산수저장탱크 수위가 기술 지침서 요건 이하로 떨어짐	센싱라인의 부분폐색	언급없음
파레이(Farley)	과도하게 높은 지시로 인한 SG 유량전송기 작동불능	저압 센싱라인에 장애물	센싱라인 청소
프레어리 아일랜드 (Prairie Island)	SG 고수위로 인해 기동중 발전소 정지	상당한 양의 자철석 물질이 라인에 흡착하여 SG 수위가 느리게 반응	SG 수위 전송기의 가변렉과 기준렉 청소
		공기 또는 기포	
노스 애나 (North Anna)	기동중 SG 협역수위채널이 다른 채널보다 10% 적게 지시됨	센싱라인 하부에 공기 기포 생성	라인 블로우다운
자이온(Zion)	영점이동으로 인해 가압기 압력 채널이 다른 채널보다 6% 적게 지시됨. 기존에 6번의 동일한 문제점이 LER에 보고됨	센싱라인에 공기 기포 생성	센싱라인 경사도 수정
브런스윅 (Brunswick)	원자로수질관리계통 유량 전송기에 과도한 누설경보가 발생	유량계 응답신호 시험시 잘못된 절차로 인하여 센싱라인에 기포 생성	기포 제거 및 시험절차서 개선
		결빙	
포인트 비치 (Point Beach)	SG 압력 전송기가 다른 채널보다 높은 값 지시. 기존에 2번의 동일한 문제점이 LER에 보고됨.	보온재 설치가 제대로 되지 않아 센싱라인 결빙	보온재를 개선하고 히터 가동
세쿼이아 (Sequoyah)	SG 압력 전송기가 결빙으로 인해 작동불능이 됨 (재장전수 수위 전송기와 급수 유량전송기도 높은 지시값을 보임)	센싱라인 결빙	라인을 녹이고 추가 보온재 설치 및 히터 가동

누설			
아칸소 뉴클리어원 (Arkansas Nuclear One)	원자로냉각재펌프 상부밀봉 공동 압력전송기가 낮은 값 지시. 기존에 3번의 동일한 문제점이 LER에 보고됨.	진동으로 인해 용접부가 깨져 상부밀봉부에 누설 발생	용접을 다시 하고, 진동부분을 개선함
브라운 페리 (Browns Ferry)	안전관련 질소 수위 전송기가 100%보다 높은 값 지시	센싱라인 누설로 잘못된 값 지시	센싱라인 수리

표 8.2 원자력발전소 센싱라인 문제점에 대한 NPRDS 사례

문제점	원인	해결책
	폐색	
수위 전송기가 제대로 작동하지 않음	저압탭이 이물질로 폐색	백플러쉬 방법으로 센싱라인 청소
서비스용수 재순환을 위한 제어채널의 압력이 8 bar 대신 2 bar가 지시됨	센싱라인이 침전물로 폐색	센싱라인 블로우다운
발전소 가열중 SG 압력 지시계가 낮은 값으로 고정	센싱라인 폐색	청소
고압안전주입계통 전송기가 매우 느리게 반응	부르동관이 붕산수로 폐색	부르동관 교체
	공기 또는 기포	
압력 전송계 지시값 불량	센싱라인 내부에 공기	전송기 벤팅
안전주입펌프 토출값 지시값 불량	센싱라인 내부에 공기	전송기 벤팅 및 교정
특정 채널의 SG 수위 지시값이 다른 채널보다 낮음	부적절한 설치로 전송기 기준루프 내에 공기 유입	물로 압력루프를 재충진
재순환제트펌프 지시값이 다른 것보다 높음	벨로즈 어셈블리내에 과도한 공기	벤팅 및 교정

8.4.2 BWR 수위측정

BWR에서는 압력 용기내의 수위를 정확하게 측정하는 것은 중요하다. 왜냐하면, 압력용기의 수위 신호는 자동적으로 안전계통을 기동하는 목적으로 사용되고, 사고시 또는 사고 후에 운전원에게 중요한 지침을 제공한다. 원자로가 급속히 감압되는 경우, BWR의 정확한 수위 측정이 어려울 수 있다. 이것은 비응축성 가스가 수위 전송기로 연결되는 센싱라인의 기준렉 속에 용해되기 때문에 발생한다. 이러한 용존가스는 약 30 bar 이하의 갑작스러운 감압 중에 기화해, 그 결과 부정확한 수위 측정이 발생된다. 또한 장기간에 걸쳐 정상운전 중에 축적된 용존가스는 급속히 유체로부터 용출되어 기준렉 배관의 물을 없애 버린다. 이렇게 되면 기준렉 수위가 내려가서 고수위의 오지시 값을 만들어 낸다. 다행히 BWR의 안전계통은 용존가스가 방출되는 30 bar보다 높은 압력에서 작동한다. 따라서 수위 측정의 문제가 발생하는 압력에 이르기 전에 원자로는 정지된다. 그럼에도 불구하고 운전원은 압력이 30 bar 미만인 정지중이나 다른 경우에도 수위 정보를 사용하므로 이 문제는 중요하게 다루어져야 한다.

8.4.3 센싱라인 공유

원자력발전소에서는 다수의 전송기가 센싱라인을 공유하는 경우가 있다. 공유된 센싱라인의 공통 배관에서 누설, 폐색, 기포가 존재하면, 이것에 의해 공통모드 고장을 일으킬 수 있다. 게다가 센싱라인의 밸브가 고장이 나면 배관을 공유하는 모든 전송기에 영향을 주게 된다.

공통모드 문제점 이외에도, 센싱라인을 공유하는 다중 압력 전송기의 동적응답은 공통배관에서 가장 영향을 주는 전송기의 응답시간에 의존하게 된다. 가장 영향을 주는 전송기는 대부분 가장 느린 응답시간을 갖는 전송기이다. 이 때문에 공통의 센싱라인을 사용하는 모든 전송기는 가장 영향력이 있는, 즉 가장 느린 전송기의 응답시간을 공유하게 된다.

8.4.4 스너버의 사용

잡음의 영향을 약하게 하기 위해서 센싱라인에 스너버(Snubber, 또는 Pulsation Damper)를 사용하는 경우가 있다. 잡음의 출처는 공정의 요동, 센싱라인 진동, 음향 공진, 계통의 이상을 제어하는 증기 배관 공진, 액체장입 센싱라인에 용해되지 않은 공기 덩어리에 의한 공진 등이 있다.

스너버는 압력측정 시스템의 동적응답을 증가시키는 방법으로 잡음의 영향을 줄인다. 따라서 응답시간이 특히 중요한 경우에는 사용에 주의할 필요가 있다. 센싱라인에 스너버를 사용해 압력측정 시스템이 요건을 만족할 수 없을 정도의 응답시간을 갖게 되어 원자력발전소를 정지해야 했던 사례에 대해 부록 D의 NRC 정보고시 92-331이 설명하고 있다.

스너버를 사용하는 대신에 전자회로를 사용하는 저역통과 필터를 사용할 수 있다. 이 방법도 모든 잡음의 정도는 저하시키지만 스너버와 같이 시스템의 응답시간을 증가시킨다. 전자 필터의 이점은 기계적 잡음이나 음향적 잡음뿐만이 아니라 계통의 어떠한 전기 잡음도 제거할 수 있다는 점이다. 또 다른 이점은 알려진 응답시간을 이용하여 정확한 통과 주파수를 갖도록 설계할 수 있다는 점이다. 다만 전자 필터는 스너버와는 달리 압력 전송기의 센싱소자를 진동으로 발생한 기계적인 피로로부터 보호하지 못하는 단점이 있다.

일부의 제작사는 잡음을 감쇠시키기 위해서 내장 필터를 사용한 압력 전송기를 판매하고 있다. 압력측정 시스템의 동적 특성을 해치지 않는 것을 보증하기 위해서, 이러한 전송기에서는 댐핑 조절에 주의를 기울여야 한다.

8.5 센싱라인의 동특성

압력측정 시스템은 스프링-질량 시스템으로 나타낼 수 있다(그림 8.5 참조). 공정의 압력이 상승하면, 센싱라인을 통해 압력파가 전달되고 전송기 공동의 체적 변화 ($\triangle V_t$)가 나타난다. 압력변화 $\triangle Ps$에 대해서 전송기의 콤플라이언스(C_t)는 다음과 같다.

$$C_t = \frac{\Delta V_t}{\Delta P_s} \tag{8.1}$$

스프링-질량 시스템의 동적거동은 선형 2차 모델에 의해 나타낼 수 있다. 이 경우, 시스템의 불감쇠 고유 진동수(ω_n)는 다음과 같다.[18]

$$\omega_n = \frac{\pi U_a}{2L}\sqrt{\frac{V_{FS}}{\frac{\pi^2}{4}\left[BC_t + B\left(\frac{V_b}{\gamma P_b}\right) + V_t\right] + V_{FS}}} \tag{8.2}$$

여기서,

U_a = 센싱라인 내부 유체의 음속

L = 센싱라인의 길이

V_{fs} = 센싱라인 내부의 유체 체적

V_t = 전송기의 유체 체적

B = 유체의 체적탄성율(Bulk Modulus)

V_b = 센싱라인에 존재하는 모든 가스 기포의 체적

y = 가스 기포의 정압, 정적 비열의 비(C_p/C_v)

P_b = 가스 기포에 인가된 압력

시스템의 댐핑비(ζ)는 다음과 같다.

$$\zeta = \frac{16\nu}{\omega_n d_S^2} \tag{8.3}$$

여기서,

v = 유체의 동적 점성도

ds = 센싱라인의 내경

식 (8.2)과 (8.3)을 이용하여 원자력발전소의 중요한 두 가지 입력 신호, 즉 스텝 입력과 램프 입력에 대한 시스템의 동적 응답 x(t)는 다음과 같이 쓸 수 있다. 스텝 입력에 대한 동적 응답은 다음과 같다.

$$x(t) = K\left[1 - \frac{\omega_n}{\omega_d}e^{-\alpha t}\sin\left(\omega_t + \arctan\left(\frac{\omega_d}{\alpha}\right)\right)\right] \tag{8.4}$$

여기서,

K = *시스템 게인*

ω_d = *감쇠 고유진동수*

α = *댐핑 계수*

t = *시간(초)*

램프 입력에 대한 동적 응답은 다음과 같다.

$$x(t) = Kr\left[t - \frac{2\alpha}{\omega_n^2} + \frac{1}{\omega_d}e^{-\alpha t} - \sin\left(\omega_d t + 2\arctan\left(\frac{\omega_d}{\alpha}\right)\right)\right] \tag{8.5}$$

여기서, r은 *입력 신호의 램프율이다.*

식 (8.4)과 (8.5)는 전송기 내부의 전자 회로 등의 부품, 센싱 소자 이후의 모든 기계적 연결 기구 등의 동적 응답을 무시했을 때, 압력측정 시스템의 댐핑이 없는 상태에서의 응답을 나타낸다. 그 결과, 이러한 모델이 예측하는 응답시간은 센싱라인의 길이, 폐색 및 기포가 시스템에 어떤 영향을 줄지를 이론적으로 분명히 제시한다. 현실에서는 9장에 기술되어 있듯이 실험실에서의 측정이나 현장 시험에 의해서 압력측정 시스템의 응답시간이 실험적으로만 확인될 수 있다.

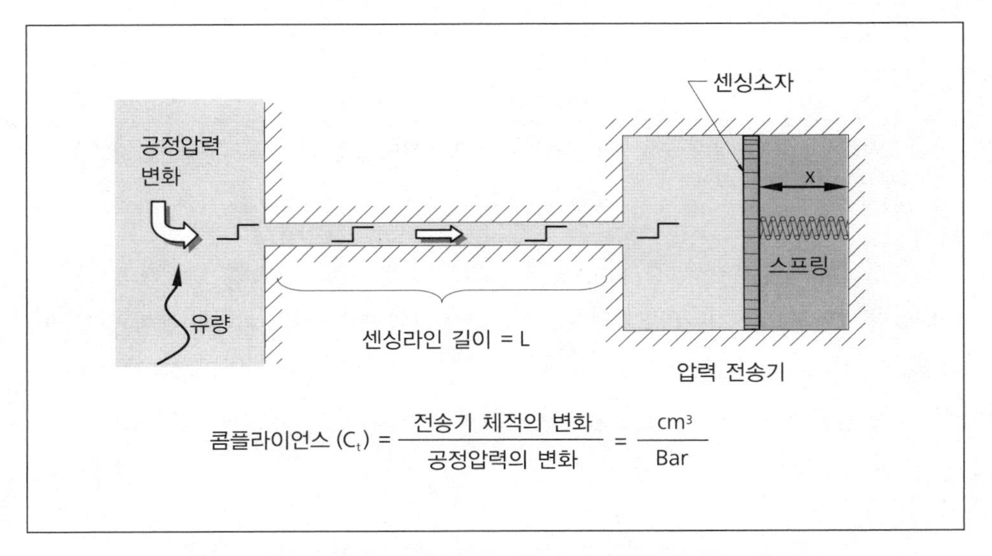

그림 8.5 압력 계측을 설명하는 간단한 모델과 콤플라이언스의 정의

8.5.1 센싱라인 길이의 영향

센싱라인의 길이가 증가하면 동시에 압력측정 시스템의 응답시간이 증가한다. 이것은 원자력발전소에서 사용되는 대표적인 세 가지 압력 전송기에 대한 표 8.3의 결과로부터 분명하다. 각 전송기 제작사의 카탈로그로부터 얻을 수 있는 콤플라이언스를 이용하여 앞에서 설명한 이론 모델을 기초로 이러한 결과를 얻었다.

표 8.3 센싱라인 길이와 전송기 형태의 함수로 나타낸 압력 센싱라인 응답시간의 이론적 예측

센싱라인 길이 (m)	응답시간 (초)		
	바톤	폭스보로	로즈마운트
		센싱라인 내경 = 6.35 mm	
15	0.22	0.03	0.11
30	0.31	0.04	0.15
60	0.44	0.06	0.22
90	0.54	0.07	0.27
120	0.63	0.09	0.31
150	0.71	0.11	0.35
		센싱라인 내경 = 9.53 mm	
15	0.14	0.02	0.07
30	0.20	0.03	0.10
60	0.29	0.04	0.15
90	0.35	0.06	0.18
120	0.41	0.07	0.21
150	0.46	0.09	0.24

계산에 사용된 전송기는 바톤 모델 764, 폭스보로 (현재는 위드) 모델 E13DM, 로즈마운트 모델 1153 Range Code 3.

표 8.3에서 응답시간의 결과는, 댐핑이 없는 모델에서 스텝 입력시 최초 피크에 다다르기까지 필요한 시간의 3분의 1에 상당한다(그림 8.6 참조). 이러한 결과와 실험실 측정값을 비교하여 표 8.4에 제시하였다. 이론적 결과와 실험 결과와 잘 일치하므로 응답시간을 계산하기 위한 이론 모델과 방정식의 유효성을 검증할 수 있었다.

표 8.4 센싱라인 길이와 전송기 형태의 함수로 나타낸 압력 센싱라인 응답시간의 이론적 예측값과 측정값의 비교

센싱라인 길이(m)	응답시간 (초)	
	예측값	측정값
	바톤	
30	0.15	0.07
60	0.22	0.15
120	0.31	0.29
	폭스보로	
30	0.02	0.02
60	0.04	0.05
120	0.07	0.10
	로즈마운트	
30	0.02	0.02
60	0.03	0.02
120	0.06	0.06

1. 위의 결과는 센싱라인 내경이 12.7 mm의 계산임.
2. 측정값은 다음과 같은 두 번의 실험을 수행하고 그 결과를 차감해서 얻은 것이다. 1) 센싱라인 길이를 30에서 120 m까지로 하여 바톤, 폭스보로 (위드), 로즈마운트 (Range Code 7)에 대한 응답시간을 실험실에서 측정, 2) 동일한 압력 전송기의 응답시간을 거의 무시할만한 길이의 센싱라인에서 측정.

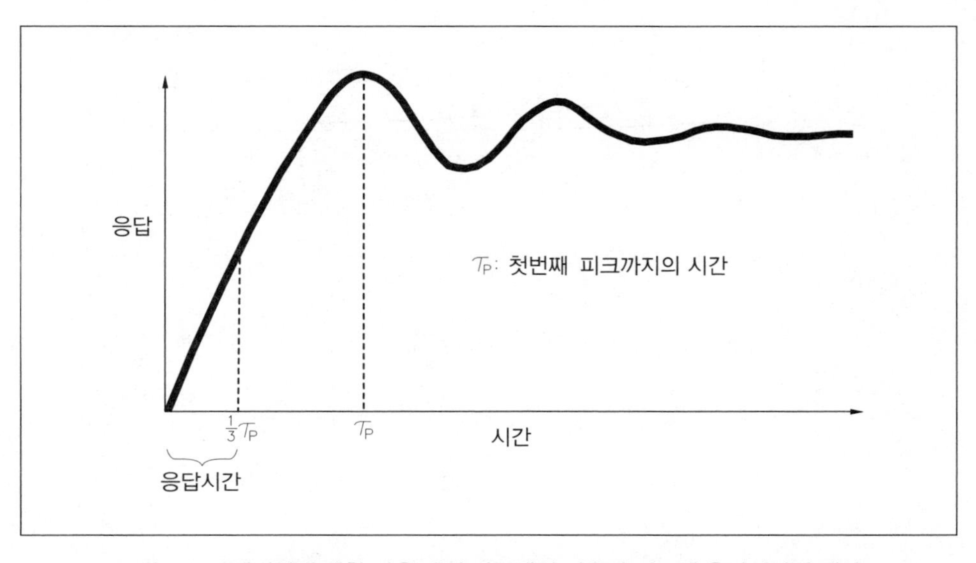

그림 8.6 스텝변화에 대한 낮은 댐핑 시스템의 거동과 시스템 응답시간의 계산

8.5.2 폐색의 영향

대표적인 압력 전송기에 대해서 센싱라인 직경에 따른 폐색의 응답시간에 대한 영향을 표 8.5와 그림 8.7에 나타냈다. 이 결과로부터 센싱라인의 직경을 작게 하면서 폐색을 시뮬레이션하면 압력측정 시스템의 동적응답이 증가함을 알 수 있다. 여기에서 폐색은 단단하고 센싱라인 전체 길이에 걸쳐 있다는 가정에 근거해 이론적으로 얻은 결과이다. 그렇지만 폐색은 일반적으로 국소적인 장애물에 의해서 발생하고 배관 전체 길이에 영향을 미치지는 않는다. 따라서 여기에서 제시한 시뮬레이션과는 다른 영향이 나타날 것이다.

센싱라인이 막힌 압력 전송기의 응답시간에 대한 실험 결과를 그림 8.8에 나타내었다. 이 데이터는 표 8.5와 그림 8.7에서 제시된 이론적인 예측치와 일치한다.

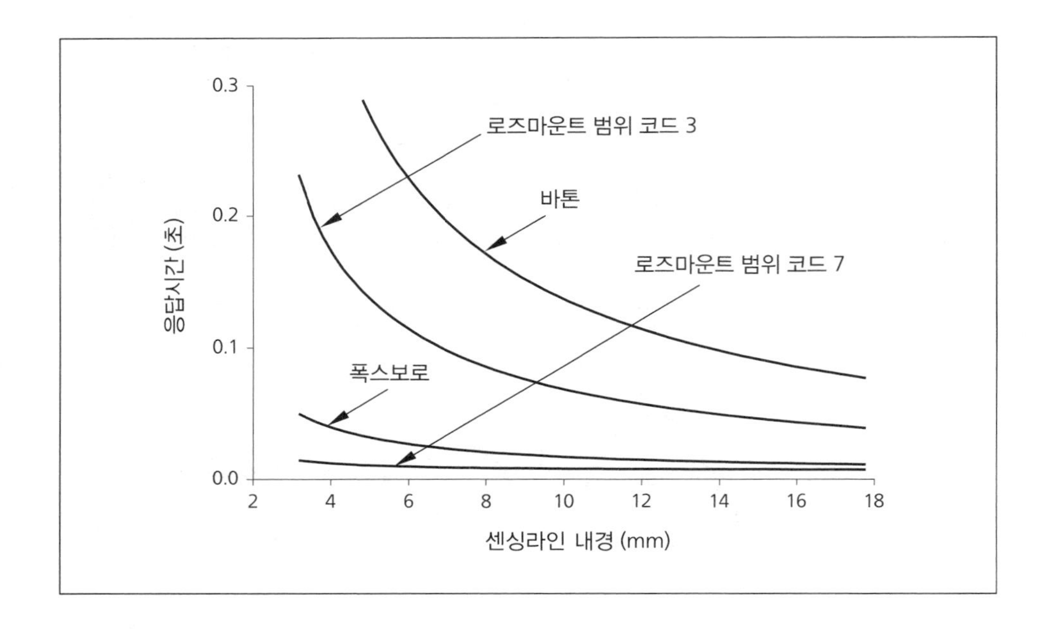

그림 8.7 센싱라인 내경의 함수로 나타낸 압력 전송기 응답시간

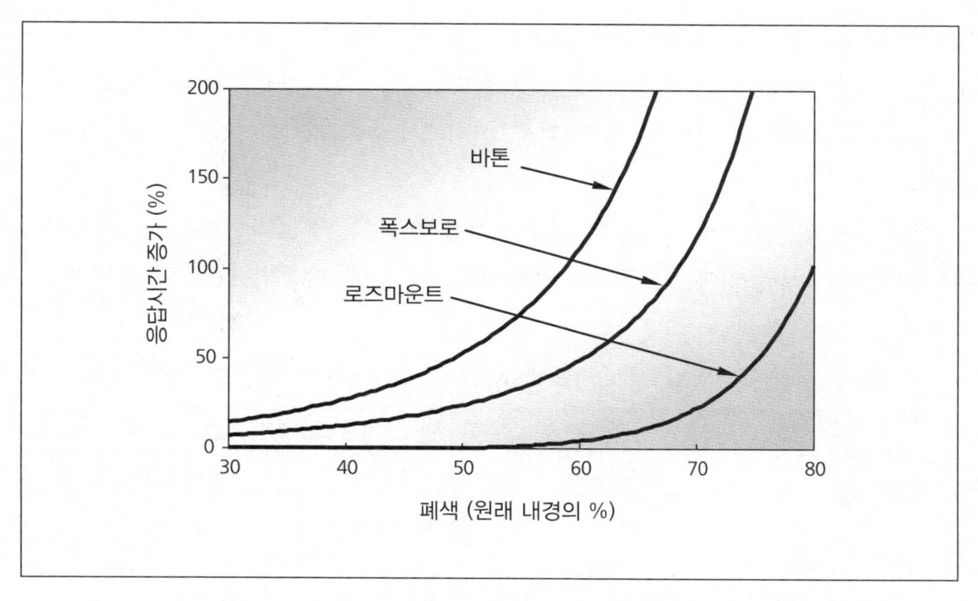

그림 8.8 압력 전송기별 센싱라인 폐색에 따른 응답시간 측정 결과

표 8.5 15 m 센싱라인 끝에서 압력 전송기의 응답시간을 측정하였을 경우 직경(폐색을 모사함)의 영향

센싱라인 내경(cm)	응답시간 (초)		
	바톤	폭스보로	로즈마운트
16	0.086	0.012	0.044
13	0.108	0.014	0.054
10	0.143	0.018	0.072
5	0.216	0.026	0.108
3	0.637	0.050	0.232

계산에 사용된 전송기는 바톤 모델 764, 폭스보로 (현재는 위드) 모델 E13DM, 로즈마운트 모델 1153 범위 코드 3.

8.5.3 기포의 영향

센싱라인의 기포는 압력측정 시스템의 정확도와 응답시간 양쪽 모두에 영향을 준다. 대표적인 압력 전송기에 대해 센싱라인 내부 기포의 작용에 의한 이론적인 응답시간을 표 8.6에 제시하였다. 이들은 0.25 bar와 15 bar의 압력에 대한 결과이다.

응답시간에 대한 기포의 영향은 압력이 오르면 현저하게 감소한다.

표 8.6의 결과는 다음의 세 가지 경우에 해당된다: 공기 기포가 없는 경우, 길이 15 cm의 공기 기포, 길이 150 cm의 기포. 여기에서 센싱라인은 내경 9.5 mm, 길이가 7 m이다.

식 (8.2)을 사용하여 표 8.6의 결과를 얻었다. 다른 콤플라이언스를 갖는 압력 전송기의 응답시간에 대한 기포의 영향을 모의하기 위해서 V_b의 값을 변경하였다.

표 8.6 원자력발전소 압력 전송기별 센싱라인 기포가 응답시간에 미치는 이론적 계산

제작사	응답시간 (초)		
	기포없음	15cm 기포	150 cm 기포
		압력 = 0.25 bar	
바톤	0.143	0.307	0.880
폭스보로	0.018	0.272	0.868
로즈마운트			
RC 7	0.008	0.271	0.868
RC 3	0.072	0.281	0.871
		압력 = 15 bar	
바톤	0.143	0.148	0.184
폭스보로	0.018	0.040	0.116
로즈마운트			
RC 7	0.008	0.037	0.115
RC 3	0.072	0.081	0.136

계산에 사용된 전송기는 바톤 모델 764, 폭스보로 (현재는 위드) 모델 E13DM, 범위 코드가 다른 두 개의 로즈마운트 모델 1153.

8.6 요약

가동중인 원자력발전소에 있어서 전송기는 온도, 진동, 방사선 및 그 외의 영향을 최소한으로 하고, 정비 직원이 전송기에 쉽게 접근할 수 있도록 일반적으로 공정으로부터 멀리 배치되어 있다. 압력 전송기에 공정 매체를 접속하기 위해서 센싱라인을 사용한다. 통상 압력 전송기 한 대당 두 개의 센싱라인이 존재한다. 통상 운전중에는

센싱라인 내부의 흐름은 없다.

센싱라인은 보통 작은 직경의 스테인리스 관으로 만든다. 센싱라인은 변형을 수반하지 않게 열팽창과 진동을 고려하고, 중력에 의한 배수 기능을 갖고 있으며, 자연스럽게 공기 빠져나가도록 설계된다. 액체장입 센싱라인은 배관 내의 가스 혹은 공기가 공정으로 나갈 수 있도록 센싱라인을 아래쪽으로 경사지게 만든다.

발전소의 실제 배치에 따라 센싱라인은 약 10 m에서 200 m의 길이에 이르며, 평균적으로는 약 35 m정도이다. 응답시간이 증가하지 않게 하기 위해서 센싱라인의 길이는 최소한으로 억제한다. 장애물 또는 기포가 없는 센싱라인은 응답시간이 현저하게 낮아지지는 않는다. 그러나, 센싱라인 내부의 폐색과 기포에 의해서 현저한 동적 지연이 생긴 다수의 사례가 원자력발전소에서 보고되었으며, 여기에서는 몇 가지 사례를 설명하였다.

비안전 용도인 경우 복수의 전송기가 하나의 센싱라인을 공유하는 경우가 있다. 그러나 안전계통 측정의 경우, 센싱라인의 폐색, 밸브 고장, 그 외 유사한 공통원인 고장을 회피하기 위해서, 센싱라인에 한 대의 전송기만을 연결시킨다.

안전관련에는 사용되지 않고 비안전 센싱라인에서만 활용하는 또 다른 특징은 공정의 잡음을 줄이기 위해서 스너버 또는 맥동 감쇠기를 사용하는 것이다. 이러한 스너버의 단점은 압력측정 시스템의 응답시간을 증가시킨다는 것이다.

제9장

압력센서와 센싱라인 동특성의 측정

원자력발전소에서 압력센서와 센싱라인의 동적 응답 시험은 아래 네 개의 항목 가운데 하나 이상의 원인에 의해서 행해진다.

(1) 응답시간이 발전소의 기술 사양이나 규제상의 요구 사항에 적합한지 확인
(2) 폐색, 기포, 누설을 포함하여 센서 및 라인의 문제점을 확인
(3) 부품의 경년열화를 관리, 잔여 수명 평가, 압력측정 시스템의 신뢰도 평가
(4) 센서의 교환 시기를 확인

원자력발전소의 압력센서 및 이와 연결된 센싱라인의 동적 응답은, 본 장에서 설명하는 잡음 해석법을 이용하여 측정된다. 이를 활용하면 RTD와 열전대의 동적 특성도 평가할 수 있다.

9.1 잡음 해석법: 절차

잡음 해석법은 발전소가 운전 중에 압력 전송기의 출력에 존재하는 자연적 요동을 해석하는 것이다. 이러한 요동 즉 잡음은 계통내의 유체의 흐름에 의해 발생하는 난류, 진동, 그 외 자연적 현상에 의해서 나타난다.

잡음 해석법은 압력측정 시스템의 동적 시험을 위한 수동적 방법이다. 이를 활용하면 동일한 시험으로 압력 전송기와 센싱라인 모두의 응답시간을 구할 수 있다. 시험시

전송기의 사용을 정지하거나 발전소의 운전을 방해하지 않고 원격으로 여러 대의 전송기에 대해 동시에 시험을 실시할 수 있다. 시험은 데이터 수집, 데이터 검증, 데이터 해석의 세 단계로 구성되며 아래 상세히 기술하였다.

9.1.1 데이터 수집

압력 전송기의 일반적인 출력은 교류 형태의 공정 잡음이 중첩된 직류 신호이다. 잡음은 전송기 출력에서 직류 성분을 없애고 교류 성분을 증폭해 얻을 수 있다. 증폭기, 필터 및 다른 구성요소를 포함한 상용 신호처리 기기를 사용하여 간단하게 구성할 수 있다. 교류 신호는 높은 샘플링 주기(예를 들면 1 또는 2 kHz)로 디지털화하여 다음 해석을 위해서 보존된다. 해석은 데이터를 수집했을 때 바로 실시하든가 혹은 기억장치로부터 데이터를 추출하여 오프 라인으로 실시한다.

원자력발전소 압력 전송기로부터 50초간의 얻어진 잡음 데이터 기록을 그림 9.1에 나타냈다. 각 전송기(혹은 전송기 그룹)에 대해 해석하기 위해서 이러한 잡음 데이터를 통상 약 1시간정도 기록한다.

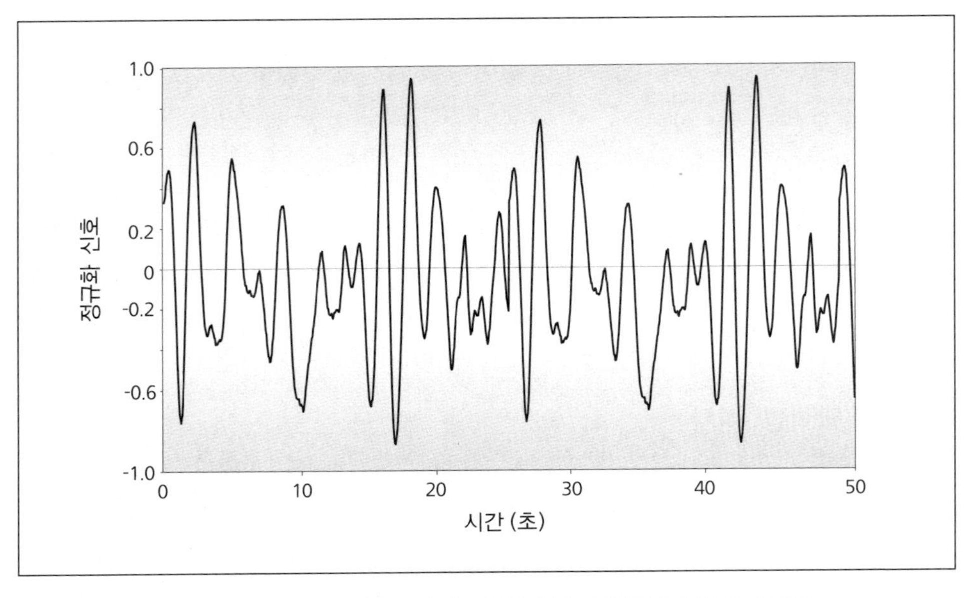

그림 9.1 가동중인 원자력발전소 압력 전송기에서 나온 잡음 데이터

9.1.2 데이터 검증

어떠한 해석이든 실시되기 전에 데이터를 철저하게 조사해 선별하는 것이 필요 하다. 이 작업은 보통 소프트웨어에 내장되어 있는 데이터 검증 알고리즘에 의해 수행되는데, 데이터의 정상성(Stationary)과 선형성을 확인하고 그 밖의 이상이 없는가 조사한다. 예를 들면, 그림 9.2에 나타나듯이 데이터의 진폭확률밀도(Amplitude Probability Density, APD)를 그려서 치우침이 있는지 검사한다. 치우쳐진 APD(그림 9.2 아래)는 데이터를 취득하는 센서의 비선형성을 포함하여 어떤 비정상적인 데이터에 의해 발생한다.

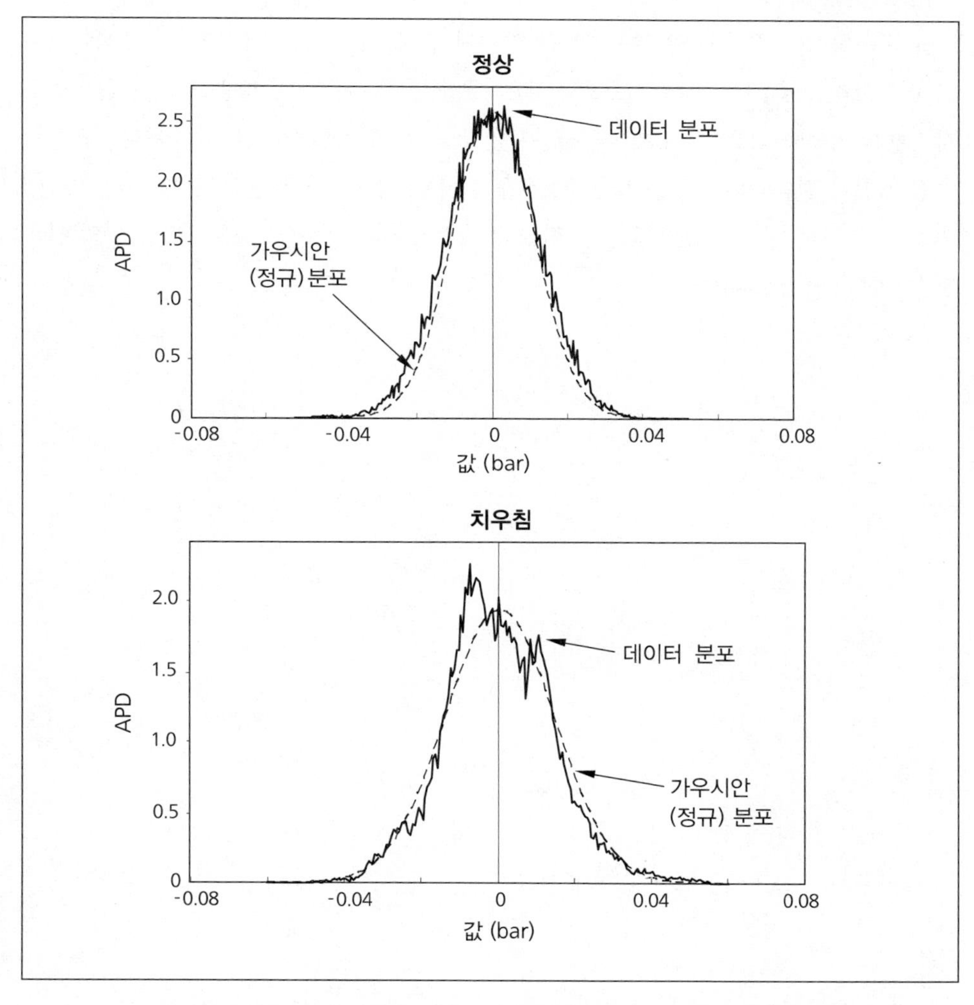

그림 9.2 압력 전송기 잡음신호의 정상적인 모습과 치우침이 있는 모습

그림 9.2 위의 그림에서 APD는 평균값에 대해서 완전에 대칭이고, 그 위에 가우시안(Gaussian) 분포(종 모양의 커브)를 덧대면 완전히 일치한다. 가우시안 분포는 정규(Normal) 분포라고도 한다(즉 가우시안은 정규와 유사한 용어이다).

잡음 데이터의 검증을 위한 APD와 더불어, 데이터의 평균, 분산, 왜도(Skew) 및 편평도(Flatness)를 계산해, 포화, 외란, 결측치, 혹은 다른 바람직하지 않은 특성이 존재하는 지를 상세하게 조사한다. 해석 작업에 착수하기 전에 이상이 존재하는 데이터 블록은 기록으로부터 제외시킨다.

9.1.3 데이터 해석

잡음 데이터는 주파수 영역이나 시간 영역에서 해석된다. 주파수 영역의 해석에서는 FFT 알고리즘에 의해 잡음 신호의 PSD를 우선 얻을 수 있다. 다음으로는, 압력측정 시스템의 수학적 모델을 PSD에 적용시켜 시스템의 응답시간을 산출한다. 원자력 발전소 압력 전송기의 PSD는 발전소, 전송기 설치, 용도, 공정 조건 및 그 외의 영향에 의해 여러 가지 형상을 나타낸다. 그림 9.3은 PWR에서 사용되는 세 가지 용도의 압력 전송기에 대한 PSD이다.

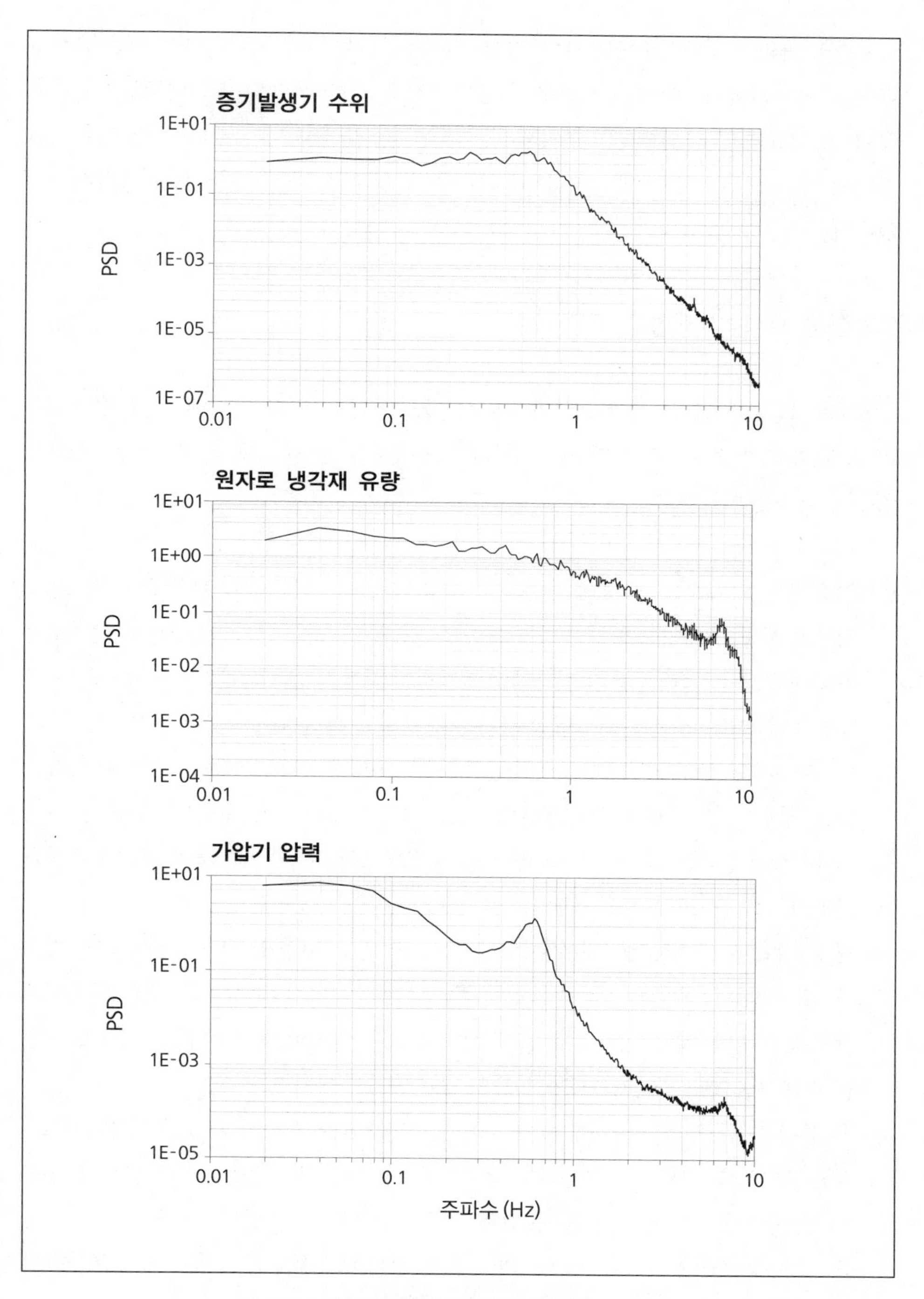

그림 9.3 원자력발전소 압력 전송기의 PSD 사례

시간 영역의 해석에서는 단변량 자기회귀(Autoregressive, AR) 모델을 사용해 잡음 데이터를 처리한다. 이것은 시스템의 응답시간을 계산하여 임펄스 응답(폭이 좁은 압력 펄스에 대한 응답)과 스텝 응답을 제공한다. 일반적으로, 주파수 영역과 시간 영역의 양쪽 모두로 잡음 데이터를 해석한 다음, 결과를 평균해 시스템의 응답시간을 얻는다.

9.2 잡음 해석법: 가정

원자력발전소의 압력측정 시스템의 응답시간을 시험하기 위한 잡음 해석법의 유효성은 아래 세 개의 가정에 의존한다. 이러한 가정을 아래에 정리하였으며 가정이 어긋났을 경우의 결과를 언급하였다.

(1) 전송기에서 나오는 공정 잡음은 "백색"으로, 이는 평탄한 스펙트럼 혹은 본질적으로 무한의 대역폭을 갖는다는 뜻이다. 물론 이것은 이상적인 경우로 실제로는 가능하지 않다. 그러나 공정 잡음의 스펙트럼이 시험 대상 시스템의 주파수 응답보다 대역폭이 크다면, 잡음 해석법의 결과는 충분히 정확하다.
이 조건이 만족되지 않으면(즉, 공정 잡음이 시험 대상 시스템보다 작은 대역폭을 갖는 경우), 공정 신호의 대역폭이 잡음 해석의 결과를 좌우한다. 이러한 경우 응답시간의 결과는 압력측정 시스템의 실제 응답시간보다 길어진다. 이것은 보수적인 결과이므로 원자력발전소 적용이 가능하다.

(2) 공정 잡음에 큰 공진이 있어서는 안된다. 만약 공진이 있으면 잡음 스펙트럼의 롤오프(Roll-Off) 주파수를 보다 높은 쪽으로 이동시키게 된다. 이 조건이 만족되지 않으면, 데이터 분석 과정이나 결과 해석시 교정 방법이 필요하다. 그렇지 않으면 잡음 해석법으로부터 얻은 응답시간의 값은 보수적이지 않게 된다.

(3) 시험 전송기는 선형성이 매우 좋아야 한다. 전송기의 선형성이 좋지 않는 경우 에는, 발전소의 전송기가 통상 작동하는 압력 부근의 압력 설정치에서 작은 진폭의 시험 신호를 가지고 응답시간을 측정한 경우에 잡음 해석법의 결과가 유효하다 (9.1.2절에 설명한 것처럼, 데이터의 APD를 작성하고 치우침 상태에 대해 조사하는 것은 압력측정 시스템의 선형성 검증을 위한 바람직한 방법이다).

지금까지의 경험에서 원자력발전소의 압력 전송기는 통상 이러한 세 개의 가정을 만족하는 것으로 나타냈다. 예외로서는 공정 변수가 거의 변동하지 않거나 전혀 변동하지 않는 원자로 격납용기의 압력 전송기, 저장탱크 수위 전송기 등이다. 이러한 전송기를 위해서 원격으로 응답시간을 측정하는 핑크 잡음 시험이라고 하는 방식이 개발되고 있다. 이 시험에 대해서는 9.4절에서 설명한다.

9.3 잡음 해석법: 검증

원자력발전소의 압력 전송기 응답시간을 시험하기 위한 잡음 해석법의 타당성은 실험실과 현장에서 수행된 실험과 시뮬레이션에 의해서 확립되었다.[18] 여기에서는 두 가지 검증 방법에 대해 설명한다.

램프 시험법이 원자력발전소 압력 전송기의 응답시간 시험을 위한 표준 방법이므로, 여기서 설명하는 검증 시험에서는 램프 시험 방법을 잡음 해석법을 검증하기 위한 기준으로서 사용하였다.

9.3.1 실험실 검증

잡음 해석법의 실험실 검증 순서는 다음과 같다.

(1) 램프 시험법에 따라 전송기의 응답시간을 측정한다.
(2) 광대역의 압력 잡음을 발생시키는 실험실의 유동 배관 실험장치에 전송기를 고정시킨다(고속 응답 기준 전송기를 사용하여 잡음의 대역폭을 감시한다).
(3) 전송기의 AC 출력을 1시간 기록한다.
(4) 전송기의 응답시간을 얻기 위해서 데이터를 검증하고 해석한다.
(5) 램프 시험 결과와 잡음 해석법의 결과를 비교한다.

이러한 절차를 원자력발전소에서 사용하고 있는 다수의 압력 전송기에 적용하였다. 표 9.1은 램프 시험과 이에 대응하는 잡음 시험에 의한 응답시간의 대표적인 결과를 나타낸다. 주파수 영역과 시간 영역의 PSD 해석 결과 세 가지를 그림 9.4에 제시하였다.

표 9.1 원자력등급 전송기의 잡음 해석법에 대한 실험실 검증 결과

응답시간 (초)		
램프 시험	잡음해석법	오차
	바톤	
0.05	0.09	0.04
0.17	0.20	0.03
0.17	0.25	0.08
0.12	0.15	0.03
0.12	0.20	0.08
0.11	0.15	0.04
0.12	0.18	0.06
	폭스보로	
0.13	0.16	0.03
0.21	0.18	- 0.03
0.16	0.13	- 0.03
0.09	0.12	0.03
0.29	0.30	0.01
0.25	0.15	- 0.10
0.28	0.25	- 0.03
	로즈마운트	
0.05	0.06	0.01
0.32	0.28	- 0.04
0.07	0.05	- 0.02
0.10	0.07	- 0.03
0.11	0.08	- 0.03
0.09	0.08	- 0.01
0.09	0.09	0.00
	기타 제작사	
0.15	0.15	0.00
0.21	0.18	- 0.03
0.02	0.08	0.06
0.03	0.07	0.04
0.08	0.11	0.03
0.15	0.27	0.12
0.33	0.37	0.04

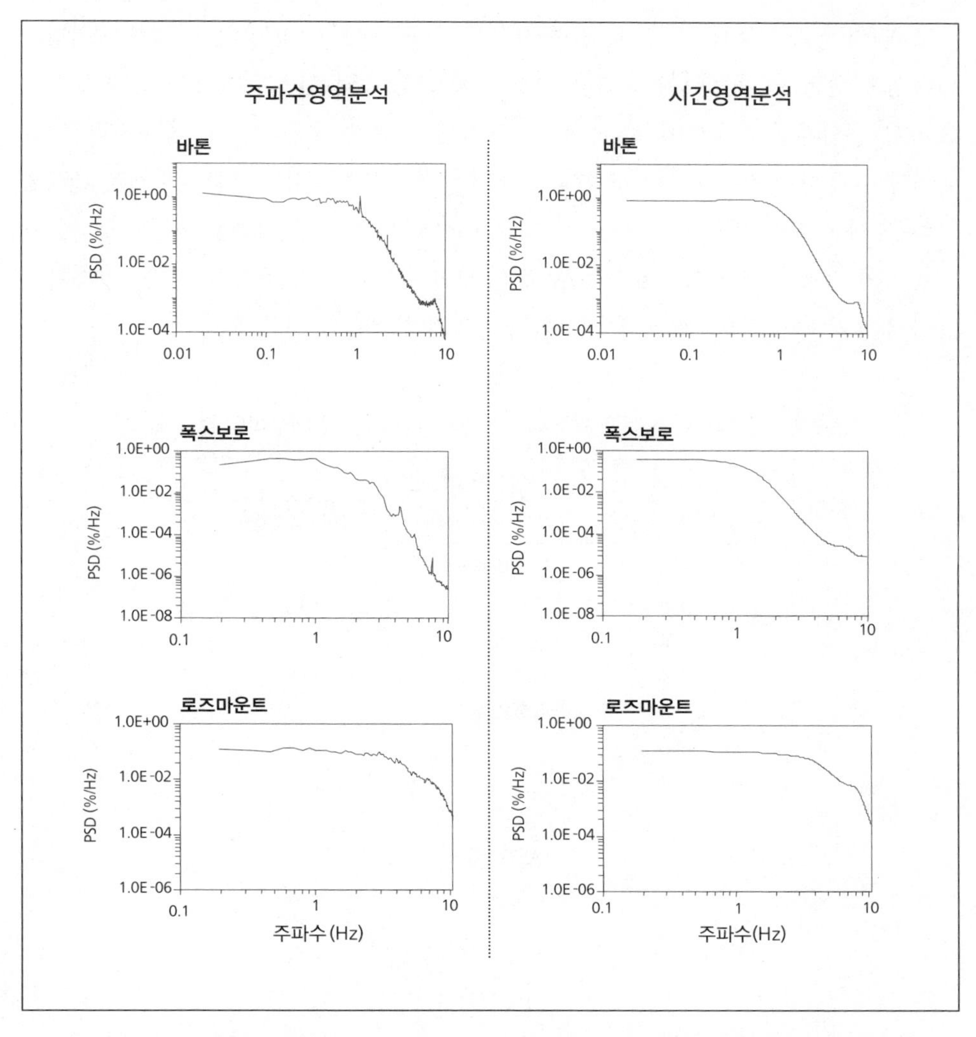

그림 9.4 원자력등급 전송기에 대한 잡음 신호의 주파스 및 시간영역 분석으로 얻어진 PSD

램프 시험과 잡음 해석법의 결과로부터 각 전송기의 응답시간 차이를 표 9.1에 나타냈다. 이상적인 경우에는 램프 시험과 잡음 시험법의 응답시간 값이 동일해야 한다. 그렇지만 압력 전송기의 램프 시험법과 잡음 시험법 양쪽 모두의 고유한 반복성이나 그 외의 문제 때문에, 통상 동일한 응답시간 결과는 얻을 수는 없다. 그러나 표 9.1에 나타낸 것처럼 램프 시험과 잡음 시험의 결과에 있어서, 몇 가지 예외는 있지만 대부분 ±0.05초 미만이었다. 이것은 두 가지 방식을 사용한 응답시간 측정에 영향을 줄 수 있는 모든 요인을 고려하면 상당히 합리적으로 일치하고 있다.

표 9.1의 결과는 통상 사용되는 압력 전송기 시험을 근거로 하고 있다. 잡음 해석법의 타당성을 한번 더 확인하기 위해서, 인위적으로 몇 대의 전송기 성능을 강제로 떨어뜨리고 응답시간을 확인하였다. 잡음 해석법을 통해 응답시간의 성능저하를 잘 확인할 수 있다는 것은 이것을 통해 검증되었다. 다음으로는 램프 시험법과 잡음 해석법 모두를 사용하여 전송기의 응답시간을 시험하고 표 9.2에 결과를 제시하였다. 각 전송기의 성능을 점진적으로 저하시켰을 때의 응답시간을 측정한 결과, 전송기의 응답시간 저하가 분명하게 잡음 해석법에 반영되어 있음을 볼 수 있다.

표 9.2 인공적으로 성능을 저하시킨 전송기에 대한 잡음 해석법의 검증 결과

응답시간 (초)	
램프 시험	잡음 해석법
바톤	
0.11	0.12
0.16	0.27
0.50	0.73
폭스보로	
0.12	0.15
0.16	0.19
0.33	0.44
로즈마운트	
0.05	0.18
0.35	0.35
0.67	0.68
기타 제작사	
0.15	0.15
0.19	0.19
0.30	0.35
0.02	0.02
0.04	0.03
0.42	0.50
0.08	0.11
0.12	0.20
0.25	0.35

9.3.2 현장 검증

잡음 해석법을 이용하여 원자력발전소 압력 전송기를 온라인으로 시험하였다. 그 후 바로 기존의 오프라인 램프 시험법으로 원자력발전소의 압력 전송기를 시험하였다. 이 시험에 의해 잡음 해석법에 대한 현장 검증용 결과를 얻을 수 있었다(표 9.3 참조).

표 9.3에서 제시된 잡음 해석법의 결과와 램프 시험법의 결과는 한 대의 굴드 PT-505를 제외하고 거의 일치하고 있다. 같은 발전소에서 실험한 다른 두 대의 굴드 PT-524와 PT-526 전송기의 APD는 정상(가우스) 분포이지만 그림 9.5와 같이 해당 전송기는 비대칭 APD를 갖고 있음을 알았다. APD는 전송기의 비선형성, 데이터 문제, 잡음, 혹은 다른 원인에 의해서 비대칭이 되는 경우가 있다. 중요한 것은 PT-505의 이상적인 응답시간은 비정상 APD와 상관이 있다. 그러므로 APD는 응답시간의 결과를 신뢰할 수 있을지에 대한 중요한 정보를 제공하므로, 잡음 해석법으로 응답시간을 측정하는 모든 센서의 APD를 그려보고 검사하여야 한다.

표 9.3에서 두 가지 방식의 차이에서 바톤 전송기가 다른 것보다 크다는 사실에 주의해야 한다. 이것은 바톤 전송기의 보통보다 굵은 센싱라인의 영향 때문이다.

표 9.3 잡음 해석법을 이용한 현장 검증

응답시간 (초)		
램프 시험	잡음 해석법	편차
	바톤	
0.23	0.36	0.13
0.23	0.38	0.15
0.23	0.39	0.16
	로즈마운트	
0.08	0.06	-0.02
0.11	0.13	0.02
0.21	0.33	0.12
0.10	0.11	0.01
	굴드	
0.13	0.16	0.03
0.12	0.18	0.06
0.16	0.78	0.62*
	기타 제작사	
0.04	0.05	0.01
0.21	0.21	0.00
0.02	0.02	0.00
0.04	0.03	- 0.01

* 전송기가 치우침이 있는 APD를 보임 (그림 9.5 참조).
참고: 잡음 해석법 결과는 센싱라인의 영향을 포함하고 있지만 램프 시험은 그렇지 않음. 그러나 음파지연과 센싱라인 길이의 영향은 별도로 계산되어 램프 시험 결과에 추가되었음.

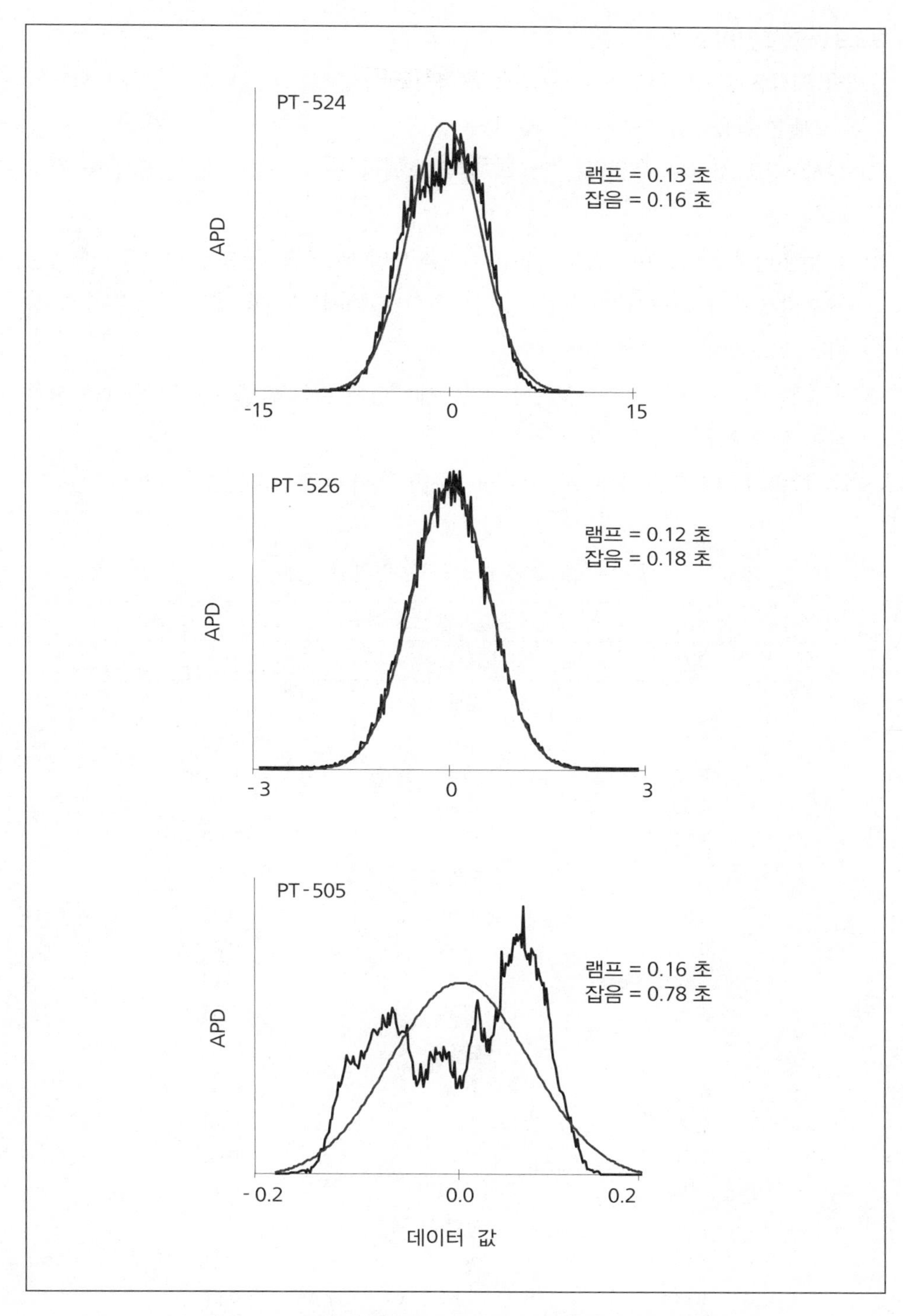

그림 9.5 PWR에서 수행된 굴드 전송기의 현장시험 APD 결과

9.3.3 소프트웨어 검증

잡음 해석용 소프트웨어 프로그램은 보통 합성된 아날로그 또는 디지털 잡음 데이터와 이론 모델을 이용해 검증한다. 절차는 다음과 같다.

(1) 원자력발전소에서 사용되는 압력측정 시스템의 동적 모델(이론 방정식)을 결정한다.

(2) 합성된 디지털 또는 아날로그 잡음 데이터를 모델에 주입한다. 합성 디지털 데이타는 난수발생기에 의해서 얻을 수 있다. 한편 광대역의 잡음 발생기로부터 합성 아날로그 데이터를 만들 수도 있다.

(3) 검증된 소프트웨어를 사용해 합성 입력 데이터에 대한 모델의 동적 응답을 해석하여 응답시간을 계산한다.

(4) 순서 (3)의 결과를 모델의 변수로부터 계산한 실제의 응답시간과 비교한다.

표 9.4 잡음해석법 소프트웨어의 검증 결과

응답시간 (초)		
이론	소프트웨어	편차
	모델 1	
0.05	0.05	0.00
0.10	0.11	0.01
0.80	0.80	0.00
3.18	3.18	0.00
	모델 2	
0.01	0.01	0.00
0.10	0.10	0.00
1.15	1.14	-0.01
2.32	2.35	0.03
	모델 3	
0.06	0.06	0.00
0.31	0.30	-0.01
0.61	0.64	0.03
2.02	2.04	0.02
	모델 4	
0.23	0.23	0.00
1.73	1.80	0.07
2.02	1.93	-0.09

표 9.4는 네 개의 이론 모델에 대한 결과를 나타낸다. 이는 일반적인 압력 전송기에 대한 정상적인 응답시간과 열화 된 응답시간을 나타낸다. 예상대로, 이들 두 개의 결과의 차이는 무시할 수 있는 정도이다(5% 미만). 이를 통해, 잡음 해석법 소프트웨어 프로그램의 타당성이 증명된다.

9.3.4 하드웨어 검증

하드웨어 검증은 디지털 데이터수집 시스템에 의해서 시뮬레이터로부터 발생된 아날로그 데이터를 수집해, 데이터 검증 소프트웨어에 의해서 신호를 분류하고, 마지막으로 주파수 영역 또는 시간 영역에서 해석한다. 이 과정에서 응답시간이 알려진 압력 전송기 시뮬레이터를 사용한다. 하드웨어의 검증 절차는 다음과 같다.

(1) 시뮬레이터(예를 들면 RC 회로망)를 개발하여 압력 전송기의 동적 특성을 모의한다.
(2) 그림 9.6과 같이 스텝(혹은 램프) 입력 신호를 사용하여 시뮬레이터의 응답시간을 측정한다.
(3) 그림 9.7과 같이 신호 발생기를 사용해 시뮬레이터에 광대역 랜덤 잡음을 추가한다.
(4) 시뮬레이터의 출력 데이터를 기록하고 해석하여 응답시간을 얻는다.
(5) 순서 (2)와 순서 (4)의 결과를 비교한다. 절차의 타당성을 보증하기 위해서는 둘의 결과가 거의 동일하지 않으면 안 된다.

네 대의 시뮬레이터에 대해서 위의 다섯 단계에 대한 검증 결과를 표 9.5에 제시하였다. 시뮬레이터 응답시간에 대한 직접 측정과 잡음 해석법의 차이는 무시할 수 있는 정도이다(5% 미만). 전술한 소프트웨어와 하드웨어의 검증에 합격한 잡음 해석용 데이터 수집장치와 데이터 해석 시스템은 원자력발전소 전송기의 응답시간 시험에 유효하다고 평가된다.

표 9.5 잡음 분석 하드웨어 검증 결과

응답시간 (초)		
직접측정	잡음해석 소프트웨어	편차
	시뮬레이터 1	
0.03	0.04	0.01
0.26	0.28	0.02
0.30	0.29	-0.01
	시뮬레이터 2	
0.001	0.001	0.000
0.003	0.004	0.001
0.003	0.005	0.002
	시뮬레이터 3	
0.05	0.06	0.01
0.30	0.30	0.00
0.54	0.47	-0.07
	시뮬레이터 4	
0.002	0.002	0.000
0.006	0.005	-0.001
0.006	0.006	0.000

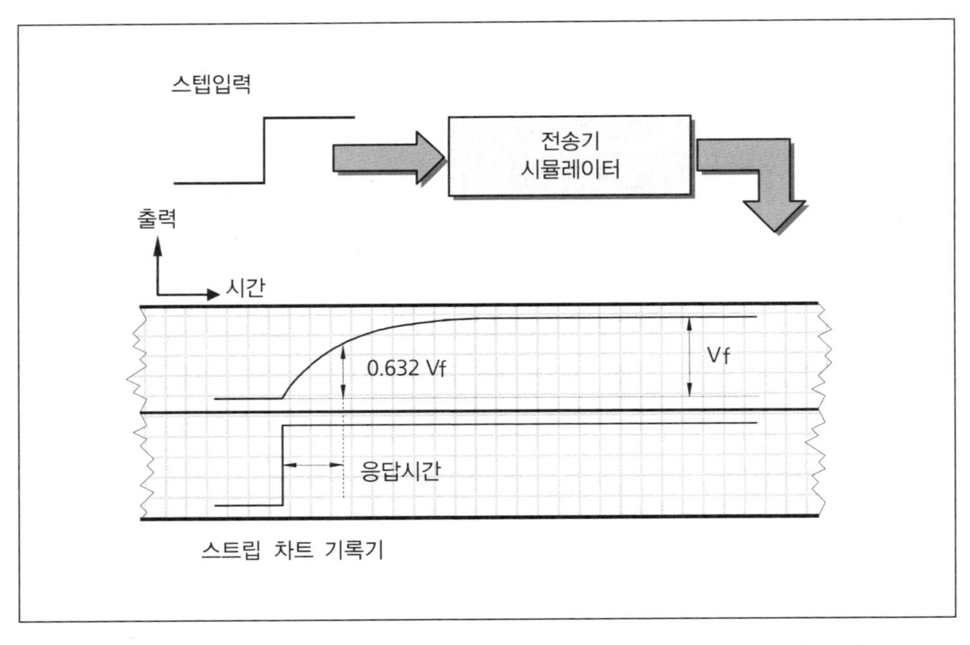

그림 9.6 압력 센싱 시스템 시뮬레이터로 응답시간을 측정하기 위한 시험설비

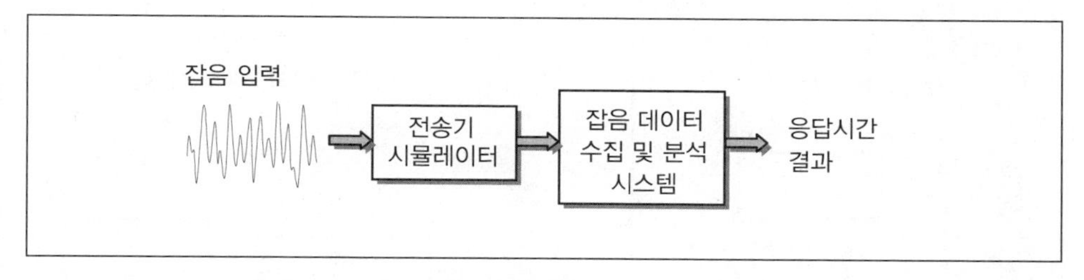

그림 9.7 잡음 데이터수집 하드웨어 검증을 위한 시험 설비

9.4 핑크 잡음법

9.2에서 언급된 것처럼 원자력발전소에서 압력측정 시스템의 응답시간 시험은 광대역의 공정 요동이나 백색 잡음을 필요로 한다. "백색 잡음"이라는 용어가 일반적으로 사용은 되지만 통상 공정의 요동에 백색 잡음 특성은 없다. 그러나 공정 요동의 대역폭이 시험하는 압력측정 시스템의 예상되는 대역폭보다 충분히 크다면 이것은 문제가 되지 않는다.

격납용기 압력 전송기나 저수 탱크의 수위 전송기와 같은 원자력발전소 일부의 압력 전송기에 대해서는 공정의 요동이 존재하지 않기 때문에, 응답시간 시험에 잡음 해석법을 사용하지 않는다. 이 때에는 종래의 램프 시험법을 사용하든가 전송기에 인공적으로 압력 잡음을 주입해 응답시간을 시험한다. 그림 9.8과 같이 아날로그 잡음 신호 발생기에 의해 구동되는 전류 압력 변환기를 사용한 랜덤 잡음 신호 발생기에 의해 인공적으로 압력 잡음을 발생시킨다.

이러한 방법으로 발생된 신호를 핑크 잡음(Pink Noise)이라고 부르며, 이것을 이용한 시험법을 핑크 잡음법이라고 부른다. 핑크 잡음법의 이점은 그것을 사용해 압력 전송기의 응답시간을 원격으로(예를 들면 격납용기 외부에서) 측정할 수 있다는 것이다. 일반적으로 격납용기 외부에서 기존의 케이블을 통해 핑크 잡음이 전송기로 인가된다.

압력 전송기 응답시간 시험을 위한 핑크 잡음법은 이미 검증되었으며, 원자력발전소에서 사용되고 있다. 핑크 잡음법에 대한 실험실 검증 결과를 표 9.6에 요약하였다.

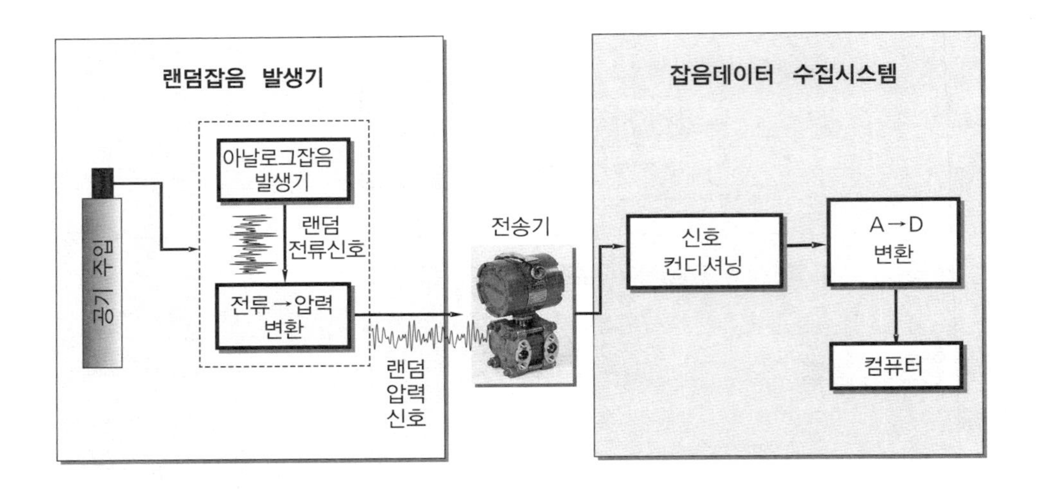

그림 9.8 핑크 잡음법을 이용하여 격납건물 압력 전송기 및 기타 센서의 응답시간을 측정하는 장비

표 9.6 핑크 잡음 해석법의 검증 결과

응답시간 (초)	
램프 시험	잡음 해석법
0.19	0.22
0.04	0.06
0.47	0.42
0.48	0.46
0.08	0.09

9.5 잡음 해석법의 정확도

원자력발전소에서 사용되는 것과 같은 종류의 압력 전송기를 사용하여 압력측정 시스템의 응답시간을 시험하는 잡음 해석 기술의 정확도가 실험적으로 검증되었다. 각 전송기에 대해서 램프 시험법을 사용해 응답시간을 측정하고, 다음으로는 잡음 해석법을 사용해 응답시간을 측정한다. 이런 방법으로 우선 램프 시험 결과의 신뢰도를 확보한다. 이를 위하여 특별히 두 개 세트에 대한 측정을 실시했다. 하나는 여러 가지 증가율을 이용한 압력 전송기의 램프 응답시험, 다른 한 세트는 다른 3명의 엔지니어에 의해서 재현성 시험이 수행되었다. 측정된 응답시간 및 각 전송기의 최대/최소 응답시간의

차이에 대한 대표적 결과를 표 9.7과 표 9.8에 나타냈다. 표 9.7의 결과는 3~8 종류의 증가율로 측정한 결과를 나타낸다. 표 9.8은 엔지니어들의 이니셜 MH, REF, KMP으로 표시하였고, 세 가지 경우에 대한 재현성 시험의 결과이다. 몇 개의 이상치를 제외하고, 표 9.7과 표 9.8 양쪽 모두의 결과는 0.05초 이내에서 양호한 재현성을 나타내며 거의 증가율에 의존하지 않음을 보여준다.

다음으로는 잡음 해석법 결과의 재현성을 검사하기 위해서 실험실에서 측정을 했다. 표 9.9는 1회 또는 2회 다른 시간에 수행된 반복 잡음 시험으로부터의 응답시간을 제시하고 있다. 응답시간의 최소치와 최대치의 차이도 제시되어 있다. 앞에서 설명한 램프 시험의 경우와 같이, 표 9.9의 잡음 해석법 결과의 재현성은 두 건의 예외를 제외하고는 0.05초보다 양호하였다. 이것은 잡음 해석법의 결과에 영향을 미치는 요인들의 잠재적인 효과를 고려하면 타당한 수준이다.

표 9.7 증가율과 응답시간 측정에 대한 실험실 검증 결과

전송기	증가율(bar/sec)	응답시간(초)	편차(초)
1	0.3, 0.7, 1, 1.5	0.13, 0.13, 0.14, 0.13	0.01
2	0.3, 0.7, 1.5	0.23, 0.21, 0.20	0.03
3	0.2, 0.3, 0.5, 0.7	0.10, 0.13, 0.11, 0.10	0.03
4	0.7, 1, 1.5	0.14, 0.18, 0.17	0.04
5	0.6, 1.2, 2, 2.5	0.08, 0.08, 0.09, 0.09	0.01
6	0.2, 0.4, 0.5, 0.6	0.13, 0.12, 0.12, 0.12	0.01
7	0.1, 0.2, 0.4, 0.7, 1.7, 2	0.04, 0.04, 0.05, 0.05, 0.04, 0.04	0.01
8	1.3, 2.2, 4.2, 6.7, 7.7, 9.1, 10, 120	0.14, 0.21, 0.21, 0.18, 0.18, 0.21, 0.17, 0.18	0.07
9	0.4, 0.6, 0.7	0.15, 0.15, 0.14	0.01
10	2, 2.1, 4, 2.2, 6, 6.7, 7.7, 9.1	0.17, 0.19, 0.19, 0.20, 0.19, 0.19, 0.20, 0.20	0.03
11	0.1, 0.2, 0.3, 0.4	0.32, 0.30, 0.30, 0.30	0.02
12	4, 8.7, 127, 16.7	<0.01, <0.01, <0.01, <0.01	0.00
13	9, 27, 35	<0.01, <0.01, <0.01	0.00
14	0.3, 1.3, 1.9, 2	0.10, 0.07, 0.07, 0.07	0.03
15	0.2, 0.4, 0.5, 0.6, 0.7	0.20, 0.16, 0.15, 0.13, 0.12	0.08
16	17, 47, 60, 45, 16, 44, 56	<0.01, <0.01, <0.01, <0.01, <0.01, <0.01	0.00
17	0.1, 0.5, 0.7, 0.8	0.05, 0.07, 0.08, 0.08	0.03
18	0.1, 0.3, 0.4	0.20, 0.17, 0.17	0.03
19	10, 20, 21, 30, 38	0.07, 0.07, 0.07, 0.08, 0.08	0.01
20	0.1, 0.2, 0.3, 0.5	0.39, 0.39, 0.27, 0.27	0.12

표 9.8 증가율에 따른 재현성 실험 결과

전송기	실험자	응답시간(초)	편차(초)
1	MH	0.15, 0.16	0.04
	REF	0.13, 0.13, 0.13, 0.13	
	KMP	0.14, 0.12, 0.15, 0.13	
2	MH	0.23, 0.22	0.04
	REF	0.23, 0.21, 0.20, 0.20	
	KMP	0.19, 0.19, 0.19, 0.19	
3	MH	0.18, 0.16, 0.16	0.08
	REF	0.10, 0.13, 0.11, 0.10	
	KMP	0.12, 0.12, 0.13, 0.11	
4	MH	0.16, 0.16, 0.16	0.04
	REF	0.12, 0.14, 0.14, 0.12	
	KMP	0.14, 0.12, 0.12, 0.12	
5	MH	0.04, 0.04, 0.04	0.01
	REF	0.05, 0.05, 0.04, 0.04	
	KMP	0.05, 0.05, 0.04, 0.04	
6	MH	0.32, 0.32, 0.32	0.03
	REF	0.29, 0.30, 0.32	
	KMP	0.29, 0.30, 0.31	
7	REF	0.08, 0.06, 0.09, 0.09	0.01
8	MH	0.28, 0.28, 0.30, 0.30	0.02
9	KMP	0.28, 0.26, 0.26, 0.23	0.05
10	MH	<0.01, <0.01, <0.01	0.00
11	KMP	<0.01, <0.01, <0.01	0.00
12	REF	0.04, 0.03, 0.04, 0.05, 0.05, 0.05, 0.04, 0.05	0.02

표 9.9 실험실 검증에서 잡음 해석법의 재현성

전송기	실험일시	측정된 응답시간(초)	편차(초)
1	1주차	0.11, 0.12, 0.16, 0.16	0.06
	3주차	0.17, 0.16, 0.17, 0.17	
2	1주차	0.16, 0.16, 0.21, 0.23	0.07
	3주차	0.16, 0.16, 0.17, 0.17	
3	1주차	0.15, 0.17, 0.14	0.02
	3주차	0.14, 0.14	
4	1주차	0.13, 0.13, 0.13, 0.13	0.02
	3주차	0.14, 0.12, 0.12, 0.14	
5	1주차	0.32, 0.27, 0.28, 0.28	0.10
	3주차	0.23, 0.34, 0.33, 0.24	
6	1주차	0.05, 0.05, 0.06	0.03
	3주차	0.03, 0.04, 0.06, 0.04	
7	1주차	0.07, 0.07	0.01
	3주차	0.07, 0.08	
8	1주차	0.21, 0.19, 0.21, 0.21	0.05
	3주차	0.22, 0.22, 0.24, 0.24	
9	1주차	0.26, 0.20, 0.25	0.06
	3주차	0.26, 0.25, 0.26	
10	1주차	0.10, 0.11, 0.12, 0.11	0.02
11	1주차	0.17, 0.17, 0.18, 0.18	0.01
12	1주차	0.09, 0.09, 0.10, 0.08	0.02
13	1주차	0.23, 0.22, 0.22, 0.22	0.01
14	1주차	0.33, 0.35, 0.36, 0.38	0.05

더욱이 표 9.1, 9.2 및 9.3에 제시된 결과는 잡음 해석법의 정확도를 결정하는데 도움이 된다. 특히, 표 9.1에서 9.3의 결과는 다수의 시험으로부터 도출된 결과로서, 다음의 결론을 내릴 수 있다.[18]

(1) 잡음 해석법 응답시간의 결과에서 79 %는 같은 조건 하에서 같은 전송기에 행해진 램프 시험 결과로서 ±0.05초 이내에 들어간다.

(2) 잡음 해석법 응답시간의 결과에서 16 %는 같은 조건 하에서 같은 전송기에 행해진 램프 시험 결과로서 ±0.05~0.10초 이내에 들어간다.
(3) 잡음 해석법 응답시간의 결과에서 5 %는 같은 조건 하에서 같은 전송기에 행해진 램프 시험 결과로서 ± 0.10초를 넘는다.

모든 전술한 데이터에 근거하여 원자력 산업계는 잡음 해석법이 0.10초 오차 이내에서 압력측정 시스템의 응답시간을 제공한다는 결론을 내렸다.

9.6 원자력발전소에서의 사례

1980년대 이래로 원자력발전소의 압력 전송기에 대한 응답시간 시험을 잡음 해석법을 이용해 실시해 왔다. 그 결과로서 응답시간과 원데이터에 대한 데이터 베이스를 구축하고 PSD와 흥미로운 관찰 결과를 축적하였다. 몇 가지 사례를 본 절에 수록하였다.

그림 9.9는, 2루프, 3루프, 그리고 4루프 PWR 발전소 및 BWR 발전소의 잡음 시험에 대한 PSD이다. 각 발전소별로 압력, 수위, 그리고 유량 전송기에 대한 세 개의 PSD를 나타내고 있다.

어떤 발전소에서는 결과의 재현성 검증을 위해서 잡음 시험을 2회 이상 수행하기도 하였다. 그림 9.10은 3루프 PWR의 증기발생기 수위 전송기에서 얻은 두 개의 PSD를 나타낸다. 이 시험은 약 3년 간격으로 실시되었다. 결과는 거의 완전하게 동일하고 매우 재현성이 뛰어나 3년에 걸쳐 응답시간이 변화하고 있지 않는 것을 보여주고 있다.

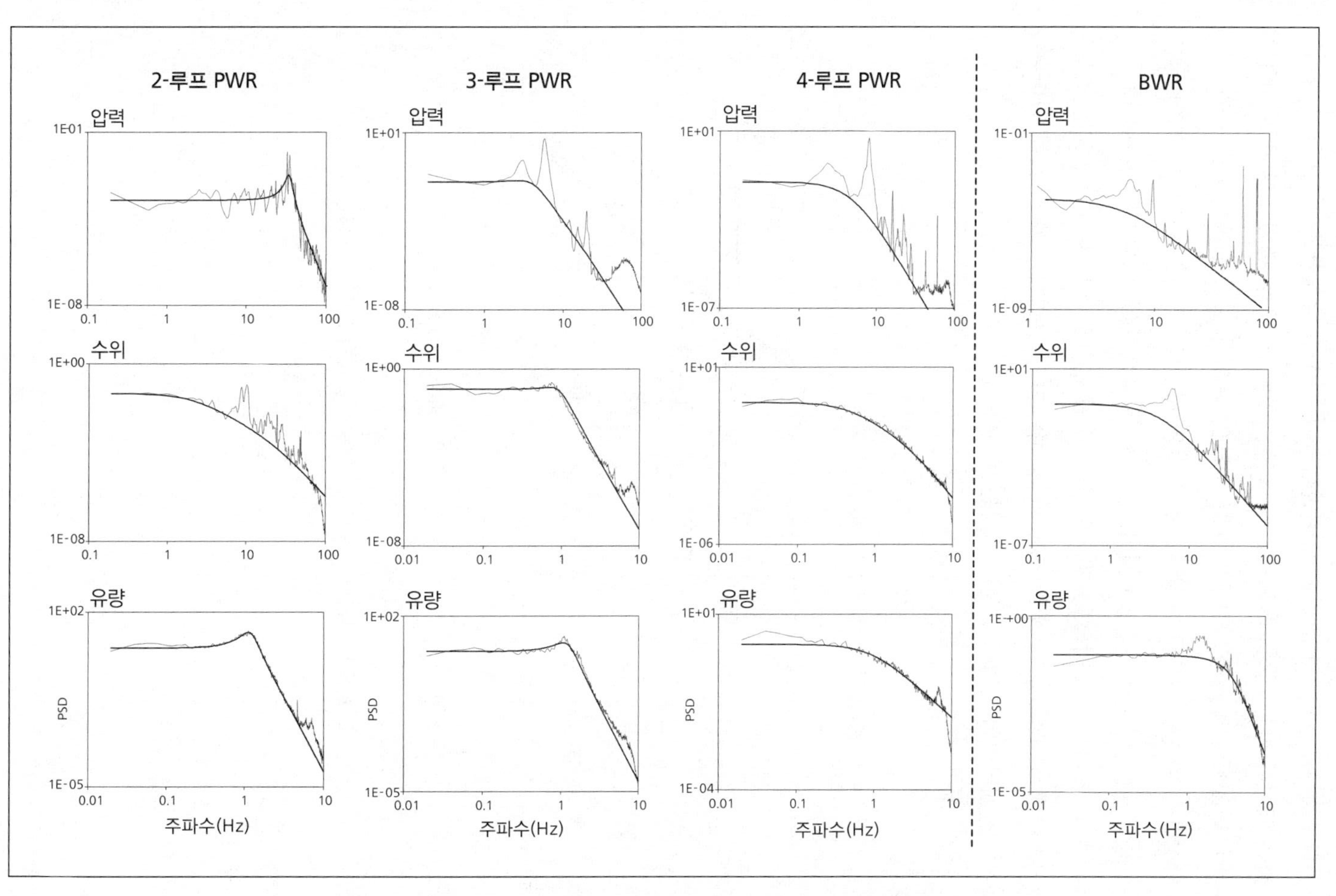

그림 9.9 PWR과 BWR의 압력, 수위, 유량 전송기에 대한 전형적인 PSD 모습

별도로 4루프 PWR의 동일한 증기발생기의 수위를 측정하는 두 대의 전송기를 동시에 시험하였다. 이에 대한 PSD는 그림 9.11에 있다. 두 대의 전송기 중에서 한 대가 다른 것보다 빠른(한 자리이상 다름) 것을 알 수 있다. 보통 중복성을 지닌 전송기의 응답시간은 비슷할 것으로 예상되므로 이것은 비정상적인 경우이다. 특히 이 경우, 두 대의 전송기가 다른 회사의 것이고, 아마 두 대의 전송기의 응답시간이 매우 큰 차이가 날 것이라는 고려를 못했던것 같다. 응답시간에 이런 차이가 발생한 경우는 센싱라인에 폐색이 있는 경우에도 확인될 수 있다. 그러나 그림 9.11에 나타나는 차이는 센싱라인이 막혀서 발생한 결과는 아니다.

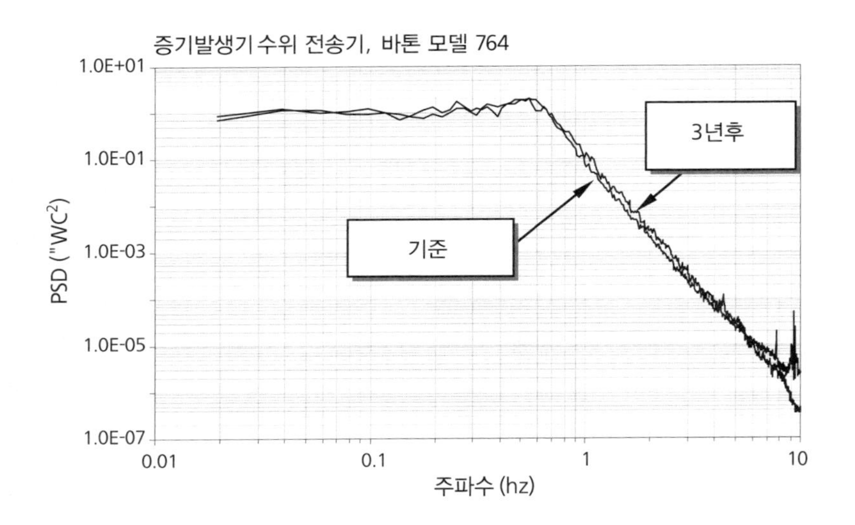

그림 9.10 3년간 측정된 원자력발전소 압력 전송기의 PSD

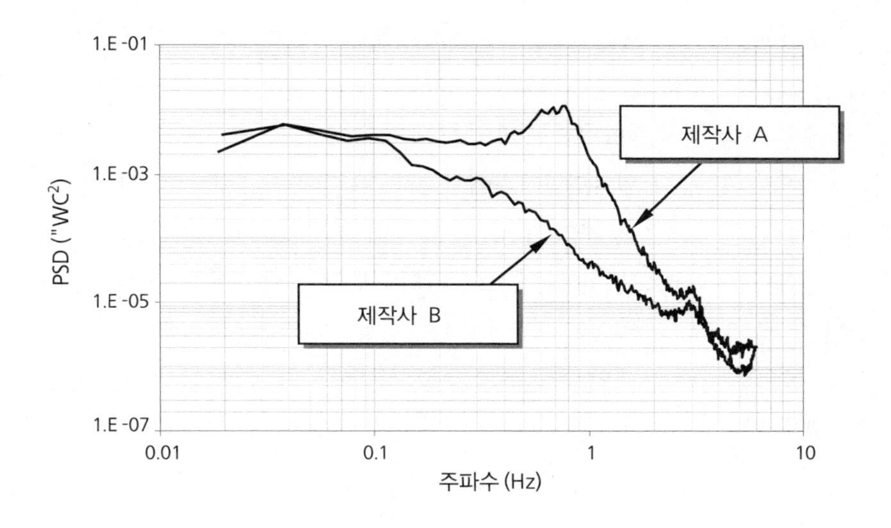

그림 9.11 4-루프 PWR에서 두 개의 증기발생기 수위 전송기에 대한 PSD

9.7 압력 전송기의 오일 감소

9.7.1 배경설명

1980년대 후반, 일부 원자력발전소에서 사용되고 있었던 로즈마운트 압력 전송기의 센싱소자에서 실리콘 오일이 새는 것을 발견하였다. 격리 다이아프램에서 센싱소자의 중앙에 있는 센싱 다이아프램까지 압력 신호를 전하기 위해서 실리콘 오일을 사용한다. 만약 오일이 누설되면 전송기의 정상상태(교정)와 동적응답 양쪽 모두에 영향을 준다. 로즈마운트 전송기에서 발견된 오일 누출의 문제는 원자력 산업계에 심각한 염려를 가져왔으며, 로즈마운트와 NRC는 이에 대한 많은 자료를 발행했다. 로즈마운트의 자료는 오일 누출 문제의 해결을 지원하기 위해서 기술보고서 형태로 원자력 산업계에 널리 배포되었다. NRC에서도 어떻게 이 문제를 해결할 지에 대한 규제 권고를 제공하였다. 부록 E에는 오일 누설 문제와 관련되어 NRC가 발표한 두 건의 문서가 있다.

그림 9.12는 밀스톤(Millstone) 원자력발전소 3호기에서 원자로냉각재펌프가 정지된 이후 두 대의 로즈마운트사 유량 전송기의 응답 신호를 나타낸다. 한 대의 전송기

(FT-444)는 유량 감소에 대해 신속하게 응답했지만, 다른 전송기(FT-445)는 매우 응답이 늦은 것에 주목한다. 그 이후, FT-445가 오일 누출의 문제를 일으키고 있었던 것이 확인되었다. 실제로 그림 9.12에 나타난 데이터를 통해 로즈마운트 압력 전송기의 오일 누출 문제를 발견할 수 있었다.

그림 9.13은 운전 중인 원자력발전소에서 같은 용도에 사용되는 로즈마운트 모델 1153 전송기의 정상적인 상태와 고장(오일 누출)이 발생한 것의 잡음 데이터를 보여주고 있다. 예상대로 고장난 전송기로부터의 잡음 신호의 진폭은 정상적인 전송기보다 훨씬 작다.

그림 9.14는 정상상태, 과압상태, 오일누출 상태에서의 로즈마운트 전송기 센싱 다이아프램을 나타낸다. 그림 9.15에 나타나듯이 오일은 센싱소자의 유리와 금속 부분의 접점에서 누설되었다.

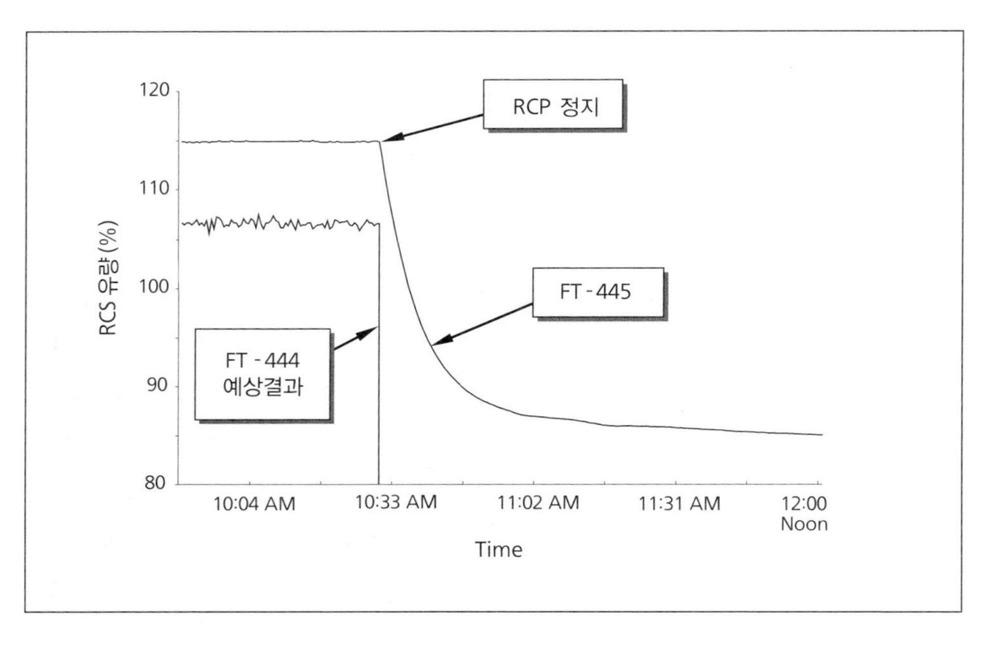

그림 9.12 밀스톤 원자력발전소 3호기 정지기간 동안 두 대의 로즈마운트 전송기에서 측정된 동적응답

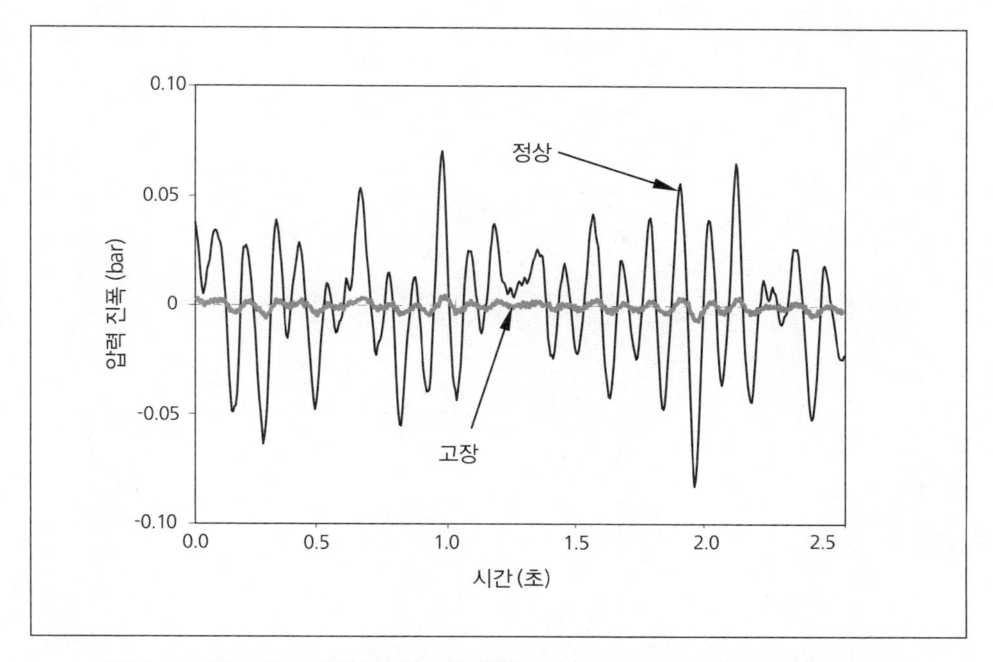

그림 9.13 가동중 원자력발전소에서 측정된 정상/고장 로즈마운트 전송기의 잡음 출력

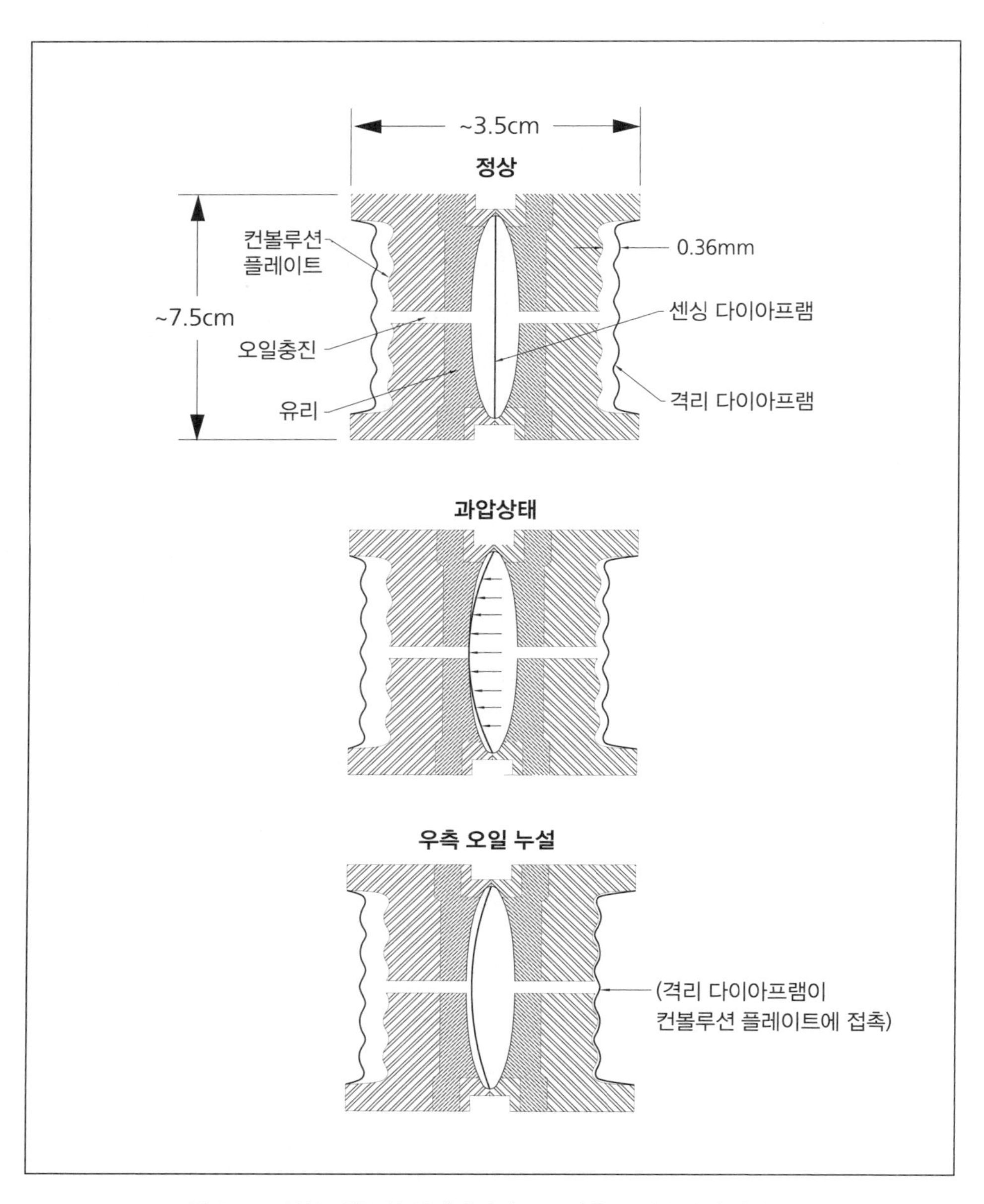

그림 9.14 정상/오일누설 상태에서의 로즈마운트 전송기의 센싱소자

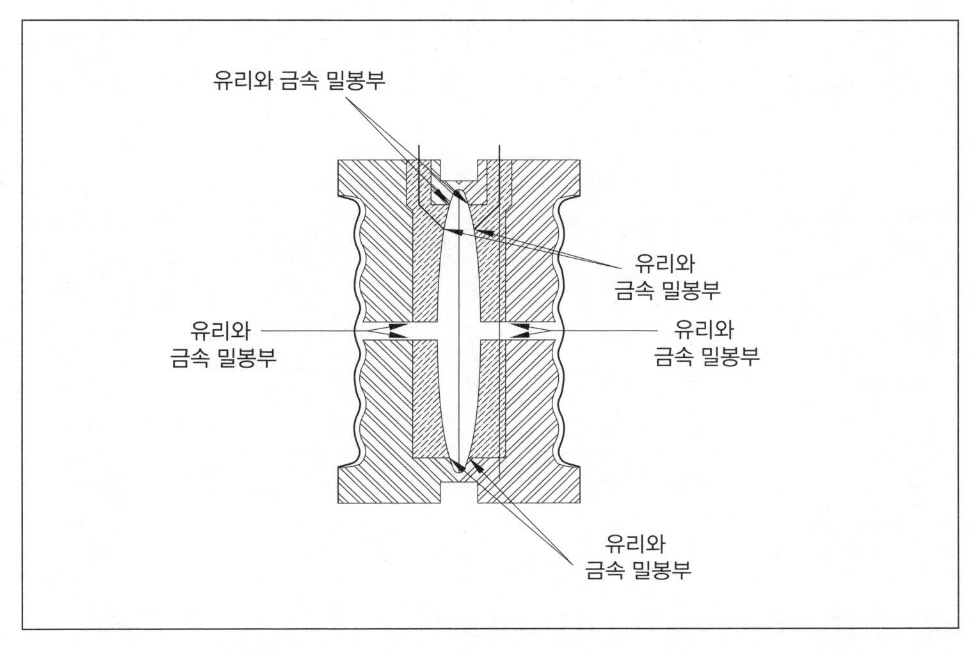

그림 9.15 로즈마운트 전송기 센싱소자에서 오일 누설이 생길 수 있는 위치

9.8 오일 누설 진단

1980년대 후반 로즈마운트 전송기의 오일 누출 문제 때문에, 저자와 AMS의 엔지니어들은 로즈마운트 전송기의 오일 누설을 검출하기 위한 잡음 진단법을 개발했다. 이 방법은 잡음 데이터에 대해 2차에서 5차까지 모멘트를 계산하고 신호의 평균치 이상과 이하의 잡음 기록을 이용하여 모멘트의 비율을 계산하게 된다. 잡음 데이터의 1차 모멘트는 평균, 2차 모멘트는 분산, 3차 모멘트는 비대칭도 등이다. 표 9.10은 어떤 PWR에서 LT518, 528, 538, 그리고 548의 이름을 갖는 네 대의 증기발생기 수위 전송기에 대한 잡음 진단 사례이다. 표 중에서 LT528 이외에는 정상치를 나타낸다. LT528의 경우 각 항목의 값이 다른 전송기의 것과 매우 다른 것에 주목한다. 이 후, 전송기는 계통에서 분리되어서 로즈마운트로 보내졌고, 이러한 원인이 전송기 센싱 모듈에서 오일이 누출된 것으로 판명되었다. 이 사례와 다른 결과로부터 잡음 해석법이 오일 누설의 진단에 유효한 수단이 될 수 있다고 결론지었다. 로즈마운트가 자사 전송기의 오일 누설 문제의 근본적 원인을 매우 신속하고도 분명히 해결했음을 지적하고자 한다. 따라서 원자력 산업계는 이로 인한

어떠한 피해도 받지 않았다. 게다가 조기에 순조롭게 문제를 해결했으므로, 오일 누설의 검출을 위한 잡음 진단은 원자로 시설의 정기적인 작업 절차에 들어가지 않았다.

표 9.10 오일누설에 대한 사례

진단지수	정상	진단지수 값			
		LT518	LT528	LT538	LT548
왜도	0.0	0.02	0.23	0.08	0.05
5차 모멘트	0.0	0.07	2.12	0.70	0.36
분산비	1.0	1.03	1.25	1.09	1.06
왜도비	1.0	1.00	1.06	1.01	1.02
5차 모멘트 비율	1.0	1.00	1.21	1.04	1.06

9.8.1 전송기의 선형성에 대한 오일 누설의 영향

오일 누설은 전송기의 정적응답과 동적응답에 영향을 줄 뿐만 아니라, 전송기의 선형성에도 영향을 준다. 로즈마운트사 모델 1153 전송기 중에서 정상적인 것과 오일 누출에 의해 고장난 것에 대한 램프 시험 결과를 표 9.11에 제시하였다. 세 가지 압력 설정치에서 증가 방향과 감소 방향의 램프 신호를 이용하여 시험을 실시하였다. 정상적인 전송기는 램프 시험 신호의 방향과 압력 설정치에 영향을 받지 않지만, 고장난 전송기는 응답시간이 늦어질 뿐만 아니라 입력 램프 신호의 방향에 따라 결과가 달라진다. 감소 방향의 램프 신호에 대해서는 응답시간이 낮은 압력 설정치에서는 특히 매우 길었으며, 높은 압력 설정치에 비하여 두 자리수 이상 저하시켰다.

표 9.11 전송기 비선형서을 진단하기 위한 응답시간 측정 결과

압력설정치	응답시간 (초)	
	증가	감소
	정상 전송기	
저	0.12	0.13
중	0.12	0.13
고	0.15	0.13
	고장 전송기	
저	0.23	171.0
중	0.25	19.0
고	0.25	1.1

9.8.2 로즈마운트 이외의 전송기에서의 오일 누설

로즈마운트 이외의 제작사가 납품하던 원자력발전소 압력 전송기도 실리콘 오일을 내장하고 있지만, 타사의 전송기에서는 압력 신호를 전달하기 위해서는 오일을 사용하지 않는다. 예를 들면 바톤 전송기의 경우, 전송기의 기계 시스템에 오일을 사용하기 때문에 누설이 되어도(가끔 발생한다) 보통 전송기의 성능에는 영향을 주지 않는다. 바톤 전송기에서 어떻게 오일이 누설되는지에 대해서는 그림 9.16에 설명하였다. 표 9.12에는 오일의 감소량에 따른 바톤 모델 764 전송기의 응답시간 변화를 제시하였다. 이러한 전송기에서의 오일 누설은 두드러진 성능저하 또는 선형성 저하를 일으키지 않는다는 것을 입증하기 위해서, 오일을 강제로 제거하고 실험실 시험을 수행하였다. 표 9.12에서는 오일 누설이 있는 경우와 없는 경우에 응답시간의 변화를 폭스보로와 토바 전송기에 대해서도 정리하였다.

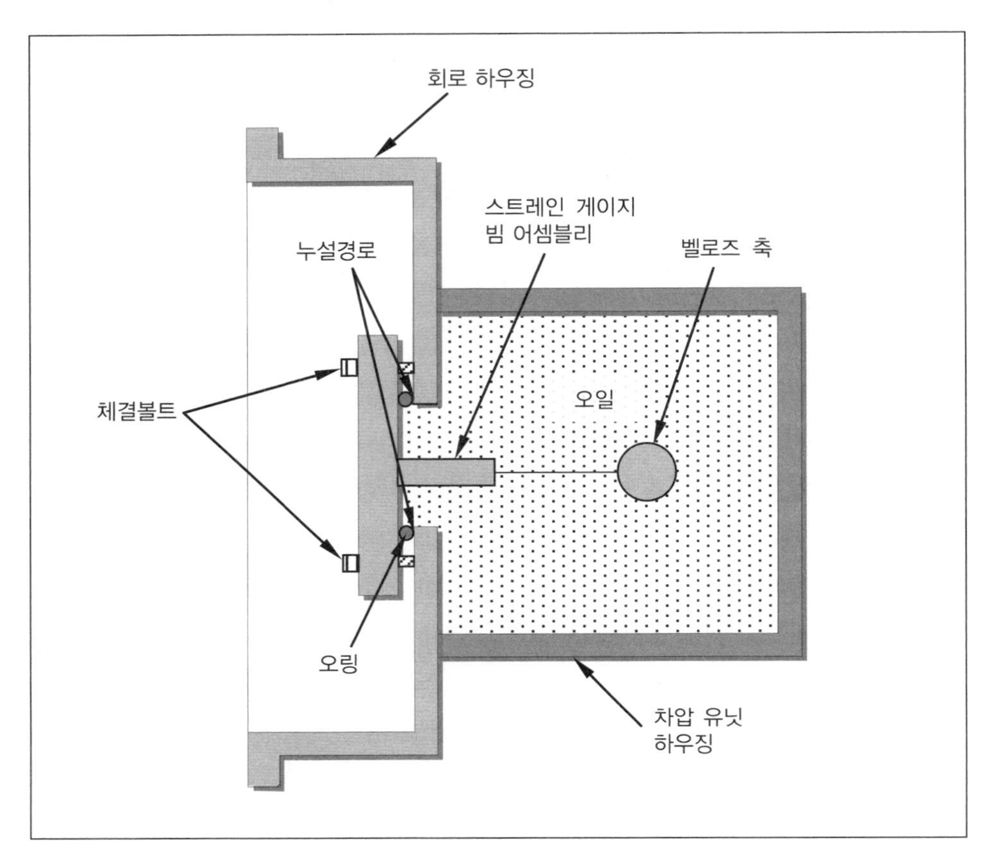

그림 9.16 바톤 전송기 센싱모듈과 오일 누설이 발생할 수 있는 오링 부분

표 9.12 바톤 모듈 764 전송기에서 오일 누설 유무에 따른 응답시간 시험 결과

오일누설량	응답시간 (초)	
	증가	감소
	바톤 764	
0%	0.19	0.19
50%	0.16	0.16
75%	0.12	0.12
100%	0.10	0.11
	폭스보로 E13DM	
0%	0.17	0.12
100%	0.12	0.08
	토바 32DP	
0%	0.17	0.18
100%	0.11	0.12

9.9 응답시간의 성능저하

원자력발전소 압력 전송기의 응답시간은 저하된다. 그러나 압력 전송기의 성능저하는 RTD에서만큼 일반적인 문제는 아니다. 반대로 압력 전송기의 교정 드리프트는 RTD의 교정 드리프트에 비해 문제가 많다. 그림 9.17은 원자력등급 압력 전송기 샘플에 대해 교정과 응답시간에 미치는 표준적인 경년열화의 영향을 정량화하기 위해서 수행된, 경년열화 연구 프로젝트의 연구 결과를 요약한 것이다.[18] 경년열화의 영향은 응답시간보다 압력 전송기의 교정에 더 큰 것이 명확하다.

표 9.13은 5년간 16대의 전송기에 대해서 실시된 잡음 해석법의 결과에서 얻어진 응답시간이다. 그 중 단지 한 대의 전송기가 36개월 이후 약 30 %의 응답시간 성능저하가 발생하였다. 그러나, 그 후에 이는 전송기에 의해서 일어난 것이 아니고, 센싱라인이 막혀서 발생했던 것임을 파악하였다. 원자력 산업의 경험에서도 대부분 압력 전송기 응답시간의 성능저하는 전송기 자체보다 센싱라인의 폐색 때문인 경우가 많다고 알려져 있다. 표 9.14는 NPRDS에서 압력 전송기 고장에 대한 검색 결과의 일부를 제공하고 있다. 응답시간의 성능저하가 아주 큰 문제는 아니었지만, 수년에 걸쳐서 발생한 원자력발전소 고장과 관련이 된 원인이었음은 분명하다.

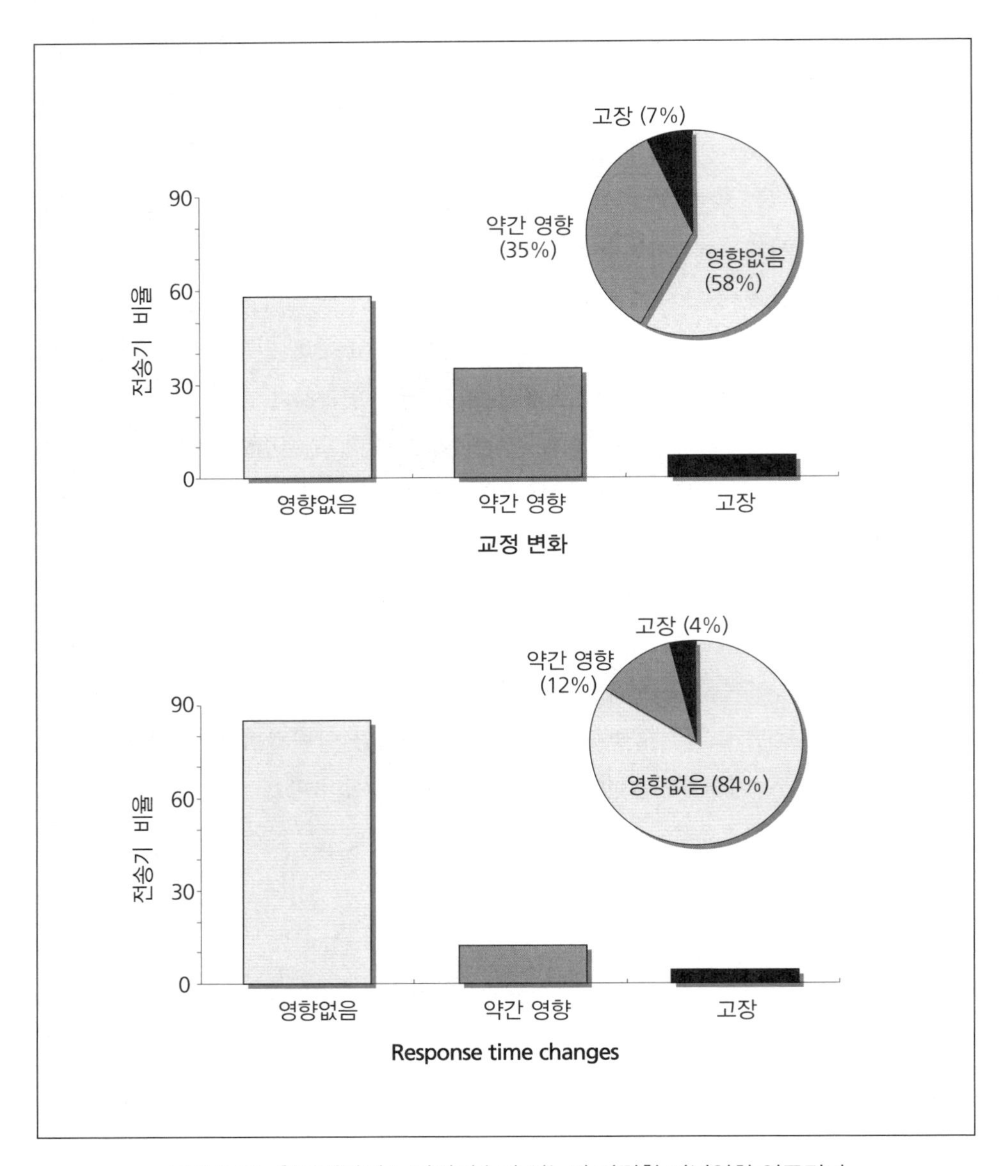

그림 9.17 원자력발전소 압력전송기 성능과 관련한 경년열화 연구결과

표 9.13 원자력발전소 압력 전송기의 응답시간 변화 추이

번호	응답시간 (초)				
	첫번째시험	18 개월후	36 개월후	48 개월후	60 개월후
AE-LT-0011A	0.36	0.41	0.43	0.44	0.44
AE-LT-0012A	0.38	0.42	0.43	0.43	0.43
AE-LT-0013A	0.45	0.43	0.45	0.47	0.41
AE-LT-0014A	0.43	0.41	0.44	0.47	0.43
AE-LT-0021A	0.41	0.45	0.43	0.43	0.42
AE-LT-0022A	0.39	0.42	0.42	0.43	0.42
AE-LT-0023A	0.44	0.49	0.47	0.46	0.43
AE-LT-0024A	0.46	0.48	0.44	0.66	0.41**
AE-LT-0031A	0.39	0.42	0.41	0.41	0.40
AE-LT-0032A	0.43	0.46	0.44	0.48	0.42
AE-LT-0033A	0.45	0.48	0.44	0.46	0.44
AE-LT-0034A	0.45	0.47	0.42	0.45	0.41
AE-LT-0041A	0.38	0.44	0.40	0.41	0.44
AE-LT-0042A	0.44	0.42	0.43	0.45	0.41
AE-LT-0043A	0.43	0.44	0.42	0.41	0.40
AE-LT-0044A	0.45	0.44	0.41	0.42	0.40

** 센서 응답시간이 36에서 48개월 사이에 느려져서, 48개월 정기보수시 이를 수리하였음.

표 9.14 원자력발전소 압력전송기에서 발생하는 문제에 대한 NPRDS 검색 결과

문제	원인	해결책
발전소 감압시 압력 전송기 반응이 매우 느리고 50 bar와 같이 너무 큰 값을 지시	오실레이터, 포스모터, 센서코일 고장	포스모터, 센서코일, 오실레이터 교체
유량 전송기가 매우 느리게 반응	미확인	전송기 교체
주증기배관 차압 전송기 응답시간 시험 실패	증폭회로 고장	증폭회로 교체
사고후 수위측정을 위한 전송기가 높은 값을 가리키고 반응이 없음	센싱소자 누설로 차압 전송기 고장	전송기 교체
원자로냉각재유량 전송기 느려짐	다이아프램 파열	전송기 교체
사고후 수위측정을 위한 전송기가 이상한 값을 가리킴	오일 누설로 차압 센싱소자가 고장	전송기 교체
원자로냉각재유량 전송기에 누설 발생	미확인	벨로즈 교체
수위 전송기의 회로 하우징으로 차압 센싱소자 내의 실리콘 오일 누설	오링 홈이 너무 깊었음.	전송기 교체. 동일 형태의 모든 전송기에 대한 조사 수행
원자로용기 상부수위 전송기에서 실리콘 오일이 누설되어 회로 하우징 내로 유입	제작중 회로 하우징 내에 실리콘 오일이 실수로 유입됨	전송기 교체

제 10 장

센싱라인 문제점의 온라인 탐지

잡음 해석법은 압력 전송기 뿐만이 아니라 센싱라인의 동적 응답도 제공할 수 있음을 9장에서 여러 번 언급하였다. 즉, 잡음 해석법을 사용해 압력 전송기의 응답시간을 시험하면 그 결과에는 센싱라인의 길이에 의해서 발생한 지연도 포함된다. 또 센싱라인의 폐색이나 기포의 영향도 결과로부터 확인될 수 있다.[20] 본 장에서는 이러한 점들을 좀 더 상세하게 설명할 것이다.

10.1 센싱라인 폐색

센싱라인은 부식성 생성물의 축적, 붕소의 응고, 격리밸브와 평형밸브의 부적절한 배치나 잘못된 위치 선정 등의 이유로 막힐 수가 있다. 이러한 영향은 잡음 해석법을 사용하여 압력 전송기의 응답시간을 측정할 때 포함된다. 표 10.1에서는 같은 조건하에서 실시한 램프 시험과 잡음 시험에 대한 실험실 측정 결과를 제시하고 있다. 시험에 사용된 설비와 사진을 그림 10.1과 그림 10.2에 각각 소개하였다. 시험은 아래 절차에 따라 수행된다.

표 10.1 잡음 해석법을 이용한 센싱라인 폐색 탐지 결과

시험형태	응답시간 (초)	
	램프 시험	잡음 해석법
기준 전송기		
기준 전송기만	0.00	0.00
기준 + 35 m	0.01	0.00
기준 + 스너버	0.34	0.27
바톤 전송기		
바톤 전송기만	0.12	0.17
바톤 + 35 m	0.27	0.28
바톤 + 스너버	3.00	2.94

시험은 6.35 cm 직경의 센싱라인에서 수행됨

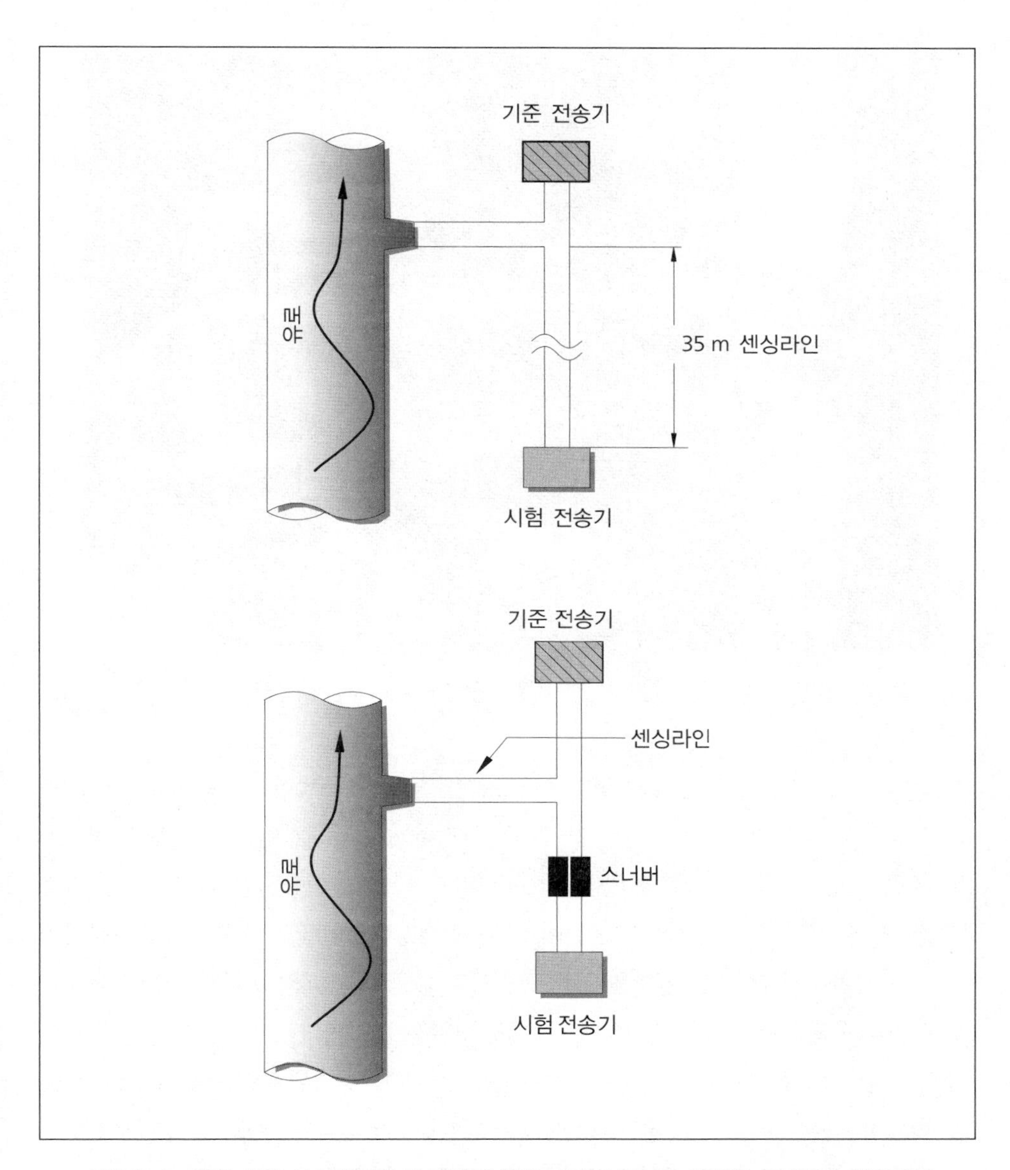

그림 10.1 압력 센싱 시스템에서 길이와 폐색에 따른 응답시간 영향을 측정하는 실험장치

그림 10.2 압력 센싱라인의 잡음 진단을 위해 설치된 시험장치 사진

(1) 2대의 고속응답 기준 전송기의 응답시간을 상호간 측정한다. 예상대로 램프와 잡음 시험 모두 기준 전송기에 대해 거의 완전하게 응답시간이 제로로 나타냈다.

(2) 기준 전송기 중에 한 대를 35 m의 센싱라인 끝으로 이동시킨 다음, 다른 기준 전송기와 응답시간을 비교한다. 길이 35 m의 센싱라인임에도 불구하고 응답시간은 별로 증가하지 않았다. 이것은 기준 전송기의 콤플라이언스가 매우 작기 때문이다. 따라서 응답시간에 대한 센싱라인 길이의 영향은 경미하다.

(3) 긴 센싱라인을 제거하고 기준 전송기 중 한 대에 연결된 센싱라인에 스너버를 설치한 다음, 램프와 잡음 시험을 반복하였다. 스너버는 응답시간을 약 0.3초 증가시켰다. 이러한 증가는 램프와 잡음 시험 결과에서 나타나고 있다. 표 10.1의 결과로부터 잡음 해석법이 폐색을 모의하는 스너버의 영향을 분명히 가리키고 있음을 알 수 있다.

(4) 기준 전송기를 바톤 전송기로 바꾸고 전술한 세 가지 시험을 반복하였다. 표 10.1의 결과가 제시하듯이, 이 전송기는 큰 콤플라이언스를 지니고 있으므로 길이와 폐색의 영향은 바톤 전송기에 있어서는 매우 중요하다. 구체적으로는 35 m의 센싱라인에 의해 바톤 전송기의 응답시간은 약 0.3초 증가하였으며, 스너버의 경우도 약

3.0초 증가되었다. 이러한 세 가지 사례 모두 잡음 해석법은 램프 시험과 동등한 결과를 나타냈다.

20년 이상 현장에서의 저자의 관찰과 앞서 제시한 사례와 같은 다수의 실험실 시험 결과에 근거했을 때에, 압력측정 시스템의 동적 응답에 대한 센싱라인의 영향에 대해 유의해야 할 점은 다음과 같다.

(1) 긴 센싱라인과 폐색(여기에서는 스너버로 모의되었음)은 압력측정 시스템의 응답 시간을 증가시킨다.
(2) 센싱라인의 길이와 폐색에 의해서 발생하는 응답시간의 증가는 전송기의 콤플라이언스에 의존한다. 큰 콤플라이언스를 갖는 전송기(예를 들면 바톤 전송기)의 응답시간은 작은 콤플라이언스를 지닌 전송기보다 센싱라인의 길이와 폐색의 영향을 받기 쉽다.
(3) 잡음 해석법을 사용해 얻게 되는 응답시간의 결과에는 긴 센싱라인과 여러 가지 폐색의 영향이 포함된다.
(4) 센싱라인의 폐색은 밸프의 고장, 부식 생성물의 축적, 붕소의 응고, 동결 등에 의해 발생한다.
(5) 잡음 해석법에 의해 센싱라인의 폐색이 밝혀졌을 경우, 배관을 정화하고 폐색물을 제거하고 그 문제가 해결된 것을 확인하기 위하여 잡음 시험을 반복해야 한다.

10.2 센싱라인 내부의 공기

센싱라인 내부의 공기 혹은 기포의 영향은 통상 압력 잡음 신호의 PSD에 나타난다. 그림 10.3은 저감쇄 압력측정 시스템의 동적 특성에 대한 공기의 영향을 보여주는 이론적인 결과를 나타낸다. 이 그림에서 어떻게 공기가 공진을 보다 낮은 주파수로 이동시키는지, 또 센싱라인 내부의 공기량의 증가하면서 응답시간이 어떻게 증가되는지를 보여주고 있다.

그림 10.4는 시스템 내에 커다란 공기 기포가 있는 경우와 없는 경우에 대해서 실험실에서 시험한 로즈마운트 압력 전송기의 PSD를 나타낸다. 압력 5 bar, 길이 25 m, 직경 6.35 mm의 강관을 사용해 실험을 실시했다. 예상대로 공기 기포는 PSD에 공진을

만들고 전송기의 동적 응답을 저하시킨다.

그림 10.5는 압력측정 시스템의 동적 응답에 대한 또 다른 공기의 영향을 보여주고 있다. 시스템에 공기를 주입하면 스펙트럼상의 공진이 보다 낮은 주파수 쪽으로 이동한다.

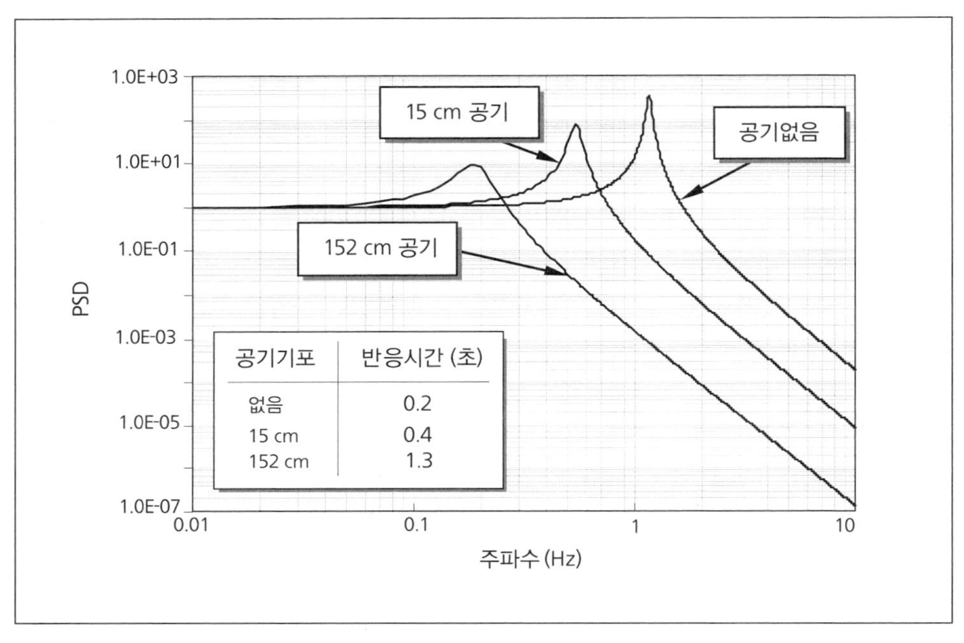

그림 10.3 압력 센싱라인의 동적응답에 대한 공기의 영향을 보여주는 이론적인 PSD 결과 (센싱라인 내경은 9.5 mm, 압력 0.3 bar)

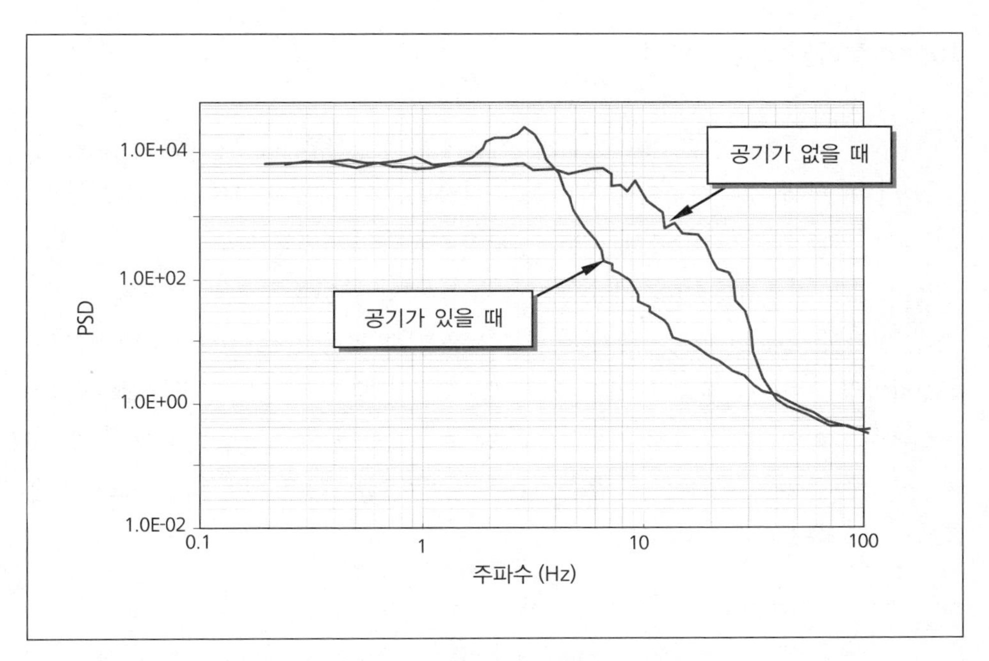

그림 10.4 압력 전송기의 PSD 형태와 대역에 대한 공기의 영향

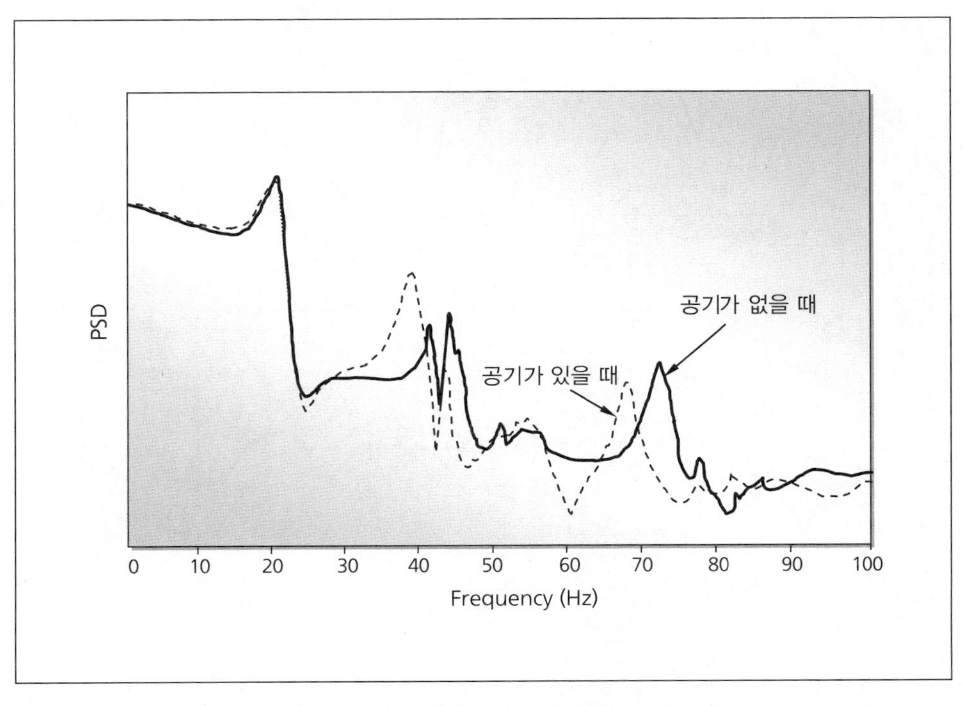

그림 10.5 압력 전송기에서 잡음 신호의 PSD에 대한 기포의 영향

10.3 센싱라인의 누설탐지

센싱라인의 누설은 자주 있는 일로서, 이것에 의해 영향을 받은 전송기의 출력에는 드리프트가 발생한다. 압력 전송기 출력에 포함된 공정 잡음의 진폭을 감시함으로써 누설을 탐지할 수 있다. 그림 10.6은 정상적인 압력 전송기의 잡음 출력을 센싱라인에 누설이 있는 전송기의 것과 비교하였다. 누설이 잡음 신호의 진폭을 작게 만들고 있다. 따라서, 기준이 되는 잡음 데이터를 이용할 수 있는 경우, 잡음 해석법에 의해 센싱라인의 누설을 탐지할 수 있다. 기준 데이터를 이용할 수 없는 경우, 누설이 있는 센싱라인을 확인하기 위해서 중복성을 갖는 전송기의 출력을 서로 비교할 수 있다. 자동으로 누설 진단을 실시하기 위해서는 잡음 데이터의 RMS 값을 측정하고 추이를 조사해야 한다.

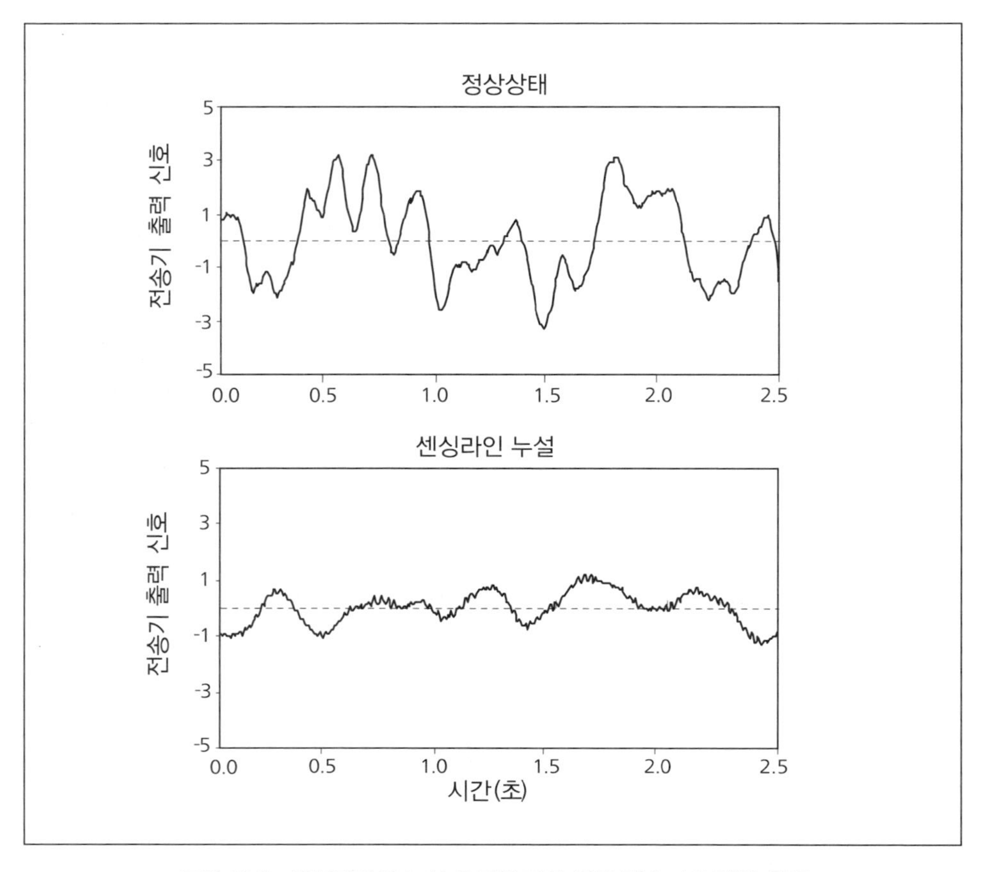

그림 10.6 센싱라인의 누설 유무에 따른 압력 전송기의 잡음 출력

10.4 공유된 센싱라인의 문제점

일부의 발전소에서는 중복성을 갖는 전송기의 센싱라인을 공유하는 경우가 있다. 이러한 경우에는 폐색, 기포, 혹은 누설시 센싱라인을 공유하는 모든 전송기에 영향을 준다. 같은 센싱라인에 다른 콤플라이언스를 지닌 전송기를 설치했을 경우 공유되는 센싱라인에 영향을 줄 수 있다. 이 때에는 가장 큰 콤플라이언스를 지닌 전송기가 응답시간을 좌우한다. PWR 증기발생기의 수위를 측정하기 위해서 사용하는 네 대의 로즈마운트 전송기의 응답시간 시험 중에 이 효과가 관찰되었다. 광역 바톤 전송기(그림 10.7에서 검은 동그라미로 표시)와 센싱라인을 공유하는 네 대의 로즈마운트 전송기(태그 번호 518, 528, 538, 548)를 그림 10.7에서 설명하고 있다. 로즈마운트 전송기 네 개의 PSD를 그림 10.8에 제시하였다. 좌측의 PSD는 로즈마운트 전송기의 잡음 시험 결과이다. 그러나 형태는 바톤 전송기와 일치한다. 이것은 바톤 전송기가 로즈마운트 전송기보다 큰 콤플라이언스를 지니고 있기 때문이다. 따라서 바톤 전송기는 마치 스너버와 같은 역할을 하며 로즈마운트 전송기의 잡음 출력을 좌우한다.

2년 후에 로즈마운트 전송기를 시험했을 때에 528을 제외하고는 모두 같은 PSD를 갖고 있는 것을 확인하였다. 보다 구체적으로는, 528은 로즈마운트 전송기를 닮은 PSD를 보였다. 이러한 관찰 결과를 토대로 조사해본 결과 두 번에 걸친 시험 사이에 528과 센싱라인을 공유하는 바톤 전송기는 로즈마운트로 교체되었음이 밝혀졌다.

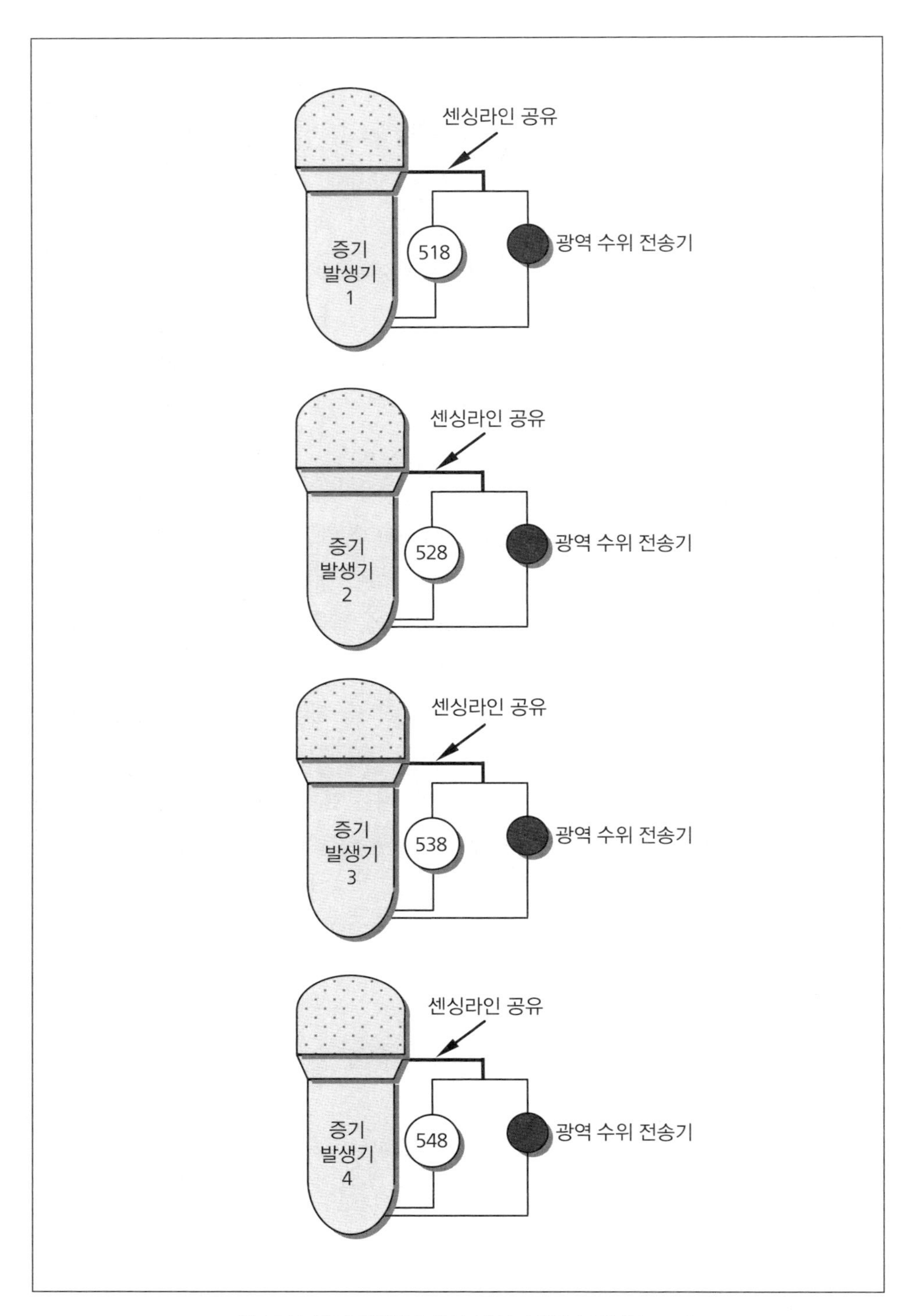

그림 10.7 원자력발전소에서 센싱라인을 공유하는 모습

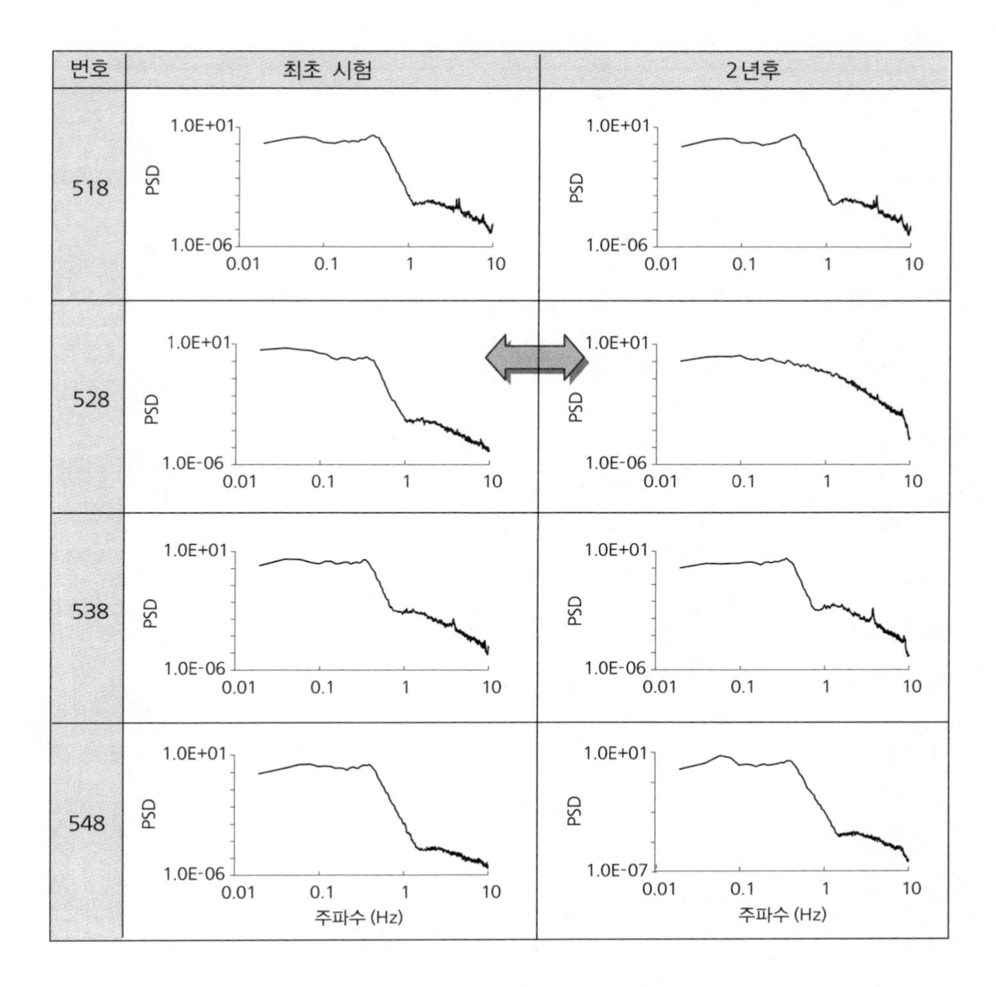

그림 10.8 공유된 센싱라인의 전송기에 대한 PSD

약어

AMS	Analysis and Measurement Services Corporation	어낼리시스 앤 매저먼트 서비스
ANO	Arkansas Nuclear One	아칸소 뉴클리어 원
ANSI	American National Standards Institute	미국 표준 협회
APD	amplitude probability density	진폭확률밀도
AR	autoregressive (refers to autoregressive modeling)	자기회귀
ASTM	American Society for Testing and Materials	미국재료시험협회
B&W	Babcock and Wilcox	밥콕 앤 윌콕
BTP-13	Branch Technical Position 13	BTP-13
BWR	Boiling Water Reactor	비등경수로
C	Capacitance	커패시턴스
CANDU	Canadian deuterium reactor (Canadian heavy water reactor)	캐나다형 중수로
CEA	Commissariat à l'Energie Atomique	프랑스 원자력청
CF	correction factor	보정계수
CFR	Code of Federal Regulations	연방 규정 코드
CRBR	Clinch River Breeder Reactor	클린치 리버 증식로
CRDM	control rod drive mechanism	제어봉 구동장치
DBE	design basis event	설계기준사건
DOD	U.S. Department of Defense	국방부
DOE	U.S. Department of Energy	에너지부
DPU	differential pressure unit	차압유닛
EdF	Electricité de France	프랑스 전력공사
EMF	electromotive force	출력 전압, 기전력
EMI/RFI	electromagnetic/radio frequency interference	전자기/무선주파수 방해
EPRI	Electric Power Research Institute	미국전력 연구소

FFT	fast Fourier transform	고속푸리에변환
HELB	high-energy line break	고에너지 배관 파손
HFIR	high flux isotope reactor	고중성자속 동위원소생산로
HRP	Halden Reactor Project	할덴 원자로프로젝트
HTGR	high-temperature gas-cooled reactor	고온가스 냉각로
I&C	instrumentation and control	계측 및 제어
IAEA	International Atomic Energy Agency	국제원자력기구
IEC	International Electrotechnical Commission	국제전기기술위원회
IEEE	Institute of Electrical and Electronics Engineers	미국전기전자학회
INPO	Institute of Nuclear Power Operations	원자력발전운영자협회
IR	insulation resistance	절연 저항
ISA	Instrumentation, Systems, and Automation Society (formerly Instrument Society of America)	계측/시스템/자동화확회
L	inductance	인덕턴스
LCR	inductance, capacitance, and resistance	인덕턴스, 커패시턴스, 저항
LCSR	loop current step response (refers to the method for in-situ response time testing of RTDs and thermocouples)	루프전류스텝응답
LER	licensee event report	이상고장보고서
LMFBR	liquid metal fast breeder reactor	액체금속냉각 고속증식로
LOCA	loss-of-coolant accident	냉각재상실사고
LPRM	local power range monitor	국부 출력영역 모니터
mA	Milliampere	밀리암페어(전류)
mW	Milliwatt	밀리와트(전력)
NASA	National Aeronautics and Space Administration	미국항공우주국
NBS	National Bureau of Standards (now National Institute of Standards and Technology – NIST)	미국 표준국 (현재는 미국 국립표준기술연구소)
NI	neutron instrumentation	중성자 계측센서
NII	Nuclear Installation Inspectorate (UK)	원자력 시설 검사국
NIST	National Institute of Standards and Technology (formerly the National Bureau of Standards – NBS)	미국 국립표준기술연구소 (이전에는 미국 표준국)

NMAC	Nuclear Maintenance Assistance Center	원자력정비지원센터
NPAR	Nuclear Plant Aging Research Program	원자력발전소 경년열화 연구프로그램
NPRDS	Nuclear Plant Reliability Data System	원자력발전소 신뢰도데이터 시스템
NRC	Nuclear Regulatory Commission (U.S.)	미국 원자력규제위원회
NRR	Office of Nuclear Regulatory Regulation	원자로규제 사무실
NTIS	National Technical Information Service	국가 기술 정보 서비스
ORNL	Oak Ridge National Laboratory	미국 오크리지 국립연구소
PRT	platinum resistance thermometer	백금 RTD
PSD	power spectral density	파워스팩트럼 밀도
PWR	pressurized water reactor	가압경수로
QA	quality assurance	품질보증
R	resistance	저항
R&D	research and development	연구 및 개발
RCP	reactor coolant pump	원자로 냉각재 펌프
RES	NRC Office of Research	NRC 연구부
RMS	root mean square	제곱 평균
RSS	root sum squared	오차 제곱합의 제곱근
RTD	resistance temperature detector	저항온도측정기
SBIR	Small Business Innovation Research	중소기업 혁신연구개발사업
SER	safety evaluation report	안전성평가보고서
SG	steam generator	증기발생기
SHI	self-heating index	자가발열지수
SPRT	standard platinum resistance thermometers	표준 백금 RTD
TDR	time domain reflectometry	시간영역 반사율측정법
TECDOC	IAEA technical report	IAEA 기술보고서
TMI	Three Mile Island (refers to Three Mile Island nuclear power plant)	미국 스리마일섬
TVA	Tennessee Valley Authority	테네시강유역 개발공사
UT	University of Tennessee in Knoxville	녹스빌의 테네시대학
VVER	Russian PWR	러시아 PWR

참고문헌

1. Hashemian, H.M. (2005) Sensor Performance and Reliability. ISA - Instrumentation, Systems, and Automation Society, Research Triangle Park, North Carolina.

2. Analysis and Measurement Services Corporation (1979) Response Time Qualification of Resistance Thermometers in Nuclear Power Plant Safety System. Topical Report submitted to the NRC under Millstone 2 Docket No. 50-336, AMS, Knoxville, Tennessee.

3. Electric Power Research Institute (2000) On-line Monitoring of Instrument Channel Performance. EPRI Topical Report No TR-104965-RI, NRC SER, Palo Alto, California.

4. Electric Power Research Institute (1997) Rod Control System Maintenance Guide for Westinghouse Pressurized Water Reactors. Nuclear Maintenance Application Center (NMAC) Report No TR-108152, Palo Alto, California.

5. U.S. Nuclear Regulatory Commission (1998) Advanced Instrumentation and Maintenance Technologies for Nuclear Power Plants. NUREG/CR-5501, Washington, DC.

6. Tew, WL, SW, Benz, SP, Dresselhaus, P, and Hashemian, HM (2005) New Technologies for Noise Thermometry with Applications in Harsh and-or Remote Operating Environments. 51st International Instrumentation Symposium of Instrumentation, Systems and Automation Society (ISA), Knoxville, Tennessee.

7. U.S. Nuclear Regulatory Commission (1990) Aging of Nuclear Plant Resistance Temperature Detectors. NUREG/CR-5560, Washington, DC.

8. U.S. Nuclear Regulatory Commission (1995) On-Line Testing of Calibration of Process Instrumentation Channels in Nuclear Power Plants. NUREG/CR-6343, Washington, DC.

9. Hashemian, HM (2003) Instrument Calibration. Instrument Engineers' Handbook, Fourth Edition, Chapter 1.8, Process Measurement and Analysis, Volume 1, CRC Press.

10. U.S. Nuclear Regulatory Commission (1997) Standard Review Plan for the Review of Safety Analysis Reports for Nuclear Power Plants. NUREG-0800, Washington, DC.

11. U.S. Nuclear Regulatory Commission (1981) Safety Evaluation Report Review of Resistance Temperature Detector Time Response Characteristics. NUREG-0809, Washington, DC.

12. Electric Power Research Institute (1978) In-Situ Response Time Testing of Platinum Resistance Thermometers. EPRI Report No NP-834, Vol 1, Palo Alto, California.

13. Electric Power Research Institute (1980) Temperature Sensor Response and Characterization. EPRI Report No NP-1486, Palo Alto, California.

14. Electric Power Research Institute (1977) In Situ Response Time Testing of Platinum Resistance Thermometers. EPRI Report Number NP-459, Project 503-3, Palo Alto, California.

15. Hashemian, HM (2003) Response Time and Drift Testing. Instrument Engineers' Handbook, Fourth Edition, Chapter 1.9, Process Measurement and Analysis, Vol 1, CRC Press.

16. Hashemian, HM (2002) Safety Instrumentation and Justification of Its Cost. Instrument Engineers' Handbook, Third Edition, Chapter 2.11, Process Software and Digital Networks, CRC Press.

17. Hashemian, HM (2002) Optimized Maintenance and Management of Aging of Critical Equipment in Nuclear Power Plants, Power Plant Surveillance and Diagnostics. Chapter 3, Applied Research with Artificial Intelligence, Springer-Verlag, New York.

18. U.S. Nuclear Regulatory Commission (1993) Long Term Performance and Aging Characteristics of Nuclear Plant Pressure Transmitters. NUREG/CR-5851, Washington, DC.

19. U.S. Nuclear Regulatory Commission (1995) Assessment of Fiber Optic Pressure Sensors. NUREG/CR-6312, Washington, DC.

20. International Atomic Energy Agency (2000) Management of Ageing of I&C Equipment in Nuclear Power Plants. IAEA Publication TECDOC-1147, Vienna, Austria.

부록 A: 서지 목록

부록 A에서는 저자와 AMS 엔지니어에 의해 발간된 출판물의 목록과 이 책이 다루는 주제를 직간접적으로 소개한 자료를 요약하였다. 이 부록에서 포함된 출판물의 대부분은 다음 출처에서 찾을 수 있다. 등록되었거나 출원중인 특허 목록도 포함되어 있다.

U.S. National Technical Information Services (NTIS) .... www.ntis.gov
U.S. Government Printing Office .... www.gpo.gov
IEC .... www.iec.ch
IAEA .... www.iaea.org
NRC Public Document Room .... www.nrc.gov
AMS .... www.ams-corp.com
ISA .... www.isa.org
ASTM .... www.astm.org
United States Patent and Trademark Office .... www.uspto.gov

위 기관의 주소는 다음과 같다:

- National Technical Information Service, 5285 Port Royal Road, Springfield, VA 22161 USA
- U.S. Government Printing Office, 732 North Capitol St. NW, Washington, DC 20401 USA
- IEC Central Office, 3, rue de Varembé, P.O. Box 131, CH - 1211 GENEVA 20, Switzerland
- International Atomic Energy Agency, P.O. Box 100, Wagramer Strasse 5, A-1400 Vienna, Austria
- AMS, 9111 Cross Park Drive, Building A-100, Knoxville, TN 37923 USA
- ISA, 67 Alexander Drive, PO Box 12277, Research Triangle Park, NC 27709 USA
- ASTM International, 100 Barr Harbor Drive, PO Box C700, West Conshohocken, PA, 19428-2959 USA
- Office of Public Affairs, U.S. Patent and Trademark Office, P. O. Box 1450, Alexandria, VA 22313-1450 USA

미국정부간행물

G1. Hashemian, H.M., Holbert, K.E., Kerlin, T.W., Upadhyaya, B.R., "A Low Power Fourier Transform Processor." NASA Goddard Space Flight Center, Contract Number NAS5-28635 (July 1985).

G2. Hashemian, H.M., "Determination of Installed Thermocouple Response." U.S. Air Force, Arnold Engineering Development Center, Report Number AEDC-TR-86-46 (December 1986).

G3. Hashemian, H.M., Holbert, K.E., Thie, J.A., Upadhyaya, B.R., Kerlin, T.W., Petersen, K.M., Beck, J.R., "Sensor Surveillance Using Noise Analysis." U.S. Department of Energy, Contract Number DE-AC05-86ER80405 (March 1987).

G4. Hashemian, H.M., et al., "Degradation of Nuclear Plant Temperature Sensors." U.S. Nuclear Regulatory Commission, Report Number NUREG/CR-4928 (June 1987).

G5. Hashemian, H.M., et al., "Effect of Aging on Response Time of Nuclear Plant Pressure Sensors." U.S. Nuclear Regulatory Commission, NUREG/CR-5383 (June 1989).

G6. Hashemian, H.M., et al., "Aging of Nuclear Plant Resistance Temperature Detectors." U.S. Nuclear Regulatory Commission, Report Number NUREG/CR-5560 (June 1990).

G7. Hashemian, H.M., "New Technology for Remote Testing of Response Time of Installed Thermocouples." United States Air Force, Arnold Engineering Development Center, Report Number AEDC-TR-91-26, Volume 1 - Background and General Details (January 1992).

G8. Hashemian, H.M., and Mitchell, D.W., "New Technology for Remote Testing of Response Time of Installed Thermocouples." United States Air Force, Arnold Engineering Development Center, Report Number AEDC-TR-91-26, Volume 2 - Determination of Installed Thermocouple Response Research Data (January 1992).

G9. Hashemian, H.M., et al., "New Technology for Remote Testing of Response Time of Installed Thermocouples." United States Air Force, Arnold Engineering Development Center, Report Number AEDC-TR-91-26, Volume 3 - Thermocouple Response Time Test Instrumentation (January 1992).

G10. Hashemian, H.M., et al., "Validation of Smart Sensor Technologies for Instrument Calibration Reduction in Nuclear Power Plants." U.S. Nuclear Regulatory Commission, NUREG/CR-5903 (January 1993).

G11. Hashemian, H.M., "Long Term Performance and Aging Characteristics of Nuclear Plant Pressure Transmitters." U.S. Nuclear Regulatory Commission, NUREG/CR-5851 (March 1993).

G12. Hashemian, H.M., et al., "Improved Temperature Measurement in Composite Material for Aerospace Applications." National Aeronautics and Space Administration, Marshall Space Flight Center, Contract Number NAS8-39814, MSFC, AL (July 1993).

G13. Hashemian, H.M., et al., "Assessment of Fiber Optic Pressure Sensors." U.S. Nuclear Regulatory Commission, NUREG/CR-6312 (April 1995).

G14. Hashemian, H.M., et al., "New Sensor for Measurement of Low Air Flow Velocity." U.S. Nuclear Regulatory Commission, NUREG/CR-6334 (August 1995).

G15. Hashemian, H.M., "On-Line Testing of Calibration of Process Instrumentation Channels in Nuclear Power Plants." U.S. Nuclear Regulatory Commission, NUREG/CR-6343 (November 1995).

G16. Hashemian, H.M., Shell, C.S., and C.N. Jones, "New Instrumentation Technologies for Testing the Bonding of Sensors to Solid Materials." National Aeronautics and Space Administration, Marshall Space Flight Center, NASA/CR-4744 (May 1996).

G17. Hashemian, H.M., et al., "Advanced Instrumentation and Maintenance Technologies for Nuclear Power Plants." U.S. Nuclear Regulatory Commission, NUREG/CR-5501 (August 1998).

학술 저널

J1. Kerlin, T.W., Miller, L.F., and Hashemian, H.M., "In-Situ Response Time Testing of Platinum Resistance Thermometers." ISA Transactions, Volume 17, No. 4, page 71-88 (1978).

J2. Kerlin, T.W., Hashemian, H.M., and Petersen, K.M., "Time Response Testing of Temperature Sensors." ISA Transactions, Volume 20, No. 1 (1981).

J3. Hashemian, H.M., Thie, J.A., and Upadhyaya, B.R., "Reactor Sensor Surveillance Using Noise Analysis." Nuclear Science and Engineering, Vol. 98, Number 2, pp. 96-102 (February 1988).

J4. Hashemian, H.M., et al., "In Situ Response Time Testing of Thermocouples." ISA Transactions, Volume 29, Number 4, pp. 97-104 (1990).

J5. Hashemian, H.M., and Petersen, K.M., "Measurement of Performance of Installed Thermocouples." ISA Test Measurement Division Newsletter, Volume 29, Number 2 (April 1992).

J6. Hashemian, H.M., "Effects of Normal Aging on Calibration and Response Time of Nuclear Plant Resistance Temperature Detectors and Pressure Sensors." Nuclear Safety Technical

Progress Journal, Volume 35, Number 2, pp. 223-234 (1994).

간행물

M1. Hashemian, H.M., and Petersen, K.M., "Boosting Accuracy of Industrial Temperature Measurement." Power Magazine, Vol. 133, No. 3, pp. 74-76 (May 1989).

M2. Hashemian, H.M., and Petersen, K.M., "Assuring Accurate Temperature Measurement." Intech Magazine, Vol. 36, No. 10, pp. 45-48 (October 1989).

M3. Hashemian, H.M., et al., "Measuring Critical Process Temperatures." Control Magazine, Vol. III, No. 4, pp. 62-69 (April 1990).

M4. Riner, J.L., "In-Situ Testing of Industrial Sensors." Control Magazine, Vol. 38, Number 15, pp. 175-176 (November 1991).

M5. Petersen, K.M., "Testing Sensors For Accuracy and Speed." Chemical Engineering Magazine, pp. 131-134 (February 1992).

M6. Hashemian, H.M., Petersen, K.M., "In-Situ Tests Gauge Thermocouple Performance, Part 1." Intech, Vol. 40, No. 1, pp. 30-32 (January 1993).

M7. Hashemian, H.M., Petersen, K.M., "In-Situ Tests Gauge Thermocouple Performance, Part 2." Intech, Vol. 40, No. 6, pp. 31-33 (June 1993).

M8. Hashemian, H.M., "Performance Testing of Nuclear Plant Temperature and Pressure Sensors." Nuclear Plant Journal, Vol. 12, No. 7, pp. 46 (November-December 1994).

M9. Hashemian, H.M., Riner, J.L., K.M. Petersen, D.D. Beverly, "Online Testing Assures Integrity of Sensors." Chemical Engineering, Vol. 102, No. 3, pp. 84-88 (March 1995).

M10. Hashemian, H.M., "Catching the Drift." Pressure, a supplement to InTech Magazine, an ISA publication (August 2003).

M11. ISA Editor (for H.M. Hashemian's book), "Impulse Lines are Vital Intelligence Link." Intech Magazine, an ISA publication (November 2005).

기술 보고서

T1. Hashemian, H.M., Jacquot, J.P., and Guerin, B., "Preliminary Report: Response Time Testing of Resistance Temperature Detectors (RTDs) in EDF Test Loop." Electricité de

France, EDF Report Number HP/236/79/04 (January 1978).

T2. Kerlin, T.W., Miller, L.F., Hashemian, H.M., and Poore, W.P., "In-Situ Response Time Testing of Platinum Resistance Thermometers." Electric Power Research Institute, EPRI Report Number NP-834, Vol. 1 (July 1978).

T3. Kerlin, T.W., Miller, L.F., Hashemian, H.M., Poore, W.P., Shorska, M., Upadhyaya, B.R., Cormault, P., Jacquot, J.P., "Temperature Sensor Response Characterization." Electric Power Research Institute, EPRI Report Number NP-1486 (August 1980).

T4. Beverly, D., Fain, R., Mitchell, D., Shell, C., Hashemian, H.M., Dressler, R., "Rod Control System Maintenance Guide for Westinghouse Pressurized Water Reactors." Electric Power Research Institute, EPRI Report Number TR-108152 (April 1997).

IAEA 간행물
(저자가 직접 관여한 출판물)

IA1. "Management of Ageing of I&C Equipment in Nuclear Power Plants." IAEA Publication TECDOC-1147, Vienna, Austria (June 2000).

IA2. "Harmonization of the Licensing Process for Digital Instrumentation and Control Systems in Nuclear Power Plants." IAEA Publication TECDOC-1327, Vienna, Austria (December 2002).

IA3. "Management of Life Cycle and Aging at Nuclear Power Plants: Improved I&C Maintenance," IAEA Publication TECDOC-1402, Vienna, Austria (August 2004).

IA4. "On-Line Monitoring for Nuclear Power Plants, Part 2: Instrumentation Channel Performance Monitoring," New IAEA document due for publication in 2006.

IA5. "On-Line Monitoring for Nuclear Power Plants Part 2: Process and Component Condition Monitoring and Diagnostics," New IAEA documented due for publication in 2007.

단행본

B1. Hashemian, H.M., "Safety Instrumentation and Justification of Its Cost." Instrument Engineers' Handbook, Third Edition, Chapter 2.11, Process Software and Digital Networks, CRC Press, 2002.

B2. Hashemian, H.M., "Instrument Calibration." Instrument Engineers' Handbook, Fourth Edition, Chapter 1.8, Process Measurement and Analysis, Volume 1, CRC Press, 2003.

B3. Hashemian, H.M., "Response Time and Drift Testing." Instrument Engineers' Handbook, Fourth Edition, Chapter 1.9, Process Measurement and Analysis, Volume 1, CRC Press, 2003.

B4. Lipták, Béla and Hashemian, H.M., "Cross-Correlation Flow Metering." Instrument Engineers' Handbook, Fourth Edition, Chapter 2.5, Process Measurement and Analysis, Volume 1, CRC Press, 2003.

B5. Hashemian, H.M., "Optimized Maintenance and Management of Aging of Critical Equipment in Nuclear Power Plants," Power Plant Surveillance and Diagnostics, Chapter 3, Applied Research with Artificial Intelligence, Springer-Verlay, 2002.

B6. Hashemian, H.M., "Sensor Performance and Reliability." Book published by ISA—The Instrumentation, Systems, and Automation Society, © 2005.

국제 학술대회

I1. Kerlin, T.W., Hashemian, H.M., and Petersen, K.M., "Response Characteristics of Temperature Sensors Installed in Processes." Vol. V/I, International Measurement Confederation (IMEKO), 9th World Congress, Berlin, Germany (May 1982).

I2. Hashemian, H.M., Thie, J. A., and Upadhyaya, B. R., Holbert, K.E., "Sensor Response Time Monitoring Using Noise Analysis." Proceedings of the Fifth Specialists Meeting on Reactor Noise, Progress in Nuclear Energy, Pergamon Press, Vol. 21, pp. 583-592, Munich, FRG (October 1987).

I3. Hashemian, H.M., Petersen, K.M., et al., "Aging Effects on Calibration and Response Time of Temperature Sensors in PWRs." Proceedings of 1989 Conference on Operability of Nuclear Systems in Normal and Adverse Environments (OPERA '89), Vol. 1, pp. 275-282, Lyon, France (September 1989).

I4. Hashemian, H.M., Petersen, K.M., and Miller, L.F., "Dynamic Testing of Pressure Sensing Systems in Nuclear Power Plants." Proceedings of 1989 Conference on Operability of Nuclear Systems in Normal and Adverse Environments (OPERA '89), Vol. 2, pp. 935-942, Lyon, France (September 1989).

I5. Hashemian, H.M., and Petersen, K.M., "On-Line Testing of Performance of Nuclear Plant Pressure Transmitters Using Noise Analysis." IMORN-22 Conference, Delft University of Technology, Interfaculty Reactor Institute, The Netherlands (June 1990).

I6. Hashemian, H.M., and Petersen, K.M., "Achievable Accuracy and Stability of Industrial RTDs." Published by the American Institute of Physics, Seventh International Symposium on Temperature, Volume Six, pp. 427-432, Toronto, Canada (May 1992).

I7. Hashemian, H.M., and Petersen, K.M., "Loop Current Step Response Method For In-Place Measurement of Response Time of Installed RTDs and Thermocouples." Published by American Institute of Physics, Seventh International Symposium on Temperature, Volume Six, pp. 1151-1156, Toronto, Canada (May 1992).

I8. Hashemian, H.M., "Measurement of Static and Dynamic Performance of Temperature and Pressure Instrumentation in Nuclear Power Plants." Presented at the 1992 COMADEM International Congress, CETIM, Paris, France (July 1992).

I9. Hashemian, H.M., et al., "Aging of Nuclear Plant RTDs and Pressure Transmitters." Proceedings of PLEX '93 International Conference and Exhibition, pp. 85-99, Zurich, Switzerland (November 29-December 1, 1993).

I10. Hashemian, H.M., Riner, J.L., "On-Line Monitoring of Calibration Drift of Process Instrumentation Channels in Nuclear Power Plants." Proceedings of PLEX '93 International Conference and Exhibition, pp. 488-491, Zurich, Switzerland (November 29 -December 1, 1993).

I11. Hashemian, H.M., Riner, J.L., "In-Situ Response Time Testing of RTDs and Pressure Transmitters in Pressurized Water Reactors." Proceedings of PLEX '93 International Conference and Exhibition, pp. 476-479, Zurich, Switzerland (November 29 - December 1, 1993).

I12. Hashemian, H.M., "Aging of Nuclear Plant Instrumentation." Proceedings of 1st International Symposium on Nuclear Energy (AREN), pp. 129-152, Bucharest, Romania (December 1993).

I13. Hashemian, H.M., "Precision Calibration of RTDs for Nuclear Power Plants." Proceedings of 1st International Symposium on Nuclear Energy (AREN), pp. 153-169, Bucharest, Romania (December 1993).

I14. Hashemian, H.M., "Response Time Testing of Temperature and Pressure Sensors in Nuclear Power Plants." Proceedings of 1st International Symposium on Nuclear Energy (AREN), pp. 170-194, Bucharest, Romania (December 1993).

I15. Hashemian, H.M., "Aging Characteristics of Nuclear Plant RTDs and Pressure Transmitters." Proceedings of the 4th International Topical Meeting on Nuclear Thermal Hydraulics, Operations and Safety, Paper #32-C, Vol 2, pp 32-C-1 - 32-C-6, Taipei, Taiwan (April 1994).

I16. Hashemian, H.M., and Mitchell, D.W., "On-Line Testing of Calibration of Process Instrumentation Channels in Nuclear Power Plants." Proceedings of the Fourth International Topical Meeting on Nuclear Thermal Hydraulics, Operations and Safety, Paper #33-B, Vol 2, pp. 33-B-1 - 33-B-6, Taipei, Taiwan (April 1994).

I17. Hashemian, H.M., "On-Line Measurement of Response Time of Temperature and Pressure Sensors in PWRs." Proceedings of the Fourth International Topical Meeting on Nuclear Thermal Hydraulics, Operations and Safety, Paper #33-C, Vol 2, pp. 33-C-1 - 33-C-6, Taipei, Taiwan (April 1994).

I18. Hashemian, H.M., Jakubenko, I., Forejt, V., "Response Time Testing and Calibration of Temperature and Pressure Sensors in Nuclear Power Plants." Proceedings of the Specialist's Meeting on Instrumentation and Control of WWER Type Nuclear Power Plants, Prague/Rez, Czech Republic (September 1994).

I19. Hashemian, H.M., Jakubenko, I., Forejt, V., "Measurement of Core Barrel Vibration and Testing for Core Flow Anomalies in Pressurized Water Reactors." Proceedings of the Specialist's Meeting on Instrumentation and Control of WWER Type Nuclear Power Plants, Prague/Rez, Czech Republic (September 1994).

I20. Hashemian, H.M., Jakubenko, I., Forejt, V., "Measurement of Drop Time of Control and Shutdown Rods and Testing of CRDMs in Nuclear Power Plants." Proceedings of the Specialist's Meeting on Instrumentation and Control of WWER Type Nuclear Power Plants, pp. 61-76, Prague/Rez, Czech Republic (September 1994).

I21. Hashemian, H.M., "In-Situ Response Time Testing of Temperature and Pressure Sensors in Nuclear Power Plants." Presented at the ENC '94 ENS-ANS-FORATOM World Exhibition, Lyon, France (October 1994).

I22. Hashemian, H.M., "New Methods for On-Line Testing of Calibration of Temperature and Pressure Sensors in Nuclear Power Plants." Presented at the ENC '94 ENS-ANS-FORATOM World Exhibition, Lyon, France (October 1994).

I23. Hashemian, H.M., "On-Line Response Time and Calibration Testing of Instrumentation in Nuclear Power Plants." Presented at the INEC 2nd International Conference on Control & Instrumentation in Nuclear Installations, London, England (April 1995).

I24. Hashemian, H.M., "On-Line Testing of Response Time and Calibration of Temperature and Pressure Sensors in Nuclear Power Plants." Proceedings of the Third International Conference on Nuclear Engineering - ICONE-3, pp. 1501 - 1506, Kyoto, Japan (April 1995).

I25. Hashemian, H.M., "Experience with a PC-Based System for Noise and DC Signal Analysis in PWRs." Presented at SMORN VII, Avignon-Palais des Papes, France (June 1995).

I26. Hashemian, H.M., "Results of Aging Research on Nuclear Plant Instrumentation." Presented at the IAEA Specialists Meeting, San Carlos de Bariloche, Argentina (October 1995).

I27. Hashemian, H.M., "Automated Testing of Critical Nuclear Plant Equipment." Presented at the IAEA Specialists Meeting, San Carlos de Bariloche, Argentina (October 1995).

I28. Hashemian, H.M., "PC-Based Equipment and Techniques for Testing the Performance of Critical Equipment in Nuclear Power Plants." Presented at the PLEM + PLEX 95 Nuclear Plant Life Management and Extension Conference, Nice, France (November 1995).

I29. Hashemian, H.M., "New Methods for Monitoring the Performance of Critical Equipment in Nuclear Power Plants." Invited paper for the IAEA Specialists Meeting, Session 2, San Carlo de Bariloche, Argentina (October 17-19, 1995).

I30. Mediavilla,F, Hashemian, H.M., "Medida Automatica Del Tiempo De Caida De Barras De Control Y De Parada y Pruebas De Actuacion Del Mecanismo De Accionamiento De Barras." Proceedings of 23rd Annual Meeting of the Spanish Nuclear Society, pp. 286-288, La Coruna, Spain (November 5-7, 1997).

I31. Hashemian, H.M., "History of On-Line Calibration Monitoring Developments in Nuclear Power Plants." Presented at the Technical Meeting on Increasing Instrument Calibration Interval Through On-Line Calibration Technology, International Atomic Energy Agency (IAEA), Halden, Norway (September 27-29, 2004).

I32. Hashemian, H.M., "Implementation of On-Line Monitoring to Increase the Calibration Interval of Pressure Transmitters." Presented at the Technical Meeting on Increasing Instrument Calibration Interval Through On-Line Calibration Technology, International Atomic Energy Agency (IAEA), Halden, Norway (September 27-29, 2004).

I33. Hashemian, H.M., "Equipment Life Cycle Management Through On-Line Condition Monitoring." Presented at the Technical Meeting on On-Line Condition Monitoring of Equipment and Processes in Nuclear Power Plants Using Advanced Diagnostic Systems, International Atomic Energy Agency (IAEA), Knoxville, TN (June 27-30, 2005).

I34. Hashemian, H.M., "Aging Management Through On-Line Condition Monitoring." Presented at the PLIM + PLEX 2006 Conference, Paris, France (April 10-11, 2006).

미국내 학술대회

N1. Kerlin, T.W., Mott, J.E., Warner, DC, Hashemian, H.M., Arendt, J.S., Gentry, T.S., and Cain, D.G., "Progress in Development of a Practical Method for In-Situ Response Time Testing of Platinum Resistance Thermometers." Transactions of American Nuclear Society, Vol. 23, 428 (June 1976).

N2. Kerlin, T.W., Miller, L.F., and Hashemian, H.M., "In-Situ Response Time Testing of Temperature Sensors." Transactions of American Nuclear Society, Volume 27, page 679-680 (1977).

N3. Hashemian, H.M., and Kerlin, T.W., "Response Time Testing of Platinum-Resistance Thermometers at St. Lucie Nuclear Station." Transactions of American Nuclear Society, page 532 (June 1978).

N4. Hashemian, H.M., and Kerlin, T.W., "Validation of Techniques for Response Time Testing of Temperature Sensors in PWRs." Transactions of American Nuclear Society, page 736 (June 1980).

N5. Kerlin, T.W., Hashemian, H.M., Petersen, K.M., Thomas, J., Snodgrass, D., Haynes, H., and Elder, R.T., "Response Time Testing of Resistance Thermometers in Operating Pressurized Water Reactors." Transactions of American Nuclear Society, pp. 324-325 (1980).

N6. Kerlin, T.W., Hashemian, H.M., and Petersen, K.M., "Time Response of Temperature Sensors." Paper C.I. 80-674, Proceedings of the ISA '80 International Conference and Exhibit, Houston, TX (October 1980).

N7. Hashemian, H.M., et al., "Resistance Thermometer Response Time Characterization." SECON'82, "Instrumenting for a Better World." 28th Southeastern Conference and Exhibit, Sponsored by the Instrument Society of America, Richmond, VA (May 1982).

N8. Kerlin, T.W., and Hashemian, H.M., "New Methods for Response Time Qualification of Temperature Sensors." Conference Proceedings Volume 2, Sensors and Systems 82 Conference, Chemical Sensors/Various Sensors Application, Chicago, IL (June 1982).

N9. Kerlin, T.W., Shepard, R.L., Hashemian, H.M., and Petersen, K.M., "Response of Installed Temperature Sensors." Temperature its Measurement and Control in Science and Industry, Volume 5, pp. 1357-1366, American Institute of Physics, Washington, DC (1982).

N10. Hashemian, H.M., and Kerlin, T.W., "Experience with RTD Response Time Testing in Nuclear Power Plants." Proceedings of the Industrial Temperature Measurement Symposium, pp. 14.01-14.23, Knoxville, TN (September 1984).

N11. Hashemian, H.M., Kerlin, T.W., and Petersen, K.M., "In-Situ Response Time Testing of Temperature and Pressure Sensors." Presented at IEEE Winter Power Meeting, New York, NY (February 1986).

N12. Hashemian, H.M., Thie, J.A., and Upadhyaya, B.R., "Reactor Sensor Surveillance Using Noise Analysis." Proceedings of the Topical Meeting on Reactor Physics and Safety, NUREG/CP-0080, Vol. 2, Saratoga Springs, NY (September 1986).

N13. Hashemian, H.M., et al., "New Methods for Response Time Testing of Industrial Temperature and Pressure Sensors." Proceedings of Annual Meeting of American Society of Mechanical Engineers (ASME), pp. 79-85, Anaheim, CA (December 1986).

N14. Hashemian, H.M., "Response Time of Nuclear Power Plant RTDs." Transactions of the American Nuclear Society, 1987 Annual Meeting, Dallas, TX (June 1987).

N15. Hashemian, H.M., and Petersen, K.M., "Performance of Nuclear Plant RTDs." Proceedings of the 13th Biennial Conference on Reactor Operating Experience, International Meeting on Nuclear Power Plant Operation, ANS Transactions, Suppl. #1, Vol. 54, pp. 138-139, Chicago, IL (August-September 1987).

N16. Hashemian, H.M., and Petersen, K.M., "Aging Degradation of Primary System RTDs." American Nuclear Society Transactions 1987 Winter Meeting, Vol. 55, pp. 518-520, Los Angeles, CA (November 1987).

N17. Hashemian, H.M., and Petersen, K.M., "New Methods for In-Situ Response Time Testing of Pressure Sensors in Nuclear Power Plants." Proceedings of the International Nuclear Power Plant Aging Symposium, U.S. Nuclear Regulatory Commission, NUREG/CP-0100, Bethesda, MD (August 1988).

N18. Hashemian, H.M., and Petersen, K.M., "Effect of Aging on Performance of Nuclear Plant RTDs." Proceedings of the International Nuclear Power Plant Aging Symposium, U.S. Nuclear Regulatory Commission, NUREG/CP-0100, Bethesda, MD (August 1988).

N19. Hashemian, H.M., and Petersen, K.M., "Calibration and Response Time Testing of Industrial RTDs." Proceedings of the 34th International Instrumentation Symposium, Test Measurement Division of the Instrument Society of America, Albuquerque, NM (May 1988).

N20. Hashemian, H.M., and Petersen, K.M., "New Methods for Response Time Testing of Pressure Transmitters." Proceedings of the 34th International Instrumentation Symposium, Instrument Society of America, Albuquerque, NM (May 1988).

N21. Thie, J.A., and Hashemian, H.M., "BWR Stability Measurements Using Neutron Noise Analysis." Presented at the 1988 Informal Meeting on Reactor Diagnostics, Sponsored by Duke Power Company, Orlando, FL (June 1988).

N22. Hashemian, H.M., Thie, J.A., and Petersen, K.M., "Validation of Noise Analysis for Response Time Testing of Pressure Sensors in Nuclear Power Plants." Presented at the 1988 Informal Meeting on Reactor Diagnostics, Sponsored by Duke Power Company, Orlando, FL (June 1988).

N23. Kerlin, T.W., and Hashemian, H.M., "Uncertainty in Temperature Measurements with Industrial Platinum Resistance Thermometers." Proceedings of the 11th Triennial World Congress of the International Measurement Confederation (IMEKO), Vol. Sensors, pp. 593-601, Houston, TX (October 1988).

N24. Hashemian, H.M., and Petersen, K.M., "Accuracy of Industrial Temperature Measurement." Proceedings of the ISA '88 International Conference and Exhibit, Houston, TX (October 1988).

N25. Hashemian, H.M., et al., "Application of Noise Analysis for Response Time Testing of Pressure Sensors in Nuclear Power Plants." Proceedings of 7th Power Plant Dynamics, Control and Testing Symposium, Vol. 2, pp. 53.01-53.23, Knoxville, TN (May 1989).

N26. Miller, L.F., and Hashemian, H.M., et al., "In-Situ Response Time Testing of Force-Balance Pressure Transmitters in Nuclear Power Plants." Proceedings of 7th Power Plant Dynamics, Control and Testing Symposium, Vol. 2, pp. 49.01-49.18, Knoxville, TN (May 1989).

N27. Hashemian, H.M., et al., "In-Situ Response Time Testing of Thermocouples." Proceedings of the 35th International Instrumentation Symposium, Instrument Society of America, Orlando, FL (May 1989).

N28. Hashemian, H.M., et al., "Accurate and Timely Temperature Measurements Using RTDs." Proceedings of the 36th International Instrumentation Symposium, Instrument Society of America, pp. 465-470, Denver, CO (May 1990).

N29. Hashemian, H.M., "Effects of Aging on Calibration and Response Time of Nuclear Plant RTDs and Pressure Transmitters." Proceedings of the 18th Water Reactor Safety Information Meeting, U.S. Nuclear Regulatory Commission, NUREG/CP-0114, Volume 3, pp. 547-570, Rockville, MD (October 1990).

N30. Hashemian, H.M., "Advanced Methods for Management of Aging of Nuclear Plant Instrumentation." Proceedings of the American Nuclear Society, Nuclear Power Plant and Facility Maintenance International Meeting, Volume 2, pp. 473-489, Salt Lake City, UT (April 1991).

N31. Hashemian, H.M., and Petersen, K.M., "Measurement of Performance of Installed Thermocouples." Proceedings of the Aerospace Industries and Test Measurement Divisions of The Instrument Society of America, 37th International Instrumentation Symposium, pp. 913-926, ISA Paper #91-113, San Diego, CA (May 1991).

N32. Hashemian, H.M., and Petersen, K.M., "Experience With On-Line Measurement of Response Time of Pressure Transmitters Using Noise Analysis." Proceedings of the Sixth Symposium on Nuclear Reactor Surveillance and Diagnostics, SMORN VI, pp. 68.01-68.12, Volume 2, Gatlinburg, TN (May 1991).

N33. Hashemian, H.M., and Petersen, K.M., "Response Time Testing of Pressure Transmitters in Nuclear Power Plants." Proceedings of the Instrument Society of America, First Annual Joint ISA/EPRI Power Instrumentation Symposium, Volume 34, pp. 275-289, ISA Paper #91-720, St. Petersburg, FL (June 1991).

N34. Hashemian, H.M., and Petersen, K.M., "Response Time Testing and Calibration of RTDs in Conjunction with By-Pass Manifold Elimination Projects." Proceedings of the Instrument Society of America, First Annual Joint ISA/EPRI Power Instrumentation Symposium, Volume 34, pp. 233-265, ISA Paper #91-717, St. Petersburg, FL (June 1991).

N35. Hashemian, H.M., "On-Line Measurement of Response Time and Calibration of Temperature and Pressure Sensors in Nuclear Power Plants." Proceedings of the 15th Biennial Reactor Operations Division Topical Meeting on Reactor Operating Experience, American Nuclear Society, pp. 127-134, Bellevue, WA (August 1991).

N36. Hashemian, H. M., "Effects of Aging on Calibration and Response Time of Nuclear Plant Pressure Transmitters." Proceedings of the 19th Water Reactor Safety Information Meeting, U.S. Nuclear Regulatory Commission, NUREG/CP-0119, Bethesda, MD (October 1991).

N37. Hashemian, H.M., "Aging Evaluation of Nuclear Plant RTDs and Pressure Transmitters." Aging Research Information Conference, U.S. Nuclear Regulatory Agency, NUREG/CP-0121, Rockville, MD (March 1992).

N38. Hashemian, H.M., et al., "Detection of Core Flow Anomalies in Pressurized Water Reactors." Published by Instrument Society of America, ISA/EPRI Power Instrumentation Symposium, Kansas City, MO, Volume 35, pp. 253-272, ISA Paper #92-0621 (June 1992).

N39. Hashemian, H.M., and Mitchell, D.W., "On-Line Detection of Clogging of Pressure Sensing Lines in Nuclear Power Plants." Presented at the EPRI 5th Incipient Failure Detection Conference, Knoxville, TN (September 21-23, 1992).

N40. Hashemian, H.M., "On-Line Testing of Calibration of Pressure Transmitters in Nuclear Power Plants." Published by IEEE, 1992 IEEE Nuclear Science Symposium and Medical Imaging Conference, Volume 2, pp. 773-774, Orlando, FL (October 1992).

N41. Hashemian, H.M. and Petersen, K.M., "Loss of Fill Fluid in Nuclear Plant Pressure Transmitters." Presented at the 20th Water Reactor Safety Information Meeting, Bethesda, MD (October 1992).

N42. Hashemian, H.M. and Mitchell, D.W., "Evaluation of Smart Sensor Technologies for Instrument Calibration Reduction in Nuclear Power Plants." Presented at 20th Water Reactor Safety Information Meeting, Bethesda, MD (October 1992).

N43. Hashemian, H.M., "Effect of Sensing Line Blockages on Response Time of Nuclear Plant Pressure Transmitters." Presented at the 20th Water Reactor Safety Information Meeting, Bethesda, MD (October 1992).

N44. Hashemian, H.M., et al., "On-Line Testing of Calibration of Process Instrumentation Channels in Nuclear Power Plants." Proceedings of the 2nd ASME/JSME International Conference on Nuclear Engineering ICONE-2, pp. 767-774, San Francisco, CA (March 1993).

N45. Mitchell, D.W., Hashemian, H.M., and Shell, C.S., "On-Line Detection of Blockages in Pressure Sensing Systems." Proceedings of the 2nd ASME/JSME International Conference on Nuclear Engineering ICONE-2, pp. 775-781, San Francisco, CA (March 1993).

N46. Hashemian, H.M., and Stansberry, D.V., "Validation of Instrument Calibration Reduction Techniques for Nuclear Power Plants." Proceedings of the American Nuclear Society Topical Meeting, pp. 315-322, Oak Ridge, TN (April 1993).

N47. Hashemian, H.M., Mitchell, D.W., and Antonescu, C.E., "Validation of On-Line Monitoring Techniques for In-Situ Testing of Calibration Drift of Process Instrumentation Channels in Nuclear Power Plants." Proceedings of the International Atomic Energy Agency (IAEA) Specialist Meeting, NUREG/CP-0134, pp. 209-233, Rockville, MD (May 1993).

N48. Hashemian, H.M., and Riner, J.L., "Effects of Normal Aging on Calibration and Response Time of Nuclear Plants RTDs and Pressure Sensors." Proceedings of the International Atomic Energy Agency (IAEA) Specialist Meeting, NUREG/CP-0134, pp. 157-178, Rockville, MD (May 1993).

N49. Hashemian, H.M., and Riner, J.L., "In-Situ Measurement of Response Time of RTDs and Pressure Transmitters in Nuclear Power Plants." Proceedings of the International Atomic Energy Agency (IAEA) Specialist Meeting, NUREG/CP-0134, pp. 89-113, Rockville, MD (May 1993).

N50. Hashemian, H.M., et al., "RTD Cross Calibration in Pressurized Water Reactors." Proceedings of the 3rd International Joint ISA POWID/EPRI Controls and Instrumentation Conference, Vol. 36, pp. 81-102, Phoenix, AZ (June 1993).

N51. Hashemian, H.M., and Beverly, D.D., "Precision Calibration of Industrial RTDs for Critical Temperature Measurements." Proceedings of the 3rd International Joint ISA POWID/EPRI Controls and Instrumentation Conference, Vol. 36, pp. 391-412, Phoenix, AZ (June 1993).

N52. Hashemian, H.M., and Riner, J.L., "On-Line Testing of Calibration of Pressure Transmitters in Nuclear Power Plants." Proceedings of the 3rd International Joint ISA POWID/EPRI Controls and Instrumentation Conference, Vol. 36, pp. 439-450, Phoenix, AZ (June 1993).

N53. Hashemian, H.M., Mitchell, D.W., "On-Line Calibration Monitoring for Instrumentation Channels in Nuclear Power Plants." Proceedings of the 21st Water Reactor Safety Meeting, NUREG/CP-0133, pp. 191-206, Bethesda, MD (October 1993).

N54. Riner, J.L., "On-Line Response Time Testing Methods for Process Instrumentation and the Effects of Normal Aging on Their Dynamic Characteristics." Presented at the AIChE 1994 Spring National Meeting, Atlanta, GA (April 1994).

N55. Riner, J.L., et al., "Validation of On-Line Monitoring Techniques for the Detection of Drift in Process Sensors." Presented at the AIChE 1994 Spring National Meeting, Atlanta, GA (April 1994).

N56. Hashemian, H.M., "Instrument Calibration Reduction System for Nuclear Power Plants." Proceedings of the American Power Conference, Vol. 56-II, pp. 1246-1250, Chicago, IL (April 1994).

N57. Hashemian, H.M., "New Methods for Remote Testing of Accuracy and Response Time of Installed Temperature and Pressure Sensors." Proceedings of the American Power Conference, Vol. 56-I, pp. 409-414, Chicago, IL (April 1994).

N58. Mitchell, D.W., and Hashemian, H.M, "New Technology for Testing the Installation Integrity of Thermocouples in Composite Materials for SRM Nozzles." Proceedings of the Instrument Society of America 40th International Instrumentation Symposium, ISA Paper #94-6257, pp. 233-242, Baltimore, MD (May 1994).

N59. Mitchell, D.W., and Hashemian, H.M., "Effect of Sensing Line Length and Blockages on Dynamic Performance of Pressure Sensing Systems." Proceedings of the 1994 POWID/ EPRI Symposium, ISA Paper #94-440, pp. 201-210, Orlando, FL (June 1994).

N60. Fain, R.E., Petersen, K.M., Hashemian, H.M., "New Equipment for Rod Drop and Control Rod Drive Mechanism Timing Tests in PWRs." Presented at the 1994 POWID/EPRI Symposium, Orlando, FL (June 1994).

N61. Farmer, J.P., Hashemian, H.M., "Minimizing the Cost of Instrument Calibrations in Nuclear Power Plants." Presented at the 1994 POWID/EPRI Symposium, Orlando, FL (June 1994).

N62. Hashemian, H.M., Farmer, J.P., "A Versatile Data Acquisition System For Nuclear Power Plants." Proceedings of the EPRI Nuclear Plant Performance Improvement Seminar, pp. 1-16, Charleston, SC (August 1994).

N63. Hashemian, H.M., Riner, J.L., "Using On-Line Performance Testing Methods in Developing a Mechanical Integrity Program for Process Sensors." Presented at the American Chemical Industries Week '94, Philadelphia, PA (October 1994).

N64. Hashemian, H.M., Mitchell, D.W., Petersen, K.M., "Nondestructive Evaluation of the Attachment of Sensors in Solid Materials." Published in Conference Proceedings of JANNAF Nondestructive Evaluation Subcommittee Meeting, Ogden Air Logistics Center, Hill Air Force Base, UT (October 1994).

N65. Hashemian, H.M., Mitchell, D.W., Petersen, K.M., "New Technology for Testing the Attachment of Sensors in Composite Materials for SRM Nozzles." Presented at the JANNAF Rocket Nozzle Test Subcommittee Meeting, at the Boeing Defense and Space Group, Seattle, WA (November 1994).

N66. Hashemian, H.M., Black, C.L., "Fiber Optic Pressure Sensors for Nuclear Power Plants." Published in the proceedings of the 22nd Water Reactor Safety Meeting, Bethesda, MD (October 1994).

N67. Hashemian, H.M., Farmer, J.P., "On-Line Calibration of Process Instrumentation Channels in Nuclear Power Plants." Proceedings of the 22nd Water Reactor Safety Meeting, Bethesda, MD (October 1994).

N68. Hashemian, H.M., Jones, C.N., Shell, C.S., Harkelroad, J.D., "New Technology for Testing the Attachment of Sensors to Solid Materials." Presented at the 41st International Instrumentation Symposium, Aurora, CO (May 1995).

N69. Hashemian, H.M., "Measurement of Primary Coolant Temperatures in Conjunction with Steam Generator Replacement." Presented at the 9th Power Plant Dynamics, Control & Testing Symposium, Knoxville, TN (May 1995).

N70. Hashemian, H.M., "Application of Neural Networks for On-Line Testing of Calibration of Process Instrumentation in Nuclear Power Plants." Presented at the 9th Power Plant Dynamics, Control & Testing Symposium, Knoxville, TN (May 1995).

N71. Hashemian, H.M., Fain, R.E., Riner, J.L., Fidler, C.R., "Development of an Automated System for Diesel Generator Performance Monitoring." Presented at the Fifth International Joint ISA POWID/EPRI Controls and Instrumentation Conference, La Jolla, CA (June 1995).

N72. Hashemian, H.M., Fain, R.E., "Experience With Measurement of Drop Time of Control and Shutdown Rods and Testing of CRDMs in Nuclear Power Plants." Presented at the Fifth Intl. Joint Controls and Instrumentation Conference, La Jolla, CA (June 1995).

N73. Hashemian, H.M., Riner, J.L., Fain, R.E, Fidler, C.R., "Monitoring the Performance of Turbines to Improve Diagnostic Capabilities and Reduce Maintenance Costs." Presented at the Fourth EPRI Turbine/Generator Conference, Milwaukee, WI (August 1995).

N74. Hashemian, H.M., "Assessment of Fiber Optic Sensors and Other Advanced Sensing Technologies for Nuclear Power Plants." Presented at the 23rd Water Reactor Safety Meeting, NUREG/CP-0149, Vol. 2, pg. 61, Bethesda, MD (October 1995).

N75. Hashemian, H.M., "In-Situ Testing of the Attachment of Thermocouples, Strain Gages and RTDs to Solid Materials." Presented at the 1995 JANNAF Propulsion and Subcommittee Joint Meetings, Tampa, FL (November 1995).

N76. Hashemian, H.M., Fain, R.E., Riner, J.L., "Automated Diesel Generator Performance Monitoring for the Reduction of Plant Operating and Maintenance Costs." Presented at the NMAC Diesel Engine Analysis and Monitoring Workshop and Exhibition, Orlando, FL (December 4-5, 1995).

N77. Hashemian, H.M., Fain, R.E., "Automated Rod Drop Time Testing and Diagnostics in Soviet Designed RBMK and VVER Reactors." Published in NPIC & HMIT 96 Conference Proceedings, Vol. 2, pp. 1461-1468 (May 1996).

N78. Hashemian, H.M., Fain, R.E., "Reducing Outage Time Through Automated Tests To Meet Technical Specification Requirements." Published in NPIC & HMIT 96 Conference Proceedings, Vol 2., pp. 1289-1296 (May 1996).

N79. Hashemian, H.M., "On-Line Monitoring Techniques for Preventive Maintenance, Performance Measurements, and Aging Management in Nuclear Power Plants." Presented at the ANS/ENS International Meeting, Washington, DC (November 1996).

N80. Hashemian, H.M., "On-Line Monitoring Techniques for Preventive Maintenance, Performance Measurements, and Aging Management In Nuclear Power Plants." Presented at the 7th ISA POWID/EPRI Controls and Instrumentation Conference, Knoxville, TN (June 1997).

N81. Hashemian, H.M., "Cross Calibration of Primary Coolant RTDs in Compliance with Recent NRC Position." Presented at the 7th ISA POWID/EPRI Controls and Instrumentation Conference, Knoxville, TN (June 1997).

N82. Hashemian, H.M., Beverly, D.D., "Maintenance Guide for Control Rod Drive Systems in Westinghouse PWRs." Presented at the 8th ISA POWID/EPRI Controls and Instrumentation Conference, Scottsdale, AZ (June 1998).

N83. Hashemian, H.M., "IAEA Guidance on Aging of Nuclear Power Plant Instrumentation and Control Equipment, Periodical Testing and Maintenance Strategies." Presented at the 8th ISA POWID/EPRI Controls and Instrumentation Conference, Scottsdale, AZ (June 1998).

N84. Hashemian, H.M., "Experience with Use of LCSR Test for Measurement of Response Time of Temperature Sensors in Industrial Processes." Presented for the ASTM E20 Committee on Temperature Measurement, Seattle, WA (May 17, 1999).

N85. Hashemian, H.M., "Advanced Sensor and New I&C Maintenance Technologies for Nuclear Power Plants." Presented at the 7th International Joint ISA POWID/EPRI Controls and Instrumentation Conference, St. Petersburg, FL (June 1999).

N86. Hashemian, H.M., Morton, G.W., "Automated System for Pressure Transmitter Calibration." Presented at the 7th International Joint ISA POWID/EPRI Controls and Instrumentation Conference, St. Petersburg, FL (June 1999).

N87. Hashemian, H.M., Mitchell, D.W., "Examples of Instrumentation Problems in Power Industries." Presented at the 43rd Annual ISA POWID Conference 2000, San Antonio, TX (June 4-9, 2000).

N88. Hashemian, H.M., et al., "Experience with Rod Drop and CRDM Testing in Nuclear Power Plants." Presented at the 43rd Annual ISA POWID Conference 2000, San Antonio, TX (June 4-9, 2000).

N89. Hashemian, H.M., "Review of Advanced Instrumentation and Maintenance Technologies for Nuclear Power Plants." Presented at the 43rd Annual ISA POWID Conference 2000, San Antonio, TX (June 4-9, 2000).

N90. Hashemian, H.M., "Latest Trends in Electric Power Production." Presented at the 43rd Annual ISA POWID Conference 2000, San Antonio, TX (June 4-9, 2000).

N91. Hashemian, H.M., "Optimized Maintenance and Management of Ageing of Critical Equipment in Support of Plant Life Extension." Presented at the 2000 ANS/ENS International Meeting, Washington, DC (November 12-16, 2000).

N92. Hashemian, H.M., "Power Uprating in PWR Plants By Better Measurement of Reactor Coolant Flow." Presented at the 2000 ANS/ENS International Meeting, Washington, DC (November 12-16, 2000).

N93. Hashemian, H.M., "Increasing Instrument Calibration Intervals." Presented at the 44th Annual ISA POWID Conference 2001, Orlando, Florida (July 7-13, 2001).

N94. Hashemian, H.M., "Implementation of On-Line Calibration Monitoring in Nuclear Power Plants." Presented at MARCON, Maintenance and Reliability Conference, Knoxville, TN (May 5-8, 2002).

N95. Hashemian, H.M., "Verifying the Performance of RTDs in Nuclear Power Plants." Presented at the 8th Temperature Symposium, ISA—The Instrumentation, Systems, and Automation Society, Chicago, IL (October 21-24, 2002).

N96. Hashemian, H.M., "Comparison of RTDs and Thermocouples for Industrial Temperature Measurements." Presented at the 8th Temperature Symposium, ISA—The Instrumentation, Systems, and Automation Society, Chicago, IL (October 21-24, 2002).

N97. Hashemian, H.M., "LCSR Method to Verify the Attachment of Temperature Sensors and Strain Gauges to Solid Material." Presented at the 8th Temperature Symposium, ISA—The Instrumentation, Systems, and Automation Society, Chicago, IL (October 21-24, 2002).

N98. Hashemian, H.M., "Extending the Calibration Interval of Pressure Transmitters in Nuclear Power Plants." Presented at the 13th Annual Joint ISA POWID/EPRI Control and Instrumentation Conference, Williamsburg, VA (June 15-20, 2003).

N99. Hashemian, H.M., "Instrument Calibration Reduction Through On-Line Monitoring." Presented at the 2004 Utility Working Conference & Vendor Technology Expo, American Nuclear Society, Amelia Island, FL (August 8-11, 2004).

N100. Hashemian, H.M., et al., "Calibration Reduction System Implementation at the Sizewell B Nuclear Power Plant." Presented at the 4th International Topical Meeting on Nuclear Plant Instrumentation, Control and Human Machine Interface Technology, American Nuclear Society, Columbus, OH (September 19-22, 2004).

N101. Hashemian, H.M., "Temperature Sensor Diagnostics." Proceedings of the 51st International Instrumentation Symposium, ISA—The Instrumentation, Systems, and Automation Society, Knoxville, TN (May 8-12, 2005).

N102. Tew, W.L., Nam, S.W., Benz, S.P. and Dresselhaus, P., and Hashemian, H.M., "New Technologies for Noise Thermometry with Applications in Harsh and-or Remote Operating Environments." Proceedings of the 51st International Instrumentation Symposium, ISA—The Instrumentation, Systems, and Automation Society, Knoxville, TN (May 8-12, 2005).

N103. Hashemian, H.M., "Maintenance of Cables in Industrial Processes." Presented at MARCON 2005, Maintenance and Reliability Conference, Knoxville, TN (May 3-6, 2005).

N104. Hashemian, H.M., "Sensor Performance and Reliability." Presented at the 15th Joint ISA/POWID/EPRI Controls and Instrumentation Conference, Nashville, TN (June 2005).

N105. Hashemian, H.M., Shumaker, B.D. "On-Line Condition Monitoring Applications in Nuclear Power Plants." Submitted for American Nuclear Society (ANS) Topical Meeting on Nuclear Power Plant Instrumentation and Control and Human Machine Interface Technologies (NPIC&HMIT), to be held concurrently with the ANS National Winter Meeting, Albuquerque, New Mexico, USA (November 2006).

특허 (등록 및 출원)

P1. Morton, G.W., Shumaker, B.D., Hashemian, H.M., "Cross Calibration of Plant Instruments with Computer Data." Publication No. 2005/0187730 A1, (August 2005) Patent Pending.

P2. Hashemian, H.M., "Testing of Wire Systems and End Devices Installed in Industrial Processes." Publication No. US 2005/0182581 A1 (August 2005) Patent Pending.

P3. Hashemian, H.M., "Integrated System for Verifying the Performance and Health of Instruments and Processes." Patent No. US 6,915,237 B2 (July 2005).

P4. Morton, G.M, Sexton, C.D., Beverly, D.D., Hashemian, H.M., "Nuclear Reactor Rod Drop Time Testing Method." Patent No. US 6,404,835 B1 (July 2002)

P5. Hashemian, H.M., "Apparatus for Measuring the Degradation of a Sensor Time Constant." Patent No. US 4,295,128 (October 1981)

P6. Hashemian, H.M., "Instrument and Process Performance and Reliability Verification System." Patent No. US 6,973,413 B2 (December 2005).

부록 B: 원자력발전소 RTD 교차교정에 대한 NRC 입장

원자력발전소 RTD 교차교정에 대한 NRC 입장이 공개 문서로 제공되며 이를 본 부록에 첨부하였다. 해당 문서는 I&C 부서기술검토 (I&C Branch Technical Position 13, BTP-13)이며, BTP-13은 NRC의 NUREG-0800 제 7장의 부록이다. NUREG-0800은 표준 심사절차서(Standard Review Plan, SRP)를 인용하고 있다.

비고: 일관성 유지를 위하여, 이 부록은 NRC 내용과 구성을 가급적 그대로 옮겼다.[1]

신규
부록 7-A
NUREG-0800

부서기술검토 HICB-13
보호계통의 교차교정 가이드
저항온도측정기

A. 배경

이 부서기술검토(Branch Technical Position, BTP)의 목적은 저항온도측정기 (Resistance Temperature Detector, RTD)의 성능 검사시 교차교정 기술을 사용하는 당사자에게 가용한 정보와 방법을 제공하기 위함이다. 이 지침은 원자로냉각재 RTD에 대한 가동중 교차교정의 허가요청시 제출된 서류와 NRC의 자체 연구에 대한 경험을

[1] 부록 B는 문서의 성격상 가급적 직역을 하려고 노력하였으나, 실제 참조를 위해서는 원문을 이용할 것을 당부한다. 번역본 참조로 인한 과실은 참조한 당사자에게 있다.

기반으로 작성되었다. 검토자는 요청자가 제출한 서류의 검토를 완료했고, 관련 규정의 자격요건을 충족하는 것으로 판단하였다.

교차상관관계를 제공하기 위한 다양한 변수의 활용과 같은 타 방법도 정당성이 확보된다면 사용될 수 있다.

1. 규제요건

10 CFR 50.55a(h)는 다음을 포함하는 ANSI/IEEE Std 279 원자력발전소 보호 계통 요건(Criteria for Protection Systems for Nuclear Power Generating Stations)의 요건을 만족하는 보호계통을 규정하고 있다.

(1) Section 3(9), 응답시간과 정확성에 대한 최소 성능요건
(2) Section 4.9, 센서 확인을 위한 능력
(3) Section4.10, 시험과 교정을 위한 능력

10 CFR 50 부록 A, 일반설계기준(General Design Criterion, GDC) 13, "계측 및 제어"는 변수와 계통을 감시할 수 있는 계측시스템과 변수와 계통이 규정된 운전 범위 이내에서 유지될 수 있도록하는 제어시스템을 요구한다.

10 CFR 50 부록 A, GDC 20, "보호계통"은 허용가능한 연료설계제한치(Specified Acceptable Fuel Design Limit)가 초과되지 않도록 적절한 계통을 작동시키는 보호계통을 요구한다.

10 CFR 50 부록 A, GDC 21, "보호계통의 신뢰성과 시험성"은 높은 기능적 신뢰도와 수행될 안전기능을 확인할 수 있는 가동중 시험성을 갖도록 요구한다.

10 CFR 50 부록 A, GDC 24, "보호계통과 제어계통의 분리"는 어떠한 단일 제어계통이나 채널의 고장, 보호계통이 공유하는 어떤 단일 보호계통이나 채널의 고장이나 작동불능과 같은 상황에서 보호계통의 신뢰도, 다중성, 독립성을 유지할 수 있도록 제어계통으로부터 분리된 보호계통을 요구한다.

10 CFR 50 부록 A, GDC 29, "운전시 예상되는 과도상태(Anticipated Operational Occurrences)에 대한 보호"는 원자로운전시 예상되는 과도상태에서 안전기능의 수행을 매우 높은 확률로 보장하도록 설계된 보호계통 및 반응도제어계통을 요구한다.

2. 관련 지침

"안전계통의 전력, 계측 및 제어 부분에 대한 기준"인 규제지침 1.153은 ANSI/IEEE 표준 279에 대한 대안으로 "원자력발전소 안전계통에 대한 IEEE기준"인 IEEE 표준 603을 승인하였다. IEEE 표준 603은 안전계통에 대한 설계 기준을 다음과 같이 요구한다.

(1) 부정확, 교정 불확실성, 오차 증가
(2) 허용가능한 설정치를 정하는데 사용된 안전계통의 전반적인 응답시간
(3) 계측기 부정확성, 교정 불확실성 및 오차, 그리고 응답 시간을 위해 사용되는 가정이 허용가능하고 합리적임을 보이는 기준

RTD의 성능은 정확성과 응답시간으로 나타낸다. 정확도는 RTD가 얼마나 정적 온도를 정확히 표시하느냐이고, 응답시간은 RTD가 온도변화를 감지하는 속도를 나타내는 것이다. NUREG/CR-5560 "원자력발전소 저항온도측정기의 경년열화"에서는 RTD의 교정 및 응답시간이 설계조건 내에서도 경년열화에 영향을 받는다고 기술되어 있다. 하지만 경년열화는 재장전 기간동안에 수행되는 정기시험을 통해 관리가 가능하다. EPRI TR-106453-3925 "온도 센서 평가"에서 RTD 성능에 대한 추가 정보를 제공한다.

3. 목적

BTP의 목적은 NRC 검토자에게 이전의 규제 기준과 표준이 신청자의 제출 내용에 부합하는지를 검증하는 지침을 제공하는 것이다. 다음은 본 BTP가 갖고 있는 두 가지 목적이다.

(1) 제안된 교차교정방법과 관련이 있는 교정 부정확성, 불확실성, 오차가 설계 기준과 설정값 분석 가정사항과 일관성이 있는지를 확인하고,
(2) RTD 응답시간이 사고해석 가정과 일관성이 있다고 확인하는데 있어 제안된 교차교정방법이 적절한지를 검토한다.

B. 부서기술검토

1. 소개

RTD의 충분한 성능을 확보하려면 정확성과 응답시간을 적절한 간격으로 확인해야 한다. 원자로냉각재계통 RTD 센서에 대한 가동중 교정 및 테스트는 실제 상황을 고려하면 제한될 수 있다. 교정 또는 응답시간의 검증을 위해 RTD를 완전히 주기적으로 제거하고 다시 설치하는 것은 작업요원의 방사성 피폭이 증가할 가능성이 있다. 게다가, RTD의 전 교정 범위의 가동중 검증에서 RCS 등온조건을 유지하는 측면에서도 불가능 할 수 있다. 그럼에도 불구하고, 인허가 요청자는 센서의 경년열화, 성능저하 또는 설치과정에서 RTD의 교정과 응답시간이 심각하게 변화하지 않음을 증명해야 한다.

허용가능한 한가지 방법은 주기적으로 가장 최근에 교정 및 응답시간이 시험된 참조 RTD를 제공하는 것이다. 나머지 "유사한" RTD들은 중요한 성능저하를 식별하기 위하여 참조 RTD에 대한 교차상관을 분석할 수 있다. "유사한" RTD란 RCS 온도와 유량 조건과 충분히 비슷하게 곳에 설치된 것을 의미한다. 이러한 방법은 전 범위에 걸쳐 각 RTD의 교정검증을 할 수는 없지만, 본 지침서가 활용된다면 RTD의 성능저하 또는 드리프트의 적시 탐지가 가능할 것이다. 이 지침에서 다룰 내용은 다음과 같다.

(1) 실험실 교정데이터에 대한 참조 RTD의 추적성(Traceability)
(2) 가동중 시험을 위한 방법
(3) 응답시간 시험
(4) 교정전/후 데이터
(5) 가동중 시험과정에서 제어/보호계통 작동 또는 공통원인고장

2. 정보 검토

검토된 자료는 명세서, 도면 및 제안된 RTD 교차교정 프로그램 등으로 구성되어 있다.

3. 합격 기준

분석 지원

계측기 정비 및 교정 프로그램에 대한 분석과 자료는 교차교정 프로그램의 적합성을

지원하기 위해 제공되어야 한다. 최소한 분석은 다음과 같은 주제를 다루어야 한다.

(1) 교차교정 프로그램이 RTD 사양, 정확성, 재현성, 동적응답, 설치, 환경검증, 교정 참조, 교정 기록, 그리고 교정 간격 등과 같은 RTD의 특징과 일관성이 있음에 대한 정당성

(2) 신호 조절과 처리에 사용된 구체적인 방법이나 분석(예를 들어, 평균, 바이어스, 오류 감지, 데이터 품질 측정 및 오류 보상)

(3) 교차교정 및 응답시간 측정을 위한 계획

(4) 발전소 사고해석에서 가정된 성능요건과 사고기준이 교차교정과 시험 결과에 의해 만족함을 보이는 정당성

(5) 성능저하나 계통오차를 감지하는데 적합한 데이터를 보증하기 위하여, 합격기준 및 RTD의 전 범위에 걸쳐 가동중에 감시된 교차교정 값에 대한 기술적인 기반

실험실 교정데이터에 대한 참조 RTD의 추적성

실험실 교정에서는 몇 곳의 온도에서 RTD 저항을 측정한다. 데이터는 교정곡선을 만드는데 사용된다. 추가로 RTD 응답시간은 온도제어 욕조와 측정된 온도범위에서 RTD 응답시간을 계산하는 방법을 사용하여 실험실 조건에서 측정될 수 있다.

교정 RTD의 설치는 실험실 시험 결과의 응답시간 적용을 입증하는 시험 절차를 포함해야 한다. LCSR 시험은 설치된 RTD의 조건이 적절하게 실험실 테스트와 상관관계가 있는지를 확인할 수 있는 방법이다.

LCSR을 사용하여 설치된 RTD의 응답시간을 시험할 때에는 가동중 시험결과를 실험실 시험결과와 상관짓기 위하여 NUREG-0809 "저항온도측정기 응답시간 특성"에서 확인된 LCSR 변환과 같은 분석 기술을 사용해야 한다.

가동중 시험을 위한 방법

RTD 교정을 검증하기 위해서는 신규로 교정된 참조 RTD 설치와 동일한 온도와 유량환경에 따라 다른 RTD들의 측정값에 대한 교차상관에 의해 수행되어야 한다. 이 방법의 핵심은 모든 센서가 충분히 유사한 온도와 유량 환경에 있음을 대한 확신이다. 교차상관 참조를 제공하기 위해 다양한 변수를 사용하는 것과 같은 방법은 충분한 정당성이 제공된다면 활용이 가능하다.

참조 또는 신규 RTD를 설치하기 전에 센서는 실험실에서 교정이 되어야 하며, 만약

제조업체의 교정데이터가 사용되면 인허가 요청자는 RTD의 교정 여부를 확인하기 위한 분석이나 시험을 수행해야 한다. 신청서의 온도는 제조업체의 최고 교정 범위 내에 있어야 한다.

모든 데이터는 등온 발전소 상태에서 제공되어야 하고 모든 루프(고온관과 저온관 포함)는 유사한 온도에 있어야 한다. 이런 조건이 보장 할 수 없는 경우 신청자는 하나 이상의 위치에서 RTD를 제거하고 여기에 새로 교정된 RTD를 설치해야 한다.

신청자는 허용되는 교정의 한계, 응답시간, 그리고 RTD의 가동중 시험의 분석 결과를 제공해야 한다. 허용기준을 포함한 시험 절차에는 특히 균일한 냉각수 온도 및 유량 데이터의 의존성과 같은 교정의 한계를 명시해야 한다.

보정계수 또는 바이어스 값은 비등온조건을 보상하기 위해 제공되어야 한다. 발전소의 온도를 완벽하게 제어할 수 없기 때문에, 1차 냉각재 온도에 나타나는 요동과 드리프트가 가동중 시험시 나타날 수 있다. 시험 데이터는 냉각수 온도의 요동과 드리프트에 대해 보정을 해야 한다. 만약 시험도중 원자로냉각재의 불완전한 혼합이 발생하면 시험 데이터는 온도 차이를 보정해야 한다. 원자로냉각재 온도는 안정하고 균일해야 한다. 그렇지 않다면 데이터는 이런 효과를 고려하여 보정되어야 한다.

테스트에 사용되는 장비는 필요한 허용 공차 이내로 정확해야 하고 안정적인 성능을 갖고 있어야 한다. 발전소 계측 공차의 결정에 관한 지침 BTP HICB-12를 참조한다.

응답시간 시험

응답시간 시험은 교차교정 시험과 독립적임에도 불구하고 성능저하를 식별하고 설치 영향을 살펴보기 위하여 기존 또는 신규 참조 센서에 대해 수행되어야 한다.

시험 데이터 결과와 분석은 실험실 응답시간 시험 데이터, 참조 센서에 대한 응답시간 시험 데이터에 대해 기존 센서에 있는 일반적인 흐름 경로에서 각각의 상관 관계를 지원해야 한다. 기존 센서 LCSR 테스트 결과와 참고 센서에 대한 LCSR 테스트 결과 사이 연관성은 참조 RTD 실험실 테스트 데이터의 상관관계를 설정하는데 사용할 수 있다.

교정전(As-Found)/교정후(As-Left) 데이터

인허가 신청자는 개별 센서에 대한 "교정전" 그리고 "교정후" 데이터와 응답시간 시험 결과에 대한 데이터베이스를 유지해야 한다.

계통오차나 성능저하를 감시하려면 각 핵연료주기마다 새롭게 교정된 RTD 또는 최근 교정 데이터를 갖는 신규 RTD가 분석에 의해 도출된 중요 위치에 설치되어야 한다. 참조 RTD에 대한 교차교정은 교정전/후 데이터 기록을 사용하여 감시되어야 한다.

시험 데이터와 분석은 등온조건의 차이점을 식별하고 확인해야 하고 오차가 무작위이고 설정치 분석에 의해 결정된 허용 대역 내에 있는지 입증해야 한다. 그리고 계통오차가 없음을 증명해야 한다. 예전 데이터 내에 센서 시험에서 온도 오차의 허용값을 초과하여 생길 잠재적 드리프트가 예상되는 경우, 인허가 신청자는 편차가 생긴 센서의 교정을 검증하고 적절한 시정 조치를 취해야 한다. RTD 드리프트를 예측하는 분석은 보호계통의 모든 RTD에 가용하여야 한다.

가동중 시험과정에서 제어/보호계통 작동 또는 공통원인고장

만약 신청자가 다중채널에서 공통 시험장비를 사용하였다면, 다중채널 또는 허용할 수 없는 보호/제어 상호작용에 대한 단일고장 효과를 배제하기 위해 검증된 격리 방법이 제공되어야 한다.

4. 검토 절차

보호계통의 설계기준은 RTD 정확도와 응답시간에 대한 요건을 확인하게 위하여 검토되어야 한다.

교차교정 방법과 교정, 응답시간 데이터는 교정 부정확성, 불확실성, 그리고 오차를 확인하고 교차교정 방법이 적절한지 확인하기 위하여 검토되어야 한다.

교차교정 과정의 프로그램 문서화는 위의 허용기준에 입각하여 검토되어야 한다. 이 검토는 교정 과정이 모든 설정치 분석가정과 설계기준 요건과 일치하는지 확인되어야 한다.

C. 참고문헌

ANSI/IEEE Std 279-1971. “Criteria for Protection Systems for Nuclear Power Generating Stations."

EPRI Topical Report TR-106453-3925. “Temperature Sensor Evaluation.." Electric Power

Research Institute, June 1996.

IEEE Std 603-1991. “IEEE Standard Criteria for Safety Systems for Nuclear Power Generating Stations."

NUREG-0809. “Review of Resistance Temperature Detector Time Response Characteristics." August 1981.

NUREG/CR-5560. “Aging of Nuclear Plant Resistance Temperature Detectors." June 1990.

Regulatory Guide 1.153. “Criteria for Power, Instrumentation, and Control Portions of Safety Systems." Office of Nuclear Regulatory Research, U.S. Nuclear Regulatory Commission, 1996.

부록 C: 규제지침 1.118, 전원 및 보호계통의 정기시험

첨부된 문서는 제 6장에서 다루는 자료에 대한 참고문헌이다. 이 문서는 NRC의 웹사이트에서 찾을 수 있다.[1]

규제지침 1.118 - 전원 및 보호계통의 정기시험
개정 3
1995년 4월

A. 소개

10 CFR 50, "전력 생산 설비에 대한 국내 인허가"의 50.55a, "코드와 기준"은 (h) "보호계통"을 규정하고 있다. 보호계통은 IEEE 표준 279, "원자력발전소의 보호계통을 위한 기준[2]"에서 제시된 기준을 만족해야 한다. IEEE 표준 279-1971의 4.9절에서는 원자로가 운전되는 동안 개별 보호계통 입력 센서의 운전 가용성을 점검할 수 있는 방법을 요구하며, 어떻게 이것이 달성될 수 있는지에 대한 예시를 포함한다. IEEE 표준 279-1971의 4.10절에서는 그러한 장비가 원자로 운전 동안에 시험이 되어야 하는 경우 센서나 지시계 이외에 보호계통 설비의 시험과 교정을 위한 능력을 요구한다.

10 CFR 50 부록 A, 일반설계기준 21, "보호계통 신뢰도 및 시험성"에서는 보호계통이 원자로 운전중에 정기시험을 허용할 수 있도록 설계되어야 하며, 발생가능한 다중 실패와 그 결과를 고려하여 독립적으로 채널을 시험하기 위한 능력을 요구한다.

---

[1] 부록 C는 문서의 성격상 가급적 직역을 하려고 노력하였으나, 실제 참조를 위해서는 원문을 이용할 것을 당부한다. 번역본 참조로 인한 과실은 참조한 당사자에게 있다.

[2] 사본은 미국전기전자학회, 345 East 47th Street, New York, NY 10017에서 구입할 수 있다.

일반설계기준 18, "전원계통의 점검과 시험"에서는 안전관련 전원계통은 주기적인 시험을 허용할 수 있어야 하며, 계통내 기기와 계통 전체에 대한 주기적 성능시험을 요구한다. 시험은 실제적인 설계 조건과 최대한 비슷한 상태에서 수행되어야 하며, 발전소와 소내전력, 소외전력 사이의 전원 변환뿐만 아니라 보호계통의 가동을 포함한 모든 운전 과정이 포함되어야 한다. 10 CFR 50 부록 B, "원자력발전소와 핵연료 재처리시설에 대한 품질보증 기준"의 기준 XI, "시험 제어"는 계통과 기기가 만족스럽게 가동되는지를 보여주기 위하여 요구되는 운전중 시험을 포함하여 모든 시험이 식별되어야 하고, 명문화된 시험 절차서에 따라 수행되어야 하는 것을 보증하기 위한 프로그램을 요구한다.

본 규제지침은 전원과 보호계통의 정기시험에 관한 위원회의 규제를 준수하는 NRC 검토위원에게 승인된 방법을 기술한다.

원자로 사찰에 대한 자문 위원회(Advisory Committee on Reactor Safeguard)는 해당 사안을 검토 하였으며 규제 입장에 대해 동의하였다.

본 규제지침에서 언급된 모든 정보 수집 활동은 10 CFR 50의 요건으로 포함되며, 이는 본 지침의 규제 기반을 제공한다. 10 CFR 50에서의 정보 수집 요건은 행정예산 관리실(Office of Management and Budget), 허가번호 3150-0011에 의해 승인되었다.

B. 논의

IEEE 표준 338-1987 "원자력발전소 안전계통의 정기검사에 대한 기준"은 IEEE 원자력공학 위원회(Nuclear Power Engineering Committee)의 분과 3, "운전, 감시 및 시험"의 워킹 그룹 3.0에 의해 준비되었고, 1987년 9월 10일 IEEE 표준 이사회(Standard Board)에 의해 승인되었다(1993년 재승인). 이 표준은 원자력발전소 안전계통 감시 프로그램의 일환으로서 정기시험의 수행에 대한 설계 및 운영 기준을 제공한다. 정기시험은 안전계통이 본연의 안전 기능을 만족시킬 수 있도록 작동됨을 검증하기 위하여 기능 시험 및 검사, 교정 검증, 그리고 응답시간 측정 등으로 구성되어있다. 계통 상태, 관련된 계통 문건, 시험 간격, 운전중 시험 절차 등도 언급되어 있다.

C. 규제입장

IEEE 표준 338-1987 "원자력발전소 안전계통의 정기검사에 대한 기준"의 요건은 다음과 같은 예외가 고려된다면, 전원과 보호계통의 정기시험에 대한 위원회의 규제를 준수하며 NRC 검토위원에게 승인된 방법을 제공한다.

1. IEEE 표준 603-1991 "원자력발전소의 안전계통에 대한 기준"에서 "안전계통," "안전기능," 그리고 "안전그룹"에 대한 IEEE 표준 338-1987의 정의를 대신하여 사용 한다.

2. IEEE 표준 338-1987의 5(15)와 6.4(5)은 다음으로 대체된다:

정기시험을 위한 절차는 다음을 제외하고 임시시험을 요구해서는 안된다.

(1) 임시 점퍼와이어는 휴대용 시험장비와의 연결을 위해 특별히 설계된 설비에 연결된 안전계통에 사용될 수 있다. 이 설비는 안전계통의 일부로 간주되어야 하며, IEEE 표준 338-1987의 모든 요건을 만족해야 한다.

(2) 퓨즈제거 또는 차단기 개방은 오직 그러한 조치가 관련 채널의 정지 또는 관련 부하 그룹의 논리적인 작동을 일으키는 경우에만 허용된다.

(3) 시험절차 또는 행정관리는 개방된 회로를 검증하거나 시험후 임시 연결부가 복원되었는지를 확인하도록 제공되어야 한다.

3. IEEE 표준 338-1987의 6.3.5절에서 언급한 로직계통 기능시험에 대한 설명은 센서가 포함되어 있음을 의미한다. 로직계통 기능시험은 조작성을 검증하기 위해 구동장치를 포함하지 않은 가급적 센서와 실제적으로 가장 가까운 로직 회로의 모든 구성요소(모든 릴레이 및 접점, 정지 장치, 반도체 소자 등)에 해당된다.

D. 이행

본 절의 목적은 이 지침을 사용하는 신청자에게 NRC 검토위원의 이행 계획에 대한 정보를 제공하는 것이다.

위원회 규정의 특정부분을 준수하기 위해 승인된 대체 방법을 신청자가 제안하는 경우를 제외하고, 본 지침에서 설명된 방법은 건설허가 및 운영허가 신청을 위한 제출 자료의 평가에 사용될 것이다. 또한 제안된 수정내용과 본 지침 사이에 명확한 관계가 있는 경우, 신청자에 의해 자발적으로 수정된 계통 변경을 제안한 운전중 원자로의 인허가 신청서를 평가하는 데에도 사용될 것이다.

기대효과

공청회(Task DG-1028, 1994년 9월)를 위해 본 지침의 초안이 출판되었을 때, 기대효과에 대한 내용도 같이 작성되었다. 변경할 필요는 없었기 때문에, 최종 지침에 별도로 기대효과에 대해 기술하지는 않았다. 기대효과에 대한 초안은 위원회 공공 문서실(Public Document Room, 2120 L Street NW., Washington, DC) Task DG-1028에서 열람하거나 수수료를 지불하고 복사할 수 있다.

부록 D: NRC 정보고시 92-33. 원자력발전소 압력 전송기의 응답시간에 대한 스너버의 영향

본 부록은 원자력발전소의 센싱라인에 설치된 스너버의 사용에 대한 NRC 정보고시를 포함한다.

주의: 출판 요건에 의해, 이 문서는 NRC 형태 그대로 옮겨져 진본에 가능한 가깝게 편집되었다.[1]

미국
원자력규제위원회
워싱턴 D.C. 20555
1992년 4월 30일
NRC 정보고시 92-33: 압력 댐핑장치를 설치했을 때 증가되는 계측기 응답시간

수신인

원자력발전소 운영 및 건설허가 소지자

목적

미국 원자력규제위원회는 압력 댐핑장치가 계측기 센싱라인에 설치되었을 때 발생하는 압력 전송기에 대한 증가된 응답시간을 수신인에게 경고하기 위하여 본 정보고시를 발행한다. 수신인은 해당 시설에 적용할 수 있는 정보를 검토하고 유사한 문제를 방지하기 위해 적절하게 조치를 고려할 것을 제안한다. 하지만 정보고시는 NRC 요건이 아니기 때문에 특정 조치나 서면 응답은 필요하지 않다.

[1] 부록 D는 문서의 성격상 가급적 직역을 하려고 노력하였으나, 실제 참조를 위해서는 원문을 이용할 것을 당부한다. 번역본 참조로 인한 과실은 참조한 당사자에게 있다.

상황설명

1991년 9월 25일, 오이스터 크릭(Oyster Creek) 원자력발전소의 운영자인 GPU 원자력 공사에서 8개의 격리콘덴서 배관파열 압력 센서 중 7개가 계측기 응답시간에 대한 기술지침서 요건을 만족시키지 못하여 해당 발전소를 정지시켰다. 조사결과 차압 센서의 센싱라인에 설치된 압력 댐핑장치로 인해 응답시간 증가 현상이 발생되었다. 더욱이 이 장치에서 발생한 시간 지연이 압력의 고저에 상관없이 모두 중요하다는 것을 발견하였다.

논의

소결 스테인리스 강으로 만드는 압력 완충장치(스너버)는 압력 진동을 저해하거나 미립자 오염으로부터 기기를 보호하기 위해 계측기 센싱라인에 일반적으로 설치된다.

센서가 시험중 요구되는 응답시간을 만족시키지 못했을 때, 운영자는 압력 센싱장치를 검토하고 스너버가 허용되지 않는 시간지연을 일으키고 있음을 찾아냈다. 나중에 운영자는 스너버를 제거하였는데, 이는 개선된 바톤 압력 센서를 사용하는 경우 스너버가 필요치 않았기 때문이다.

스너버 시간 지연은 센서 자체에 직접적으로 수행되는 응답시간 시험에서는 발견되지 않는다.(그림 1) 스너버 효과는 센서별로 다른데 왜냐하면 압력 센싱 메커니즘 내부의 유체 용적 변이가 다르기 때문이다. 센싱라인 스너버에 이물질이 축적되면 응답시간이 또한 저하될 수 있다.

NRC의 원자로 규제실에서는 원자력발전소에서 압력 계측에 대한 범용 연구를 수행하고 있다. 그리고 이를 NUREG/CR 5851, "원자력발전소 압력 전송기의 장기 성능과 경년열화 특성"으로 출판할 계획이다. 일부는 이미 마무리를 지었으며, 압력센서 응답시간 시험에 대한 결과는 ISA(Instrument Society of America) Transaction 91-720 "원자력발전소 압력 전송기의 응답시간 시험"으로 출판됐다. 이 간행물은 센서의 응답지연에 대한 다양한 원인과 중대한 시간지연이 발생하는 자료를 제시하였다.

본 정보고시는 특정 조치나 서면 응답은 필요하지 않다. 본 고시에 대한 질문이 있으며 아래 실무자 또는 원자로 규제실(Office of Nuclear Reactor Regulation, NRR) 부서장에게 연락하기 바란다.

찰스 로시(Charles E. Rossi) 부서장
운영 평가부(Division of Operational Events Assessment)
원자로 규제실(Office of Nuclear Reactor Regulation)

실무자 연락처:
토마스 코시(Thomas Koshy), NRR (031) 504-1176
이크발 아메드(Iqbal Ahmed), NRR (031) 504-3252

첨부:
1. 그림 1. 스너버 효과가 배제된 시험 구성
2. 최근 발행된 NRC 정보고시 목록

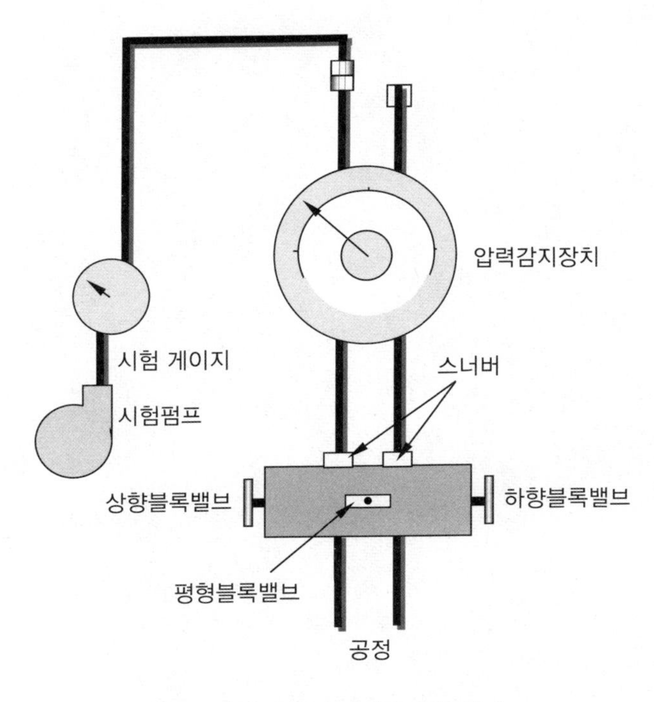

그림 1. 스너버 영향이 배제된 시험 설비

주의: NRC 정보고시 92-33의 원본을 다시 편집함

부록 E: 원자력발전소 압력 전송기의 오일누설 문제에 대한 NRC 문서

본 부록은 원자력발전소 압력 전송기의 오일누설에 대한 주제에 대해 두 건의 NRC 문서를 포함한다. 이 문서는 다음과 같다:

(1990)-NRC Bulletin No. 90-01: 로즈마운트 전송기의 충진오일 누설

(2004)-NRC Issue 176 Document: 로즈마운트 전송기 충진오일 누설

첫 번째 문서(Bulletin No. 90-01)는 오일손실 문제와 잠재적인 결과를 설명한다. 두 번째 문서(Issue 176)는 원자력 산업에서의 오일누설 문제를 마무리짓기 위해 NRC에서 제공한 것이다.[1]

OMB No.:3150-0011

NRCB 90-01

미국

원자력규제위원회

원자로 규제실

워싱턴 D.C. 20555

1990년 3월 9일

NRC Bulletin No. 90-01: 로즈마운트 전송기의 충진오일 누설

수신인

원자력발전소 운영 및 건설허가 소지자

---

[1] 부록 E는 문서의 성격상 가급적 직역을 하려고 노력하였으나, 실제 참조를 위해서는 원문을 이용할 것을 당부한다. 번역본 참조로 인한 과실은 참조한 당사자에게 있다.

목적

이 고시는 수신인들이 충진오일의 누설이 발생할 수 있는 로즈마운트 모델 1153 시리즈 B, 모델 1153 시리즈 D, 그리고 모델 1154를 즉시 확인하고 적절한 조치를 취하도록 요청하기 위함이다.

상황설명

1989년 4월 21일 NRC 정보고시 No. 89-42 "로즈마운트 모델 1153과 1154 전송기 고장"은 해당 전송기의 압력 및 차압 전송기의 일련의 고장 사례를 업계에 알려기 위해 발표되었다. 고장은 노스이스트(Northeast)사의 마일스톤(Millstone) 3호기에서 1987년 3월과 10월 사이에 발생했다. 로즈마운트에 의해 수행된 고장 원인에 대한 조사를 통해, 전송기의 봉인된 센싱 모듈로부터 느리게 오일누설이 있었다는 것을 확인했다.

안전중요도에 대한 논의

충진오일이 누설된 전송기의 성능은 점차적으로 악화되고, 결국 고장이 나게 된다. 일부 고장 전송기에서 고장 전 충진오일 누설에 대한 증상이 보이기는 했지만, 충진오일 누설을 가동중 발견하기는 어렵다는 사례가 보고되었다. 정상운전 중에 고장이 발견되는 것보다, 발견되지 않는 전송기 고장은 안전계통 신뢰도에 더 큰 부정적인 효과를 불러온다. 예를 들어, 전기회로의 기능불량은 계측채널 지시기 점검 또는 정기시험을 통해 일상적으로 발견된다. 발견되지 않는 전송기 고장은 공통모드고장에 대한 가능성을 높이고, 안전계통이 본연의 안전기능을 수행하지 못하는 결과를 야기할 수 있다. 전송기 설계가 충진오일의 누설에 특히 민감한 경우 공통모드고장 가능성은 심각하게 된다.

논의

로즈마운트 모델 1151, 1152, 1153 그리고 1154 전송기는 원자력발전소에서 광범위하게 이용된다. 로즈마운트 모델 1153과 1154 전송기는 내진, 환경검증이 수행된 장비이다. 모델 1152 전송기는 내진등급이며, 모델 1151 전송기는 일반 상용등급이다.

로즈마운트가 지적했듯이 유리부터 금속밀봉부 고장으로 인해 충진오일이 손실되어 지금까지 모델 1153 시리즈 B, 모델 1153 시리즈 D, 그리고 모델 1154 전송기에서 대략 91번의 고장이 발생하였다. 센싱 모듈이 밀봉되었기 때문에, 충진오일 누설은 센싱 모듈을 분해하지 않고서는 시각적으로 확인할 수가 없다. NRC 검토결과, 로즈마운트가 발견하지는 못했지만, 추가적으로 모델 1153과 모델 1154 전송기에서 충진오일의 누설을 보이는 징후가 발견되었다. 따라서, 오일누설이 발생한 모델 1153과 모델 1154 전송기는 로즈마운트에서 확인한 것보다 훨씬 더 많을 수 있다.

금속 오링을 사용하는 구조 때문에 모델 1153 시리즈 B, 모델 1153 시리즈 D, 그리고 모델 1154 전송기는 유리/금속부위의 밀봉 손실로 인한 충진오일 누설에 특히 민감하다. 이에 NRC는 개선된 감시 프로그램에 따라 충진오일 누설에 따른 전송기의 취약성이 결정될 것으로 판단한다. 또한, 모델 1153 시리즈 B, 모델 1153 시리즈 D, 그리고 모델 1154 전송기의 특정 제조 로트에서는 충진오일 누설로 인해 더 높은 고장률을 보이는 것이 있음이 로즈마운트에 의해 확인되었다. 이와 같이 의심되는 로트로부터 생산된 전송기를 식별하기 위해 필요한 추가 정보는 로즈마운트에서 제공되는 참고문헌 4에서 찾을 수 있다. NRC는 원자로 보호계통이나 공학적안전설비작동계통에 의심되는 로트의 전송기를 사용하지 않는 것이 추가적인 취약점을 만들지 않을 것으로 판단한다.

로즈마운트는 충진오일 누설로 인해 모델 1151과 모델 1152 전송기가 고장 났음을 확인하였다. 모델 1151과 1152, 1153 시리즈 A 전송기는 금속 오링 대신 탄성 중합체 오링을 사용하는 모델 1151과 1152, 1153 시리즈 A 전송기를 제외하고 모델 1153 시리즈 B, 모델 1153 시리즈 D, 그리고 모델 1154(유리와 금속 밀봉) 전송기와 유사하다. 현재 NRC는 모델 1151과 1152, 1153 시리즈 A의 충진오일 누설에 대한 취약점을 해결하기 위한 충분한 정보를 가지고 있지 않다. 그러므로 관련 운영 경험 데이터를 얻기 위해 수신인은 모델 1151과 1152, 1153 시리즈 A 뿐만 아니라 충진오일 누설 증상을 나타내는 모델 1153 시리즈 B, 1153 시리즈 D 그리고 1154 전송기를 보고하고, 원자력발전소 신뢰도데이터시스템에서 충진오일 누설에 대한 전례를 확인할 것을 권장한다. 추가로 모델 1151과 1152, 1153 시리즈 A 전송기에 대한 개선은 특별히 본 공지를 통해 요구되는 것은 아니지만 수신인은 안전관련계통이나 10 CFR 50.62(ATWS 규칙)에 따라 설치된 계통에 설치된 모델 1151과 1152, 1153 시리즈 A 전송기에 대해서는 앞서 언급한 조치를 취할 것을 권장한다.

로즈마운트는 제조 공정에 있어 추가적인 품질관리와 품질보증 단계를 제정하였으며, 스트레스 수준을 줄이기 위해 볼트 토크의 사양을 수정했다고 보고하였다. 이러한 조치는 충진오일 누설로 인한 모델 1153 시리즈 B, 모델 1153 시리즈 D, 그리고 모델 1154 전송기의 고장 가능성을 최소화할 것이다. 결과적으로, 로즈마운트는 1989년 7월 11일 후에 제조된 전송기에 대해서는 1989년 5월, 10 CFR 21 고시에 적용되지 않는다. NRC는 1989년 7월 11일 이전에 제작된 것들과 같이 충진오일 누설에 취약한 모델 1153 시리즈 B, 모델 1153 시리즈 D, 그리고 모델 1154 전송기가 1989년 7월 11일 이후에는 문제가 생겼다는 보고를 받지 못했다. 이에 따라 본 고시는 1989년 7월 11일 이후 제조된 전송기에 대한 강화된 감시를 요구하지는 않지만, 수신인은 이들 모델이 안전관련계통이나 10 CFR 50.62(ATWS 규칙)에 따라 설치된 계통에 설치되어 사용된다면 앞서 언급한 조치를 취할 것을 권장한다. 추가로 1989년 7월 11일 이후에 제작된 모델 1153 시리즈 B, 모델 1153 시리즈 D, 그리고 모델 1154 전송기에서 충진오일 누설의 징후가 보이거나 발견된다면 본 고시의 고지의무에 의거 보고되어야 한다.

이에 따라 NRC는 모든 로즈마운트 전송기 모델에 대한 운영경험 데이터베이스를 축적하기 위하여 기술협회 지침에 의거 사업자가 협력해 줄 것을 권장한다. NRC는 모델 1151, 1152, 1153, 그리고 1154 전송기와 관련된 운영경험 데이터를 지속적으로 수집하고 분석할 것이다. 모델 1151, 모델 1152, 그리고 모델 1153 시리즈 A 전송기 또는 1989년 7월 11일 이후에 로즈마운트가 제작한 모델 1153 시리즈 B, 모델 1153 시리즈 D를 포함하여 강화된 검사조치에 대한 요구 또는 추가로 의심되는 로트에서 생산된 전송기에 대한 교체 요구와 같이 강화된 규제 조치가 필요하다면 취해질 수도 있다.

수신인은 로즈마운트가 제작한 전송기를 보유하고 있거나 다양한 용처에 로즈마운트가 제작한 센싱 모듈을 갖고 있을 것이다. 로드마운트가 제작한 전송기 또는 로즈마운트가 개발한 센싱 모듈에 대한 식별을 용이하게 하기 위해 다음의 정보를 제공한다:

- 로즈마운트는 모델 1151 전송기에 대한 허가되지 않은 제작사 또는 보수업체가 있다고 밝혔다. 모델 1152, 1153 그리고 1154 전송기에 대해서도 허가되지 않은 제작사 또는 보수업체가 존재할 수 있다.
- 로즈마운트에서 직접 구매했든지, 중개 업자를 통해 구매했든지, 또는 다른 부품(비상디젤 발전기와 같은)의 일부로서 생산되었든지 간에 모든 모델 1153, 1154 전송기는 a) 로즈마운트가 제작을 표기해야 하고, b) 로즈마운트 고유의 모델과 시리얼 넘버를 가져야 하고, c) 로즈마운트 전송기의 물리적 특성을 지녀야 하며, d) 파랗거나 스테인리스강 하우징이 있어야 한다. 로즈마운트는 다른 상호명으로

재판매를 위해 다른 제조 업자에게 모델 1153, 1154 전송기가 제공되지 않도록 지시했다. 추가로 로즈마운트 전송기의 전형적인 물리적 특성을 설명하는 간단한 도표는 붙임 1에 의해 제공된다.

- 아래 명시된 부분을 제외하고, 모델 1152 전송기는 a) 로즈마운트에 의해 제작되었음을 표기해야 하며, b) 로즈마운트 고유의 모델과 시리얼 넘버를 가져야 하고, c) 로즈마운트 전송기의 물리적 특성을 지녀야 하며, d) 파랗거나 스테인리스강 하우징이 있어야 한다. 로즈마운트는 모델 1152 전송기 센싱 모듈을 베일리 콘트롤(Bailey Controls, 전에는 Bailey Meter)에 공급했다고 밝혔다. 베일리는 로즈마운트가 만든 모델 1152 감시 모듈을 포함한 회색 하우징이며, 로즈마운트 하우징과 다소 외관이 다르다.
- 아래 명시된 부분을 제외하고, 모델 1151 전송기는 a) 로즈마운트에 의해 제작되었음을 표기해야 하며, b) 로즈마운트 고유의 모델과 시리얼 넘버를 가져야 하고, c) 로즈마운트 전송기의 물리적 특성을 지녀야 하며, d) 파랗거나 스테인리스강 하우징이 있어야 한다. 로즈마운트에서 제작한 모델 1151 전송기는 다른 기기 제작사에 의해 원자력발전소용으로 납품되었을 수 있다. 이러한 전송기는 로즈마운트 전송기의 물리적 특성과 파란색 하우징을 가지고 있어야 한다. 피셔 콘트롤(Fisher Controls)은 로즈마운트로부터 구입한 모델 1151 전송기를 그들 자신의 상호명으로 재판매 했을 수 있다. 이들 전송기는 로즈마운트 전송기의 물리적 특성을 지녔지만, 초록색 하우징이다.

모델 1153 시리즈 B, 모델 1153 시리즈 D, 그리고 모델 1154 전송기는 충진오일이 누설된다면 고장이전에 정상운전동안 보일 수 있는 초기증상으로는:

- 지속적인 드리프트

모델 1153 시리즈 B, 모델 1153 시리즈 D, 그리고 모델 1154 전송기는 충진오일이 누설된다면 고장에 임박하여 정상운전동안 보일 수 있는 초기증상으로는:

- 지속적인 드리프트
- 갑작스러운 드리프트 감소(고압 게이지 또는 절대압 전송기)
- 진폭변화를 포함한 공정 소음의 변화, 단방향 소음, 비대칭 잡음분포
- 계획 또는 불시정지 이후에 느린 응답 또는 고장

모델 1153 시리즈 B, 모델 1153 시리즈 D, 그리고 모델 1154 전송기는 충진오일이 누설된다면 교정조치동안 보일 수 있는 증상으로는:

- 전체 설계범위에 걸쳐 응답하지 않음
- 증가 또는 감소 시험중 느린 응답
- 지속적인 영점 또는 스팬 이동

NRC는 이러한 현상이 충진오일 손실이 발생할 수 있는 모델 1153 시리즈 B, 모델 1153 시리즈 D 그리고 모델 1154 전송기에 적용될 수 있다고 판단한다.

NRC는 충진오일 누설이 발생할 수 있는 전송기를 산업체가 확인할 수 있도록 참고문헌 1, 2, 3, 그리고 4를 포함하여 로즈마운트에 의해 제공된 자료를 검토하였다. NRC는 전송기에 충진오일이 누설될 수 있는지 여부를 감지하기 위해 로즈마운트가 제안한 진단 절차(교정데이터 추세, 운전데이터 추세, 느린 과도응답, 공정 잡음해석)가 충분한 기술적 기반을 제공하였다고 결론지었다. 따라서, 본 고시에서 요청한 조치는 이러한 진단 절차를 반영하기 위한 것이다. 하지만, NRC는 어떤 전송기가 강화된 감시 프로그램이 적용되어야 하는지를 식별하기 위해 로즈마운트가 제안한 방법(압력 대 가동시간)은 충분한 기술적 기반을 제공하지 못했다고 결론지었다. 특히, NRC는 어떤 전송기가 강화된 감시 프로그램이 적용되어야 하는지를 확인하기 위해 로즈마운트가 제안한 압력 대 가동시간 기준을 설명하기 위한 방법론이 해당 고장모드가 일어나지 않는다는 것을 충분히 높은 수준의 신뢰도로 보장하지는 않는다고 본다.

로즈마운트는 약 36개월의 가동시간 이내에 충진오일 누설이 발생한 모델 1153 시리즈 B, 모델 1153 시리즈 D, 그리고 모델 1154 송신기를 우선 표시했다. 최근 정보에 따르면 충진오일 누설은 사용처와 압력에 의존적이다. 지속적으로 높은 압력(예를 들면 원자로 운전 압력)에 노출된 전송기는 해당 시간 내에 고장 날 수 있지만, 저압계통이나 연속적인 고압 상태에 놓여 있지 않는 전송기는 고장까지 시간이 더 걸린다.

10 CFR 50 부록 A 일반설계기준 21, "보호계통 신뢰도 및 시험성"에서는 보호계통 내의 세부계통과 설비의 고장을 적절히 발견하고, 고장이 발생되었을 때 보호계통의 다중성을 해칠 수 있는지를 감지하기 위해서, 보호계통이 높은 기능신뢰도로 설계되어야 하며, 원자로가 가동중일 때 주기적 시험을 할 수 있는 충분한 능력을 갖고 있어야 함을 요구한다. 10 CFR 50.55a(h)는 IEEE 표준 279, "원자력발전소의

보호계통을 위한 기준"을 만족할 것을 요구한다. IEEE-279는 높은 신뢰도로 원자로가 운전하는 동안 각 계통의 입력 센서에 대한 작동여부를 확인할 수 있는 방법이 제공되어야 함을 설명하고 있다. 따라서, NRC는 발견되지 않은 전송기 고장이 발생할 수 있기 때문에 충진오일의 누설에 취약한 전송기를 사용하는 시설은 이러한 규정을 완전히 준수하지 못한다는 결론을 내렸다. 이에 따라 NRC는 수신인이 다음과 같은 조치를 취할 것을 요구한다.

요구조치:

가동중 원자로

모든 원전 운영허가 소지자에게, 본 고시를 수령 후 120일 이내에 다음을 조치할 것을 요구함:

1. 현재 안전관련계통이나 10 CFR 50.62(ATWS 규칙)에 따라 설치된 계통에서 사용하고 있는 1989년 7월 11일 이후 로즈마운트에서 제작한 모델 1153 시리즈 B, 모델 1153 시리즈 D, 그리고 모델 1154 전송기를 제외한 모델 1153 시리즈 B, 모델 1153 시리즈 D, 그리고 모델 1154 압력 또는 차압 전송기를 확인할 것.
2. 항목 1에서 확인된 전송기가 충진오일 누설로 인해 높은 고장률을 갖는 로즈마운트 제조 로트에서 만들어진 것인지를 확인할 것. 수신인은 원자로 보호 계통 또는 공학적 안전설비작동계통에 의심되는 로트에서 제작된 전송기를 사용하지 않아야 함. 따라서, 수신인은 가능한 빨리 원자로 보호계통 및 공학적안전설비작동계통에서 사용되는 의심되는 로트에서 제작된 전송기를 교체하는 프로그램을 실시해야 함.
3. 전송기가 충진오일 누설 증상을 이미 보였는지 여부를 결정하기 위해 항목 1에서 확인된 전송기와 관련된 발전소 기록(예를 들어, 세 번의 가장 최근 교정 기록)을 검토할 것. 적절한 운전 허용기준이 발전소의 기록에서 충진오일 누설의 징후를 보였던 전송기에 대해 개발되고 적용되어야 한다. 충진오일 누설의 징후를 보인 것으로 확인된 전송기는 기술지침서에 제시된 운전 허용기준을 따르지 않음. 운전 허용 기준을 따르지 않고 기술지침서에 제시되지 않은 충진오일 누설 징후를 보였던 전송기는 최대한 빨리 교체되어야 함.
4. 충진오일 누설에 대한 증상에 대해 항목 1에서 확인된 전송기를 감시하는 강화된

프로그램을 개발하고 구현할 것. 강화된 감시 프로그램은 다음과 같거나 동등하게 효과적인 조치를 고려해야 함:

a) 인허가담당자가 운전 및 교정조치 동안 전송기가 충진오일 누설을 보이고 있거나 그러한 증상을 보일 전송기를 즉각 확인할 필요가 있음을 인지함.

b) 지속적인 드리프트를 식별하기 위한 강화된 전송기 감시;

c) 계획 또는 불시로 나타난 발전소의 과도상태 또는 느려진 전송기 응답을 확인하기 위한 시험을 통해 전송기의 성능을 검토;

d) 교정조치 중 테스트 압력을 증가 또는 감소시킬 때 느려진 전송기 응답에 대한 강화된 분석;

e) 공정 잡음의 변화를 감지하기 위한 프로그램의 개발과 이행; 그리고

f) 충진오일 누설의 증상을 보인 것으로 확인된 전송기에 대해 운전 허용기준을 개발하고 적용. 충진오일 누설의 징후를 보인 것으로 확인된 전송기는 기술지침서에 제시된 운전 허용기준을 따르지 않는다. 운전 허용기준을 따르지 않고 기술지침서에 제시되지 않은 충진오일 누설 징후를 보였던 전송기는 최대한 빨리 교체되어야 한다.

5. 현 시점부터 원자로 보호계통 또는 공학적안전설비작동계통에서 사용되면서 충진오일 누설로 인해 높은 고장률을 보인 것으로 로즈마운트가 확인한 제조 로트로부터 생산된 모델 1153 시리즈 B, 모델 1153 시리즈 D, 그리고 모델 1154 전송기가 교체될 수 있을 때까지의 시간 동안 발전소의 계속 운전을 위한 기준을 기존 절차서에 부합하도록 작성하고 이행할 것. 추가로, 위의 요청된 조치를 수행하는 동안, 수신인은 수립된 운전 허용기준을 따르지 않는 충진오일 누설 증상을 보이는 전송기를 확인할 수 있다. 전송기가 발견되면, 이를 해결하기 위한 발전소 계속 운전을 위한 기준을 전송기가 확인된 시점부터 교체할 수 있는 시간까지의 기간을 포함하여 업데이트해야 한다. 발전소 운영을 위한 기준을 개발하고 업데이트 할 때, 수신인은 전송기의 다양성과 다중성, 다양한 정지기능(해당 정지신호를 제공할 수 있는 별도의 정지기능), 특수계통 및/또는 기기의 시험, 또는 (필요한 경우) 특정 의심되는 전송기의 즉각적인 교체를 고려할 수 있다.

건설허가 소지자

1. 본 고시 수령 후 120일 이내에 운영허가를 받은 모든 건설허가 소지자는 고시 수령 후 120일 이내에 원자로 운영에 대한 요구조치의 항목 1, 2, 4 그리고 5를 수행해야 한다.
2. 본 고시 수령 후 120일 이내에 운영허가를 받지 않은 모든 건설허가 소지자는 핵연료 장전 날짜 이전에, 가동중 원자로에 대한 요구조치 항목 1과 4를 완료하고, 가동중 원자로에 대한 요구조치 항목 2와 5에 대한 계획을 다음에 의해 수립해야 한다:
   a) 원자로 보호계통 및 공학적안전설비작동계통에 설치된 전송기의 충진오일 누설 때문에 높은 고장률을 갖는 것으로 로즈마운트 확인한 모델 1153 시리즈 B, 모델 1153 시리즈 D, 그리고 모델 1154 전송기의 확인 및 교체.
   b) 이러한 전송기가 확인된 시점부터 교체될 때까지의 시간 동안 수립된 운전 허용기준을 따르지 않고 기술지침서에 제시되지 않은 충진오일 누설 징후를 보였던 전송기는 핵연료 장전 이후 발전소의 계속 운전을 위한 기준을 기존 절차서에 부합하도록 작성하고 이행할 것.

보고요건:

가동중 원자로

1. 본 고시의 접수후 120일 이내에 회신할 것:
   a) 가동중 원자로 요구조치 항목 1, 2, 3, 4, 그리고 5를 완료했는지 확인할 것.
   b) 지정된 업체; 모델 번호; 전송기가 사용된 계통; 대략적인 사용 시간; 취해진 조치; 그리고 충진오일 누설을 경험한 것으로 확인되거나 증상이 나타나는 로즈마운트 모델 1153 시리즈 B, 모델 1153 시리즈 D, 그리고 모델 1154 전송기의 처분(예를 들어, 분석을 위해 공급 업체에 반환) 등을 확인. 이는 1989년 7월 11일 이후에 제작된 모델 1153 시리즈 B, 모델 1153 시리즈 D, 그리고 모델 1154를 포함해야 한다.
   c) 충진오일 누설로 인하여 높은 고장률을 갖는다고 로즈마운트에 의해 확인된 제조 로트에서 생산된 모델 1153 시리즈 B, 모델 1153 시리즈 D, 그리고 모델

1154 전송기가 어떤 계통에서 사용되는지 확인할 것. 원자로 보호계통과 공학적안전설비작동계통에서 사용중인 이들 전송기의 교체 계획을 제출할 것.

2. 충진오일 누설의 증상이 보이거나 경험한 것으로 확인된 모델 1153 시리즈 B, 모델 1153 시리즈 D, 그리고 모델 1154 전송기는 위의 항목 1에서 요구한 회신을 수행한 다음, 현행 NRC 규제하에서 보고 대상인지를 검토하여야 한다. 만약 보고 대상이 아닌 것으로 결정되면, 수신인들은 기존 발전소 절차서에 부합하면서 위에서 확인된 전송기에 대한 항목 1 b)에서 요구된 내용과 일관성이 있도록 문서화하고 유지해야 한다.

본 고시에서 요구하지는 않았어도, 충진오일 누설의 증상이 있거나 누설을 경험한 모든 로즈마운트 모델 1151, 1152, 1153 그리고 1154 전송기에 대해서, 항목 1 b)에서 제시한 정보를 일관성 있게 원자력발전소 신뢰도데이터 시스템(NPRDS)에 보고하기를 권장한다.

건설허가 소지자

1. 본 고시 접수후 120일 이내에 운영허가를 받을 것으로 예상되는 모든 건설허가 소지자는 본 고시 접수후 120일 이내에 회신할 것.
   a) 가동중 원자로 요구조치 항목 1, 2, 4, 그리고 5를 완료했는지 확인할 것.
   b) 충진오일 누설로 인하여 높은 고장률을 갖는다고 로즈마운트에 의해 확인된 제조 로트에서 생산된 모델 1153 시리즈 B, 모델 1153 시리즈 D, 그리고 모델 1154 전송기가 어떤 계통에서 사용되는지 확인할 것. 원자로 보호계통과 공학적안전설비작동계통에서 사용중인 이들 전송기의 교체 계획을 제출할 것.
2. 본 고시 접수후 120일 이내에 운영허가를 받을 것으로 예상되지 않는 모든 건설허가 소지자들은 핵연료 장전 이전에 건설허가 소지자에 대한 요구조치 항목 2가 완료되었는지를 확인하고 회신을 해야 한다.
3. 충진오일 누설의 증상이 보이거나 누설을 경험한 것으로 확인된 모델 1153 시리즈 B, 모델 1153 시리즈 D, 그리고 모델 1154 전송기는 위의 항목 1에서 요구한 회신을 수행한 다음, 현행 NRC 규제하에서 보고 대상인지를 검토하여야 한다. 만약 보고 대상이 아닌 것으로 결정되면, 수신인들은 기존 발전소 절차서에 부합하면서

위에서 확인된 전송기에 대한 가동중 원자로 보고요건 항목 1 b)에서 요구된 내용과 일관성이 있도록 문서화하고 유지해야 한다.

본 고시에서 요구하지는 않았어도, 충진오일 누설의 증상이 있거나 누설을 경험한 모든 로즈마운트 모델 1151, 1152, 1153 그리고 1154 전송기에 대해서, 가동중 원자로 보고요건 항목 1 b)에서 제시한 정보를 일관성 있게 NPRDS에 보고하기를 권장한다.

전술한 바와 같이 NRC는 어떤 전송기가 강화된 감시 프로그램이 적용되어야 하는지를 확인하기 위해 로즈마운트가 제안한 압력 대 가동시간 기준을 설명하기 위한 방법론이 해당 고장모드가 일어나지 않는다는 것을 충분히 높은 수준의 신뢰도로 보장하지는 않는다고 본다.

본 고시에 의해 회람되는 내용과 같이 추가적인 운전경험 자료가 산업체에 의해 활용되거나, 로즈마운트의 압력 대 가동시간 기준의 적절성에 대한 새로운 시각을 제공하거나, NRC가 본 고시에 의해 요청한 조치의 수정 또는 종료를 고려할 수 있는 기술적 기반을 개발하는데 사용될 수 있다.

이에 따라 NRC는 모든 로즈마운트 전송기 모델에 대한 운영경험 데이터베이스를 축적하기 위하여 기술협회 지침에 의거 사업자가 협력해 줄 것을 권장한다.

원자력법 1954, Section 182a 수정본과 10 CFR 50.54(f)에 따라 보고서는 미국 원자력규제위원회, ATTN: Washington, D.C. 20555 문서관리실로 보내질 것이며, 복사본은 지역 행정부서에 제출될 것이다.

백핏(Backfit) 논의

본 고시에서 요구된 조치의 목적은 충진오일 누설로 인한 전송기 고장을 즉각 발견하기 위한 것이다. 충진오일 누설은 본연의 안전기능을 수행하지 못하는 결과를 야기할 것이다.

본 고시에서 요구된 조치는 새로운 NRC의 입장이며, 그러므로 본 요청은 NRC 절차에 의거 백핏을 고려한다. 수립된 규제요건은 있으나 만족하지 않았기 때문에 해당 백핏은 설비를 기존의 요건과 부합하도록 해 준다. 그러므로 전범위 백핏 분석은 수행되지 않는다. 10 CFR 50.109(a)(6)에서 논의되었던 평가는 목적에 대한 언급,

요구된 조치에 대한 이유, 이행 예외 사항에 대한 기준 등을 포함하여 수행되었다. 이것은 공공문서실의 일반요건검토위원회(Committee to Review Generic Requirement) 179차 회의록에서 찾을 수 있다.

이 요청은 행정예산관리실 증명번호 3150-0011에서 확인할 수 있으며 1991년 1월 31일 만료된다. 예상되는 평균 업무부하는 인허가별 전송기당 6 명-시간이다. 여기에는 요구조치 평가, 발전소 기록 수집 및 검토, 발전소 기록에서 얻은 데이터 분석, 그리고 필요한 회신 준비 등이 포함된다.

의심되는 로트로부터 생산된 전송기를 식별하기 위해 필요한 추가 정보는 로즈마운트에서 제공되는 참고문헌 4에서 찾을 수 있다. 이를 사용하지 않는 것은 추가적인 취약점을 만들지 않을 것으로 판단한다.

여기에서는 원자로 보호계통 또는 공학적안전설비작동계통에서 사용되면서 충진오일 누설로 인해 높은 고장률을 보인 것으로 로즈마운트가 확인한 제조 로트로부터 생산된 전송기에 대해 강화된 감시 프로그램을 개발하고 이행하거나 또는 교체하는 것을 포함하지 않는다.

업무 부하를 줄이기 위한 제안을 포함하여 업무 부하에 대한 예측 및 정보의 수집과 관련된 모든 다른 측면에 대한 의견은 미국원자력규제위원회, 정보지원서비스부(Division of Information Support Service), 정보및기록관리팀(Information and Records Management Branch)과 행정예산관리실, 서류감축프로젝트(Paperwork Reduction Project, 3150-0011)로 보내면 된다.

이 문제에 대한 질문이 있는 경우에는, 아래의 기술 담당자 또는 NRR 프로젝트 매니저에게 문의하면 된다.

찰스 로시(Charles E. Rossi) 부서장
운영 평가부(Division of Operational Events Assessment)
원자로 규제실(Office of Nuclear Reactor Regulation)

실무자 연락처:
잭 램세이(Jack Ramsey), NRR, (301) 492-1167
빈 토마스(Vine Thomas), NRR, (301) 492-0786

참고문헌:

1. 1989년 5월 10일, 로즈마운트 기술공지 No. 1
2. 1989년 7월 12일, 로즈마운트 기술공지 No. 2
3. 1989년 10월 23일, 로즈마운트 기술공지 No. 3
4. 1989년 12월 22일, 로즈마운트 기술공지 No. 4

첨부:

1. 로즈마운트 전송기의 일반적인 물리적 특성
2. 최근 발행된 NRC 공지 목록

2004년 8월

Issue 176: 로즈마운트 전송기 충진오일 누설

설명

역사적 배경

로즈마운트 전송기 검토그룹(The Rosemount Transmitter Review Group, RTRG)은 로즈마운트 전송기 오일누설에 대한 문제점을 위해 취해진 조치에 대한 평가를 수행하기 위해 설립되었다[1659] 여기에서는 NRC 공지 90-01[1659] 보충 1에서 제시된 정보와 조치의 적절성에 대한 평가를 포함한다. 해당 NRC 공지는 1989년 7월 11일 이전에 제작된 로즈마운트 전송기에서 발생하는 충진오일 누설을 설명하고 평가하는데 있어, NRC와 산업체에 의해 착수된 조치들에 대한 정보를 사업자에게 제공하였다.

조치계획은 NRC에 의해 개발되었으며, 로즈마운트 전송기의 충진오일 누설과 관련된 문제점을 해결하고자 다음의 RTRG 권고와 통합되었다: (1) NRC 공지 90-01[1659] 보충 1 그리고 로즈마운트 전송기 고장에 대한 발전소별 시설 데이터를 모으기 위해 사업자가 약속한 책무를 이행하기 위해 임시명령(Temporary Instruction) 점검을 수행하라. (2) 로즈마운트 회사와 전송기 고장 정보에 대한 대화를 하라. (3) 로즈마운트 전송기 성능에 대한 NPRDS 자료를 검토하라. (4) 1994년 8월에 기록된 EPRI 보고서 TR-102908 "충진오일 누설로 인한 로즈마운트 압력 전송기의 고장과 관련된 기술이슈 검토"을 확인하라. 이 사안은 1996년 2월 NRR 메모[1601]에서 RES로 확인되었다.

안전 중요도

로즈마운트 전송기의 충진오일 누설은 공통모드고장의 잠재적인 미확인 요인으로 결정되었다. 그러한 고장은 자동 원자로 보호 계통 및 공학적안전설비작동계통의 상실을 일으킬 수 있다.

가능한 해답

NRC는 안전 관련 기능이 유지되는 것을 확인하기 위하여 사업자가 취해야 할 조치를 결정했다. 이 조치는 처음에 공지 90-01[1658]에 의해 발간되었고, 그 다음에 공지 90-01[1658] 보충 1에서 수정되었다. 해당 조치계획 이행을 위한 시간은 사업자들이 공지 90-01[1658] 보충 1의 요구 조치를 이행했던 사실에 기반하며, 공지[1658]에서 요구했던 조치의 적절성 확인으로만 기획되었다.

조치계획에 담긴 활동은 점검의 의미로서 그리고, 공지 90-01[1658] 보충 1에서 요구된 조치에 대한 수행 검증으로서 이루어진다. 사업자는 오일누설 문제를 해결할 수 있도록 재설계된 전송기로 문제의 전송기를 교체하거나 또는 성능을 확인하기 위하여 강화된 감시 프로그램을 적용하는 등의 방법으로 공통모드고장에 대한 문제를 언급하였다. TI 검사 및 최근 로즈마운트 전송기 성능에 대한 검토를 포함하여 RTRG에서 제안한 필수 검증 조치를 수행하는데에는 2년이 필요한 것으로 확인되었다.

결론

TI 2515/122는, "로즈마운트 압력 전송기의 성능과 사업자의 강화된 감시 프로그램의 평가"는 1994년 3월 17일에 발행되었고 1994년 5월에 발효되었다. TI 노력의 결과로서 NRC는 공지 90-01[1658] 보충 1에서 요구된 조치와 제작사의 드리프트 추세 지침을 이용하여, 사업자가 효과적으로 로즈마운트 전송기의 충진오일 누설 문제를 해결하였다고 판단한다.

NRC는 로즈마운트 전송기 성능에 대한 정보를 교환하기 위해 로즈마운트 회사와 정기적으로(1994년 1월과 1995년 9월 사이) 만났다. 또한 NRC는 같은 기간 동안

로즈마운트 전송기 고장에 대한 NPRDS 검토를 마무리했다. 로즈마운트사가 제공하는 정보와 NPRDS 검토 결과를 기반으로 NRC는 공지 90-01[1658] 보충 1의 발행 이후 충진오일 고장 횟수가 크게 감소했다는 결론을 내렸다.

1995년 2월 15일 NRC는 EPRI 보고서 TR-102908의 검토를 완료하고 공지 90-01[1658] 보충 1에 포함된 이전의 결론, 지침, 요구조치 등에 대한 정합성을 확인했다.

위의 조치가 완료됨에 따라 NRC는 공지 90-01[1658] 보충 1과 로즈마운트 기술 지침을 포함한 모든 전송기 충진오일 누설과 관련된 정보를 확인하였다. 따라서 NRC는 문제점에 대한 안전 의혹을 관련 조치에 의해 효과적으로 해결하였으며, 변경이나 추가적인 조치는 필요 없음을 보증한다. 따라서 해당 사안은 ***해결***되었으며, 새로운 요건은 발생하지 않았음을 결론짓는다.

색인

사

아

자

차

카

파

하